apress®

Maintaining and Troubleshooting Your 3D Printer

3D 打印实用手册

组装·使用·排错·维护·常见问题解答

[美] 查尔斯·贝尔（Charles Bell）著　糜修尘 译

U0247140

人民邮电出版社

北 京

图书在版编目（ＣＩＰ）数据

3D打印实用手册 : 组装·使用·排错·维护·常见
问题解答 / （美）查尔斯·贝尔（Charles Bell）著 ;
糜修尘译. -- 北京 : 人民邮电出版社，2018.7
（创客教育）
ISBN 978-7-115-47844-3

Ⅰ. ①3… Ⅱ. ①查… ②糜… Ⅲ. ①立体印刷—印刷
术—手册 Ⅳ. ①TS853-62

中国版本图书馆CIP数据核字(2018)第017148号

内 容 提 要

　　本书从3D打印机的搭建开始讲解，对硬件、软件的配置与设置进行要点提示和常见问题解答，对第一次进行3D打印经常遇到的困难做出解决方案，使初学者在实践中得到知识的积累，本书适合对3D打印感兴趣的初学者作为工具书查阅。对于那些有着数年3D打印经验的爱好者们，也能够通过本书介绍的内容来进一步增强自己的技能。本书的内容分为四个部分。第一部分主要介绍3D打印技术、一些实用的组装技巧，以及如何进行打印的设置和校准等。第二部分主要介绍如何对硬件、软件以及打印质量问题进行排错。第三部分主要介绍如何对打印机进行维护和升级。第四部分主要介绍如何设计零部件、打印后的精加工方法等。本书能够让爱好者们寻找到3D打印中的乐趣。

◆ 著　　　 ［美］查尔斯·贝尔（Charles Bell）

　 译　　　 糜修尘

　 责任编辑　魏勇俊

　 责任印制　周昇亮

◆ 人民邮电出版社出版发行　　北京市丰台区成寿寺路 11 号

　 邮编　100164　电子邮件　315@ptpress.com.cn

　 网址　http://www.ptpress.com.cn

　 北京市艺辉印刷有限公司印刷

◆ 开本：800×1000　1/16

　 印张：27.75　　　　　　　2018 年 7 月第 1 版

　 字数：639 千字　　　　　 2018 年 7 月北京第 1 次印刷

　 著作权合同登记号　图字：01-2015-2825 号

定价：139.00 元

读者服务热线：(010) 81055339　印装质量热线：(010) 81055316
反盗版热线：(010) 81055315
广告经营许可证：京东工商广登字 20170147 号

内 容 提 要

　　本书从 3D 打印机的搭建开始讲解，对硬件、软件的配置与设置进行要点提示和常见问题解答，对第一次进行 3D 打印经常遇到的困难做出解决方案，使初学者在实践中得到知识的积累，本书适合对 3D 打印感兴趣的初学者作为工具书查阅。对于那些有着数年 3D 打印经验的爱好者们，也能够通过本书介绍的内容来进一步增强自己的技能。本书的内容分为四个部分。第一部分主要介绍 3D 打印技术、一些实用的组装技巧，以及如何进行打印的设置和校准等。第二部分主要介绍如何对硬件、软件以及打印质量问题进行排错。第三部分主要介绍如何对打印机进行维护和升级。第四部分主要介绍如何设计零部件、打印后的精加工方法等。本书能够让爱好者们寻找到 3D 打印中的乐趣。

本 书 简 介

现今，3D 打印机已经变得越来越常见。随着 3D 打印技术的不断发展，它正在快速地受到越来越多具备一定经济实力的人的欢迎和喜爱。而热爱 3D 打印也不再和昏暗的地下室、车库、工作室，以及书呆子般的工匠形象联系在一起。

本书面向的读者

我撰写本书的目的是将我对 3D 打印机的热情分享给所有希望加入 3D 打印世界，但是却不具备相关的知识，又或者是没有充足的时间来挖掘多如牛毛的论坛讨论或是从语焉不详的百科中挑选出对于学习使用和维护 3D 打印机真正有用的内容的人。我希望本书能够帮助你补足从一本薄薄的甚至有时不存在的使用说明里获取不到的、专家等级的知识和经验。

因此本书主要面向那些刚刚接触或者是略微了解 3D 打印，并且希望更加深入了解它们的爱好者们。对于那些有着数年 3D 打印经验的爱好者们，也能够通过本书介绍的内容来进一步增强自己的技能。

更重要的是，我撰写本书是希望能够帮助那些在学习 3D 打印过程中遇到挫折的人们。我曾经和许多遇见挫折的人交流过，也读到过一些人在尝试 3D 打印却一直遭受失败之后发出的哀叹。我希望通过本书介绍的内容，能够让二手网站上组装了一半，甚至是使用时间没有超过 10 小时的全新 3D 打印机彻底消失。也许这个愿望很遥远，但是只要本书能够让至少一个人重新开始寻找 3D 打印中的乐趣，那么我也将会十分开心。

本书的结构

本书的内容分为四个部分。第一部分主要介绍通用性较强的主题，包括 3D 打印技术的简介、一些实用的组装技巧、如何进行打印的设置和校准等。第二部分主要介绍如何对硬件、软件以及打印质量问题进行排错。第三部分主要介绍如何对打印机进行维护和升级。第四部分主要介绍如何设计零部件、打印之后的精加工方法，以及如何为逐渐增长的 3D 打印社区做出贡献等主题。

第一部分：3D 打印入门

本书的第一部分是为了帮助你入门 3D 打印，它包含了对于 3D 打印技术、相关软件和硬件的简单介绍。其中的主题包括如何挑选合适的丝材、购买和组装 3D 打印机、校准和设置 3D 打印机以及如何配置 3D 打印软件，此外还有一些帮助你进行第一次 3D 打印和优化 3D 打印机设置的小技巧。

- 认识 3D 打印。第一章简单地介绍了 3D 打印技术，包括 3D 打印机的构造以及打印时用到的软件和丝材种类。
- 获取 3D 打印机。第二章介绍了 3D 打印机的分级、3D 打印机上常见的功能，以及如何决定购买还是组装一台 3D 打印机。
- 组装 3D 打印机：实用技巧。第三章详细介绍了组装和维护 3D 打印机过程中用到的各种工具。它还包含了一节介绍如何组装属于你的 3D 打印机的内容，主要是组装过程中的各种实用技巧。
- 配置打印软件。第四章展示了如何在计算机和打印机上安装 3D 打印软件，同时还详细介绍了如何在打印机上配置 Marlin 固件。
- 校准 3D 打印机。第五章则介绍了 3D 打印的准备工作中最重要的步骤，即如何正确地进行校准，保证各项硬件正常工作。从轴机构、限位开关到控制电路，这一章将能够帮助你正确地校准 3D 打印机。
- 尝试第一次打印。第六章将会帮助你为打印准备好打印基板，包括介绍了各种不同的表面处理方式，以及针对不同的丝材种类应当如何对打印基板进行处理。它还介绍了如何设置 Z 轴的初始高度、配置切片软件来导出打印文件，以及如何通过打印某些物体来测试打印机的性能。

第二部分：排错

第二部分则开始介绍 3D 打印中十分艰难的排错和改善打印质量的过程。它包含了如何诊断硬件和软件问题的章节。你还会学到如何诊断打印质量问题，例如打印品底层的黏附问题（翘边）或者其他可能出现在打印品上的异常状况。这一部分里还有许多帮助你最大化利用 3D 打印机的实用技巧。

- 解决硬件问题。第七章介绍了应当如何进行排错，包括观察和诊断问题的技巧。尤其详细介绍了如何检查与硬件相关的问题，包括与打印丝材、挤出机以及轴机构相关的故障。
- 解决软件问题。第八章则介绍了由软件导致的问题，例如导出 .stl 文件过程中的故障或是校准固件的过程中由于意外、硬件变化或升级导致的故障。

第三部分：维护和升级

第三部分将会带你熟悉维护 3D 打印机相关的概念，其中包括校准、调整、清洁，以及修复打印机的各项零部件。你还会学到如何通过升级和改进 3D 打印机的各项功能来延长它的使用寿命。

- 3D 打印机的维护：检查和调整。第九章介绍了应当如何进行 3D 打印机的维护，以及一系列帮助你在故障发生前就实现预知的现象。它还介绍了每次打印之前为了保证打印机正常工作需要进行的例行检查和维护。
- 3D 打印机的维护：预防和修复性维护。第十章则详细介绍了需要你周期性进行的维护事项，它们能够修正 3D 打印机的磨损和校准问题，例如对活动零部件进行清洁和润滑。它还介绍了如何修复出现故障的零部件，包括 3D 打印机上常见的几个故障问题。
- 3D 打印机的升级和改进。第十一章里介绍了如何提升 3D 打印机的性能，包括对现有功能进行改进，以及升级和添加全新的功能。此外还介绍了几种流行的 3D 打印机型号上的一些关键升级。

第四部分：精进技艺

第四部分为你在 3D 打印世界中的旅程做了个总结，向你介绍了如何成为 3D 打印社区里具有贡献的一员。它还介绍了如何对打印品进行修饰处理，以及如何设计可以打印的 3D 模型。最后，书中还介绍了一些通过 3D 打印来解决生活问题的例子，希望它们能够激发你的创造力。

- 学会处理物体。第十二章将会带领你开始处理 3D 打印品，首先从介绍使用 OpenSCAD 设计自己的物体开始，还包括将现有的模型和自己的 OpenSCAD 代码结合起来进行修改的相关内容。你还会学到如何对打印品进行上漆或者其他的表面处理手段。
- 更上一层楼。最后一章介绍了加入 3D 打印社区的相关建议和需要注意的礼仪。它还介绍了一些你可以尝试的复杂项目，包括如何复制一台 3D 打印机，以及一些如何利用 3D 打印机来解决家中出现的生活问题的实例。

附录

附录里包含一系列关于诊断打印质量问题、打印故障或者其他软硬件问题的表格，它们能够帮助你快速地确定问题的来源。

如何使用本书

你可以通过多种方式来运用本书，实际的使用方法则取决于你的经验水平，以及能够投入在学习上的时间长短。毕竟，你希望能够更好地享受自己的"新玩具"，不是吗？接下来我们将会介绍几类不同等级的 3D 打印爱好者。你也许发现自己同时符合其中的几类描述，这并不是问题。因为这里介绍的并不是阅读本书和使用书中内容的唯一方式。实际上，你可以从头到尾完整地阅读本书或者随时根据自己的需要来挑选某些章节进行阅读。只要你能够明确自己的需求，这些都不是问题。但是如果你需要一些指引的话，那么希望接下来的内容能够对你有所帮助。

3D 打印新手

这里指的是那些刚接触 3D 打印技术，并且刚刚购买或者是准备购买 3D 打印机的爱好者们，同时还包括那些希望学习如何自己组装 3D 打印机的人们。你将会学到关于 3D 打印机的一切，包括组装过程中用到的各种硬件以及运行时需要的软件。

如果这些内容能够满足你的需求，那么我推荐你在详细地阅读本书的前两部分之后，再开始花费时间来熟悉你的打印机。即使你购买的是一台商业打印机，我也希望你能够这样做。你花在阅读、学习和后续正确执行校准和配置上的时间将会是决定你成败的关键。

当你能够让打印机正常工作并成功打印了一些物体之后，接着就可以尝试本书第三部分中的内容，它能够帮助你了解打印机的维护需求。此外还有一章是介绍如何给 3D 打印机添加缺失的功能。当你准备好学习如何更好地利用 3D 打印机，以及如何对物体进行打印后的修饰处理时，就可以开始研究本书的第四部分了。

拥有 3D 打印机，但是需要帮助来让它正常工作

这一部分的内容针对那些有着一定的 3D 打印机使用经验，但是又希望进一步学习它的工作原理，以及更重要的，如何调节打印机来提升打印质量的爱好者们。

如果这就是你的目的，那么我推荐你首先浏览本书的第一部分来确保了解了 3D 打印技术的各项关键概念。即使完成了 3D 打印机的配置并且安装了相关的软件，你依然可以通过阅读相关的章节来更加全面地了解 3D 打印技术，并且学习如何选择合适的丝材、硬件和软件解决方案。

到这一步之后，我推荐你详细阅读本书第二部分和第三部分中的每一章内容，并且依次尝试你学会的各种技巧，包括打印机的校准、设置、维护以及排错。排错是大多数爱好者经常会遇见挫折的内容。正如我在某一章中介绍的那样，对于常见的问题可能有着多种解决思路和解决方案；但是其中一部分更像是魔法和幻想，一部分只能在少数情况下生效，而大部

分也只适用于特定的型号或者特定的情境，并不能作为通用方案。如果你遇到了打印问题，这些章节将会向你介绍许多能够帮助你解决问题的实际方法。

在设置完打印机并解决了可能出现的问题之后，你就可以进入本书的第四部分来学习如何将你的爱好进一步精进，包括对打印品进行表面修饰处理、学习如何通过分享你的想法和设计来成为 3D 打印社区的一员。

拥有一台 3D 打印机，但是希望做更多

这一部分的内容面向那些有使用 3D 打印机的经验，但是又感觉自己没有充分利用 3D 打印机的爱好者们。[①]换言之，如果你希望深入研究 3D 打印并成为一个真正的 3D 打印爱好者，而不仅仅是 3D 打印机的使用者。

如果你发现自己符合这样的描述，并且很可能你已经有了相关领域的经验，我推荐你从目录开始，并且挑选那些你已经掌握的、希望进一步研究或者复习的章节来进行阅读。当然这些内容主要出现在本书的第一部分。

同时，我推荐继续详细地阅读书中的第二部分和第三部分，因为学会如何正确地进行排错和维护是成为专业爱好者所必须掌握的关键技能。此外，希望第四部分的内容能够让你融入到 3D 打印社区当中，并且用自己所掌握的技能来帮助其他人。

下载源代码

书中各个范例的代码可以在 Apress 网站上下载。你可以在本书相关信息页面里的源代码/下载（Source Code/Downloads）标签页里找到相应的链接。标签页的入口位于页面中相关书籍区域的下方。

联系作者

如果你有任何问题或者建议，或者是发现了书中的错误，可以通过邮箱 drcharlesbell@gmail.com 联系我。

---

① 几年前的我也处于这样的状态，因此我很理解这样的想法！

献　词

谨将本书献给我去世的父亲，理查德，他教会了我
终生受用的机械学、电子学和汽车相关的技巧。
他启发了我对于事物工作原理的好奇心以及
尝试维修各种不同事物的欲望。
我希望自己作为一名工程师的工作生涯能够满足他对于我的期望。

——查尔斯·贝尔博士

关 于 作 者

查尔斯·贝尔博士（Dr. Charles Bell）专注于研究各种不断出现的新技术。他是甲骨文公司 MySQL 开发团队的一员，领导了 MySQL Utilities 工具的开发。他和妻子住在弗吉尼亚州乡村的一个小镇里。他于 2005 年从弗吉尼亚联邦大学获得了工程学博士学位。他的研究方向包括数据库系统、软件工程、传感器网络和 3D 打印。他将自己有限的业余时间都花在了钻研微处理器和 3D 打印上。

贝尔博士的研究和工程学经验让他将本书的内容变得十分充实。他在工作上、业余时间和生活中都是一名专业的工程师，并且在组装、维护和使用 3D 打印机上有着丰富的知识和经验。

关于技术顾问

里奇·卡梅隆（Rich Cameron，网名"Whosawhatsis"）是 Deezmaker 3D 打印公司研发部门的副总裁，负责设计了 Bukito 便携式 3D 打印机。里奇是一名经验丰富的开源开发者，并且多年以来都是 RepRap 打印机发展社区的关键成员。里奇个人曾经组装过许多早期经典型号的 3D 打印机，并且能够从古旧的 3D 打印机上获得极佳的性能表现。当他没有忙着尝试着改进他自己的 3D 打印机时，无论是切片软件的设置、固件设置还是硬件，他喜欢将自己的知识和经验分享出来，从而帮助所有人的 3D 打印机都变得更好。

致　谢

感谢 Apress 出版社杰出和热情的全体工作人员。感谢我的编辑米歇尔·洛曼（Michelle Lowman）和流程编辑凯文·沃尔特（Kevin Walter），对我的理解和耐心。他们对我完成本书给予了极大的帮助。我还要感谢 Apress 出版社的印刷人员让我在书上看起来这么棒。感谢你们！

我要特别感谢本书的技术顾问理查德·卡梅隆（Richard Cameron），感谢他在我写作过程中提供了深邃的洞察力、建设性的批评意见，以及在我最需要的时候给予我指导。我还要感谢我的朋友们鼓励我完成本书的写作。最重要的，感谢我的妻子安妮特，感谢她在生活中的忍耐，以及对我长时间独自写作的理解。

目　录

第一部分　3D 打印入门

第二部分　排错

第三部分　维护和升级

第四部分　精进技艺

■ ■ ■

3D 打印入门

　　第一部分将介绍入门 3D 打印所需要的一切基础知识，包括 3D 打印技术、用到的软件和硬件的简介。这一部分介绍如何自己组装 3D 打印机，其中讨论了需要的各种工具和硬件材料，以及组装过程中一些十分实用的小技巧。这一部分还会介绍如何配置打印软件、设置和校准打印机，并帮助你完成第一次 3D 打印和对打印机进行优化调节的内容。

第一章

▪▪▪

认识 3D 打印

3D（三维）打印技术近年来发展十分迅速。3D 打印机也随之更加普及和廉价，以致每个人都可以拥有一台。[①]实际上，3D 打印机的价格（通常只需要 200 美元）对于小型企业、研究人员、教育机构以及爱好者十分有吸引力。你可以在商业活动中通过 3D 打印机为制造业、建筑业和加工业打印原型，或者是打印微缩后的游戏沙盘和模型，还可以用来修复家中的各种物件。

你可以从设计模型到最终打印完成的过程中获得极大的乐趣。即使是在进行了几年的 3D 打印实践之后，我依然会经常看着打印机一层又一层地完成整个物体的打印。我很享受为了生活中或者工作上出现的问题自己设计解决方案的过程——尤其是能够省钱的时候。同样我也很享受为我的打印机设计和打印升级套件的过程。[②]但是这些乐趣也是有代价的。我的一些打印机在工作时需要我格外注意它们的工作状态，但是其他部分则不需要花费多少精力就能够正常工作。

我介绍这些是希望告诉你，虽然 3D 打印机和相关的软件都在变得越来越简捷易用，但是它们绝不是玩具或者不需要维护的工具。3D 打印机需要你正确地进行组装（如果你购买的是套件）、排错、维护，并且出现故障时需要你及时修复。你在打印时遇到的绝大多数问题都和机械上的调整或者是软件中的设置有关。除非你已经有了一定 3D 打印机使用经验或者花费了大量时间在论坛中学习真正有用的知识，否则你在使用 3D 打印机的过程中很可能会因为机器出现故障而感到受挫。当你达到了这个层次之后，打印机的使用说明已经满足不了你的需求了。

本书将会提供相比于打印机自带的使用说明书里更加深入和广泛的知识。你可以从中学到许多秘密、技巧和方法来充分利用你的 3D 打印机。实际上，我将会带领你完整地体验 3D 打印的全过程——从挑选或者组装打印机开始，到对打印过程进行维护和排错，并最终尝试自己设计打印模型。

在这一章里，我将会简单地对 3D 打印进行介绍，其中包括 3D 打印技术、3D 打印机的

---

① 大部分打印机的价格都和笔记本计算机类似：它的功能越多，价格也就越贵。
② 我似乎总是有打印机需要升级，并且你能够对打印机进行的升级似乎也是无穷无尽的。

3

工作原理、需要的软件、打印丝材的种类及其特性和用途。我将会在这一章的最后总结你能够通过 3D 打印机实现的目标，以及如何获得设计模型的灵感。

从 头 开 始

在我们开始了解不同形式的 3D 打印机和它们的技术之前，先让我们花点时间来了解是什么定义了 3D 打印。无论你是最近购买的或者组装了 3D 打印机，还是刚刚接触 3D 打印并准备购买自己的第一台 3D 打印机，我认为这一节都能够帮助你为后面的章节打下坚实的基础。毕竟，在进入满是专业术语的世界之前先了解一下基础知识总是好的，不是吗？

■**备注**：后面我可能会用到 3D 打印机和打印机两种说法，但是我所指的都是 3D 打印机。

3D 打印是什么?

在理解 3D 打印之前，首先我们需要理解这种制造物体的方法。3D 打印的过程被称为增材制造。相对应的，利用数控机床（CNC）来制造物体（即对一整块材料进行切割来形成物体）的方式被称为减材制造。两种制造方式都需要在制造过程中用到笛卡儿坐标系（直角坐标系，即 X、Y、Z 轴）对硬件进行定位。因此，3D 打印过程中各种机构的运动方式和数控机床机构的运动十分类似。在这两种设备中，3 个轴机构都由计算机来控制，并且能够实现高精度的运动。

增材制造根据所使用的材料和实际物体的成形过程可以分为多种不同的类型，但是它们都采用相同的基本步骤（也被称为工作流程）来制造物体。现在让我们从一个原始的模型设计开始，观察一下增材制造是如何将设计转化成实际物体的。接下来再简单介绍这个过程中的各项步骤。

首先我们需要通过计算机辅助设计（CAD）软件来设计模型。设计完成之后，将模型导出到一个用标准曲面细分语言（standard tessellation language, STL）来描述整个 3D 打印模型的文件当中，这个文件包含了物体各个表面和顶点的信息（后面统称为.stl 文件）。

■**备注**：现在有一种新的、越来越流行的文件格式，增材制造文件（additive manufacturing file, AMF）。相比于 STL 文件格式，它有着更强大的功能，因此很可能作为未来的主流文件格式存在。

产生的.stl 文件需要进行划分或者切割成多个层，并利用计算机辅助制造（CAM）软件生成机器级指令文件（称为.gcode 文件）。这类文件包含了用来控制轴机构、运动方向、热端温度等打印机行为的指令。此外，每一层都应当包含构成物体轮廓和填充内容的路径（即挤

出丝材的轨迹）图。

> ■**备注**：MakerBot 打印机使用的文件格式稍有不同，通常采用.x3g 或者稍旧的.s3g 格式而不是.gcode 格式的文件。这些文件的用途没有改变，它们依然包含了控制打印机完成打印过程的各项指令。

　　打印机会用内置的软件（固件）来阅读这些机器级指令并逐层完成物体的打印。固件同样包含着对打印机进行设置和调整的功能。

　　这里的最后一步也是大部分 3D 打印技术的不同所在。不同型号的 3D 打印机在制造同样物体的过程中使用的机构和耗材种类会有些许的不同。但是，所有增材制造类型的打印机都采用通过逐层结构形成物体的概念。表 1-1 里列出了几种不同种类的增材制造，主要介绍了构筑物体所采用的耗材种类，以及构筑物体方式之间的区别。

表 1-1　　　　　　　　　　　　　　增材制造的种类

类别	制造过程	材料
丝	通过热喷嘴挤出所用材料的丝状物来逐层构筑物体	各种塑料、木头、尼龙等
线	用电子束熔化耗材线来逐层构筑物体	大部分合金
颗粒	先通过多种方式将材料处理成颗粒状，接着利用激光、光照或电力等手段将颗粒融合构建物体	一部分合金和热塑性塑料
粉末	利用反应性液体喷洒在粉末基底上形成固态层。一些衍生型号会通过多步骤的过程来熔化并结合材料	石膏和其他类似的粒状材料。新型打印机中也可以使用金属
层压板	通过堆叠并用加热的滚轮使材料融合起来。接着用激光切割出物体的形状	纸、金属箔、塑料薄膜

　　最常见的 3D 打印技术是熔丝制造（fused filament fabrication, FFF）。由于现在市场上大部分 3D 打印机[①]都采用熔丝制造技术，所以本书主要介绍的也都是与熔丝制造技术相关的内容。为了简化后续的介绍，书中后面所提到的 3D 打印过程就是指熔丝制造的过程。实际上，书中介绍的全部打印机型号采用的都是熔丝制造技术。

熔丝制造方式的起源

　　熔丝制造也被称为熔融堆积成型技术（FDM）。熔融堆积成型技术由 S·斯科特·克朗普在 20 世纪 80 年代末期发明，并由斯特塔西公司在 90 年代进行了进一步的研发和商业化推广。实际上 FDM 依然是斯特塔西公司（也是 MakerBot 公司的拥有者）的注册商标。由于主流的 3D 打印机中都采用这一技术（这种制造技术并没有注册专利，只有 FDM 这个名称受限），因此我们在书中采用熔丝制造这一名称避免和斯特塔西公司的专利商标出现混淆。

---

① 书中主要介绍的是价格不超过 3000 美元的打印机型号。超过这一价格的打印机通常都是面向商用和制造业领域的专业级别的打印机。

熔丝制造的工作原理

3D 打印机在制造物体时，用来打印模型的打印丝材通常会以线卷[①]的方式供 3D 打印机使用。这些打印丝材会装载到一个分为两个部分的挤出机中：一部分用来将丝材从线卷上拉出并输送到加热单元中，另一部分则将丝材加热到熔点。

用来拉出打印丝材并输送到加热单元的部分被称为冷端，加热单元则被称为热端。在大多数情况下，挤出机会将两个部分集成在一起，但是也有不少打印机会将这两个部分独立出来。有时商家会将两个部分都称为挤出机，但是通常都会将挤出机和热端区分开来（通常并不使用冷端这个称呼）。而这只是我们将会介绍的与 3D 打印相关的无数细节中的一个！

■提示：不要去购买那些没有卷在卷盘上或者是其他类似送料机构上的丝材。绕卷不恰当的丝材会增加挤出故障出现的概率。我们会在后面的章节里详细介绍。

这听上去很像是高级版的热胶枪，没错！它们的工作原理十分相似，但是和热胶枪需要你手动地将熔胶按压进加热单元里（同时用量也不精确）不一样，3D 打印机是通过计算机控制的步进电机来精确地控制打印丝材向热端输送的速度和用量。大部分打印机都会采用齿轮机构让步进电机能够在丝材上施加更大的扭力，从而克服像是线卷的压力或者打印丝材自身重量（和厚度）这样的阻力。

图 1-1 里展示了挤出过程的示意图，图中描绘了这一过程中涉及的各个零部件。

这幅图简单地表示出了挤出机以及一卷打印丝材。从图中可以看出，打印丝材被拉到了挤出机（冷端）当中，接着被送入喷嘴（热端）。经过加热之后，打印丝材被挤出到打印基板上（一块平整的面板，用于充当物体的基底）。通常情况下，首先打印的是物体的边沿，接着再打印物体的内沿，最后再将物体每层的内部都填满（通常仅需要对最外层进行这样的填充）或者进行矩阵式的填充。

注意，卷盘上的丝材比挤出机加热挤出的丝材要粗得多。这是因为大部分喷嘴（加热单元上挤出丝材的零部件）的开口都很小，通常直径只有 0.3～0.5mm。注意图 1-1 中关于加热后的丝材构成物体层的表示是不准确的。虽然进行了极大的简化，但是实际打印时 3D 打印机挤出丝材和构建物体层的原理和这里展示的方式是相同的。

图 1-2 里展示了一个构筑了几层之后就停止打印的物体，图中左侧是物体的底部，右侧展示了默认的填充方式和密度。注意物体的边缘部分由挤出机来回运动，从而堆叠打印丝材进行填充，但是物体的内部只填充了一部分区域。这样不仅能够节省打印丝材，同时还能够保证物体的强度。

现在我们了解了 3D 打印是如何将丝材构成物体的，接下来让我们了解一下 3D 打印中需要用到哪些软件。我将会介绍需要的软件类型，简单地讨论如何使用各类软件，并且通过简

---

① 就像是钓鱼线那样。

单的例子展示如何使用各个软件进行 3D 打印。如果你需要安装这些软件，可以在相应的安装说明里找到相关的 URL 网址。

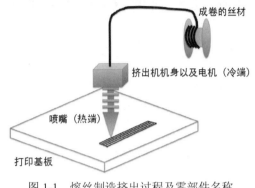

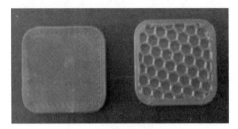

图 1-1　熔丝制造挤出过程及零部件名称　　　图 1-2　实际的打印品

3D 打印软件

　　3D 打印过程中用到的软件主要分为 3 类：用来设计模型并将其导出成.stl 文件的软件（CAD），用来将模型文件转化成打印机能够理解的 G-code 指令文件的软件（CAM），以及最后打印机里读取.gcode 文件并执行相关操作的固件。我们将打印机上装载的软件称为固件，因为它通常被储存在打印机的控制电路板上特殊的存储装置中，并且随着打印机通电启动自动运行。一般情况下，你并不需要对固件进行修改（除非进行初始化装载或者校准打印机）。

　　但是除此之外，我们通常还需要用到最为重要的第 4 类软件，即打印机控制软件。这类软件能够让打印机和计算机互相连接起来（通过 USB 接线），并通过计算机控制打印机执行各种不同的操作，例如移动不同的轴、启动或停止热端的加热，或者对轴进行对齐操作（也称为复位）。

　　我经常会用 3D 打印控制软件对我的打印机进行设置。一些打印机上则集成了液晶控制屏用来控制轴的移动及设置温度。大部分液晶控制屏还支持读取 SD 卡里储存的 G-code 文件。如果你的打印机已经设置完毕并随时可以开始打印的话，那么这项功能可以帮助你在不连接计算机的情况下完成整个打印流程。

　　■注意：如果你是通过计算机控制打印机进行打印，那么在打印完成之前不要断开计算机与打印机之间的连接！如果一不小心断开了连接，那么这个只完成了一部分的物体就只能成为你的 3D 打印黑历史的一部分了。[①]

　　许多 3D 打印专家和制造商都会用"工具链"来描述 3D 打印软件，因为在打印过程中你需要逐步地使用各种软件。一些制造商，像是 MakerBot 公司，会提供专门的配套软件，其

---

　　① 我用来储存失败作品的盒子就是这样一次又一次地被填满的。

中集成了模型可视化和切片软件（CAM）的功能及打印机控制软件。MakerBot 提供的配套软件叫作 MakerWare。Ultimaker 提供的配套软件则叫作 Cura。其他类似的综合软件还有 Repetier 套件和 Printrun。这些软件都带有 CAM 软件（切片）的相关界面，同时还能够提供打印机控制功能。

> ■**备注**：在介绍一类相似的软件时，我会用软件这个称呼。而介绍相关的具体实例时，我会用程序或者应用程序来称呼。

如果你准备购买或者已经购买了打印机，却没有配套的相关软件，不用担心！大部分 3D 打印社区都具有开源精神，因此在每种软件里你都有多种选择。我会在下面几节里详细介绍各种软件，并且展示 MakerWare 或者其他解决方案的相关实例。我也会详细介绍每一步里你将会获得的文件类型。

开源是什么?

开源表示相关的软件或者硬件对所有人都可以自由使用。大部分开源产品都会附带相应的许可协议，其中详细规定了产品的所有权，并强调了使用者拥有的相关许可。举例来说，如果某个产品是开源的，它的许可协议里可能会允许你自由使用，甚至是进行分发。同时许可协议也可能允许你对产品进行修改，但是需要将改动过的内容提交给原作者。因此虽然你可以自由使用开源软件，但是这并不意味着你拥有它。在使用、分发或者修改开源产品之前，一定要记得阅读相关的许可协议。

计算机辅助设计

简单地说，计算机辅助设计（Computer-aided design, CAD）软件就是帮助你使用计算机实现模型设计的软件。CAD 软件通常包含展示物体不同的 3D 视图、修改物体表面和内部细节，以及改变视图（进行缩放或者旋转等）的功能。

> ■**备注**：CAD 有时也代指计算机辅助绘图（Computer-aided drafting），但是这类软件只具有绘图功能。我曾经花费了好几年的时间来学习机械制图的技巧。[①]计算机辅助绘图给工程学科中与之相关的全部内容带来了全新的变革。实际上，学习计算机辅助绘图软件就是让我对工程学科感兴趣的原因。

先进的 CAD 软件能够让你创建多个物体并将它们组合起来构成一个复杂的机械结构（也称为模型）。先进的 CAD 软件还包含像是测试模型的匹配、强度，甚至是负载下各个部分的受压情况这样的额外功能。汽车制造商用来设计汽车发动机的软件可以算是 CAD 软件的终

---

① 我依然还留着我的机械制图工具，甚至如果被逼着的话还能够尝试正确地对工程制图进行标注。我依然清晰地记得为了期末考试反复练习如何进行标注——就和小学生第一次学会写字一样。

极形态了。我曾经见过有 CAD 软件能够模拟发动机中全部活动的零部件，甚至能够给出针对单个零部件的改进意见。

现在市面上有着许多功能各异的 CAD 软件可以使用。而要用在 3D 打印上，它应当至少能够进行三维模型设计、定义物体的内部特征，例如安装孔，以及给物体添加表面特性。

各种不同的 CAD 程序都会采用特定的、有时甚至是独有的文件格式来储存设计出的模型。这就限制你不能通过不同的 CAD 程序来修改同一个模型的设计。幸运的是，大部分 CAD 程序都允许导入不同格式的模型或者物体。

更重要的是，CAD 软件必须能够创建流形物体（即内表面和外表面上都没有缝隙的物体）。这一点十分重要，因为切片软件需要在物体内部创建供打印丝材参考的路径，因此缝隙或者通孔就意味着路径上会出现断点。强行尝试对一个非流形物体进行切片和打印只会得到很不理想的结果。我曾经尝试过打印一个口哨，但是最终得到的是一个口哨外形的实心体——里面被塑料填满了。

■提示：如果你的切片程序出现错误，提示模型不是流形的，那么你可以用一个线上工具来试着修复这些通孔。访问 Netfabb Online Service 网站，上传你的模型，输入联系邮箱，同意相关的条款和协议。过一会儿之后，你就会收到附带经过修复之后的模型的邮件了。我用这种方式进行了几次修复。在访问网站的时候，你还可以尝试一下它们提供的其他很酷的 3D 打印工具。

记住，用于 3D 打印的 CAD 程序必须要能够产生标准曲面细分语言（.stl）格式的文件来供 CAM 软件进行导入、切片，并产生包含物体三维信息的指令文件（.gcode）。

挑选 CAD 软件

现在有许多程序都提供 CAD 功能，可以帮助你完成 3D 模型的设计。一部分是开源的，一部分是免费试用的（但是有一些功能限制），还有一部分需要付费购买之后才能使用。大部分软件都带有图形用户界面，让你能够在设计过程中直接观察模型。后面我们还会介绍一个使用类似于 C 语言的编程语言编写脚本从而创建模型的程序。一些程序可以直接在线上环境使用。此外，一些 CAD 软件使用起来十分简单，但是其他的则需要你花费大量的时间进行学习。总的来说，一个程序附带的功能越多，它的使用难度就越大。

如果你是一个初学者，也许应该尝试功能不是那么多的程序直到你初步掌握了基本功能。表 1-2 里列出了一些流行的 CAD 软件，其中包括是否需要付费、学习难度（设计第一个模型所花费的时间）以及界面类型等内容。这个并不是一个内容十分详细的表格，但是它依然包含了所有能够导出或者保存.stl 模型文件的选择。接下来我会介绍第一个（最复杂但是功能也最全面）和最后一个（最简单）程序的使用。

表 1-2 用于 3D 打印的 CAD 软件

名称	花费/许可	界面	难度
Blender	开源	图形界面	高
123D（Autodesk）	免费（功能受限）/付费（全功能）	网页界面	高
SketchUp	免费（功能受限）/付费（专业版）	图形界面	中等
FreeCAD	开源	图形界面	中等
TinkerCAD	免费（功能受限）/不同等级付费	网页界面	低
NetFabb	付费	网页界面	低
OpenSCAD	开源	文本	低*

* 需要学习相关语言及函数库。

Blender

Blender CAD 程序可以算是 CAD 软件中名副其实的瑞士军刀了。你不仅可以用它设计细节丰富的 3D 模型，还可以用它实现 3D 动画以及其他更多功能！对于 3D 打印来说，用它来设计打印模型显得有点大材小用。换句话说，如果你计划设计复杂的商用模型或者为某个复杂解决方案设计零件，那么可以试着在这个程序上多花些功夫。图 1-3 中展示了 Blender 程序的界面截图。

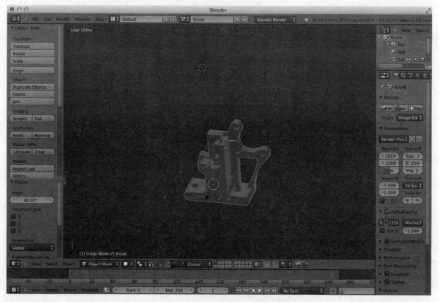

图 1-3 Blender CAD 软件

图中展示的是软件的编辑窗口，并且已经加载了一个物体。这个物体是 Greg's Wade 的铰接挤出机里的机体部分。我可以导入.stl 文件并用 Blender 对模型进行修改，比如改变安装孔的位置或者堵上原有的安装孔（目前的安装孔是用来装在 Prusa Iteration 2 X-滑架上的）。

如果对模型进行了修改，我可以储存改动后的物体（模型）并导出生成一个新的.stl 文件，进行切片和打印。很明显这个功能在你希望修改某个模型，但是却没有最初创建文件的 CAD 软件时十分有用。但是最重要的是，Blender 是一个开源软件！

我对这个程序学习难度的评价为高，原因有几个。首先，它有着大量需要你学习的功能以及几百个不同的菜单选项。这并不是一个静下心来然后花一个下午的时间就能够精通的应用程序。但是，它是一流的 CAD 软件，如果你准备设计十分复杂的模型，那么绝对应当花费精力来精通它的使用。

好消息是市场上有许多相关的书籍可以帮助你学习 Blender 的使用。如果你希望精通 Blender，那么我推荐阅读软件内置的说明文档以及下面这些相关的图书：

- Lance Flavell，*Beginning Blender: Open Source 3D Modeling, Animation and Game Design*（Apress，2010）
- Roland Hess，*Blender Foundations: The Essential Guide to Learning Blender 2.6*（Focal Press，2010）
- Gordon Fisher，*Blender 3D Printing Essentials*（Packt Publishing, 2013）

OpenSCAD

这个程序的难度和 Blender 完全相反。如果你具有一定的编程基础（或者至少了解如何编写脚本文件），那么你可以很快地创建出一些简单的模型，而不需要去阅读大量的说明文档。

要构建一个模型，你需要从定义一个基础形状的物体开始（比如一个立方体），然后在这个基础上添加或者减去不同形状的物体。举例来说，如果你希望制作用来固定印制电路板（比如 Arduino 或者树莓派）的支架，那么需要从圆柱体（外沿）里"减去"一个小圆柱体（内沿）。虽然这听上去很简单，但是你可以通过这种简单的方法制作出一些结构十分复杂的模型。

实际上，Josef Prusa 就是通过这种方法设计出一个开源打印机项目中十分流行的衍生型号上各种塑料零部件的。图 1-4 里展示的就是 Josef Prusa 设计的一个零部件的模型。

现在让我们仔细观察图中的内容。注意程序的界面主要分成 3 个部分：左侧是代码编辑窗口，用来输入所有定义模型的语句；右侧上方是模型的视图窗口（需要通过对代码进行编译后产生）；下方是 OpenSCAD 的子进程和编译器给出的反馈和信息清单。

从图中可以看到，你可以通过一个代码文件生成多个复杂物体。在保存模型的时候，你储存的只是相关的代码，而不是经过渲染后的模型。这样你就可以节省大量的储存空间（CAD 导出模型文档可能十分巨大），不过你需要对脚本进行编译才能够实现模型的可视化。

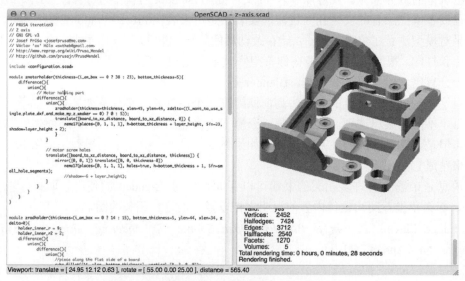

图 1-4　OpenSCAD 示例（遵循 GPL v3 协议）

OpenSCAD 也允许你将编译后的模型导出生成多种不同的文件格式供其他的 CAD 程序打开以进行进一步的修改。更重要的是，你可以用它生成 CAM（切片软件）应用里需要的.stl 文件，从而使得 OpenSCAD 可以充当你的 3D 打印工具链里的第一站。

即使你没有相关的编程知识，学起来也并不会十分困难，并且 OpenSCAD 的网站上有许多现成的例子帮助你学习。如果你希望快速地开始进行 3D 打印实践，可以考虑使用 OpenSCAD，直到你需要其他大型 CAD 程序所提供的复杂功能时再开始进一步的学习。

Thingiverse：一个模型素材库

也许你认为学习 CAD 程序花费的精力太多，但事实就是如此。如果你偏爱带有先进功能和图形界面的软件，学习使用 Blender 可能会是一个十分艰难的过程，其他类似软件的学习曲线也都差不多。其他基于图形界面的 CAD 程序对于使用过程中的学习需求也各不相同，但是大部分都要求你记住一系列特定的菜单和工具的用途。换句话说，如果你更习惯于用编程的方式进行思考，那么 OpenSCAD 更适合你，同时也就不需要去学习如何使用一个复杂的图形界面以及它附带的各种杂乱的工具来设计模型了。

但是，如果你没有时间或者不想自己设计模型怎么办？如果能够直接下载各种现成的、有趣的或者实用的.stl 文件直接开始打印那该多棒？这也是 MakerBot 公司在创建 Thingiverse 网站时的想法。

Thingiverse 是一个任何人都能够上传模型（自己设计的或者经过许可后修改的）和相关信息供其他人查看和使用的网站。Thingiverse 上绝大多数的模型设计都是开源的，因此你不需要担心侵犯知识产权——不过最好是养成检查许可协议的好习惯！图 1-5 就是 Thingiverse 网站的截图。

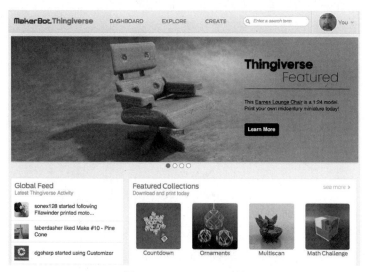

图 1-5　Thingiverse 网站

　　任何人都可以自由地在 Thingiverse 上浏览、搜索和下载不同的模型。你甚至不需要注册一个账号！如果找到了想要使用（打印）的模型，只需要单击下载按钮并将文件保存在硬盘上就可以了。大部分设计文件都是以.stl 格式提供的，你只需要对它进行切片和打印就行了。

　　注册用户则可以自己创建模型页面、标记自己以后可能会用到的或者喜欢的模型、创建收藏夹对设计进行分类，并及时关注新上传的模型设计。你也可以在网站上分享自己打印出（或者设计出）的模型实物，发现自己喜欢的设计并且能够看到其他人进行的尝试结果总是更好的。

■提示：最优秀的设计通常也是最多人喜欢的。你也可以关注那些打印次数最多的物体。这两者都是质量优秀（和实用）的参考指标。

　　当你找到了希望了解更多细节的模型之后，只需要单击它。你就会看见一个带有图片的详细信息页面（通常包含创建者上传的 3D 视图或者其他实物图片）。这个页面通常还会包含一个菜单或者多个标签（根据不同的网站而有所不同），其中包含了指向模型的描述信息、组装指南（可选）、可下载文件清单，以及供所有人评论或者提问的留言板的链接。页面上同样还会显示喜欢这个设计、加入收藏以及曾经打印（制作）过的人数。

　　如果你希望创建自己的设计页面并且和其他人分享，还需要注册一个账号。注册账号是免费的，但是你需要填写一些个人信息（名字等）才能够上传模型设计。我曾经上传过许多模型。图 1-6 里就是我早期的作品之一，它能够在 Prusa Iteration 2 打印机的热端上装一个 LED 灯环。

这是一个简单的升级套件，但它能够让观察打印过程变得更加简单。我可以用 LED 来帮助我确定编织层表面的黏合是否紧密。它帮助我阻止了许多可能会失败的打印（边角不平或者失去黏着力），明亮的照明能够帮助我在完成大部分的打印之前就发现问题所在。

Thingiverse 网站能够在大部分系统平台和浏览器上正常工作。你甚至还可以在 Android 或者 iPhone 手机上找到 Thingiverse 应用程序来帮助你浏览新上传的物体。你只需要访问网站，单击探索（Explore）菜单，然后单击最新上传项（Newest）即可。我自己会每天至少检查一次有没有新上传的有趣设计。我在这个网站上发现了许多实用的模型设计，并为设计其他的 3D 模型找到了不少灵

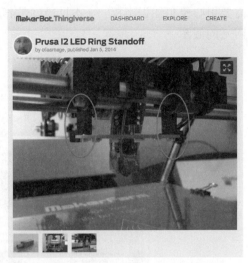

图 1-6　Thingiverse 上的一个设计

感。Thingiverse 是一个十分有用的资源网站。我推荐你在尝试自己设计模型之前试着在 Thingiverse 上搜索一下有没有类似的设计，有很大的概率你能够找到某些十分近似的设计，你只需要将它下载、切片和打印出来就行了！

你可以在网站上找到各种不同种类的模型。虽然大部分的模型都是针对 3D 打印设计的，但是你也可以找到用于激光或者水压切割的 2D 图形设计。Thingiverse 上同样还有几百种针对许多主流开源 3D 打印机型号的升级方案。我在上面发现过许多有趣的升级方案，大部分都可以直接或者经过轻微修改之后套用在我的打印机上。我会在后面的章节中介绍一部分升级方案。但是现在，让我们进入工具链中的下一个部分——切片软件（CAM）。

计算机辅助制造

计算机辅助制造（computer-aided manufacturing, CAM）包含许多方面的内容，但是在这里我们需要的是将一个 3D 模型的定义（.stl 文件）转化成能够指导打印机逐层完成物体构建的指令文件（.gcode 文件）的能力。详细来说，切片软件可以利用标准曲面细分语言中的数控编码产生标准的、G-code 格式的机器功能调用指令。

G-code 是什么？

G-code 可以看作是一系列控制机器不同零部件的功能指令的简略缩写。当 3D 打印机接收到 G-code 文件的时候，里面的代码并不仅仅能够控制 3D 打印机的各项行为。实际上，这些代码能够控制一系列不同的机器设备，甚至包括数控机床。此外，G-code 指令中还包含一部分经过修改后专门控制 3D 打印的新指令。

这些指令由代表特定命令的字母、数字（指令索引编号），以及一个或多个由空格分割

的参数（不一定存在）组成。通过这些指令可以对热端进行定位、设定工作温度、移动轴的位置、检查传感器读数，并能实现其他多种功能。表 1-3 里列举出了几个常见的代码，同时代码列表 1-1 里则展示了一个实际的.gcode 文件。

表 1-3   常见的 G-code 代码

代码	描述	参数	示例
G28	移动到 X、Y、Z 的零点限位开关，这是复位指令	无	G28
M104	设置热端的温度	Snnn：温度（℃）	M104 S205
M105	读取热端的温度	无	M105
M106	启动风扇	Snnn：转速（0～255）	M106 S127
M114	获取所有轴的位置	无	M114
M119	获取所有限位开关的状态	无	M119

代码列表 1-1　示例 G-code 文件

```
; 由 Slic3r 0.9.9 生成于 2014-01-05 15:53:58

; 层高= 0.2
; 边沿= 3
; 顶部实心层数量= 3
; 底层实心层数量= 3
; 填充密度= 0.4
; 边沿打印速度= 30
; 填充打印速度= 60
; 运动速度= 130
; 喷嘴直径= 0.35
; 丝材直径= 3
; 挤出机数量= 1
; 边沿挤出宽度= 0.52mm
; 填充挤出宽度= 0.52mm
; 实心填充挤出宽度= 0.52mm
; 顶部填充挤出宽度= 0.52mm
; 支撑材料挤出宽度= 0.52mm
; 底层挤出宽度= 0.70mm

G21 ;将单位设定为 mm
M107
M104 S200 ;设定温度
G28 ;复位各个轴
G1 Z5 F5000 ;升高喷嘴

M109 S200 ;等待喷嘴升温
```

```
G90  ;设定绝对坐标系
G92 E0
M82  ;设定挤出的绝对距离
G1 F1800.000 E-1.00000
G92 E0
G1 Z0.350 F7800.000
G1 X78.730 Y91.880
G1 F1800.000 E1.00000
G1 X79.360 Y91.360 F540.000 E1.02528
G1 X79.820 Y91.060 E1.04227
G1 X80.290 Y90.800 E1.05889
...
G1 X92.051 Y96.742 E6.11230
G1 X92.051 Y96.051 E6.12185
G1 F1800.000 E5.12185
G92 E0
M107
M104 S0  ;停止加热
G28 X0   ;复位 X 轴
M84      ;停用电机

;打印丝材使用量= 164.4mm（1.2cm³）
```

G-code 文件以文本的形式储存了所有打印设计时需要用到的机器指令，包括切片软件中设置的初始化和拆卸机制。代码列表 1-1 里是一个完整的.gcode 文件。注意开头几行是以分号起头的，这表示这一行是注释行，通常可以用来标注打印过程的参数。注意这里的注释当中包含了层高、顶部和底部的实心层、填充密度以及其他一系列信息。这使得你不需要去解读 gcode 指令就可以了解物体的一些基本特征。

■提示：如果你打算用多种打印丝材进行 3D 打印，你可能需要考虑对切片后生成的文件（即.gcode 文件）在文件名上用代码或者短语进行区分，标明应当分别使用何种打印丝材。这是因为不同种类的丝材需要的温度设定各不相同，而同一种打印丝材在尺寸和熔点特性上也会有些许的不同。[①]所有这些数据都储存在.gcode 文件中。你也可以考虑通过文件夹来区分，例如 PLA_3.06 或者 ABS_BLACK，并在里面储存所有采用相同种类、尺寸和颜色打印丝材的.gcode 文件。

如果你希望了解更多关于 G-code 和相关指令的知识，你可以参考 RepRap 官网上的介绍来详细了解 3D 打印机支持的指令清单。我们在后面的章节里会介绍一些常用的 G-code 指令。

---

① 我有两卷从不同商家那里购买的相同颜色、相同材质的丝材，但是其中一卷的熔点比另一卷低 8℃。

RepRap 是什么？

RepRap 代表快速复制原型技术（replicating rapid prototyping[①]）。RepRap 最初是 Adrian Bowyer 博士于 2005 年在巴斯大学提出的一个设想，目标在于制作能够打印自身的复制品的 3D 打印系统。

这个名词被用来代表大量的开源 3D 打印机设计方案。其中最受欢迎同时也是最普及的是 Josef Prusa 设计的 Prusa iteration 系列 3D 打印机。RepRap 世界十分庞大，并且有多个社区和许多积极的贡献者为之提供支持。

若要了解更多关于 RepRap 的知识，继续阅读本书或者访问 RepRap 官网。

挑选 CAM 软件

和 CAD 软件不同，专门面向 3D 打印的 CAM 软件选择有限。记住我们需要的基本功能只是对模型进行切片并生成 3D 打印机需要的 G-code 文件，但是这里可选的软件在对生成 G-code 文件的过程中你能够控制的内容上也有很大的差别。

表 1-4 里列出了一些用在 3D 打印中最流行的 CAM 软件。我会在接下来的内容里详细介绍两种最流行的程序。

表 1-4　　　　　　　　　　　用于 3D 打印的 CAM（切片）软件

名称	花费/许可类型	备注
MakerWare	免费	搭配 MakerBot 打印机的最佳选择。可以产生供其他型号打印机使用的 G-code 文件，但是针对 MakerBot 打印机进行了优化
Slic3r	开源	在 RepRap 爱好者中十分流行。自定义程度很高
Skeinforge	开源	界面简单，但是使用起来十分枯燥
KISSLicer	免费（功能受限） 付费（专业功能）	免费版本包含了 3D 打印需要的基本功能。专业版则添加了多喷头和高级模型控制功能

MakerWare

MakerBot 公司开发了一款名叫 MakerWare 的应用程序，它可以利用 3D 视图显示打印基板以及打印机的最大打印容积。它能够让你将物体摆放在打印基板上的任意位置（其他的 CAM 程序则会自动将物体放在基板中央），生成切片后的指令文件（X3D 或 S3D 格式）供打

---

① 不，这并不是一种新型的音乐。

印机使用，甚至还可以观察物体在打印中的叠层过程。

MakerWare 是针对 MakerBot 打印机进行特殊优化的。这就意味着 MakerBot 替你完成了绝大多数复杂的工作。简单来说，它可以帮助你波澜不惊地完成打印。和其他 CAM 软件不同的是，你能够修改的设定很少——仅仅因为它们不是必须的。但是，如果你想要对打印过程（G-code 文件）进一步优化或需要在非 MakerBot 打印机上进行打印，那么就需要选择其他能够提供更多自定义选项和控制 G-code 生成的 CAM 软件了。

MakerWare 能够在打印基板上添加模型（.stl 文件），并且对模型进行移动、旋转甚至是缩放使其符合打印区域的范围。你也可以改变视图的方向，以及放大或者缩小视图。图 1-7 里展示了 MakerWare 主界面的截图。

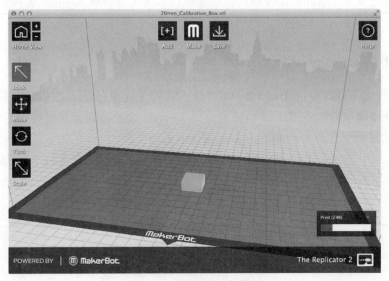

图 1-7　MakerWare 主界面

通过将模型摆放在打印平台上的任意位置，你就可以避免由于打印基板上的 Kapton 胶带或者蓝色美纹纸胶带损伤使得打印无法进行的问题，只需要将物体移到另一个位置就行了！在将物体摆放好之后，只需要单击制作（Make）按钮就可以进入切片过程。程序的切片功能是进行了深度优化并且是流水线化的。和其他软件不同（后面将会介绍），你只能修改少数的几个设定。图 1-8 里展示了切片选项对话框。

在这个对话框里，你可以选择使用的打印机型号（Replicator、Replicator 1 Dual、Replicator 2 或者 Replicator 2X）、材料种类（ABS 或者 PLA）以及质量选项。你也可以启用支撑材料和底座选项。你还可以选择是将切片后生成的文件保存起来还是直接传输到打印机中进行打印（直接打印需要你的计算机已经和打印机通过 USB 连接起来了）。

支撑材料（Support Material）是一些小片的塑料，用来桥接较大的缝隙两侧或者支撑模型中悬空的部分。你可以把它想象成构建模型过程中的脚手架。举例来说，如果你希望打印一个内部中空区域较多的物体，相较于让打印机试着桥接（利用丝材连接缝隙的两端，可能会导致丝材下垂甚至桥接失败）中间空着的区域，你可以选择启用支撑选项防止丝材在中央的空隙部分出现下垂。添加支撑材料意味着你需要在完成之后清除掉多余的塑料才能够使用打印品（或者恢复打印品的外观）。双喷嘴打印机可以用其他的丝材充当支撑材料，这种情况下你可以选择可分解的丝材从而避免必须手动清理支撑材料。

另外，底座（Rafting）是一种能够提升打印品的散热性能、防止模型各个部位散热不均匀的特殊技术。如果出现这样的情况，可能会使模型的底部在打印床上翘起（这种情况被称为翘边）。底座通常由打印床上在打印模型之前堆积的多层丝材构成。在 MakerWare 中，它设计的底座能够轻松地从物体上进行剥离。

如果你希望更加深入地控制打印过程，你可以单击高级选项（Advanced）按钮，其中包含了更多关于打印质量、热端温度以及挤出速度的精密选项。图 1-8 里展示了高级选项对话框的内容。你也可以储存自定义选项的内容以供之后进行打印时调用。这就使你可以针对特定的丝材（不同颜色的丝材在加热特性上也会有所不同）建立对应的配置文件。最后，你可以在生成打印文件之前预览整个打印过程，只需要勾上"打印前进行预览（Preview before printing）"选项即可。

预览窗口让你能够观察打印机挤出丝材路径的图形化过程。利用左侧的滚动条来选择显示的层数。图 1-9 中就是一个打印预览窗口的实例。

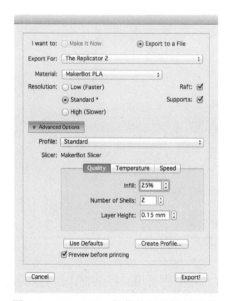

图 1-8　MakerWare 提供的切片控制选项

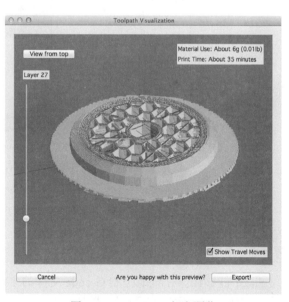

图 1-9　MakerWare 打印预览

注意，在图中你还可以勾选显示路径选项（Show Travel Moves）。勾选之后在预览窗口中会将挤出机的热端在打印过程中运动的路径高亮显示。对于复杂模型或者多个模型，这个选项可能会产生大量的路径线。但是对于示例中的简单模型，它显示的内容有限。

再次回到图中的内容上。注意在图 1-9 中我将显示层数设置为 27 层。这样使得预览窗口中能够展示打印机是如何处理填充和堆叠丝材的。有趣的是，此时图中还展示出了物体底部已经成型的底座。要完成导出（切片操作），单击导出（Export）按钮！

　　最后，MakerWare 不仅能够用来生成切片文件，还可以直接控制 MakerBot 打印机。因此它结合了 CAM 软件以及打印机控制软件的功能。上述的这些功能意味着 MakerBot 打印机在 CAM 过程中有一个十分稳定、易用的应用支持。从许多方面来说，MakerBot 都提前替你解决了不少困难，从而确保随时都能够获得良好的打印体验。

Slic3r

　　如果你没有 MakerBot 打印机，或者你希望控制 G-code 文件的生成，那么 Slic3r[①]绝对值得你去尝试。和 MakerWare 一样，Slic3r 同样也有用来摆放模型的虚拟打印基板，但是和 MakerWare 不同的是，它的视图是顶部方向，只支持二维显示，并且会自动将物体放置在打印基板的中央位置。图 1-10 中展示了软件在专业模式下的主界面（简单模式会隐藏大部分的高级控制选项）。

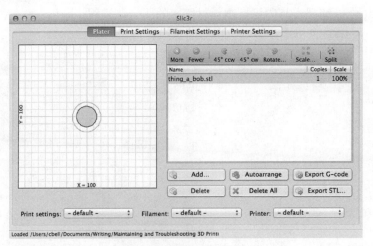

图 1-10　Slic3r 主界面

■**注意**：最新版本的 Slic3r 提供了 3D 视图选项。

　　Slic3r 能够让你完整地控制 G-code 文件的生成过程。它提供了用来控制打印过程的各种选项，例如填充（质量）、边沿、裙边、侧裙以及底座。可供你选择的设定很多，实际上你可以花费大量的时间来对切片文件进行优化。但是现在暂时不要担心那些，我们会在后续的章节里详细介绍这些名词，并且介绍如何优化打印过程。网络上也有详细的说明文档来帮助你了解软件中各项设定。

------

　　① 这并不是一个拼写错误，名字里确实带有一个 3。

　　和 MakerWare 一样，你也可以建立配置文件，但是在这里你需要在 3 个主要分类中分别建立配置文件：打印设置、丝材设置以及打印机设置。打印设置能够设置打印过程中的相关参数（例如填充的相关参数）。丝材设置则能够设置热端（以及打印平台）的工作温度，以及使用丝材的尺寸。打印机设置窗口能够控制打印机行为，以及在打印过程的开头或者结尾添加自定义的 G-code 指令——例如移动打印床位置、关闭风扇等。

　　你可以独立保存这 3 类配置文件。这样就可以为每一卷不同的丝材建立配置文件，同样每一台不同的打印机也可以拥有各自的配置文件。更重要的是，你可以选择不同的打印设置来获得不同等级的打印质量、速度。

打印丝材特性

　　不仅不同种类的丝材之间加热特性可能会有所不同，不同商家生产的丝材尺寸也可能出现偏差。你可能经常碰见打印丝材测量出的直径为 1.8mm（理论值应当为 1.75mm）或者甚至 3.1mm（理论值应当为 3.0mm）。因此在切片之前一定要对丝材进行测量，并根据测量结果设定相应的参数。

　　■**注意**：在使用打印丝材的时候一定要检查打印丝材的尺寸。如果丝材上不同部位的直径误差超过了 0.01~0.03mm，那么你也许应当考虑从别的地方购买打印丝材了。尺寸变化较大表明丝材的质量不佳，并且可能导致挤出故障、填充不满（打印丝材过细）或者填充过度（打印丝材过粗）的打印品。

　　用来控制打印过程的主要设定都在打印设置窗口里，其中包括填充密度、打印速度以及支撑材料等选项。图 1-11 中展示了打印设置窗口。注意对话框的左侧是一系列标签选项卡，你可以单击对应的标签，之后右侧就会显示对应类别里的全部高级选项。

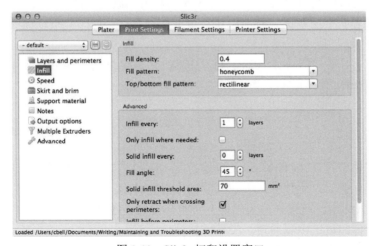

图 1-11　Slic3r 打印设置窗口

图 1-12 中展示了打印机设置窗口，此时窗口中显示的是在打印开始和结束时添加的自定义 G-code 指令。在这个例子里，我让打印机在开始时对所有的轴进行复位并将喷嘴（热端）提升了 5mm。接着在结束的时候，我又控制打印机关闭所有的加热单元、对 X 轴进行复位，并且停用所有电机。你也可以在这个窗口里自己来添加自定义指令。

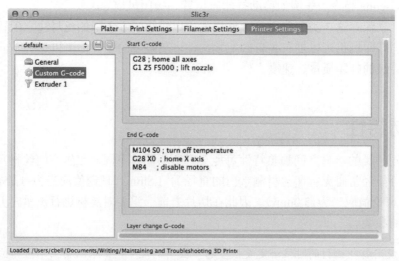

图 1-12　Slic3r 打印机设置窗口

从许多方面来说，Slic3r 比 MakerWare 要更加专业。因为 Slic3r 能够让你深度控制 G-code 文件的生成过程，从而实现对打印机的精细控制。但是这样也可能会导致打印过程中出现问题，因此在修改这些大量的选项时需要格外小心，确保每次只修改一个特定类别中的选项。

实际上，我推荐可以通过打印一个简单的正方体来测试打印设定是否正确，正方体的边长只需 10～20mm 即可。这样能够节省你大量的精力（以及打印丝材），因为它能够让你直观地观察改变设置带来的变化，而不用花费数个小时去试着打印某个物体——最后却发现使用的设置并不能达到预期的效果。

现在我们已经认识了两个常见的 CAM 软件，接下来我们要介绍的是打印机固件以及常用的打印机控制软件。

固件

所有的这些模型设计（CAD）以及机器控制/切片（CAM）都还停留在设计和软件层面。在完成了这些工作之后，才是打印机开始发挥作用的时候。打印机上的软件（因为一般被储存在非易失性 RAM 中，所以通称为固件）负责解读 G-code 文件，并且提供管理打印过程、控制温度、复位打印机等控制选项。

如果你购买了一台成品打印机，比如 MakerBot Replicator 2，那么就不需要担心固件——

它在出厂之前就已经装载到了打印机上并且完成了配置。相似地，如果你通过套件组装了一台打印机，那么能够使用何种固件通常也是决定好的。你可能需要自己装载固件，但是这个过程通常并不复杂。你只需要参照打印机的使用手册就可以完成固件的装载。但是如果你准备从零开始组装一台打印机，或者正在考虑更换打印机上正在使用的固件，就需要了解一下可选的固件有哪些了。

在这一节里，我将会简单介绍一些常见的固件。现在几乎每个月都会有一个全新的固件衍生版本出现，因此如果你想要使用最新版本的固件，可以在相关的论坛里找到更多的信息RepRap Forums 网站）。

首先，你需要知道固件通常会以源代码的形式提供给你，需要自己进行配置和编译。有一部分固件会提前帮你完成这些步骤，但是这里介绍的固件都需要自行编译。

挑选固件

正如前面介绍过的，可供选择的固件其实并不多。表 1-5 里列出了最流行的一些固件，并简单备注了它们的功能，以及支持的硬件型号。每一种固件都只支持少量的硬件系列（根据控制区分），其中包括广泛使用的 RAMPS（RepRap Arduino Mega Pololu Shield，由 Pololu 公司提供的基于 Arduino Mega 芯片的 RepRap 打印机控制电路解决方案）Arduino Mega Plus 拓展板解决方案。下面列出的固件都是开源的。

表 1-5　　　　　　　　　　3D 打印机的固件

名称	支持硬件	备注
Sprinter	RAMPS、Ultimaker、Sanguioloulu、Gen6	支持可加热打印床、SD 卡读取等功能
Marlin	RAMPS、Ultimaker、Sanguiololu、Gen6 及相似型号	支持多挤出机、液晶屏、自动调平打印床等功能。Sprinter 的衍生版本之一
Repetier	RAMPS、Azteeg X3、Gen6、Sanguinololu、Gen7、Printrboard、RAMBo 等许多型号	结合了许多固件的优点，带有改进打印速度、优化控制以及支持更多硬件等特点。带有自动配置界面，让你能够不用研究源代码就能够针对特定的打印机配置固件
Teacup	RAMPS、Ultimaker、Sanguiololu、Gen6 和相似型号	早期版本的 3D 打印固件

除了 Repetier 固件之外，上面这些固件都需要你直接编辑源代码之后才能对代码进行编译并装载到 Arduino（或者类似的）控制电路板上。代码列表 1-2 中是 Marlin 固件源代码的一小部分内容。这一段代码是 Configuration.h 文件的一部分内容，通常也是你唯一需要修改的代码文件。我在这里只列出了代码的一部分——实际文件中的内容要比这多得多！

代码列表 1-2　Configuration.h：对 3D 打印硬件进行设置

```
...
//=====================================================================
//=====================Mechanical Settings=====================
//=====================机械设定=====================
//=====================================================================

// 取消下面一行的注释来启用 CoreXY 运动方式
// #define COREXY

// 粗略限位开关设置
// 对上一行进行注释（在代码的起始位置添加 //）来禁用限位开关上拉电阻

#ifndef ENDSTOPPULLUPS
    // 精细限位开关设置：针对单个上拉电阻。如果定义了 ENDSTOPPULLUPS 则忽略下列设置
    // #define ENDSTOPPULLUP_XMAX
    // #define ENDSTOPPULLUP_YMAX
    // #define ENDSTOPPULLUP_ZMAX
    // #define ENDSTOPPULLUP_XMIN
    // #define ENDSTOPPULLUP_YMIN
    // #define ENDSTOPPULLUP_ZMIN
#endif

#ifdef ENDSTOPPULLUPS
  #define ENDSTOPPULLUP_XMAX
  #define ENDSTOPPULLUP_YMAX
  #define ENDSTOPPULLUP_ZMAX
  #define ENDSTOPPULLUP_XMIN
  #define ENDSTOPPULLUP_YMIN
  #define ENDSTOPPULLUP_ZMIN
#endif

// 如果你直接用机械限位开关连接信号源和接地管脚，那么需要用到上拉电阻
const bool X_MIN_ENDSTOP_INVERTING = true; // 设定为真时反转限位开关逻辑
const bool Y_MIN_ENDSTOP_INVERTING = true; // 设定为真时反转限位开关逻辑
const bool Z_MIN_ENDSTOP_INVERTING = true; // 设定为真时反转限位开关逻辑
const bool X_MAX_ENDSTOP_INVERTING = true; // 设定为真时反转限位开关逻辑
const bool Y_MAX_ENDSTOP_INVERTING = true; // 设定为真时反转限位开关逻辑
const bool Z_MAX_ENDSTOP_INVERTING = true; // 设定为真时反转限位开关逻辑
//#define DISABLE_MAX_ENDSTOPS
//#define DISABLE_MIN_ENDSTOPS

// 在例行检查限位开关时需要先禁用最大值处的限位开关
#if defined(COREXY) && !defined(DISABLE_MAX_ENDSTOPS)
  #define DISABLE_MAX_ENDSTOPS
#endif
```

```
// 若要反转电极使能管脚（低电平触发）设定为 0，不反转（高电平触发）设定为 1
#define X_ENABLE_ON 0
#define Y_ENABLE_ON 0
#define Z_ENABLE_ON 0
#define E_ENABLE_ON 0 //对所有挤出机进行设置

// 在未使用的时候禁用轴
#define DISABLE_X false
#define DISABLE_Y false
#define DISABLE_Z false
#define DISABLE_E false // 禁用所有挤出机

#define INVERT_X_DIR true // 对 Mendel 类打印机设定为假，对 Orca 类打印机设定为真
#define INVERT_Y_DIR false // 对 Mendel 类打印机设定为真，对 Orca 类打印机设定为假
#define INVERT_Z_DIR true // 对 Mendel 类打印机设定为假，对 Orca 类打印机设定为真
#define INVERT_E0_DIR false // 对直驱挤出机 V9 设定为真，对齿轮驱动挤出机设定为假
#define INVERT_E1_DIR false // 对直驱挤出机 V9 设定为真，对齿轮驱动挤出机设定为假
#define INVERT_E2_DIR false // 对直驱挤出机 V9 设定为真，对齿轮驱动挤出机设定为假

// 限位开关设置
// 设定限位开关复位的方向：最大值为原点时设定为 1，最小值为原点时设定为-1
#define X_HOME_DIR -1
#define Y_HOME_DIR -1
#define Z_HOME_DIR -1

#define min_software_endstops true   // 如果设定为真，轴不能移动到小于 HOME_POS 的位置
#define max_software_endstops true // 如果设定为真，轴不能移动到超过下面定义的位置

// 复位之后的移动范围限制
#define X_MAX_POS 205
#define X_MIN_POS 0
#define Y_MAX_POS 205
#define Y_MIN_POS 0
#define Z_MAX_POS 200
#define Z_MIN_POS 0

#define X_MAX_LENGTH (X_MAX_POS - X_MIN_POS)
#define Y_MAX_LENGTH (Y_MAX_POS - Y_MIN_POS)
#define Z_MAX_LENGTH (Z_MAX_POS - Z_MIN_POS)

...

// 复位开关的位置
//#define MANUAL_HOME_POSITIONS // 如果定义有效，下面的 MANUAL_*_HOME_POS 将会被使用
```

```
//#define BED_CENTER_AT_0_0 // 如果定义有效，那么打印床的中央位置坐标为 (0,0)

// 手动复位开关位置
// 对于 Deltabots 打印机下面设定的位置为顶部，对于采用笛卡儿坐标系定义的打印空间为中央
#define MANUAL_X_HOME_POS 0
#define MANUAL_Y_HOME_POS 0
#define MANUAL_Z_HOME_POS 0
//#define MANUAL_Z_HOME_POS 402 // 对于 Delta 系统：表示复位后喷嘴和打印表面之间的距离

// 运动设置
#define NUM_AXIS 4 // 各个轴在所有的轴矩阵中的顺序为 X、Y、Z、E
#define HOMING_FEEDRATE {50*60, 50*60, 4*60, 0} // 设置复位速度（单位为 mm/min）

// 默认设置
#define DEFAULT_AXIS_STEPS_PER_UNIT {78.7402,78.7402,200.0*8/3,760*1.1}
// Ultimaker 的默认每单位步数
#define DEFAULT_MAX_FEEDRATE        {500, 500, 5, 25}     // (mm/s)
#define DEFAULT_MAX_ACCELERATION  {9000,9000,100,10000} // X、Y、Z、E 在加速
// 运动时的最大起始速度。E 的默认值适用于 Skeinforge 40+ 以后的版本，对于老版本需要大大增
// 加它的值

#define DEFAULT_ACCELERATION 3000 // X、Y、Z 和 E 在打印过程中的最大加速度，单位为 mm/s²
#define DEFAULT_RETRACT_ACCELERATION 3000 // X、Y、Z 和 E 在收回过程中的最大加速
// 度，单位为 mm/s²

...

// 预加热常量
#define PLA_PREHEAT_HOTEND_TEMP 180
#define PLA_PREHEAT_HPB_TEMP 70
#define PLA_PREHEAT_FAN_SPEED 255 // 插入 0~255 之间的值

#define ABS_PREHEAT_HOTEND_TEMP 240
#define ABS_PREHEAT_HPB_TEMP 100
#define ABS_PREHEAT_FAN_SPEED 255 // 插入 0~255 之间的值

...

#endif //__CONFIGURATION_H
//结束了!!!
```

如果你感觉这个文件看上去很可怕，或者是目前对你来说有点儿过于深奥，不要担心！虽然你需要逐渐地去全面了解硬件参数，比如每个轴的机械特性（以及相关计算），但是在你之前已经有许多人完成了这样的工作。如果你遇到了困难，可以尝试在论坛或

者其他类似的网站上寻找答案。只要耐心挖掘，通常可以找到关于任何硬件配置的正确答案。

对所有常量和变量都进行设定是一项十分具有挑战性的工作。如果你购买的是打印机套件或者没有装载固件的成品打印机，那么你应当能够在使用手册里找到如何正确设定固件中相关的参数。试着查阅零售商提供的使用手册或者帮助网页来获取相关的说明。

另外，如果你正在尝试组装打印机，这里有一些工具能够帮助你对固件进行配置。首先是由 Josef Prusa 制作的线上 RepRap 计算器，它能够帮助你计算出许多关键参数的正确值。

另一个可用的工具是 Repetier-Firmware 配置工具。这个工具能够指引你逐步完成硬件变量的配置。你可以利用硬件计算器提供的结果完成配置过程。

无论你需要第一次装载固件还是希望修改现有的固件（比如说为了配合升级后的硬件），这本书都能够帮助你达到目标。但是目前我们并不打算深入介绍相关的内容，我们会在后面的章节里详细介绍。

现在我们已经粗略了解了固件，接下来让我们学习软件工具链里的最后一环：打印机控制软件。

打印机控制

打印机控制软件能够让你移动轴的位置、开关加热装置（打印床、挤出机）和风扇等装置。大部分打印控制软件能够向打印机发送 ad-hoc G-code 指令（一种临时执行不用保存的指令格式）。举例来说，你可以通过这些指令检查限位开关状态和挤出机的实时温度。

打印机控制软件相较于前几年来说正在变得越来越像可选的工具。过去它曾经是用来向打印机传输 G-code 指令文件的必需品。但是现在越来越多的 3D 打印机产品（和套件）都配备了功能丰富的液晶屏，通过液晶屏能够直接设定挤出机和打印床的温度、移动轴，甚至读取 SD 卡里的文件。正如前面介绍过的那样，从 SD 卡直接进行打印就意味着你不需要用到工具链中的打印机控制软件了。

但是打印机控制软件仍然有它的用武之地。比如当你希望对 Z 轴限位开关进行设置或者检查某个轴的运动状况时，打印机控制软件就显得很方便了。虽然你可能需要通过特定的 G-code 指令才能够对打印机的状态进行查询。另一个例子是，一些打印机的固件允许你对打印机进行预加热，却不允许你单独对打印床或者是挤出机进行预加热——两者必须同时进行。而通过打印机控制软件，你可以实现对打印机各个部件的精细控制。

可选的打印机控制软件十分有限。表 1-6 里列出了最常见的一些选择。我会在后续的内容里介绍供非 MakerBot 打印机使用的两种最常见的打印机控制软件。在这里我略去了 MakerWare 的介绍，因为它工作起来十分流水线化，给出的反馈极少，通常只有完成度的百分比，并且只能够和 MakerBot 打印机搭配使用。

表 1-6   3D 打印机控制软件

名称	花费/许可类型	说明
MakerWare	免费	MakerBot 打印机的最佳选择
PronterFace	开源	早期在 RepRap 爱好者之间人气很高,但是流行度正在不断减少
Repetier-Host	开源	界面简单,但是使用体验较为枯燥。不过自发布起就在不断累积流行度
OctoPrint	免费	基于网页的打印控制。适用于计算能力较弱的控制电路,例如树莓派

Pronterface

Pronterface 是一个基于 Python 的打印机控制程序,实际上它是由包含 Printrun 在内的一系列工具组成的套件,包括 G-code 指令协议(Printcore)、G-code 协议命令行交互界面(Pronsole)、打印机控制图形交互界面(Pronterface),以及一系列实用的脚本工具。基本上,当你在使用 Pronterface 的时候,实际上使用的是套件中的其他工具,但是大部分人可能只会用到 Printrun 程序。

Printrun 能够提供独特的图形界面用于控制打印机的各个轴。你可以单独设定打印床和挤出机的工作温度,还可以停止电机的运作(在取消出现状况的打印进程时很有用),甚至能够自定义按键来执行 G-code 指令或者其他的操作。你还可以在进行打印之前观察预览模型的切片视图。

但是我最喜欢 Printrun 的一点则是它能够轻松地单独控制每个轴的运动,以及在打印之前完成准备工作。图 1-13 中就是 Printrun 的软件界面。

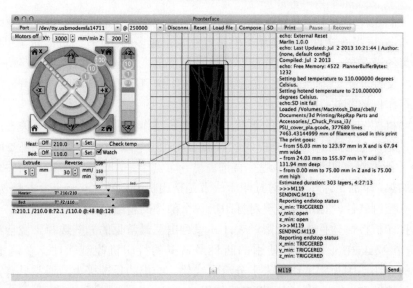

图 1-13   Printrun 软件界面

注意窗口右侧里的内容，里面不断输出的是打印机输出的反馈信息。观察窗口中最后的几行信息，它是执行 M119 G-code 命令后返回的限位开关状态信息。你可以观察到此时的限位开关都处于触发状态，这就意味着此时打印机执行完了复位操作（所有的轴都位于零点位置上）。这样你不需要从椅子上站起来就可以确认打印机的状态了。

同样，窗口中央的面板（打印床）上会显示发送 G-code 命令后模型的实时 2D 视图。这让你能够直观地观察模型状态而不需要另外去观察打印机。很实用，不是吗？

注意右侧的清单里还会输出打印过程的一些状态信息。在图中的例子里，整个打印过程需要花点时间——大约四个半小时！这说明与打印质量相关的设定也许太高了，或者打印速度的设置出现了错误。在这个例子里，我使用的 Prusa Iteration 2 打印机的挤出机运动速度相对较慢。它的打印质量很好，但是打印速度确实不快。可以利用这些反馈信息来帮助我决定开始执行打印过程，还是需要重新配置 G-code 文件来加快打印的进度。

遗憾的是，虽然这个软件的功能很强大，但是它的安装和配置过程十分复杂。比如在 Mac 系统中配置文件所处的位置十分隐秘和奇怪，因此要让它和 Slic3r 或者其他的切片软件配合起来是一件十分具有挑战性的工作。但是，我已经将它作为对打印机进行配置、维护和排错的主要手段有好几年的时间了，并且从未遇到过严重的问题。在完成了对切片插件的配置之后，软件的功能看上去就十分完美了。

Repetier-Host

Repetier-Host 正变得越来越流行，尤其是在 RepRap 爱好者之间。Repetier-Host 实际上并不仅仅是一个功能齐全的打印机控制程序。实际上，它允许你将模型摆放在打印机板的任何位置（而不是一直位于中央）上对模型进行操作，甚至还可以配合 Slic3r 或者 Skeinforge 对模型进行切片操作。你只需要在进行切片之前对 Repetier-Host 和切片软件之间的连接进行配置就行了。

这听起来很耳熟，不是吗？实际上这和 MakerWare 的工作流程是一样的。但是和 MakerWare 不一样的是，Repetier-Host 适用于更多不同型号的打印机，并且界面相比于 MakerWare 来说科技感也更强。①它的安装比 Printrun 更加简单，并且能够提供更多关于打印机和打印品的信息。图 1-14 中展示了一个处于物体放置模式的 Repetier-Host 界面截图。

程序的界面被分成几个部分。工具栏位于顶部，左侧是连接打印机、改变打印基板视图等常用功能。界面中央是打印基板的视图窗口。和 Printrun 不同（但是和 MakerWare 很相似），它显示的是模型的 3D 视图，并且能够轻松进行缩放和旋转等操作。

界面的右侧是一个多标签窗口，能够提供加载和操作物体、切片软件（通过 Slic3r 或者 Skeinforge）等控制功能，第 3 个标签包含了与 G-code 指令相关的操作选项，最后一个标签

---

① 换种说法，它的极客气息更浓。3D 打印的资深发烧友们会更喜欢它的反馈信息和打印机控制中的各种细节。

里则提供了更详细的打印机控制功能。后面我们会分别介绍这些操作选项的实例。但是从我们介绍的内容中你可以看出 Repetier-Host 并不仅仅是一个打印机控制软件，但是我们依然将它归类到这种软件当中。

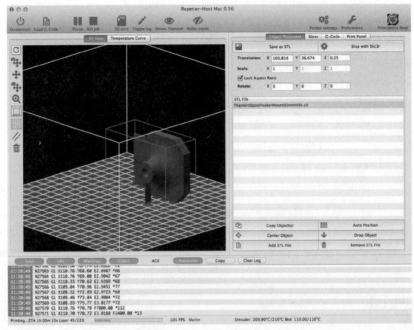

图 1-14　Repetier-Host 的主界面截图（模型窗口）

　　切片窗格让你能够配置用来产生 G-code 文件的切片软件。和 Printrun 不一样，你可以轻松地选择想要使用的配置文件。比如你可以通过 Slic3r 选择每个分类中要用到的配置文件，图 1-15 中展示了切片软件窗口。

　　G-code 窗口是 Repetier-Host 程序中最有趣的部分之一。在完成了模型的切片之后，你可以使用 G-code 窗口预览切片的结果。你可以在窗口里的打印平台上显示完整的模型，也可以只显示一定层数范围内的模型。这使你能够在进行打印之前检查目前进行的工作是否正常完成，就和 MakerWare 提供的功能一样。

　　但是对于专家们来说真正有趣的功能则是它能够直接编辑 G-code 指令。目前我还没有发现其他的软件能提供相同的功能。因此，如果你很了解 3D 打印的过程，你可以不用重新切片就对 G-code 指令文件进行修改。比如我经常用 PLA 和 ABS 材料分别打印同一个（因为各种不同的原因）模型。但是由于它们的温度设定和其他一些参数上存在细微的区别——比如丝材厚度，我只需要改变指令文件相关参数而不用重新进行整个切片操作。这很棒！图 1-16 中展示了 G-code 窗口。

　　■ **注意**：在编辑 G-code 文件时一定要谨慎！任何一条错误的指令都可能导致打印出错！

图 1-15　Repetier-Host 软件中的切片软件窗口

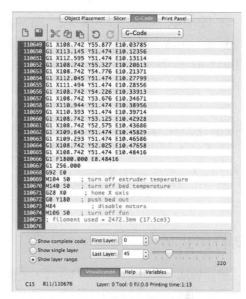

图 1-16　Repetier-Host 的 G-code 窗口

　　Repetier-Host 的另一项有趣的功能是展示了与打印机进行交互过程中的全部信息。你可以看到软件发送给打印机的实际 G-code 指令。虽然这项功能一开始可能令人惊奇，但是你可能会逐渐地对它产生厌烦。不过幸运的是你可以选择软件显示的反馈信息等级，从而保证显示的都是你想要的关键信息。图 1-17 中展示了 Repetier-Host 的打印机控制窗口。

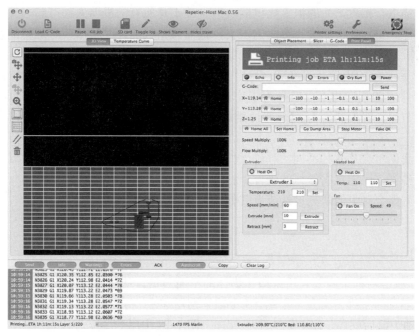

图 1-17　Repetier-Host 的打印机控制窗口

和 Printrun 类似，这个窗口能够让你控制打印机的各项功能——启动加热单元、移动轴的位置等。在这个截图中，软件正在控制打印机进行打印。主界面下方的窗口显示的是实时发送的 G-code 指令，同时 3D 视图窗口中也在展示正在被打印出来的物体。如果你距离打印机很远，那么这个功能对你来说应该很实用。

到目前为止，我们已经介绍完了几乎所有可能会用到的软件了。大部分 3D 打印的参考书籍经常会花费过长或者过短的篇幅在介绍软件相关的内容上，并且很少同时介绍好几种不同的选择。我希望上面这些内容能够开拓你的思路，帮助你在尝试其他的软件或者挑选采用的软件时进行更加全面的思考。

现在让我们进入打印机里真正炫酷的部分——硬件！

3D 打印机硬件

用来构建 3D 打印机的硬件很多，但它们的基本概念是共通的。你可能会碰见采用透明或者彩色的有机玻璃构成的打印机，或者几乎全部零部件都是木质的打印机，还有一部分打印机的主要零部件采用塑料制成（比如 RepRap 的各种衍生型号），此外还有一些打印机的框架是采用金属制成的。而实际上不仅打印机的框架材质五花八门，用来控制打印头移动和挤出丝材的机构也各不相同。

有些人可能觉得这种情况很可笑，但是 3D 打印机本质上可以被看作是机器人这种特殊的机器。在你的观点里，机器人应当是能够动来动去、发出声音和五颜六色的光（甚至是在某种搏击比赛里互相攻击）的拟人化机器，但是并不是所有的机器人都有脚、轮子或者其他的行动零部件。实际上根据维基百科的定义，机器人指代的是"机械或者虚拟的代理人，通常以由计算机程序或者电路驱动的电动机器形式出现。" 3D 打印机完美地符合这个定义。

回忆一下前面的内容，我们介绍过你需要详细了解打印机硬件的各项参数才能够正确地配置固件中的相应内容。但是为了完成固件的配置，你首先需要理解打印机的整体构造。在这一节里，我们将会介绍一些通用的基础硬件（而并不会介绍特定品牌或者型号的打印机）。

接下来我们将会从 6 种不同的基础硬件的角度进行介绍：轴（水平和垂直移动的零部件）、使用的电机种类、用于挤出丝材的硬件、打印基板、控制电路以及框架结构。每一节里都会介绍几种你可能会碰见的常见设计或者其他替代品。

轴的运动

3D 打印机的名称来源于它用来构建物体的平面数量。从技术角度来说，3D 打印机轴的运动方式应当称为三维笛卡儿坐标系。3 个轴分别用 X、Y 和 Z 表示。一般情况下，X 轴为左右朝向，Y 轴为前后朝向，而 Z 轴为上下朝向。图 1-18 中用一个立方体表示了 3 个轴运动的平面。从图中可以看到，正方体能够完美地表现出 3D 打印机的运动方式。

注意在图中每个轴的两端都标注了加号或者减号。这些符号代表了打印机的运动方向。比如当打印机将 X 轴向左移动时，X 轴的位置值就会减小，而如果向右运动，X 轴的位置值就会增大。

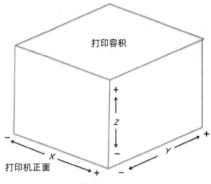

图 1-18　轴的运动平面和朝向

所有轴的起始点或复位点的坐标被定义为 [0,0,0]，即图中方块左下的顶点。但是在不同的打印机里这个点的位置却不尽相同。一些打印机会在"减号"侧，即轴的起始位置安装机械或者光学开关。这样当打印机将轴返回到起始点（这些开关也被称为限位开关）时，打印机就能够将这个轴的位置值进行归零。另外一部分打印机则会在"加号"侧安装限位开关，因此它们对于轴的位置值的计算是反过来的，即复位之后位置值回到最大，然后逐渐归零。当打印机将所有的轴都移动到起始点时，被称为复位。

■**备注：** 3D 打印机还有第 4 个轴。一些打印机的固件和控制软件中会将挤出机的运动路径看作是 E 轴，并且十分常见。

最小值和最大值限位开关和碰撞

当你在查阅一些打印机的固件或者使用手册时，会发现它们在轴的两端都装上了限位开关，这些限位开关分别被称为最小值限位开关和最大值限位开关。其他的打印机（绝大多数 RepRap 的各种衍生型号）则通常只会安装最小值限位开关，而通过固件来设定轴运动的最大距离。

在调节限位开关或者固件中的相关设定时需要格外小心。如果限位开关不能正常工作或者软件中定义了一个无效的停止位置（过大），打印机可能会使轴与其他的机械零部件发生碰撞；甚至可能使电机在超出实际能够运动的物理范围之后继续运作。这可能会导致严重的损伤。在尝试进行复位或者开始第一次打印之前，一定要检查确保轴运动范围的相关设定一切正常。

我们将轴的运动平面构成的正方体（或长方体）的体积定义为打印容积。一台打印机只能够打印在打印容积范围内的模型。大部分 3D 打印的 CAM 程序在对模型进行切片操作时就会将最大打印容积考虑进去，比如 MakerWare 在未将物体缩放至打印容积范围内之前无法进行打印操作。

那么打印机是如何移动轴的位置的呢？各种打印机采用的方式各不相同。一些打印机会使用光杆和轴承来支撑轴的机械结构，而其他一部分打印机则采用在轨道里滚动的滑轮来驱动轴的运动。轴承可以是塑料材质、注油青铜材质或者特制的滚珠轴承（称为线性轴承）。

轴的运动通常会伴随着电机和同步带的运动。这也是最常见的轴传动机械结构，从基础的 Printbot Simple 打印机到高端的 MakerBot Replicator 系列专业消费级打印机里都可以看到它们的身影。

通常，打印机中有两个轴由同步带驱动（X 和 Y 轴），Z 轴通常由一根或者多根丝杆或者滚珠丝杆（一种特殊的精密丝杆）驱动，比如 RepRap iteration 3 和 MakerBot Replicator 2 打印机都通过丝杆来驱动 Z 轴。但是在 RepRap 打印机中，通常会采用两根普通丝杆，而 MakerBot 打印机中采用的则是一根滚珠丝杆。图 1-19 中展示了一个标注了各个轴的 Prusa Itertaion 3 打印机。

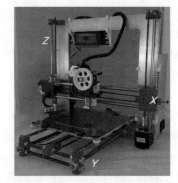

图 1-19　Prusa Iteration 3 打印机

Prusa Iteration 3 上的每个轴都通过轴承（通常为线性轴承）固定在两根光杆上。它的 X 轴和 Y 轴都通过同步带驱动，而 Z 轴通过丝杆驱动。注意图中的 X 轴能够控制挤出机（图片正中央）的左右运动，Y 轴则控制打印基板（通过活页夹夹住的板子）的前后运动。这两个轴都通过同步带由电机驱动。如果你仔细观察两根光杆中间，你就能够看见传动同步带和惰轮。Z 轴通过两个电机和两根丝杆来上下运动。你可以观察到框架底部安装的电机，图中两根垂直方向的细杆就是丝杆。

无论通过何种机械结构来驱动轴，你都需要详细了解传动结构的几何特征并在固件里进行相关的设置。比如驱动轮（安装在电机上的同步带轮）的尺寸以及同步带上每毫米的齿数都直接决定了固件中应当设置电机转动多少角度才能让轴移动 1mm。相似地，丝杆或者滚球丝杆的运动同样需要在固件中进行设置。

而机械结构中最重要的组成部分当然是电机，3D 打印机中通常使用的是步进电机。

步进电机

步进电机是一种特殊的电机。普通电机上的轴是不停旋转的，而步进电机里的轴只能每次朝着特定方向转动一定角度（或一步）。你可以将它想象成用电驱动的齿轮，每当步进电机接收到信号的时候，齿轮就转动一格。[1]3D 打印机中使用的大部分步进电机每次转动的角度为 1.8°。图 1-20 所示就是一个普通的步进电机。

图 1-20　步进电机
（图片由 MakerFarm 网站提供）

步进电机对于 3D 打印机（以及数控机床）的重要性还体现在它能够在旋转之后固定住位置。这意味着你可以让步进电机转动一定角度之后，接着停下来并保持在这个角度。大部分步进电机的参数里都有一项叫保持转矩，它表示步进电机能够承受的、不转动的最大扭矩。

通常 3D 打印机里最多会用到 5 个步进电机。X 轴和 Y 轴的移动各使用一个，另一个用

---

① 这是一个比喻。如果你真的拆开步进电机，并不会发现有实际的齿轮存在。

来驱动挤出机（E 轴），剩下的一个或者两个用来移动 Z 轴。

挤出机构（挤出机）

挤出机是对丝材进行处理的结构。我们在前面介绍过，挤出机控制了打印模型过程中丝材的使用量。挤出机的运动以及挤出丝材的动作都会受到 G-code 指令的控制。挤出的丝材经过的轨迹被称为路径。

图 1-21 里展示了一个 3D 打印机的挤出机结构。打印丝材从挤出机的上方装载到挤出机里。在右上角的背部，你可以看到步进电机。而在挤出机的底部，你可以看到热端，以及挤出机自身都被固定在了 X 轴滑架上。注意步进电机能够通过由一大一小两个齿轮组成的齿轮组驱动另一个轴转动，这个轴其实是一种能够对丝材进行加工和夹紧的特殊螺栓，被称为送丝绞轴。图 1-22 里就是一个送丝绞轴。

图 1-21　挤出机结构（Prusa Iteration 3 打印机，加装了　　　图 1-22　挤出机零部件
　　　　　Greg's Wade 铰接挤出机）　　　　　　　　　　（图片由 MakerFarm 网站提供）

这只是挤出机的一种。有许多不同设计的挤出机，其中一部分并不会用到由齿轮驱动的送丝绞轴。而作为替代品，它们会用到一种特殊的滑轮对丝材进行加工和夹紧。图 1-23 里就是这种特殊的滑轮，叫作 Mk7 直驱送丝轮（有时也称为直驱传动齿轮）。因此这类挤出机也被称为直驱式挤出机或者紧凑型挤出机，因为它们只需要极少量的其他零部件以及更小的机身空间来安装电机。我对图片进行了放大，这样你就可以清楚地观察到用来夹紧打印丝材的、加工出来的凹槽。

在大多数情况下，挤出机都需要一个压力机构来帮助夹紧打印丝材。比如在上面的铰接挤出机中用到了一个带惰轮的（轴承）活动舱门以及两个由螺丝压紧的弹簧。相似地，MakerBot Replicator 2 的直驱型挤出机中采用弹簧臂来向直驱送丝轮施加压力。图 1-24 里是一个自制的挤出机机身，由 Karas Kustoms 设计，采用铝材加工制成。我们在后面的章节里也会介绍更多这类的 3D 打印机升级套件。

图 1-23　直驱 Mk7 送丝轮
（图片由 MakerFarm 网站提供）

图 1-24　MakerBot Replicator 2 挤出机
升级套件（图片由 Karas Kustoms 提供）

　　而对于热端，回忆一下前面的内容，它负责将挤出机机身里输出的丝材加热到熔点。你可以在图 1-21 里看到目前最新的热端升级套件，图中最下方带有多个鳍片的零部件就是一个由 Josef Prusa 的公司特制的 Prusa 喷嘴。我们会在第二章里介绍各种不同的热端以及如何进行选择。

　　现在我们已经了解了挤出机是如何对丝材进行加热并挤出构建物体的，接下来我们需要了解一下这些丝材挤出后的去向。

打印平台

　　所有的 3D 打印机（尤其是 FFF 和 FDM 类型的）都会用到一个静止或者运动的平台来构建物体，这个平台被称作打印平台。使用运动平台的打印机通常会将平台的运动限制在某个轴的方向上。比如 Printbot Simple 打印机中的打印平台在 X 轴方向上运动（左右运动），Prusa 衍生型号打印机的打印平台在 Y 轴方向上运动（前后运动），而 MakerBot Replicator 2 打印机的打印平台则在 Z 轴方向上运动（上下运动）。

　　打印平台（有时也称为打印床）可以采用木头、聚碳酸酯（Lexan）、铝或其他复合材料作为基底。而在基底上还会覆盖一层由铝、玻璃或者复合材料构成的打印基板。最常见的选择是玻璃。挤出机将会在这个面板的表面上堆积物体的底层丝材。一些打印平台里还包含加热单元，叫作可加热打印基板，通常位于玻璃面板的下方。加热后的基板可以用来帮助某些丝材更好的黏附在打印基板上。使用了加热单元的打印平台被称为可加热打印床。图 1-25 里就是一个可加热打印基板。

　　有一种方法在日常打印过程中十分常见和关键，即在打印平台的表面使用另一种介质来帮助丝材黏附在打印基

图 1-25　可加热打印平板（图片由 MakerFram 网站提供）

板上。和是否要使用可加热打印床一样，介质的选择也需要根据丝材的种类确定。比如一部分塑料丝材和蓝色美纹纸胶带的黏合性更好，而其他的和 Kapton 胶带（一种特殊的耐热胶带）的黏合性更好。

控制电路

3D 打印机中负责解读 G-code 指令并将其转化成步进电机的控制信号的零部件是一个集成了多种元件的微处理器平台。其中最醒目的是进行计算、传感器信号获取（限位开关、温度传感器的状态）以及控制步进电机的微处理器。步进电机需要配合特殊的电路板，叫作步进电机驱动器，才能够正常工作。一些控制电路套件里集成了步进电机驱动器，而其他套件则可通过可插拔的扩展板的形式提供。

大部分商业打印机中都配备了专门的控制电路套件，而对于 RepRap 打印机和其他相似的 DIY 打印机来说，则有多种解决方案可供选择（RAMPS、RAMBo、Printboard 等）。其中最常见的是 RAMPS，它采用 Arduino Mega 处理器电路作为基础，配备了一块特殊的扩展板（称为 shield 扩展板）以及独立的步进电机驱动器。图 1-26 里展示的就是一个 RAMPS 套件里的各种元件。图中包含了可选的液晶显示屏以及集成的 SD 卡驱动，使得打印机可以在不连接计算机的情况下进行打印。

到目前为止我们介绍了轴、轴的运动方式、驱动各个零部件的电机、挤出机结构、用于构建物体的打印平台以及控制电路，接下来就应该了解一下将这些零部件组合在一起的框架结构了。

图 1-26　RAMPS 套件（图片由 MakerFarm 网站提供）

框架

框架材料的选择根据打印机型号的不同也各不相同。最优秀的框架需要具备极强的稳定性，并且能够保证在挤出机或者轴机构在快速运动时不发生任何细微的形变。你也能够想象得到，这对于完成一件高质量的打印品来说是十分重要的。

早期的开源 3D 打印机（比如 Prusa 的各种衍生型号）都采用了大量的丝杆和 3D 打印的零部件组成框架结构。它们通常会将两个三角形的框架用几根丝杆固定起来构成完整的框架。

目前最新的 RepRap Prusa iteration 打印机采用激光切割的木材或者是单片铝材构成框架。图 1-21 里就是一个使用铝片制作的版本。图 1-27 里则是木质框架结构的、相同型号的打印机。它实际上是由三聚氰胺板制成的，这是一种复合木板，相较于普通木板能够提供更佳的稳固性，还能避免潮湿的影响（潮湿时木板可能会发生膨胀）。

　　另一种常用于制作框架的材料是钢。MakerBot Replicator 2 以及更新的型号都采用了一个十分稳固的特殊长方体形钢架结构。图 1-28 里展示的就是这个框架。这个框架不仅能够提供极佳的稳固性，它还包围了整个打印机——构成了一个完整的外部框架。这和 Prusa Iteration 3 上微型的并且主要位于打印机内部的框架结构形成了鲜明的对比。

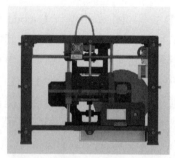

图 1-27　三聚氰胺板制成的 Prusa Iteration 3 框架　　　　图 1-28　MakerBot Replicator 2 的钢制框架
（图片由 MeCNC 网站提供）　　　　　　　　　　　　　　（图片由 MakerBot 网站提供）

　　其他的打印机也会采用厚亚克力板作为框架零部件，或者是用螺栓将激光切割的木板进行组合，或者用多种材料组合制作框架。当然在制作框架时外观也很重要，试着让你的打印机看起来更像是一个家用电器而不是搅拌机和除草机的结合体。[①]

　　如果你购买的是组装好的或者是商业产品，那么就无法自己挑选框架材料的种类了。但是如果你正在自己组装打印机或者是挑选购买怎样的套件，那么就可以选择框架的材料种类了。正如我前面介绍过的，Prusa Iteration 3 套件里的框架可能是木头、复合材料或者铝材质的。无论你选择了何种材质的框架，框架都是打印机中唯一不会直接运动的零部件。因此框架需要保持足够稳固，并且能够为每个轴提供足够的支持。

　　现在我们已经介绍了构成 3D 打印机的各个零部件，接下来需要了解一下可以用来构筑物体的各种不同的丝材了。

打印丝材种类

　　3D 打印里可供选择的丝材有很多种，并且现在每年都有更多丝材被发明出来。打印丝材的尺寸各不相同（通常直径为 1.75mm 或者 3.0mm），并且有着多种颜色。你可以找到表面带有轻微的光泽甚至是荧光的丝材，有的丝材还会掺杂少量的金属片让它能够在光照下闪烁。实际上，你可以组合运用多种不同的颜色来展示你的创意。打印丝材通常会缠绕在一个木制或者塑料卷盘上提供给你。

---

① 我的第一台打印机看起来就跟这差不多。

■**备注**：丝材的直径需要根据挤出机的尺寸进行确定。打印机上的热端通常只有直径为 1.75mm 或者 3.0mm 两种尺寸。在购买新的丝材之前检查使用手册里的相关参数。

最常见的丝材种类是 PLA（polylactic acid，聚乳酸）和 ABS（acrylonitrile butadiene styrene，丙烯腈-丁二烯-苯乙烯共聚物）。每一种打印丝材都有着独特的加热特性，对打印平台的要求也各不相同。表 1-7 里列出了最常用的一些打印丝材、名称的缩写以及特性简介。熔点（这里表示丝材软化到可以挤出的温度）用℃进行标注。

表 1-7 各种打印丝材

种类	缩写	熔点（℃）	简介
聚碳酸酯	PC	155	抗冲击性强，透明
脂肪族聚酰胺	Nylon	220	低摩擦力，具有一定柔性
高抗冲聚苯乙烯	HIPS	180	和 ABS 相似，但是可以被柠檬烯分解。有时被用作支撑材料
丙烯腈-丁二烯-苯乙烯共聚物	ABS	215	柔软，易于修改（雕刻、抛光等）
聚对苯二甲酸	PET	210	由食品级基质制成。可完全回收利用
聚乙烯醇	PVA	180	在冷水中分解，常用作支撑材料
Laywoo-D3		180	木材混合物，与 PLA 类似。打印后效果类似于木材
聚乳酸	PLA	160	来自于植物和生物降解产物

■**备注**：打印过程中的实际熔点可能会略有不同。

无论你购买或者组装的是何种打印机，打印丝材的选择都取决于打印机的硬件。详细地说，下面这些零部件会决定打印机能够使用何种打印丝材进行打印。

- 挤出机和热端的尺寸
- 热端的加热特性，比如最高温度范围
- 是否带有可加热打印床

挤出机送料结构的尺寸以及热端的尺寸决定了你应当使用直径是 1.75mm 还是 3.0mm 的丝材。用来制作挤出机的材料和热端的加热特性也会影响打印丝材的选择。最后，打印机是否配备可加热打印床也会造成影响。

回忆一下可加热打印床能够帮助丝材更好地黏附在打印床上。需要可加热打印床的丝材（有可加热打印床时打印效果更好）种类为 ABS、HIPS、Nylon 和 PC。PLA 和其他熔点较低的丝材通常不需要可加热打印床进行打印。但是，可加热打印床同样能够帮助 PLA 提升打印质量。

如果你准备组装 3D 打印机，并且希望它能够支持各种不同种类的丝材，那么在选择热端时需要注意它应当至少能够加热到 265℃，并且最好配备可加热打印床。

另外，虽然很少有人提到，但打印丝材加热时是否发散出气体也是选择标准之一。一些丝材会在加热时产生明显的气味。其中一部分气味是无毒无害的，但是有一部分气味可能会使对特定化学物质敏感或者使过敏的人产生不适。

一些打印丝材，例如 ABS，可以直接在开放环境下进行挤出，因为它们对可能会导致物体快速冷却的空气流动并不敏感（但是没有丝材能够承受家用风扇这种等级的气流）。ABS 冷却过快可能会导致打印失败。其他的丝材，例如 PLA，则更容易保持热量，因此需要一个小风扇来帮助打印品冷却。图 1-29 展示了在打印 PLA 时应当如何使用风扇。

现在市售的大部分打印机和套件都是针对打印 PLA 和 ABS 丝材进行设计的。由于 ABS 的熔

图 1-29　在打印 PLA 时使用风扇

点比 PLA 要高，带有丝材冷却风扇的打印机能够同时支持 ABS 和 PLA 的打印。

ABS 或者 PLA：哪种最好？

选择使用 ABS 还是 PLA 进行打印，有时完全取决于你的心情。那些针对某种特定丝材来对自己的打印流程进行优化的发烧友们总是喜欢坚称他们的选择才是最优秀的。但是在这里我并不想过多地进行争论，我将会详细介绍两种选择的优缺点。通过我的介绍，希望你可以做出自己的选择。当然，前提是你的打印机能够支持两种丝材进行打印（当然如果只支持某种丝材并不是什么大问题）。

如果你准备打印可能会十分靠近热源（比如热端）的零部件，那么使用 ABS 更加合适。ABS 同样还具有一定的柔韧性，能够承受比 PLA 物体更强的折弯力。同样修整起来也很简单——用一般的刀具就可以进行切削，用 ABS 胶水或者丙酮就可以进行粘贴。实际上，ABS 是溶于丙酮的。通过在丙酮里溶解少量的 ABS 塑料就可以自制 ABS 胶水。随着丙酮挥发掉，残留下硬化的 ABS 就能够牢牢地粘在一起。最后，ABS 的形变特性也很好，有助于丝材层之间结合。

但是 ABS 在加热时会产生十分明显的气味，可能会导致一部分人不适。在采用 ABS 丝材进行打印的时候最好配备排烟装置。实际上，一些人还会专门制作特殊的通风柜或者排烟罩将打印时产生的气体排到室外。ABS 的刚性并不如 PLA，并且磨损起来也比 PLA 要快。因此，像齿轮这样的零部件最好采用 PLA 进行制作，因为 ABS 材质的齿轮很容易磨损。如果你的打印机默认配备的是 ABS 齿轮，最好经常检查它们的磨损情况，并且在出现较大的误差时（齿轮之间出现较大的缝隙时）及时进行更换。

最后，ABS 需要加热打印床和 Kapton 胶带或者类似的表面才能够更好地黏附在打印床上。这使打印 ABS 丝材时更容易出现翘边现象。此外，在玻璃面板上粘贴 Kapton 胶带的时候也很容易出现气泡或者褶皱。虽然有很多方法能够帮助你完成这一步骤，但是这也足以说明 ABS 丝材的打印难度了。

　　PLA 对于那些希望在家里或者办公室里使用 3D 打印机的人是十分合适的选择。它在加热时散发出来的气味很像是烤薄饼，除非你很讨厌烤薄饼，否则这种气味闻起来并不糟糕。PLA 丝材通常更加坚硬，刚性也更好，使得它更适合那些需要保持稳固并且不允许出现较大形变的零部件。在打印 PLA 丝材的时候推荐使用冷却风扇。风扇能够迫使气流经过挤出的丝材，从而使得丝材更加快速地冷却，让各层之间的黏合更加牢固，同时减少发生翘边的可能性。PLA 在打印床上的黏附也更加容易，只需要配合常见的蓝色美纹纸胶带就可以得到很好的效果，而蓝色美纹纸胶带粘贴起来也比 Kapton 胶带要简单得多。打印的便捷性也使得 PLA 丝材更适合新手使用。

　　但是，由于 PLA 的柔韧性较差，它并不适合用来打印夹子或者其他类似的、需要经常弯曲的物体。同样由于 PLA 的熔点比 ABS 要低，它也不适合用来打印挤出机机身或者使用 ABS 丝材的打印机中其他类似的零部件。

　　那么哪种丝材才是最好的呢？这需要根据实际情况进行选择。如果你刚刚接触 3D 打印，那么最好是只使用 PLA 丝材，直到掌握了能够保证打印质量的一系列校准技巧为止。另外，如果你准备打印一方便定制或者进行表面处理的模型，[①]那么最好采用 ABS 丝材。但是始终记住，这个选择终究取决于你自己，现在你已经了解了两种丝材的主要优缺点，希望你能够做出最合适的选择。

切换丝材

　　你也许正在想能不能在打印过程中从一种丝材切换到另外一种。答案很简单：可以。不过有一点需要注意，你需要确保在装载和挤出新丝材之前，挤出机里残留的旧丝材已经完全清理干净了。在切换使用不同颜色的丝材时也需要注意同样的问题，我们在后面的章节里将会介绍到。

　　现在我们已经探索了 3D 打印机相关的软件、硬件，以及使用的各种丝材，接下来我希望帮助刚接触 3D 打印的你设定一个合理的期望。

对 3D 打印机的期望

　　如果你从未拥有过 3D 打印机或者是刚刚接触 3D 打印，那么在使用 3D 打印机的过程中你可能会遇到以下的这些情况。下面介绍的这些领域也是大多数 3D 打印初学者最容易受到挫折的部分，或者至少是不如理想状况那么完美。在这之后我将会详细介绍每一项。

- 易用性
- 打印质量
- 可靠性
- 维护操作

---

　　① 这类操作包括：剪切、钻孔、抛光、黏结等。

　　这些内容也许看上去都很直观简单，但是如果你在制定购买计划或者学习使用 3D 打印机的过程中没有考虑过这些方面，可能会给你带来"惊喜"。在遭遇挫折的时候，不要轻易放弃，然后把打印机转售或者退货（大部分也没法退货）。我曾经看到过许多未组装完成的打印机和看上去很新的打印机被放在二手商品柜台上出售。我经常在想，是否是由于它们之前的拥有者对 3D 打印机的期望不正确才导致它们被卖掉。希望下面的内容能够帮助你避免相似的情景。

易用性

　　这是新手在使用过程中通常最先碰见差距的方面。如果你曾经读到过或者被介绍过 3D 打印机的使用很简单，那么你就需要重新评估这样的认知了。单单是学习和精通 CAD 软件就是一项十分艰巨的挑战。像 MakerBot 这样的厂家能够提供较好的用户友好度，但是这也只是具有迷惑性的表象。你依然需要了解到哪儿去寻找供打印的模型（Thingiverse）或者学习如何使用 CAD 软件。

　　除了软件之外，一些 3D 打印机商家会宣称他们的产品能够"单击即用"，但是事实却往往不是如此。在最理想的情况下，可靠性最强的 3D 打印机，如果想要保证每次的打印质量，也需要你进行一定程度的校准和维护（但是这并不实际，因为打印过程中可能出错的地方太多了）。

　　因此易用性只是一个定性术语。如果你已经是一名经验丰富的 3D 打印发烧友或者十分享受对硬件进行修补、调整、升级和折腾的过程，那么各种各样的 RepRap 衍生型号打印机将会成为你的宝库。但是另一方面，如果你只是刚刚接触 3D 打印或者没有足够的耐心（或者技巧）来修补你的打印机让它正常打印，那么可能需要考虑远离 DIY 套件和仿 RepRap 的衍生打印机，而最好是选择一个成熟的商业级打印机，比如 MakerBot Replicator 2。

　　不过我需要再次提醒你，即使是最优秀的打印机也需要你花费一定的精力才能产生最佳的效果。牢牢记住这一点，避免在遇到一点点挫折的时候就去责问商家为什么出现了问题。很有可能问题的来源是你遗忘的某项操作，或者是某些知识的缺失。比如，人们经常忘记对打印床进行调平（调高）；这就可能导致一系列的打印故障，并且只需要通过调节打印床这个十分简单的操作就可以修正。

　　■**备注**：　"调平"实际上并不是正确的叫法。我们并不是将打印床调节至与地面或者桌面水平，而是将打印床各处与 X 轴的距离调节至一致。这样能够保证热端在任何位置上与打印床的距离都保持一致。因此正确的叫法应当是调高，但是大部分商家，包括 MakerBot，都会混用这两种叫法。

打印质量

　　这类问题让最坚强的 3D 打印爱好者都会受到惊吓。有许多原因都可能导致打印质量不理想，因此有时候很难确定从哪儿开始排查和修复相关的问题。我曾经看到过专业的 3D 打印机测评里根据完全错误的结果来对打印质量进行评分，甚至还碰见过作者在测试的过程中没有采取一些十分简单的预防措施，从而导致打印质量出现问题的情况。

我介绍这些是希望打消你关于 3D 打印机"即拆即用"的期望。你可能需要从质量相对较差的打印设置开始，不断地对设置进行优化，并对打印机进行校准，逐渐获得质量更好的打印品。

另一个需要考虑的因素则是打印机硬件本身。商家出售的打印机成品里不太可能会出现安装错误或者损坏的零部件。比如组装一个 RepRap Prusa Iteration 2 打印机的 Z 轴需要用到直径 8mm 的丝杆。如果丝杆本身不是笔直的或者螺纹不精确（我曾经遇到过一根丝杆上两侧螺纹深浅不一的情况），那么 Z 轴在打印过程中可能会出现振动，从而导致打印品上出现波纹状的瑕疵（即打印品的侧边不能保持平滑）。

相似地，打印平台必须和 X 轴保持平行，而对打印床进行调平（记住实际上应当是调高）则需要你将挤出机移动到打印平台的 4 个角上，并抬升或者降低打印床的边角来保证喷嘴在 4 个角上与打印床之间的距离保持一致（假设打印床是平整的）。有些打印机的调高操作会更加方便一些。比如 MakerBot Replicator 2 打印机就能够帮助你在调平过程中自动移动挤出机的位置，而大部分打印机都需要你通过控制软件或者液晶屏去手动移动打印头的位置。不过，在打印机断电的情况下，你可以用手让轴机构慢慢地移动。手动移动轴的时候如果速度过快，可能导致步进电机产生电流，反馈到控制电路中则可能会导致电路损坏。

关于硬件还有许多需要考虑的问题，而我们会在其他的章节介绍更多相关的内容。现在你只需要记住，打印质量和你在校准上的努力与对细节的关注是成正比的。而相关操作是否便捷，则取决于硬件的性能以及你对于完美的渴望。

可靠性

可靠性也是经常出现问题的一个方面。即使你花费了足够的精力在校准打印机和准备工作的相关细节上，依然有可能会碰见各种硬件和软件问题——尤其是在刚刚开始尝试的时候。

我曾经在一台 Prusa Iteration 2 打印机的 X 轴末端零部件上碰到过类似的问题。这个零部件出现了开裂，导致了一系列随机出现的打印质量问题，并且更换之后没多久又再次损坏了。最终我通过在受影响的区域加装了一个支架解决了问题。幸运的是这是一个 ABS 材质的零部件，因此安装支架的时候十分简单。如果它是 PLA 材质的，那么支架的安装就会复杂得多（但是依然可以安装上去）。

在诊断这个零部件故障的过程中，我首先排查了安装零部件的光杆是否笔直以及轴上的各个零部件之间是否对齐。最后发现只是元件自身强度不够，不能支撑长时间使用。同样的问题在其他的打印机上也可能会出现。

另一个例子是一些 MakerBot Replicator 2 打印机的 X 轴布线在使用一段时间之后，可能会在压力点位置出现断裂。如果接线断开，打印机就不能正常工作了。只有通过仔细地研究并且采取预防性的维护措施，才可能避免这些问题出现。

我还可以介绍更多和可靠性问题相关的例子，但是现在你只需要记住 3D 打印机与一般的家用电器和玩具不同。一些 3D 打印机的可靠性较好，但是无论什么样的 3D 打印机都需要你花时间去进行周期性的预防性维护，以及经常的修复性维护才能够保证打印机正常工作。

总的来说，售价更高的商业打印机能够提供比 DIY 打印机更好的可靠性，但是万事总有例外。我的一台旧 Prusa 打印机几乎没有出现过可靠性问题，但是另外一台最新型的打印机需要经常检查。它似乎很顽固地不想按照我的指令来工作。

易维护性

易维护性与可靠性是紧密相连的，它表示维护和修复打印机的操作难度。我的 RepRap 打印机的维护操作很简单，但是相比于 MakerBot Replicator 2 打印机它们却需要更经常进行维护。实际上，每次在使用 RepRap 打印机进行打印之前的例行维护就需要花掉 10 分钟的时间，同时每个月需要花费大概 1 个小时来进行清理、润滑和调整等操作。但是在 MakerBot Replicator 2 打印机上则只需要进行周期性的调整，并且只需要花费 20 分钟就可以进行彻底地清洁，同时每隔几个月才需要进行一次润滑。相似地，RepRap 打印机需要定期对打印床进行调平，而 MakerBot 却很少需要这样的调整。

这里需要取舍的是，如果你希望使用某台打印机几百个小时，并且保持较好的使用体验，那么你就需要考虑打印机的维护是否简单了。如果零售商不能够提供与打印机维护相关的指南和示例，那么记住在购买之前一定要咨询清楚需要哪些维护操作。但是无论如何，你都需要明白拥有一台 3D 打印机就意味着你需要对它进行这些维护措施（比如清洁和润滑）。

总　　结

如果你现在发现 3D 打印中包含的内容比你原先所想的要多得多，说明方向是正确的。大部分关于 3D 打印的文章和博客里都不会介绍这一章里介绍的某些基础知识。取而代之的是，它们只会关注工具链，并且通过介绍 3D 打印的强大功能来提升阅读者对于 3D 打印的各种期望。虽然这听上去像是童话，但是你想要在 3D 打印上取得成功，需要的知识远不止这些。不过在这一章里已经介绍了大量关于打印机硬件以及它们的工作原理的信息。而在后续的章节里，你会发现这些知识构成了帮助你将打印机的状态调整到最佳的基础。

在这一章里，我们介绍了 3D 打印机的工作原理，以及需要的各种软件，并且学习了各类硬件零部件和各种可用的丝材。同样我还提供了关于设定对 3D 打印使用体验的期望，以及如何尝试搜索别人共享出来的模型（设计）的建议。

下一章，我将会介绍获取 3D 打印机的几种方式。如果你已经拥有了一台完整的 3D 打印机，那么可以跳过下一章继续阅读后面的内容。但是我认为你依然应该花点儿时间去了解一下各种存在的选项，以防你将 3D 打印变成自己的一项业余爱好。[①]

---

① 和所有资深发烧友一样，大部分 3D 打印爱好者最后都会购买几台不同型号的 3D 打印机，尽管经常会被问到"你为什么需要 5 台打印机？"虽然你的答案通常不会被配偶所理解，但是其他 3D 打印爱好者却肯定能够理解。

■ ■ ■ ■

第二章

获取 3D 打印机

3D 打印世界正在快速地进行扩张，几乎每天都有全新的打印机品牌、型号和功能出现，甚至打印机设计也在快速地发生变化。产生这种现象一部分的原因是有着大量（并且不断增多）的开发者、工程师、艺术家和爱好者们在为新功能提供灵感、贡献设计和尝试实现。因此挑选进入 3D 打印的时间乃至方法就变得十分具有挑战性。

这些问题具体来说，就是应当如何挑选打印机？如何在两种相似的型号里挑选出更优秀的一款？即使你已经拥有了一台 3D 打印机，你也可能会发现有想要的新功能，或者是决定购入一台带有某些功能的新型号打印机。比如假设你一直在打印 PLA 丝材，但是突然发现需要打印 ABS 丝材；而现有的针对 PLA 进行优化的打印机也许没有配备可加热打印床或者是密封的可加热打印室（高质量 ABS 打印的必需品）。

当你十分想要或者需要某个特定功能的时候，说明要对现有的打印机进行升级了，但是能够进行怎样的升级却完全取决于打印系统（硬件设计）。举例来说，在 RepRap 衍生的打印机上加装一个可加热打印平台很简单，但是在商业级打印机上进行同样的升级却需要特制的零部件甚至是额外的控制电路。同时还可能导致你的保修条款失效！

无论你准备购买自己的第一台 3D 打印机，还是准备挑选一台功能更强大的新打印机，这一章都能够帮助你找到正确的方向。我将会介绍一系列可以获取 3D 打印机的方式（包括一些特殊的硬件设计），并且还会提供关于购买还是组装 3D 打印机的建议。对于那些希望自己从头开始组装 3D 打印机的人，我同样会给出一些详细的建议。现在让我们先了解一下获取打印机的各种方式。

3D 打印机的级别

和传统的喷墨打印机不同，在零售商店里能够买到的 3D 打印机并不多。虽然一些大型连锁商场里会销售像是 MakerBot 或者 Cube 这样的打印机，但是通常你并不会在当地的大型家用电器商场里看见 3D 打印机的身影（但也许很快就会了）。

那么如果在一般的商店里找不到，应该到哪儿去购买 3D 打印机呢？[①]当然是在互联网上！在搜索里输入"3D 打印机"，你就会发现许多不同的 3D 打印机——从组装各种不同零部件构成的打印机，到可爱的动画形象清扫机器人瓦力（Wall-E），甚至还有星际迷航系列里早期型号的复制机。但是怎样才能挑选到最适合自己的那一款呢？

要回答这个问题，首先需要了解获取 3D 打印机的各种方式。在这里我将各种不同的 3D 打印机设计和品牌分成了 3 个等级。虽然在这之外肯定还存在其他可能的选项（比如自己设计一个 3D 打印机，或者像是树脂 UV 光固化打印机这样其他种类的 3D 打印机），但是绝大多数采用 FFF 技术的打印机都可以归纳到这些级别当中。我将会在后续内容中详细介绍这些级别的打印机的相关内容。

- 专业级：提供先进功能和付费售后的各种闭源型号
- 消费级：以套件或者成品形式提供的商业产品
- 业余级：为 DIY 爱好者准备的纯开源设计

专业消费级、专业级或者工业级？

我在上面用专业级来代表一系列为了实现特定目标设计、不需要太多设置并且带有保修条款和技术支持的打印机型号。但是，有些人可能并不认同这个分类名称，因为存在着一些针对工业设计和制造设计的复杂度更高的 3D 打印机。这就使得专业级这个名称显得有些过于概括，并且使得消费者能够买到的打印机和只能通过工业渠道买到的打印机[②]之间的界限显得过于模糊。

因此有些人会将顶级的消费级打印机称为"专业消费级"，表示它们面向的是那些打印需求相比于普通的爱好者和家庭用户来说更高的消费者。但是，由于本书面向的读者是从初学者到专家的广大 3D 打印爱好者，因此我觉得专业级的分类更加合适。

为了进一步讨论各种等级的打印机，在后续的内容中我将会把比专业级更高一级的打印机统称为工业级，因为它们在价格、功能和复杂度上都面向的是工业用户。

比如 MakerBot 新推出的 Z18 打印机，它的功能、尺寸以及价格都超出了一般用户的需求和预算范围。只有少数的 3D 打印爱好者会需要它所提供的各项功能。通过 Z18 打印机，MakerBot 成功进入了它的母公司所占据的工业级 3D 打印机市场，并且提供了具有公司特色的优秀型号。

专业级

这个级别里包括了向消费者销售的各种品牌。这些品牌通常会自主设计打印机，采用的大多是量产的零部件（从小零件到整体框架），并且会提供保修和技术支持。同时这些品牌都有专业并且内容丰富的品牌网站，你不仅可以在它们的网站上直接购买相关的打印机产品，

---

① MakerBot 在纽约地区有着自己的零售商店，同时 Deezmaker 在加州的帕萨迪纳也开了一家门店。你可以在门店里观看由专业店员进行的完整 3D 打印演示，并且可以购买 3D 打印机。
② 同时工业级的打印机一般人也负担不起，有兴趣的话可以尝试着搜索一下工业级 3D 打印机的价格。

还可以买到备用的零部件或者是通过技术支持咨询如何使用它们的产品。

虽然其他的品牌也经常附带这些服务，但是专业级的 3D 打印机通常具备更优秀的质量和打印精度。商家通常并不会提供完整的零部件商品目录，而只会提供那些被认为很容易出现损耗需要维护的零部件目录。并且和其他电器一样，这些零部件的价格比较昂贵。不过你花费的额外预算通常能够在产品的质量和易用性上直接体现出来。

举例来说，一台专业级的 3D 打印机在开始打印之前并不需要过多的安装和配置操作。你不会满怀期望地打开包装盒，然后发现内包装上印着"需要自行组装"的标识。实际上一些打印机用来拆包装的时间可能比第一次打印之前的准备工作花费的时间要长。

但是这并不意味着商业打印机能够即插即用。任何购买的打印机在第一次使用前都需要花费一定时间进行设置，并且同样也需要你周期性地对它进行调整。

什么是即插即用？

一些品牌会宣传它们的打印机产品能够做到"单击即用"，即打印机在拆包后不需要过多的设置或者不需要设置就可以直接使用。但是这种说法并不完全准确。因为 3D 打印机是一种专业性极强的机器，需要十分精密地调整才能够让它正常进行打印。不过通常商业打印机的设置过程要比自己组装的打印机简单得多。即使是被认为是目前最优秀的专业级打印机的 MakerBot Replicator 2，也需要你花费 10～15 分钟的时间来进行设置。我认为我们离能够真正做到即插即用的 3D 打印机还有 1～2 年的时间。

前面介绍时我提到的"质量"，指的是打印机自身的做工而不是它所能提供的打印质量，但是通常情况下两者是紧密相连的。但是尽管做工十分精良，有些专业级的打印机想要获得良好的打印质量依然十分困难。这并不是说它们打印出来的模型质量很糟糕，而是说你需要花费更多的时间和精力来对打印机进行调节和校准才能够获得质量优秀的打印品。不幸的是，通常这种情况都需要亲身体验之后才会发现。

在购买打印机之前，我推荐你在网络上搜索一下各种测评文章。在网络上购买任何物品之前都可以这样做。在阅读测评的时候，首先注意测试者自身与产品相关的经验。如果测试者是一名专业人士，并且有着丰富 3D 打印经验，那么文章里介绍的简单操作对于初学者来说也许会变得过于困难。我曾经读到过并且无视过一些缺乏经验的测评者对某项产品做出的评价，因为我发现他们在设置打印机的时候漏掉了一个（或者多个）必要的步骤。

访问品牌的网站并且仔细阅读使用说明也是一个很好的方法，注意手册里关于开箱和设置的相关内容。如果手册里关于设置的内容十分冗长，那么你可能需要花费更多的时间进行详细阅读。

通常，[1]购买商业 3D 打印机都会给你带来良好的购物和拥有体验。它们的价格的确更

---

① 但是凡事总有例外，即使是专业级的打印机也会出现品控问题，不过相比之下它们出现问题的概率要低得多。

加昂贵，但是如果你希望更快地开始尝试打印模型的话，这样的投资往往都会给你带来回报。无论是对于个人享受还是公司使用来说，购买一台专业级的 3D 打印机都是一笔值得的投资。

常见品牌

市面上有多个品牌出售专业级的 3D 打印机。表 2-1 里列出了一些比较流行的品牌，以及关于它们的产品和服务的简介。在购买专业级 3D 打印机之前，我推荐你广泛地了解各个品牌并且详细地阅读产品简介。此外你还可以查阅产品技术支持页面来确认商家提供了哪些有用的信息。我想你可能会在这些页面上找到比预期更多的有用信息。

表 2-1　　　　　　　　　　　　　商业 3D 打印机品牌

名称	产品	服务
MakerBot Industry	从业余级到专业级的完整 3D 打印产品线，同样还生产 3D 扫描仪	线上技术支持文档，付费售后服务，免费的 CAM 软件（MakerWare）
Ultimaker	提供 Ultimaker 产品线的专业级型号	线上技术支持，免费的 CAD/CAM 软件
Delata Micro Factory Corporation	提供几种平价打印机型号，其中一款能够自动进行校准	线上支持文档，付费售后服务，专利打印机控制软件
3D Systems	提供各类不同的打印机，包括基于滑架的丝材打印机，以及一些外观独特的型号	线上技术支持文档，专利软件。但是产品很古怪
Lulzbot	提供高速和大容积的打印机	线上技术支持文档，自家产品和 RepRap 打印机的各类配件

■提示：你可以在 *Make: Ultimate Guide to 3D Printing*（Maker Media, 2012）里找到关于这些品牌的详细测评。虽然名字看上去很普通，但是它详细介绍了各种 3D 打印技术和品牌，并且测评了一系列流行的 3D 打印机。不过里面并没有多少关于 DIY 套件和 RepRap 系列打印机的信息，但是本书的后面却有！

品牌聚焦

在这里我并不准备详细介绍表 2-1 里的所有品牌，而会着重介绍 MakerBot 的一款产品。MakerBot Replicator Desktop 3D 打印机和前任型号经常被认为是专业级 3D 打印机里的顶级产品，相较于其他 3D 打印机被认为是更加优秀的设计。图 2-1 里展示了最新的 MakerBot Replicator Desktop 3D 打印机。

新型号是在过往的型号上逐步改进得到的成果。它能够提供更多功能，包括内置摄像头、网络打印、图形化界面的液晶屏、简化的机械结构等。它的打印床能够移动到外部，方便你取下打印品。按照 MakerBot 的传统，它们在一款已经十分优秀的 3D 打印机产品上添加了更多的功能，却依然保持了十分优秀的打印质量。

  MakerBot 同样也提供廉价的入门级打印机，MakerBot Replicator Mini。它的打印容积较小，但是依然集成了许多新功能。MakerBot 还提供了一款容量更大的型号，MakerBot Replicator Z18。它的打印容积十分巨大（并且价格也与之相匹配）。不过，大容积型号主要面向的是制造业和工程当中对于 3D 打印应用不断增长的需求。

  虽然新型号随着时间推移肯定会变得像旧型号那样流行，但幸运的是，本书中介绍的知识依然适用于新推出的型号，只是在一些操作硬件的步骤上会有细微的区别。例如挤出机的安装方式不同，但是驱动齿轮的清洁需求和清洁方法依然没变。现有的打印机型号 Replicator 2 和 2X，将会是我在本书中用来介绍维护和排错时的例子。图 2-2 里展示的就是 MakerBot Replicator 2 打印机。

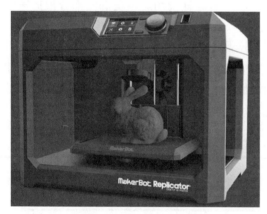

图 2-1　MakerBot Replicator Desktop 3D
打印机（第 5 代）

图 2-2　MakerBot Replicator 2 打印机

  总的来说，专业级的 3D 打印机对于那些不想花费过多精力在组装和设置上的人来说是一个明智的选择。专业级的 3D 打印机通常还会提供详细的介绍文档并配套软件，且带有保修和零售商提供的技术支持（可能收费）。

消费级

  这个级别中的打印机可能以半成品（一部分零部件预先进行了组装）、完整的套件（需要自行组装）或者成品的形式提供。但是和专业级不同的是，零售商通常不会提供类似的售后服务和支持文档（不过有些品牌的售后很不错）。

  属于这类的打印机型号也比专业级要多得多。原因之一是许多这类品牌都只是从供应商采购零部件并且组成套件之后进行出售（不过有些也提供组装服务），或者是没有资金来实现生产和自身设计的小型公司。但是这并不意味着这些品牌当中就没有优秀的产品！实际上，许多这个级别中的打印机都被认为和专业级打印机不分上下，因为它们的打印质量和对于零部件细节的关注程度都不输给专业级打印机。

因此不要将挑选这个级别的打印机看成是在预算不够购买更加昂贵的专业级打印机时的妥协。更何况，这个级别中的某些型号在定价上和专业级的打印机有一拼。但是以套件的形式提供产品，通常也意味着它们的价格也会更便宜一些。

如果你想要购买以套件形式提供的 3D 打印机，通常组装起来并不会很复杂，所需要的工具也不多，对你的知识技能要求也不会很深。这些打印机组装起来虽然不会和自行车一样简单，但是有时候和某个斯堪的纳维亚的家具品牌一样都需要你花费足够的耐心。[①]组装需要花费的时间各不相同，可能几个小时就完成了，也可能要花一两天的时间。当然花费的时间与你自身的技术水平、耐心和空闲时间有关。我通常会留出两倍于商家估计的空闲时间，然后再加上一半左右的"意外"耗时。

让消费者自行组装零部件的另一个原因是能够节省运输费用。运费的一部分根据重量计算，但是商品的体积也会影响运费。物体的体积越小，运费也会越便宜（通常情况下）。Printrbot Simple 就是一个典型的例子。如果是套件形式的产品，那么只要一个体积很小的盒子就可以装下整个打印机上的零部件。虽然打印机组装完成之后的体积并不大，但是盒子却比打印机还要小得多。以半成品的形式运输打印机同样还能够减少对严密包装的需求，并且能够减少在运输过程中损坏打印机的风险。

运费和物体大小的关系

我曾经给别人寄过一把吉他，虽然吉他没有多重，但是它的运费比用鞋盒寄送等重量的砝码要多得多！

套件更加便宜的另一个原因则是它可以节省零售商组装打印机的人工成本。这种情况常见于小公司出售的产品。以套件形式提供给你的价格优惠，实际上交换的是你组装时花费的时间成本。

那么这一类的打印机，除了需要你自行组装之外还有什么共同点呢？你也许已经猜到了，它们提供产品的方式以及技术支持手段都很类似。一些品牌能够提供和专业级打印机不相上下的售后服务，但是这一类的品牌都只能够在网站上提供有限的技术支持，并且通常不提供付费的售后服务或者电话技术支持。虽然这对于有些人来说不是什么大问题，但是如果你很关心打印机的售后服务，最好仔细检查相关品牌的网页，并且在购买之前电话咨询商家能够提供怎样的售后服务。

这个类别的 3D 打印机需要关注的另一个问题是生产过程中使用的材料。虽然大部分零部件都比较常见（比如步进电机、螺栓等），但是打印机的主框架可能采用激光切割的木材，比如 Printrbot 系列，或者是由专业加工制作的零件构成，比如 SeeMeCNC 的 Delta 打印机。

---

① 这些家具需要你自己用螺栓把一堆看上去一模一样的木板按照唯一的正确方法拼装在一起。

但是这些因素都不应当影响或者阻止你不去选择购买消费级的 3D 打印机。如果你有一定的机械和电子知识，以及修补硬件的欲望，并且不在意花费时间来自己组装 3D 打印机的话，那么购买套件能够节省你的预算并且给你带来快乐！

常见品牌

这一类里的打印机品牌数量相当之多。因此我并不打算详细介绍每一个选项（因为最终肯定会导致失败），在表 2-2 里我列出了一些知名度比较高的品牌，以及它们的产品线和售后服务的简介。这些品牌都提供组装 3D 打印机的收费服务。

表 2-2　　　　　　　　　　3D 打印机套件的常见品牌

名称	产品	服务
Printrbot	入门级到中级	线上技术支持，无电话售后
Airwolf	RepRap 衍生的中高端打印机	线上技术支持，详尽的知识库，电话售后
SeeMeCNC	Delta 打印机套件，相关配件和打印用料	线上技术支持论坛，产品使用说明和组装指南
Maxbots	RepRap 衍生的中端打印机，附带自定义配置选项和相关配件	详细的组装和教学论坛，线上技术支持，无电话售后
Deezmaker	RepRap 衍生的小型便携打印机和中高端打印机，一些型号有双挤出机	线上博客和技术文章，bukobot 是它们的技术支持论坛和百科网页
MakerGear	中高端打印机和配件	邮件技术支持，线上指南

品牌聚焦

由于这一类里各个品牌的组装需求和使用的材料各不相同，因此我将会介绍两个最具代表性的品牌。第一个是使用木材作为主要材料的简单套件，只需要少量工具就可以组装完成，通常你的家庭工具箱里的常用工具就足够了。另一个则是需要更加丰富的知识和时间来组装的高质量打印机产品。

让我们从 Printrbot 提供的打印机开始。Printrbot 公司有一条完整的 3D 打印机产品线，能够满足从初学者到专家的各种需求。图 2-3 里展示的是 Printrbot Simple 打印机。

Printrbot Simple 是一个十分特殊的 DIY 套件产品。它看上去像是一台廉价的入门级 3D 打印机。它的整个机器构造也符合极简主义设计思想，机器上的活动零部件很少，但是它却具备一些更加复杂和昂贵的 3D 打印机上才有的许多功能。不过结构上的简化也带来了一定的影响，比如它的打印容积相对就较小，只有 10cm × 10cm × 10cm。

Printrbot Simple 打印机采用了一个特殊长度为两倍的 Y 轴，它充当了 Z 轴的支架。因此在打印过程中整个 Y 轴机构也会上下运动。打印床的左右运动构成了 X 轴。它使用了特殊的线砂轮机构来驱动 X 和 Y 轴的运动，Z 轴则通过传统的丝杆进行驱动。

另一项关于 Printrbot Simple 打印机的有趣特征是开源。这就意味着你可以在品牌网站上看到打印机的设计图，并且可以自己制作框架和零部件。因此它采用的都是十分常见的硬件零部件（意味着你不需要从商家那里购买特制的零件）。你只能从 Printrbot 那里购买的独特零件大概只有控制电路、热端和挤出机了。有趣的是，控制电路实际上也是开源的，因此你也可以尝试使用其他控制电路板，而不用局限于使用 Printrboard。

　　另一个例子则是由 SeeMeCNC 生产的 Delta 打印机。它们的 Rostock Max 产品线同样以套件的形式销售，但是高端的快速打印机型号 Orion Delta 则以成品的形式销售。它们的全部 3D 打印机产品的主要零部件都采用激光切割的三聚氰胺板和挤制铝材制成。打印容积只有平均水平，但是通常最大打印高度比其他打印机要高得多，因为 Delta 打印机采用特殊的垂直机械结构。图 2-4 里展示了 SeeMeCNC 生产的 Orion Delta 3D 打印机。

图 2-3　Printrbot Simple 打印机
（图片由 printrbot 网站提供）

图 2-4　SeeMeCNC 的 Orion Delta 3D
打印机（图片由 seemecnc 网站提供）

　　除了外观看上去很奇怪以外，它实际上是功能十分全面的 3D 打印机产品。它配备了液晶屏和可加热打印床，同时可快速拆卸的挤出机结构让维护变得十分简单。三角形的机械结构让 Orion 的打印速度比绝大多数 3D 打印机都快，并且能够保持极高的打印精度。

　　如果你希望获得一台快速、准确的 3D 打印机，并且希望能够打印较高的模型，那么 SeeMeCNC 的 Delta 打印机绝对能够满足你的需求。实际上 SeeMeCNC 不只提供打印机套件，它们还销售 RepRap 打印机及类似打印机的一系列高质量配件，以及打印丝材。SeeMeCNC 是一个十分优秀的消费级打印机品牌，因为它们不仅提供完整的 3D 打印机产品线，还提供优秀的一站式购物体验。我就曾经使用过它们制造的一系列 RepRap 零部件，并且十分满意。

什么是 Delta 打印机?

Delta 打印机是一种结构十分特殊的 3D 打印机,它采用 3 个垂直的轨道或者丝杆来控制各个轴的运动。每个轴都能够在轨道内(或者丝杆上)上下运动,并且通过特殊的方式和打印头相连。因此打印头的运动实际上是综合 3 个轴运动的结果。无需多言,Delta 打印机看上去和其他的打印机有很大的不同。

总的来说,消费级的 3D 打印机对于那些想要或者有能力尝试组装 3D 打印机,愿意在 3D 打印机上花费时间,或者是那些不需要太多技术支持(无论是免费还是收费)的人来说是很好的选择。这些 3D 打印机通常在自主设计的基础上还掺杂了一些开源的改进方案。它们的质量也参差不齐,有的稍差(但是依然很优秀),有的则能够和专业级 3D 打印机相媲美。它们通常比专业级的 3D 打印机更便宜,并且配件也更容易获取。一些品牌还提供保修,但是保修期限要比专业级的短。最后你需要记住,消费级的 3D 打印机需要更多的时间和知识来进行操作和维护。

业余级(RepRap)

这一类的品牌提供的打印机通常是一个或者多个 RepRap 设计的实现。它们通常是开源的,并且几乎全部都以 DIY 套件的形式出售,因此需要你从头开始组装整个打印机。这就使得它们不适合那些希望开箱之后立刻尝试进行打印的人。而这也是 RepRap 社区中的一项原则甚至是守则——你需要具备足够的技术水平来组装 3D 打印机。某些套件产品需要的技术水平也许会稍低一些,但是大部分套件都需要你具备一定的机械知识、焊接技巧以及动手实践的热情。

如果你没有相关的知识并且没有兴趣学习,或者不希望花费大量的时间在组装 3D 打印机上,那么最好是考虑购买消费级打印机的套件或者成品。你还需要考虑到 RepRap 打印机通常需要更多地进行维护和排错才能够正常工作。因此你在使用过程中还需要对它进行维修和维护。[①]如果消费级依然不能满足你的需求,那么可以考虑一下专业级的 3D 打印机。

这个类别里的大部分品牌都不会提供太多的售后服务,但是至少都会提供可下载的使用说明和组装指南。少量品牌会提供电话售后服务,绝大多数只会通过电子邮件来回复你的咨询。

RepRap 家族树

从 2005 年发明之后,RepRap 3D 打印机已经衍生出了许多不同型号的变种。如果你希望进一步了解 RepRap 项目的相关信息,尤其是那些衍生型号出现和升级的时间轴(比如 Prusa Mendel 等),那么可以访问 RepRap 官网来找到按时间顺序排列的型号图。

---

① 虽然使用时长不一定相同,但是所有的 3D 打印机都需要维修和维护才能够保证长时间地正常工作。

这些现象的主要原因是这些品牌希望进一步地推广 RepRap 打印机。它们已经帮你完成了寻找各种不同零部件并且确保它们都是正常有效的这项艰难的工作。因此，大部分商家都允许你在订购套件的时候挑选一些可选的功能。

举例来说，假设你想要使用不同的控制电路，那么订购套件的时候就加上备注。相似地，你经常会碰到一些省略了某些零部件的套件，这样你就可以自己挑选这些想要的零部件。我认为这种方式十分便利，因为它允许我将 RepRap 打印机从一个衍生型号直接升级成其他型号，并且还能够重复使用电机、电子器件和挤出机等零部件。如果你正在考虑购买一台新的打印机来替换过时的型号，或者是希望升级一些最新的功能，那么你可以试着去搜索那些提供一部分零部件的套件，这样能让你以十分优惠的价格获得一台全新的打印机。

■**提示：** 如果你决定使用部分套件来升级你的打印机，那么通过出售二手旧零件还可以回收一部分开支。

你可以找到像 MakerFarm 或者 NextDayRepRap 这样的不仅提供打印机套件，还提供能够让资深发烧友十分开心的各种配件和服务的品牌。你也可以找到像是 IC3D 这样提供成品或者半成品的打印机品牌。[①]

为什么选择 RepRap？

RepRap 及衍生型号目前被认为是 3D 打印机市场中使用最广泛的设计。无论这个说法的真假（我无法证实或者反驳），但是它出现的理由却很显而易见。因为互联网上存在着大量讨论和推广 RepRap 打印机的博客、文章、论坛和百科网站。

你可以在一些流行的线上拍卖网站里看到这种趋势。搜索 RepRap 可以得到几千个结果，而搜索 Ultimaker、MakerBot、Printrbot 或者其他的商业打印机品牌却都只能得到几百个结果。这虽然不一定说明 RepRap 打印机到处都是，但是却能够证明 RepRap 社区依然欣欣向荣并且不断地扩张。

实际上，一项针对 3D 打印机拥有者的调查[②]——包括商业用途和个人消费者，说明了 RepRap 打印机是目前占有量最多的 3D 打印机类型。图 2-5 里是这项调查结果的饼状图，从图中可以明显看到 RepRap 占据了大量的市场份额。

但是逐渐上升的流行度也带来了负

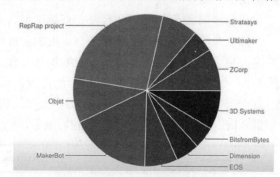

图 2-5　3D 打印机拥有者的调查
（图片由 Stephen Murphey 提供）

---

① 虽然听上去很廉价，但是 IC3D 的打印机质量很好。同时它们还提供十分优质的丝材并且正在尝试自助生产打印丝材。

② 该调查由 Jarkko Moilanen 和 Tere Vadén 进行，发表于"Manufacturing in Motion: First Survey on the 3D Printing Community"，*Statistical Studies of Peer Production*，May 31, 2012 之中。

面影响。RepRap 的设计实在是演变得太快了。几乎每天都有新的功能、新的设计、新的衍生型设计甚至是革命性的设计出现。[①]一部分原因是几乎所有希望组装 RepRap 打印机的人都能够获取大量的数据。但是更主要的原因是 RepRap 本身是一个开源计划。

相关的软件和硬件只要遵循各种开源许可就可以免费进行共享。举例来说，你可以免费下载、打印然后组装任何 RepRap 打印机的衍生型号。你还可以对各种打印机零部件进行修改，只要你将修改之后的设计共享出来。

> ■备注：除非得到了使用者或者许可协议的允许，否则不要试图修改某个零部件之后尝试出售牟利。这样不仅会败坏你在开源社区里的名声，同时还可能使你陷入法律纠纷。

如果你好奇为什么经常提到 "RepRap 衍生型号"，这是由于 RepRap 打印机的设计经常在短时间内发生巨大的变化。实际上，你可以选择超过十多种经过革命性改进（以及一些经过不是那么革命性改进）的 RepRap 打印机型号，而这也仅仅是主流的 RepRap 设计。如果你将所有的衍生型号和被废弃的设计都加在一起，可供选择的设计种类可能会超过几十种。

在本书中为了让介绍的内容能够保持时效性，同时避免消耗大量的纸张，[②]我们将会主要介绍 Josef Prusa 设计的 RepRap 衍生型号。它能够代表目前使用最广泛和最流行的 RepRap 设计。

这一系列的 RepRap 打印机设计有时被称为 Prusa 或者 Prusa Mendel 打印机。Prusa 系列的最新型号被称为 Iteration 3，表示它是最初的 Prusa Mendel 设计的第 3 个迭代版本。但是由于 Iteration 2 依然被广泛使用（我自己就有几台）并且配件相比于 Prusa Iteration 3 获取也更容易，因此我会在下面的内容里同时介绍 Iteration 2 和 Iteration 3 的设计细节。

Prusa Mendel i2

Prusa Mendel Iteration 2 打印机，简称 Prusa i2，最显著的特征是由 3 根丝杆和打印出的塑料零部件构成的三角形框架。图 2-6 里是一个经过深度改造的 Prusa i2 打印机。它在 X 轴和 Y 轴上各安装了一个电机，框架的顶部安装了两个用于驱动 Z 轴的电机。X 轴和 Y 轴通过带齿同步带驱动，Z 轴则通过两根 8mm 直径的丝杆驱动。

从图 2-6 里可以看到，打印机上使用了大量的 3D 打印制造的零部件。在基础版本里（即不进行任何改进的版本），用到了超过 36 个塑料打印零部件。如果你希望自己打印（或者让朋友帮忙打印）一些塑料零部件，那么可能需要花一些时间了。其中一部分零部件的体积很大，可能需要花费几个小时的打印时间。

框架本身十分牢固，即使是大量零部件都是塑料材质，它也不会在桌面上摇晃、振动或者弹跳。一些用户碰到过连接部件出现裂纹或者松动的情况，但是仔细检查和进行预防性维护能够帮助你避免这些罕见的情况。

---

① 这也是很少有专门介绍组装 3D 打印机书籍的原因，因为它们印刷出来就已经快过时了。
② 也许在数字时代这个说法应该换成 "避免占用你过多的储存空间"。

我的 Prusa i2 打印机已经是祖父了，你的呢?

用 Prusa 打印机来打印另一台打印机上的塑料零部件能给你带来极大的满足，而且用这些零部件来帮助你的朋友或者自己组装新的打印机能够加大它带来的满足感。这也正是 RepRap 计划最初希望实现的目标——自我复制。使用打印制作的零部件的打印机被称为子打印机，而用来打印这些零部件的打印机被称为父打印机。按照这个方式来理解，我的 Prusa i2 打印机已经是祖父了。我用它的孩子打印了一台 Prusa i3 打印机。

大部分出售的 Prusa i2 套件都能够组装成一台完整的打印机，但是它们并不提供一些值得拥有或者先进的新功能。这意味着它们通常只配备了组装打印机和开始打印所需要的基础零部件。大部分套件甚至还提供可加热打印床和高温热端。大部分套件不会提供的包括可调节打印床、同步带张紧器和可以微调的 Z 轴限位开关。我认为这些功能对于获得（持续的）优秀打印质量来说是很重要的。

我对 Prusa i2 进行的升级

图 2-6 里的 Prusa i2 进行了下列的升级改进，我会在后面的章节里详细介绍绝大多数升级。

- 可调节底座，使打印机在不平整表面上保持稳定
- 可调节打印床
- 可微调的 Z 轴限位开关
- LED 照明
- 丝材过滤器/清洁装置
- 喷嘴散热风扇
- Y 轴同步带张紧器
- 移位的 RAMPS（控制电路）
- 板载电源（其余大多数都是外接电源）
- 带 SD 卡读卡器的液晶屏
- 丝材卷支架

图 2-6　一台 Prusa i2 打印机

这些改进中的大部分都能够直接提升打印质量，但是有一些（比如板载电源和丝材支架）是为了让打印机的功能变得更加完善。使你能够更方便地挪动打印机的位置，并且能够简化维护打印机时的操作。

Prusa i2 打印机相比于之前的型号进行了极大的改进，尤其是对 Y 轴和 Z 轴的稳定性进行了极大的提升，并且利用线性轴承使得轴运动的自由度更高。单单是改进后的轴承就使打印机的质量有了极大的提升。不过 Prusa i2 打印机依然有一些缺点。

缺陷之一来自于 Z 轴使用的丝杆。如果你的丝杆不是完全笔直的或者螺纹上存在缺陷，

由于 Z 轴两端固定在了框架上，打印时可能会发生 Z 轴振动，从而可能导致丝材层出现轻微的偏移现象。如果幸运的话，偏移量很小，所导致的效果可能需要仔细看才能看得出来。但是在进行精密模型打印的时候，这个问题所造成的影响就会变得很明显了。有很多种方法可以修复 Z 轴振动，但是最好的消除振动的方法是使用弹性联轴器让电机或者丝杆能够小幅度地自由运动。如果你想要深入了解 Z 轴振动的相关信息，搜索 Richard Cameron 在 RepRap Magazine 上的文章 "Taxonomy of Z Axis Artifacts in Extrusion-Based 3d Printing"。

虽然 Prusa i2 看上去并不是最佳的选择，但是它依然有可取之处。由于它已经存在了很长的时间（比起大部分打印机来说都要久），因此有着很多可供选择的升级和配件。除了上面介绍的那些之外，其他的升级配件包括工具支架、零件抽屉和双挤出机。如果你希望自己组装打印机，并且能够享受排错和优化的过程，那么 Prusa i2 也许是一个很好的选择。

Prusa i3

Prusa Iteration 3 打印机，简称 Prusa i3，最鲜明的特色要算塑料零部件更少，以及独特的框架结构。Prusa i3 有着 3 种不同的框架设计。你可以采用单片铝材框架（采用单片铝材切割而成）、木材或者复合材料构成支撑框架或者盒状框架。盒状框架的使用场合越来越少，套件里采用得也不多。

> ■ **备注：** 一些品牌会将木质框架或者复合材料框架的版本称为"盒状"版，但实际上这是不正确的。两者的区别很重要，因为它们在 Z 轴上使用的塑料零部件有着轻微的不同。如果你准备另外购买塑料零部件的话，一定要进行确认。

新型的框架设计提供了另外一项重要的功能。它使你能够更加轻松地接触到打印床的空间。在 Prusa i3 上处理打印品要比在 Prusa i2 上轻松得多。举例来说，当打印品粘在打印床上取不下来的时候（可能是黏附状况太好了），在 Prusa i3 上我可以自由地从多个角度去尝试撬动物体，而在 Prusa i2 上则会受到框架的阻碍。

无论你选择的是何种框架材料（版本），打印机的设计里都应当包括一个由几根丝杆构成的紧凑型水平子框架。这些丝杆要更短，而和 Y 轴平行的光杆则要更粗一些。经过螺栓固定之后，它可以形成一个十分坚固的平台。图 2-7 里展示了一台经过改进的 Prusa i3 打印机。

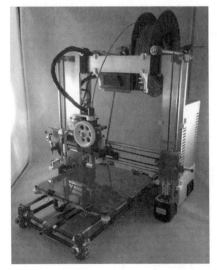

图 2-7　Prusa i3 打印机，单片铝材框架版本

和前面的 Prusa i2 对比，这台 Prusa i3 也添加了许多相同的功能——板载电源、可微调的 Z 轴限位开关、可调节打印床、丝材过滤器/清洁器等。

相比于 Prusa i2 来说，最显著的改进可能要算是 Z 轴上使用的小直径丝杆了。和 Prusa i2 将步进电机安装在顶部不一样，Prusa i3 的 Z 轴步进电机安装在底部，同时丝杆仅安装在步进电机的侧面。

由于 Prusa i3 是一种相对较新的型号，因此并没有多少针对打印零部件的改进出现。大部分人还是在使用 Prusa 的原始设计（如图 2-7 所示），但是依然有人对它做出了一些修改。主要区别在于 X 轴和 Z 轴丝杆之间的固定方式。原始的 Prusa 设计将丝杆安装在 X 轴固定件的后方，而改进版则将它移到了 X 轴固定件的前方。另一个主要区别在于是否添加同步带张紧器（以及它的工作方式）。最后，两种设计在挤出机在 X 轴上的安装方式上也存在着差别。大部分设计采用 Greg's Wade 挤出机（图 2-7 里也是一样），而更新的版本里则采用修改过的 Greg's Wade 挤出机或者另一种紧凑型的挤出机。同时我需要再次提醒，你需要确保购买的塑料套件和使用的框架相匹配。

常见品牌

这个类别里的品牌通常只提供套件，套件里通常包含全部的零部件，可能还有一些不同材质的丝材。毕竟这里大多数品牌的创始人都是第一批对 3D 打印机感兴趣的爱好者，他们试着将自己的知识和热情转化成能够为其他拥有共同爱好的人服务的商业计划。表 2-3 里列出了一些最流行的 RepRap 3D 打印机品牌。

表 2-3　　　　　　　　　　　RepRap 3D 打印机品牌

名称	产品	服务
MakerFarm	木质框架的 Prusa i3 打印机，配件和打印丝材	线上组装指南，售后电子邮箱
DIY Tech Shop	铝制框架的 Prusa i3 和 i2 打印机，配件和打印丝材	线上组装指南
NorCal-RepRap	铝制框架 Prusa i3 打印机，配件和打印丝材	线上组装指南
Ultibots	基于 RepRap 的 MendelMax3D 打印机	线上组装指南，线上技术支持，电话售后
NextDayRepRap	Prusa i2 打印机，配件和打印丝材	丰富的线上服务、组装指南和使用说明，售后电子邮箱

■ 提示：NextDayRepRap 的网站是最丰富的 RepRap 打印机资料库之一。如果你已经拥有或者考虑拥有一台 RepRap 打印机，你可以将这个网站作为有价值的参考资源。

品牌聚焦

RepRap 3D 打印机品牌相比于其他级别来说要丰富得多。一些品牌提供打印机套件和一些必备配件，而一部分品牌只提供配件而不提供完整的套件。实际上，你很难在一个品牌下买到套件里需要的全部配件。但是 MakerFarm 却是一个例外，它能够为想要购买套件或者是套件里各种不同配件的顾客提供良好的一站式购物体验。

它提供两种 Prusa i3 套件——普通尺寸的 15cm 打印基板和较大尺寸的 20cm 打印基板。它的套件采用独特的、激光切割的木质框架。实际上它的产品里并没有用到和普通的 Prusa i3 一样的打印零部件，只有挤出机和挤出机齿轮是通过塑料打印制作而成。图 2-8 里是一台 20cm 版本的 MakerFarm Prusa i3 3D 打印机。

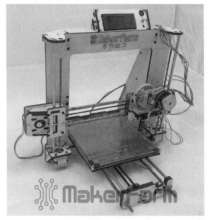

MakerFarm 采用了和 Printrbot 一样的方法，用木头制作了全部的主要零部件。所有步进电机、Y 轴，甚至连 X 轴的固定件都是木质的。这就使它组装起来比图 2-7 里那样的套件要轻松许多。

套件依然保持了 Prusa i3 的设计，同时售价也比单片铝材框架的版本要低。低价主要是由于没有使用塑料零部件、减少了丝杆的数量，以及使用木质框架造成的。MakerFarm 的套件很适合那些希望尝试自己组装 3D 打印机，但是却没有足够的知识或者时间来处理那些更加复杂的套件的人。

图 2-8　木质框架的 Prusa i3 打印机
（图片由 makerfarm 网站提供）

总的来说，RepRap 打印机相当的纯粹，通常都以 DIY 套件的形式存在。支持 RepRap 3D 打印机的品牌通常只提供套件和配件产品，而没有多少线上技术支持。大部分品牌都随套件附带了十分优秀的说明文档，但是却很少有组装说明。我提过这都是 DIY 套件，对吧？

RepRap 套件很适合那些想要学习 3D 打印机的工作原理，以及愿意动手实践的人。由于套件的价格一般都很便宜，它也很适合成为你进入 3D 打印机世界的第一步，但是这一步的成功或者失败完全取决于你自己。你可以在互联网上找到许多帮助，包括 RepRap 百科，但是不要期望给商家打电话来解决自己的问题。我说过只有 DIY 套件对吧？

我们已经大致了解了 DIY 打印机的相关信息，现在让我们更进一步，讨论如何才能够从零开始一步步组装完成自己的 RepRap 3D 打印机。

订制属于你的打印机套件

如果你正在阅读这一部分，那么说明你正在考虑从零开始组装自己的 3D 打印机。这种方式只适合那些享受挑战的人。①你需要花费大量的时间来研究打印机中所需的每一种零部件的可靠来源，以及它们之间是否相互匹配。并且大多数情况下，你需要从多个商家那里购买各种不同的零部件。

这种方式最大的好处是你可以节省比购买一个完整的套件更多的金钱。当然你也能够在研究各个零部件和如何组装它们的过程中学到更多。这是由于和现成的 DIY 套件不同，你需

---

① 换而言之，你需要有着永不放弃的精神。

要确保购买的不同零部件之间能够互相配合。不过你需要注意，不谨慎的购买计划也可能增加你的花销。更详细地说，如果你从多个商家那里订购了零部件，它们总的运费可能比你购买一个完整套件的运费要多得多。此外，如果你一不小心买到了不兼容（或者是错误的）零部件，那么最后可能剩下来一些没用的零部件，从整体上看或许还会使你花费更多的金钱。[①]

这种方式的另外一个优点则是你可以挑选最适合你的新打印机的零部件。大部分 DIY 套件都是由商家决定内容的，你没有办法选择零部件的生产厂家甚至是使用何种挤出机或者热端。而如果自己来指定计划和选择供应商，你就可以尽可能地实现自己的想法。

制定计划

和所有成功的尝试一样，你需要先制定一个如何收集各种不同零部件的详细计划。你可以从列一个 RepRap 打印机的主要零部件清单开始。接着用我下面提供的品牌清单或者自己搜索合适的供应商。除了零部件之外，你还可以记录下有着相应零部件储备的商家。此外你还可以备注下相应商家提供的报价，这样就可以根据计划的内容来规划自己的预算。

我们将这样的清单称为材料清单。表 2-4 里就是一台 Prusa i3 打印机的材料清单范例。你可以照着这张表来制定自己的计划，只需要添加一行与供应商相关的内容就可以了。

表 2-4 Prusa i3 的材料清单

零部件	数量	价格范围	备注
框架	1 套	45～135 美元	木质框架更便宜并且更容易改造
五金硬件（螺丝、螺母等）	1 套	35 美元以上	你可以找到销售全套 Prusa i3 套件的商家。但是要小心采用 SAE（汽车工程师协会）标准的套件，这类配件经常出现兼容问题，只会给你带来麻烦和浪费你的预算
塑料零部件	1 套	35 美元以上	部分框架零部件和齿轮可以使用 PLA 材质的零部件，但是在挤出机和其他靠近热源的零部件一定要使用 ABS 材质的零部件，比如热端和步进电机的固定件
RAMPS 或者其他控制电路	1 个	125 美元以上	一个组装好的 RAMPS 电路已经包含了 Arduino Mega 控制器
丝杆	1 套	45 美元	确保它里面包含了你需要用到的全部丝杆，同时注意检查丝杆的长度和 Prusa i3 的设计是否吻合
光杆	1 套	45 美元以上	确保它的长度和 Prusa i3 的设计吻合
Nema 17 步进电机（42 步进电机）	5 个	15 美元以上	电机的尺寸可能稍有区别，但是保持转矩需要至少为 54 盎司力每英寸[②]。确保它们为 RepRap 打印机进行了预接线。同时要注意电机的工作电压，工作电流应当在 1～1.5A 范围内。你需要用到这些数据来校准你的打印机
热端套件	1 套	55 美元以上	确保它包含了热敏电阻和接线

---

① 这对于那些第一次尝试组装的人来说很可能会发生。因此在事前研究和制定计划的时候一定要仔细。
② 这是一个保持转矩的单位。

续表

零部件	数量	价格范围	备注
可加热打印床	1 套	25 美元以上	如果你选用 ABS 进行打印，那就是必需品，但是它也能帮助 PLA 的打印
打印床的接线和热敏电阻套件	1 套	4 美元以上	一些品牌的可加热打印床已经配备了这些配件
限位开关	3 个	5～12 美元	简单的机械开关即可。一些带有 LED 指示灯的限位开关的接线可能会比较复杂
束线带（小、中）	许多	4 美元以上	经常被忽视的必需品。你可以用它来让杂乱的接线固定在光杆和轴承上
电源（20～30A、12V）	1 个	35 美元以上	可以采用 LED 供电电源，如图 2-6 和图 2-7 所示。带有开关的台式计算机电源也可以
电源开关、插座和电源线	1 套	12 美元以上	和电源配套使用，你可以将交流电源线直接连接到电源上，但是并不推荐这种方式（因为很难将它断开）
同步带和同步带轮	2 套	45 美元以上	你需要两个 GT2 或者类似的同步带轮以及大约 3 米长的同步带。你可以找到将它们成套出售的商家
打印丝材	1 组	40 美元以上	你当然需要这个！购买你喜欢的颜色，但是要注意它的尺寸和种类需要和挤出机的要求相匹配
LCD 屏幕	1 个	115 美元以上	可选配件，但是我强烈推荐配备一个，最好买一个内置 SD 读卡器的型号
40mm 风扇	1 个	6 美元以上	可选配件，如果选用 PLA 进行打印最好配备一个

■提示：RAMPS 套件分为组装好的和未组装两种。如果你不会焊接或者没有焊接过微型电路元件，那么最好购买组装好的 RAMPS 电路套件。但是如果你能够自己焊接，那么就可以自己组装电路并且节省一大笔预算了。

列出了完整的清单之后，你就可以开始购买零部件了。我喜欢从最贵的那些开始，这样使你更容易分批次完成所有零部件的购买。

另一种方式则是先购买框架零部件并完成组装，这样能够帮助你坚持完成目标。我就这样试过，一个空空的框架确实能够激励你不断地工作将它完成。

无论你采用何种方式来进行采购，这都应当是你的事先计划内容里的一部分。确定从哪里购买零部件以及购买的先后顺序都能够帮助你订制属于自己的打印机套件。更重要的是，它可以避免你在快完成了却发现忘记购买限位开关或者缺少热敏电阻这样的情况！

获利守则①

是的，在 RepRap 爱好者之间有一些非正式的规则。虽然有一些也许只是我自己的想象，

---

① 这并不是福瑞吉人的获利守则（出自《星际迷航》，英文同为 Rules of Acquisition）。

但是你从零售商和 RepRap 社区能够得到的帮助有限，这也是事实。

出售 RepRap 零部件的商家分为很多种，有通过线上网站大量出售零部件的，也有更加高尚想着满足 RepRap 爱好者各种需求的商家。区分这些商家的最好方式是通过它们的网站上提供的说明文档。如果你能找到详细的产品介绍、使用说明、参数表格或者技术论坛，那么说明这个品牌也许能够满足你的需求。小心那些没有详细标明产品功能或者介绍十分模糊的品牌。记住永远事前做好研究工作，并且选择那些在社群里有着良好口碑的商家。

假设你的零部件来自于口碑良好的商家，那么你可以并且应当向他们咨询产品相关的各种问题。大部分商家对于想要自己组装 RepRap 3D 打印机的消费者都十分耐心。但耐心也是有限度的，不要指望商家手把手地教你如何用他们的零部件产品来组装打印机。你可以向他们咨询怎样才能更好地完成组装，或者是否有推荐的其他配件等，但是最好不要问出在打印床调平的时候应该怎样去调节轴这样的问题。

如果你正在使用 RepRap 论坛（迟早会用到的），你会发现讨论和回复的规则和其他论坛差不多。即你需要紧扣主题并且尽量简单明了地表达自己的想法，并避免重复提问或者在错误的主题里进行提问。如果不遵循这些规则，那么等待你的只可能是严厉、否定的回复。

你也有可能会在帖子里碰见一些无用的回复。由于论坛的用户实在太多，其他人可能是出于好心提出一些不同的建议，但是有时会使情况变得更加复杂。比如你可能碰到了限位开关的安装问题，那么在查找相关帖子的时候一定要确定讨论的型号和你的打印机一致；Prusa i3 打印机的限位开关安装位置虽然和其他 Prusa 打印机一致，但是安装方式却不一样。

相似地，在提问时也要提供尽可能详细的信息，这样才能够帮助别人更好地理解你的问题出在哪里。你不需要长篇累牍的介绍问题，但是最好列出出现故障的相关硬件。有时只要知道所用步进电机的型号就可以极大地帮助别人解决你的校准问题。记住提问时一次讨论一个问题，并且提供详细的症状和相关信息。

在提问时尽可能地注意用词和礼仪，那么别人的回复也将回馈善意。虽然论坛里有时也会发生截然相反的情况，但是不要因此就放弃友善的进行提问。和大多数爱好者论坛一样，RepRap 社区同样也有着自己的共识，其中也包括一部分比较固执的观点。比如有些人会认定某种热端比其他的热端要优秀，而其他人的观点则相反。而选用何种打印丝材则是另一个鲜明的例子，正如我在第一章里介绍过的那样。在你自己亲自体验过某种零部件之前，你需要谨慎对待社区里对相关零部件的评价。

最后，关于订制属于你自己的套件我还有两条建议。首先，尽量花时间去访问和阅读能够找到的与 RepRap 相关的所有论坛、技术博客或者测评文章。虽然你可能一开始并不能完全理解全部的内容，但是随着花的时间不断增多，相关的内容也会变得越来越明晰。其次，如果你的周围就有 3D 打印爱好者组成的团体，试着加入他们！认识其他的 RepRap 爱好者并且一起讨论相关的内容！通过和大家互相交流，你可以快速积累与 RepRap 相关的知识。同时你也能够得到各种人的帮助，从初学者到 RepRap 专家（但是需要你自己迈出第一步）。

未来的风险

你可以在 RepRap 社区快速地学习和成长。你会遇到一些无私帮助你并且提供建议的人，还会发现一些负责任并且提供高质量产品的商家。获得成功需要的只是你对学习的渴望以及一点点耐心。也许这个过程最终带给你的只是一台打印机，但是学习的过程远比结果要令人更加享受。

可惜，世事往往不如人愿。在订制套件的过程中你肯定会碰见不顺的事情。我在前面介绍过，有些零售商的产品介绍十分简陋（这种情况虽然很常见，但是例外也是存在的），并且警告过你有些零部件和 RepRap 打印机并不配套。而有一些你可能碰见的问题我还没有介绍过。

我想说的是，在这个过程中经常会出现意外情况，它们最终可能会导致各种不同的问题。在从零开始组装 3D 打印机的过程当中你可能会碰见各种各样的问题和陷阱。虽然在这里我不能对全部问题都进行详细地介绍，但是依然可以给出一些例子让你有个心理准备。

首先最令人沮丧的则是在开始接触 3D 打印机的组装之前，花费在研究和收集各种零部件上的大量时间。这些时间可能是用在研究各种不同的品牌上，也可能是由于一些元件暂时买不到（比如 2012 年有一段时间市场上步进电机的供货量就严重不足）。而如果你的预算有限或者只能动用业余爱好资金的话，[①]那么这些时间可能大部分都用在分批购买不同的零部件上。

如果你购买的零部件出现了兼容性问题，那么组装所花费的时间也会变得无比漫长。比如我曾经就在一家口碑很好的店里购买过 RAMPS 电路板，但是最后在排错的时候它和电机之间的配合却出现了许多令人抓狂的问题。最后发现问题出在步进电机驱动器的输出电流达不到步进电机的需求，但是这个问题在说明文档里并没有体现出来。这就导致打印机上轴的运动十分缓慢，并且电机随时可能故障停机。最后我只能重新购买了一块步进电机驱动板来解决这个问题。

另一个例子则涉及到购买打折的零部件。在我接触 RepRap 打印机的早期，我曾经购买过一批"接近全新"的步进电机（我可以接受二手的零部件）来节省一些预算。商家产品介绍里的技术参数看上去很美好，并且它的轴的直径也是 5mm 的（标准就是 5mm 轴）。同时它的使用说明也说明这些电机能够满足 RepRap 打印机的需求。

但是当我收到这些电机的时候，很明显可以看出它们原先的工作环境非常脏（可能是在数控机床上），直径 4mm 的轴上按压了一个同步带轮，并且接口并不符合 RepRap 打印机的

---

① 比如你从网上拍卖得到的利润或者是卖小手工赚的钱。

标准。而当我跟商家反映的时候，得到的只有"不能退货"，于是我只能保留下它们。我曾经尝试过对它们进行改装来试试看能不能用上，清洁工作十分简单，但是直径 4mm 的轴和滑轮改装起来却十分困难。将原装的滑轮拆下来之后（我只能把滑轮破坏掉才能拆下来），[①]寻找适合打印机的直径为 4mm 同步带轮花费了我大量的时间。而买到合适的同步带轮之后，最后又发现这些步进电机的保持转矩不够。[②]

　　种种问题导致了我的第一台从零开始组装的 RepRap 3D 打印机花了 3 个月才最终完成，远超正常情况下所花费的时间，而在这期间我成功地组装了另外两台打印机。不过这些经验也让我成长了许多，避免犯下相同的错误！

> ■**注意：**你需要仔细研究每一个准备购买的零部件。不要轻信商家的产品介绍和关于兼容性的保证。试着询问其他的购买者或者在网上进行搜索，看看他们有没有碰到关于这个元件的各种问题。你会庆幸这样做了的！

　　不要认为我介绍这些例子是为了说明自己组装 RepRap 3D 打印机是一个馊主意！这些例子只是为了告诉你这个过程不一定会一帆风顺，同时订制属于你自己的套件并且自己动手组装能够带给你很多，尤其是当你希望获得更好的打印质量的情况下。在某一次尝试自己组装 3D 打印机时候，我花费了大量的精力在组装之前就计划了许多升级项目。虽然最后一些升级没有奏效，但是最终它的打印效果已经超过了我之前一台从现成套件组装的打印机，并且节省了将近 200 美元！不过相对地，组装过程花了我 8 个月的时间。

3D 打印机的功能

　　现在让我们了解一下 3D 打印机的功能和常见的可选配件。虽然不是所有品牌的打印机都能够提供全部这些功能，但是熟悉它们可以帮助你考虑如何挑选第一台（或者下一台）3D 打印机。接下来我们将会列出并介绍一些比较常见的功能和它们的优点。我们会在本书的维护和排错章节里详细介绍其中一部分功能和配件。

- 打印容积
- 打印丝材
- 热端
- 液晶屏
- SD 卡读卡器
- 送丝结构
- 网络连接
- 无线网络支持

---

① 镁材质的零部件是很脆的！
② 这是最让我生气的一点！

- 可调节打印床
- 丝材清理器
- 丝材支架
- 可加热打印床
- 打印床散热风扇
- 电路散热风扇
- 打印床自动调平

打印容积

3D 打印机所能打印的物体体积可能是你在挑选打印机时需要仔细考虑的问题之一。如果你希望打印一些大型模型，那么你就需要选择打印面积（容积）更大的 3D 打印机。比如如果你想要打印一些较高的模型，那么就可以考虑购买一台 Delta 型的 3D 打印机——它的设计使它最适合打印具有一定高度的物体。大部分 RepRap 打印机相比于专业级或者消费级来说打印容积都要小得多。而一些廉价的 3D 打印机打印容积则要更小。

RepRap 3D 打印机的实际打印容积

虽然大部分 3D 打印机都会标注打印容积这项参数，但是实际的打印容积通常会更小。比如在 Prusa i2 的框架上，根据不同的挤出机尺寸、固定玻璃打印基板和可加热打印床的夹子都可能会影响它的打印容积。

打印丝材

如果你已经决定了希望使用哪种打印丝材进行打印（比如 ABS 或者 PLA），那么确保挑选的打印机或者套件能够满足你的需求。记住大部分能够用 ABS 打印的打印机也同样能够用 PLA 进行打印，只要它们带有打印床风扇（你也可以自己加装一个）。同样，如果你希望用 ABS 进行打印，那么需要一个可加热打印床。

热端类型

3D 打印机上可用的热端设计加起来可能有几十种。这看上去似乎毫无必要，但是事实却不是如此。我曾经详细研究过几个介绍了十几种甚至二十几种不同的热端设计的网页，加起来可能有超过 50 种热端设计的介绍。

有这么多种类的热端，应当怎样选择才能够挑选到最适合你的打印机、打印丝材以及物体的设计呢？幸运的是，大部分热端设计都可以根据材料大致的分为下面两类：全金属材质以及 PEEK（聚醚醚酮）机身和 PTFE（聚四氟乙烯）内衬材质。虽然也有一些特例，比如金属机身和 PTFE 内衬，但是总的来说要么全部采用同一种材料，要么会采用另一种材料作为内衬。我会在下面的几节里详细介绍一些设计。

全金属材质

全金属热端通常采用一种或者多种金属材料制作而成。最常见的一种组合包括不锈钢芯、铝制或者黄铜制的加热模块，以及黄铜或者不锈钢材质的喷嘴。由于这些材质的零部件在日常使用中不容易损耗，因此相较于其他材质的热端来说维护需求要少得多。不锈钢芯让打印丝材能够在小摩擦的情况下经过热端。有些热端还可以用来处理食物，这样就让你可以打印巧克力了。

一些全金属热端会加装鳍片来增强风扇对机身的散热。这种设计很重要，因为全金属热端需要能够快速散热来防止打印丝材堵塞热端。但是在正常工作时整个热端都可能会达到加热模块的温度。如果你使用的是没有风扇的热端，同时热端机身的长度不够发散产生的热量，那么热端自身的热量可能就会转移到挤出机或者是固定配件上。这可能会使塑料零部件软化甚至熔化，因此大部分全金属热端都会配备散热风扇。

这类热端有一个显著的优点：它们可以承受较高的工作温度，因此可以用来打印高温丝材。同时正如我前面介绍过的，全金属热端的维护需求也较低，因为内部零部件不容易出现损耗。

一些常见的全金属热端包括 MakerBot 专利设计的 Mk8，Prusa 喷嘴以及 E3D。图 2-9 和图 2-10 里分别是 MakerBot Mk8 挤出机和热端。

图 2-9　MakerBot Mk8 挤出机（全铝机身改进版）

图 2-10　MakerBot Mk8 热端

PEEK 机身和 PTFE 内衬

这种类型的热端通常采用黄铜、铝或者不锈钢材质的加热单元和特制的塑料机身相连，机身通常是 PEEK 材质和 PTFE 内衬构成。这一类里包含了大量不同的热端设计，因此也比全金属热端要更加常见。

热端机身部分的导热性较差，因此通常不需要散热风扇。但是一部分型号的热端依然会在机身上添加鳍片或者通孔来帮助进行散热。

这类设计的另一个优点是厂家会提供可更换的 PTFE 内衬，分别对应直径为 1.75mm 和 3mm 的丝材。但是 PTFE 内衬自身在使用上有一些限制。首先随着不断使用，它可能会出现变形的状况，因此需要周期性地进行更换。同时内衬的工作温度最高不能超过 240℃，更高的温度可能会导致内衬出现故障并导致内衬降解。但是即便有着这些限制，这类热端依然十分流行并且被用于大量打印机设计当中。

常见的复合材质的热端包括 J-head、Budaschnozzle 以及 Merlin。图 2-11 里是一个 MakerFarm 打印机上的 J-head 热端。

图 2-11　J-head 热端

安装朝向

热端可以被设计成配合直驱挤出机或者 Bowden 挤出机使用，当然也可以是通用的。为直驱挤出机设计的热端通常安装在靠近挤出机的位置或者是直接安装在挤出机机身上，J-head 和 Makerbot Mk8 的热端就是如此。而有一些热端只能够配合 Bowden 挤出机使用，同时需要进行特殊安装。

■**备注**：J-head 热端常用于配合 Bowden 挤出机，尤其是在 Deltabots 打印机上。在一些情况下，用来固定 PTFE 管的定位螺丝可以用快插接头替代，这样可以使 Bowden 管固定得更加牢靠。

大部分热端都可以通用于直驱挤出机或者是 Bowden 挤出机，只是在安装结构和安装方式上略有不同，直喷嘴通常和热端安装在一起，而 Bowden 喷嘴通常会将热端和挤出机结构分开来安装。

选择热端

如果你正在自己组装或者升级打印机，那么你可以轻松地更换热端。但是厂家组装好的打印机里的挤出机和热端升级起来要复杂得多。

那么应当如何选择热端呢？这取决于你希望它实现哪些功能。如果你希望打印高温丝材，那么你应当选择一个全金属的热端。如果你需要一个打印 PLA 或者 ABS 并且不需要风扇的可靠热端，那么就可以选择 PEEK 材质机身的热端。

在这里我没有列出可供你选择的具体热端型号，原因也很简单：我认为现有的热端型号实在太多（包括同一型号下的各种衍生型号），而每种型号都是针对特定打印机里的特定需求进行设计的。实际上你早晚会碰见一些人认为某种特殊型号的热端比其他所有型号都要优秀。而闲杂的热端型号实在太多，使得对于热端的看法也有很多种！

如果你已经决定了想要何种类型的打印机并且列出了一张功能和配件的清单，包括可用打印丝材种类、安装方式等，那么就可以更加精确地挑选热端了。

你的挑选标准还应当包括热端的经销商是否是原始的设计者或者制造者，即最好从制造者那里直接购买热端。比如 J-head 热端就常见于 RepRap 打印机中，因此有很多厂家会拷贝它的设计来自己进行生产。其中一部分的设计和制作很精良，但是也有一部分粗制滥造的产品。在购买一个新热端之前，花点儿时间在研究相关的测评上。

综上所述，你应当购买能够满足你需求的热端，同时它应当能够适配你的 3D 打印机、制作精良，而且可靠性的口碑要好。

液晶屏

液晶屏通常能够显示多行文字，使得打印机能够不连接计算机就进行操作。由于大部分液晶屏幕都会配套提供旋钮或者按键来进行菜单的选择，从而进行例如移动轴、打开加热单元等一系列操作。具备这样功能的打印机能够帮助你在不连接计算机的情况下进行定期的调整和维护。由于无法想象没有液晶屏会多么的不便利，我已经在我所有的旧 3D 打印机（除了一台）上都加装了液晶屏（并且安装了相关的软件），并且我的下一步计划是将我的入门级 Printrbot Simple 打印机也加上液晶屏。

SD 卡读卡器

如果你不希望打印机一定要配备计算机才能进行打印，那么你就应当考虑购买一个带有 SD 卡读卡器的打印机。这不仅能够省去打印机和计算机之间的必要连接，同时配合液晶显示屏幕还能够让你在不打开计算机的情况下直接在打印机上进行打印操作。这就意味着你可以带着你的打印机到处转悠向朋友们显摆了。

送丝结构

少部分 3D 打印机会内置筒状或者类似封闭结构的送丝系统来限制丝材的运动。这类结构能够让打印丝材的装载和卸除变得更加轻松，同样能够省去对确保打印丝材清洁的过滤器或者清洁器的需求。

网络连接功能

网络连接功能使你的打印机能够通过网络进行打印，并且能够共享给联网的其他用户。最新型的 MakerBot 打印机就附带了这项功能。

无线网络支持

无线网络支持提供的功能和网络连接类似，但是省去了网线！

可调节打印床

我认为这项功能应当是另一项 3D 打印机必备的功能。它使你能够快速地对打印床进行调平，从而使得例行维护变得更加轻松。一些打印机里的结构（比如 MakerBot 3D 打印机和我对 Prusa i2 设计的改进版）不需要工具就可以进行调节。

丝材清洁器

如果你的 3D 打印机没有给打印丝材卷配备防尘罩或者其他的遮挡结构，那么最好考虑配备一个丝材清洁器。即使你想要的打印机的初始配置没有这一项，你也可以自行加装。在 Thingiverse 上进行简单的搜索就可以得到许多可选的方案。比如我采用了 Thingiverse 上的设计 16483（关键词 Universal filament dust remover）用于我的 RepRap 打印机和 Thingiverse 上的设计 52203（关键词 Replicator 1-2-2X Filament dust filter）用于我的 MakerBot 打印机。丝材清洁器的最大优点就是它能够防止杂物、灰尘或者其他的污染物进入挤出机结构和喷嘴当中。如果你经常碰见打印丝材挤出故障，那么可以尝试一下添加丝材清洁器。

丝材卷支架

许多打印机都提供了这项功能。它不仅能够保持打印机周围工作环境的整洁，同样还能够通过减缓挤出机电机的工作压力来降低挤出故障出现的可能。丝材支架能够通过卷盘或者其他的低摩擦力结构来使丝材卷释出打印丝材。这是另一个我认为能够提升打印机使用体验的配件。如果你经常碰见挤出故障并且没有配备打印丝材架，那么很有可能是打印丝材在送进挤出机时的压力太大，从而使得挤出机里的丝材出现了弯曲。

可加热打印床

如果你考虑购买的打印机没有可加热打印床，那么说明它没有针对 ABS 和其他高温材料的打印进行优化。如果你希望（或许是未来）用 ABS 进行打印，那么一定要配备可加热打印床。这不仅是为了保证打印模型能够保持高温，还能够帮助物体和打印基板之间的黏合。此外它还能够帮助黏附 PLA 材料，因此无论如何都不会是无用的配件。

打印床的散热风扇

如果你希望用 PLA 进行打印，那么一定要配备一个打印床风扇。朝着打印模型吹风能使物体更快冷却并且保持稳定。

电路散热风扇

这项配件在专业级和大部分消费级打印机当中不常见，因为它们内部电路的散热需求已经通过结构上的设计解决了。因此这项配件主要用在 RepRap 打印机上。它能够帮助打印机正常工作，防止出现像是步进电机过热跳步这样的问题。我曾经在打印一个很大的打印品时碰到过这样的问题，当时已经完成了 90% 左右，但是最后我只能将整个打印品都废弃掉。如果你准备自己组装 RepRap 打印机，那么最好仔细考虑电路的安装位置和冷却方式。

打印床自动调平

自动调平功能是最近新出现的热门功能之一。这项功能使打印机能够检测 Z 高度（即喷嘴和打印床之间的距离）并且对打印床的不对齐进行检测和修正。实际上现在各个品牌都在着手给打印机添加这项功能，同时它在 RepRap 打印机当中也变得更加流行。也许几年以后这项技术或者类似的技术会变得更加流行，我会在第十一章里介绍 RepRap 打印机的升级选项时详细介绍这项功能。

调平和调高：有什么区别?

和其他产业一样，3D 打印机社区里也经常滥用、误用或者错用一些名词、术语和缩写。[①]而其中一个连大多数专家都会出现的误用就是用调平（leveling）来指代打印床的调节。但是无论好坏，大家都似乎接受了用调平来代表将打印床和 X 轴调节至平行的过程。一些知名品牌在产品介绍里也会采用调平的说法。

这个过程的目的在于确保喷嘴在 Z 轴固定的情况下，能够在 X 轴和 Y 轴的运动范围内保持与打印床之间的距离不变。这个过程应当被称为调高，即代表调节喷嘴的高度。它并不会将任何东西调节至和地面水平（与重力方向垂直），[②]也不会涉及到线、水平面或者类似的装置。[③]

实际上你应当避免用这样"调平"的方式来对打印床进行调节，同时不用烦恼去购买或者自己打印类似的、用来将打印床调节至和地面平行的装置。无论它们设计得如何精妙，最终导致的结果都可能使你的打印床问题变得更加严重。除非你足够幸运，打印机的 X 轴刚好是和水平线互相平行的。

个人来说，我能够接受使用调平来指代对打印床的调节过程，但是有一部分专家并不这样认为。因此在你理解这个过程的目的基础上，使用何种称谓并不会影响它的最终结果。因此未来你如果碰见"对打印床进行调高"这样的介绍，你就应当知道它代表的和调平是一样的意思，并且彼此之间有时是通用的。

---

① 举例来说，"framily"（家人朋友）是 friends 和 family 的组合词，很容易使人弄混。
② 有些地区的重力方向十分的神秘。
③ 这并不意味着你不需要将打印机调节至水平。让你的打印机框架保持水平或者是将它放置在水平表面上能够提升打印质量，但是它并不是必须的。和水平方向几度的偏差并不会影响你的打印机的工作表现。

组装还是购买？

要在自己组装打印机或者直接购买现成的打印机产品之间进行选择，结果取决于你对自己能力的评估以及对学习的渴望程度。如果你有足够的自信来处理组装过程中碰到的任何电子或者机械问题，并且有着充足的时间来研究这些问题并从中学习新的知识，那么 3D 打印机套件是十分适合你的选择。另一方面，如果你的知识储备不够丰富或者没有足够的时间来进行学习或者进行组装，那么你也许应当考虑直接购买一台现成的打印机。

在这一节里我将会提供一些意见供你参考是选择自己组装还是购买 3D 打印机。我还总结了 3 类常见 3D 打印机一系列特征的评分。虽然最终做出选择的是你，但我希望这一节里的信息能够帮助你更加轻松地做出这个选择。

组装 3D 打印机的理由

现在让我们对 3D 打印机的组装设定一些期望。你可以自己组装几乎所有的 RepRap 3D 打印机，以及一部分以半成品形式提供的消费级 3D 打印机。

自己尝试组装 3D 打印机主要有两个理由。首先你应当是享受花费在打印机的组装和排错上的时间的，其次你可以通过自己动手来节省一定的预算。其他可能的原因还包括你可能需要一台针对你的需求特殊定制的 3D 打印机，或者是你希望在未来能够轻松地自己对打印机进行升级。

如果你希望执行自己组装的选项，那么你需要做好花费一个下午（对于某些半成品套件）到 40～60 个小时不等的时间来从零开始组装属于你的 RepRap 3D 打印机的心理准备。虽然这个估计看上去很吓人（有些人也许觉得这太花时间了），但实际你花在这上面的时间至少会是一整个周末——这还是在你已经准备好了所有正确零部件的前提下！除此之外，你还需要准备一些时间用来排错和校准你的新打印机。下一章里我们将会介绍相关的内容来帮助你进行这些操作。

虽然如此，你在组装打印机的过程中仍然应当保持耐心、切忌急躁，确保每一个步骤都正确地被执行，并且最终一定会收到回报。在完成了打印机的组装之后，你可以尝试着用塑料来打印一个小口哨或者其他的小玩意儿，并以此检测自己的工作成果。如果你热爱挑战并且有充足的时间的话，自己动手组装打印机将会是一个好选择。

购买 3D 打印机成品的理由

3D 打印机成品包含了所有专业级的 3D 打印机和一部分以成品或者组装好的套件形式提供的消费级 3D 打印机。

选择专业级的 3D 打印机有许多理由。首先就是时间，如果你希望尽快开始尝试 3D 打印，并且不希望花费时间在学习（然后动手）组装 3D 打印机上，那么应当选择一台专业级的 3D 打印机。

另一个原因则是这些成熟产品所能提供的产品质量，它们的打印质量一般比自制的 3D 打印机要优秀得多。但是这并不绝对，并且通常专业级的打印机有更多的可选配件来提升打印质量。不过无论如何，如果你关注打印质量的话，也许应当考虑购买一台口碑不错的 3D 打印机。

此外，成熟的 3D 打印机产品通常易用性和可靠性都更好。因为在使用打印机之前需要进行的、复杂的排错和校准都由厂商帮你完成了。虽然你需要花费一点儿时间在拆包之后进行一些相关的设置，但是这相比于自己动手来组装和排错 3D 打印机所花费的时间要少得多了。这也就意味着你不需要花时间在研究和准备各种不同的零部件上了，而这个过程和普通的机械组装完全不是一回事。

而直接购买成品 3D 打印机最重要的原因大概就是厂家提供的技术支持了。如果你没有充足的知识储备，也不希望花费时间在自己尝试诊断和修复 3D 打印机工作过程中出现的各类问题上，那么你应当挑选一个售后服务较好的 3D 打印机品牌。

如何进行选择？

那么，如果上面这些理由对你都不重要，如何做出最终的决定呢？为了帮助你做出选择，表 2-5 里列出了每一个级别的 3D 打印机在一些常见特性中的评级。

表 2-5　　　　　　　　　3D 打印机的特性指标和评级

功能需求	专业级	消费级	RepRap（业余级）
设置难度	低	中	高
价格	高	中	低
售后支持	有	也许	无
定制零部件	有	一部分	无
以套件形式提供	否	是	是
电话售后	有	少数	几乎没有
技能需求	低	一些	高
升级难易度	低	中	高
说明文档	有	有时	没有
保修	有	一些	无

你可以在这个表上圈出那些对你来说最为重要的指标，并根据这些指标来评估哪个级别的打印机最符合你的需求。比如你不希望在使用之前需要进行复杂的设置过程，那么你就可

以圈上设置难度里的"低"。试着对每一个特性都这样尝试一下。

我希望你通过这个过程能够找到一个最适合你的打印机级别。如果你需要一台专业级的打印机，那么可以考虑直接购买一台 3D 打印机。而如果你发现 RepRap 打印机最适合你，那么就应当做好准备来自己组装一台 3D 打印机了。

不过，这里得出的结果并不绝对，着重关注那些对你最重要的功能和指标，并根据它们来最终确定你的选择。而对于那些实在无法决定的人来说，消费级的 3D 打印机套件将会是一个好选择。你可以享受一部分组装的乐趣，但是又不用花太多的心思就可以获得良好的打印质量。

购买二手 3D 打印机

如果你的预算不足，或者是想要捡便宜，那么二手打印机将会是一个很好的选择。你经常可以用全新打印机价格的 75%买到一台几乎没怎么用过的 3D 打印机。但是和所有的二手物品一样，你都需要花心思去研究卖家才能够找到一台状况良好并且可靠的打印机。我在下面列出了一些你要考虑的因素以及一些关于购买二手打印机的建议。这些建议应当能够帮助你在预算范围内找到一台合适的 3D 打印机。

- 线上竞拍网站是一个绝佳的搜索 3D 打印机的地点。带着一定的耐性，同时保持冷静，避开那些热门商品，你也许能够找到一台十分适合你的 3D 打印机
- 根据你的预算来寻找合适的 3D 打印机。记住价廉物美的产品总是可遇而不可求的。如果某个商品的价格看上去太过美好，那么它很可能有些隐藏的问题
- 尽量购买那些使用时间更短的打印机。我曾经发现过几台只被使用过几个小时的打印机。尽量避免购买那些已经使用了几百个小时的 3D 打印机
- 小心那些经过高度修改的打印机。购买一台精心排错的打印机固然很好，但是要避免为了各种不同的改进和升级付出太多。因为这些改进可能对你来说毫无用处，甚至有可能影响最终的打印质量
- 在购买之前最好确认卖家是不是最初的拥有者。有些打印机可能已经转手了好几次，尽量远离这些打印机
- 查看打印机是否带有原始的配件。最好是购买那些带有原始说明书和配件的产品。耗材可能不包括在内，但是最初附带的工具有时十分重要
- 小心那些没有原始包装的产品。虽然这不会是你决定是否购买的关键，但是你最好坚持要求运费保险并且向卖家咨询他们准备如何对打印机进行运输包装。你还应当确保它们在运输过程中不会造成轴的损坏
- 询问是否有产品的高清晰图片，并且通过图片来仔细检查它的质量。如果你发现任何反常情况或者质量问题（我们会在第七章和第八章介绍），不要购买这台打印机
- 最后，咨询卖家在打印机出现故障的情况下是否接受全额退款。你可能需要自己付退货的运费

我想在这里向你介绍两个我亲身经历的、购买二手 3D 打印机的例子。实际上这两台打

73

印机都是 MakerBot 打印机。第一台的型号是 Replicator 2，第二台的型号则是 Replicator 1 Dual。

那台 Replicator 2 打印机在介绍里只使用了不超过 20 个小时。卖家将它描述为"状况良好"，同时价格也很优惠。除了没有原始的包装盒以外，打印机似乎满足了我所有的需求（就如同前面介绍的那些一样）。打印机似乎包装良好并且轴也进行了固定。事实上我在收到它之后花了大概 10 分钟才把它的包装清理干净。

但是当我最终拆开打印机的包装时，我发现它十分肮脏并且情况十分糟糕，需要进行大量的维护工作。但是幸运的是，经过几个小时的清洁和维护之后，我最终得到了一台状态还不错的打印机。但是如果我早知道打印机的状况这么糟糕的话，我也许会试图谈一个更低的价格。

在这个例子里我们学到的经验是其他人描述的"良好"也许在你看来可能完全不一样。唯一避免这种状况的方法就是向卖家要求多个角度的高清照片，尤其要仔细观察轴的照片并且仔细寻找灰尘和其他损耗的痕迹。虽然我的这次购买最终没有失败，但是过程却并不是一帆风顺的。

那台 Replicator 1 Dual 打印机则是完全不同的情况。它只被使用了 4 个小时。卖家非常好沟通并且详细地回答了我的各种问题，还给我提供了额外的照片。我可以从照片里看出打印机的状况是几乎全新的。卖家还保留着原始包装和全部的配件，甚至包括一些耗材都还保留着。我最后收到的包裹就和 MakerBot 厂家发出来的一模一样。而最棒的一点则是价格只有原始售价的一半。我把这些节省的预算用来给打印机升级了一些顶尖的配件，而最终它成为了我最可靠和最优秀的一台打印机。

总　　结

获取 3D 打印机和购买烤面包机有所不同。可供选择的 3D 打印机太多以至于你不能随便选择一个（随便挑选可能最终造成你的痛苦）。而且选择购买一台 3D 打印机还是自己组装一台 3D 打印机就是一个很复杂的选择过程。

在这一章里，我介绍了 3 个不同的 3D 打印机级别来供你挑选，还介绍了从零开始定制属于你自己的打印机套件，以及如何获取一台高质量、带售后和保修的商业打印机。我还给那些想要自己组装 RepRap 打印机的人提供了一些建议。

这一章里还介绍了一些最常见的 3D 打印机配件选择。这些信息有时并不常见，并且通常会作为促销信息出现。熟悉这些配件能够帮助你在购买时挑选一台合适的 3D 打印机。

在下一章里，我会介绍一些组装 3D 打印机的窍门。如果你正打算开始组装 3D 打印机，也许应当考虑阅读完下一章的内容之后再继续进行工作。我会帮助你在组装过程中尽量少犯错误，并且避免走弯路。

第三章

■■■

组装 3D 打印机：实用技巧

动手组装自己的 3D 打印机是一件很酷的事，它不仅需要你具备一些基础的机械技能和处理电路接线的能力（比如剪线、焊接）。同时你还需要准备好一系列基本工具才能够完成打印机的组装。当然还有一系列你可以掌握的小诀窍来让你的工作变得更加高效和成功。我会在这一章里详细介绍这些全部的内容，并且从必须的技能和工具开始。

虽然这一章主要面向的是那些希望自己组装打印机的人，但是这一章里还介绍了一些使用和维护 3D 打印机过程中会用到的工具和耗材。如果你并不打算自己组装打印机或者刚刚开始接触打印机的组装，我推荐你先阅读和工具相关的内容来帮助你熟悉如何最大化使用 3D 打印机的功能。

必须的工具和技能

如果你担心需要花费大量的预算来购买整套的镀铬工具和各种各样的手持设备，那么完全不用担心。虽然你确实需要的不只是普通的厨房工具，[1]你需要的唯一特殊工具就是用于精密测量的游标卡尺。

组装打印机的过程需要一些工具，而维护和修复打印机则需要一些其他工具。有一些工具是使用 3D 打印机过程中必备的，比如在打印过程中你需要用到的一些工具和耗材。我会在这一章里详细介绍全部这些内容。我还会简单介绍你完成打印机的组装所需要的基本技能，你会逐渐发现它并不是很复杂。

■**备注**：这里的介绍可能并不完整，一些打印机可能需要其他的工具。你还可能发现一些工具可以用其他的工具进行替代——比如一个优质的多功能工具组[2]就可以替代一组螺丝刀、扳手、钳子等。

在我们开始以前，我希望讨论一下工具的质量以及一些口碑较好的品牌。你会发现你不

---

[1] 换句话来说，你需要的不只是一把锤子、虎口钳以及用来开罐头的螺丝刀。
[2] 我有时会收到多功能工具组作为礼物。它们十分方便但是我已经快没有空间来收纳了！

需要花费大量的预算就可以得到质量不错的工具，但是依然要注意购买的品牌。

工具质量：重要吗？

市场上有很多不同品牌的工具。一些品牌在许多购物中心、百货商店和五金店里都有售，而一部分品牌则只能够通过特定的经销商渠道购买，并且有一部分只能够通过上门推销人员才能买到。一些质量更好的品牌会提供终生替换保修服务。这些工具的价格相差很大，同样差别很大的还有它们的质量和耐用性。一些人可能会说更昂贵的工具通常质量更好，但是情况却不一定如此。

高端的工具品牌包括 Snap-on 和其他一部分精密工具制造商。这些工具的质量比其他大多数品牌的都要好。实际上一些工作中经常使用到各类工具的人都会选择 Snap-on 的产品，因为他们知道它比其他品牌更加精确和耐用。同时它还带有终生替换的保修。

中等的工具则是那些面向业余机械爱好者的品牌，例如 Sears 出售的 Craftsman 系列。这些品牌的工具的质量依旧不错，精度也很高，并且有着一定的耐用性。Sears 为 Craftsman 系列提供免费的替换保修。虽然它们的质量很好，但是耐用性却不如 Snap-on。如果你只是在业余爱好里用到这些工具的话，Craftsman 系列就足够了。

而接下来的级别里的工具则是那些在路边的五金店或者百货商店里常见的牌子。它们的质量参差不齐，大部分都只能说是一般。虽然网络社区里也有人认为其中一部分品牌的质量很好，但是我尝试的结果却比 Craftsman 系列稍差，无论是在质量还是在精密度上。不过这些工具依然能够应付日常里对精度要求不高同时也不常见的一些操作。一部分工具带有有限保修条款。如果你考虑购买这类工具，那么最好事先咨询一下保修政策是怎样的。

最后还有大量各类杂牌的工具，它们的质量通常很好，但是考虑到精密度和耐用性之后却通常不是最好的选择。比如我通常会在应急工具包里或者一些负担很重（比如用来维修我的拖拉机时）的场合下使用这些杂牌工具。这并不是说它们不值得购买——只是不要期望它们能够保持长久的良好状态。

那么你在组装和维护 3D 打印机的时候应当购买怎样的工具呢？其实这完全取决于你的预算有多少。不过它也取决于你是否会用到这些工具来进行其他的工作。比如我会利用家里各种各样的工具来维护我的 3D 打印机——从搅拌机到我的爱车，但这仅仅是因为我作为工程师的知识以及经常接触这类事物的经验。

我自己有着几组不同级别的工具——一部分工具（主要是 Snap-On）用来处理我的摩托车和跑车，因为它们需要较高的精度；其他的用来维护一般的车辆和小型的发动机（主要是 Craftsman）；剩下的用来处理日常家用过程里的琐事（主要是 Craftsman 和 Kobolt）。

因此我会用几个不同的工具箱来将我的工具分别放在几个地方。我用来处理 3D 打印机的工具主要是 Kobolt 品牌和一些 Craftsman 的工具（主要是螺丝刀）。这些工具都放在我的办公室里，这样我每次需要处理打印机的时候就可以轻松地拿到它们。

■**提示：** 你可以试着找找看商店里的促销活动。有些商店通常会通过促销来清理积压的产品——尤其是在销售旺季之后，比如圣诞节。我的大部分 Kobolt 工具都只花了原价的 40%～50%。

总的来说，你可以自由选择任何想要的工具品牌。如果你不经常用到这些工具，那么商店里的一些常见品牌就足够满足你的需求，同时性价比也不错。

工具狂人还是特殊情况？

有些人可能觉得我对于工具太过挑剔。但是如果你像我一样体验过各种不同品牌的工具之后，就会理解我的想法。比如我曾经在参加摩托车比赛的时候用坏过一些 Craftsman 的工具，因为它们不能够承受长时间的工作需求。同时我还发现需要一个十分精密的套筒扳手用在我的摩托车里的一些螺栓上。这时只有 Snap-on 的工具能够满足我的需求，它能够避免我在拧螺丝的时候出现意外滑落和松脱的情况。经验告诉我们：工欲善其事，必先利其器。有时更加昂贵的工具确实会更好用一些。当然有时你需要的仅仅是一个榔头。

各种工具

你在组装和维护 3D 打印机的过程中会接触到的各类工具主要都是手工工具（螺丝刀、扳手、钳子等）。有少量必备的工具可以让你的工作变得更加轻松。还有一部分工具根据你所使用的丝材种类，可能会对你的工作有所帮助，但是对其他种类的丝材则毫无用处。下面几节里我会将与 3D 打印相关的工具分为 3 个类别：必备（通用和组装过程用到的）、推荐和可选。

当然如果你准备购买一整套的工具，肯定没有任何问题。你可以在一些大型商场里找到一些简单的基础工具组，不过你还可能需要到电子商场或者五金店去补齐一些电子学和机械操作里需要用到的工具才能够囊括这里介绍的全部工具。同时单独购买一些工具可能会节省一部分的预算。

必备工具：通用

这一节将介绍我认为对于每个 3D 打印机拥有者来说都十分重要的工具。虽然一些打印机需要的工具比其他打印机要少，但是你的 3D 打印机工具箱里应当至少包括下面清单里列出的各种工具。我会先给出工具清单，然后再详细介绍里面的一部分工具。

- 尖嘴钳
- 小号平口（一字）螺丝刀
- 小号和中号十字螺丝刀
- 斜口钳
- 内六角扳手：1mm、1.5mm、2.5mm、3mm

- 公制量程的数字卡尺
- 防静电镊子（ESD 镊子）
- 笔形美工刀具组
- 量尺（公制单位）两把：300mm 或更大量程、100～150mm 量程
- 套筒扳手：8mm、10mm、13mm 和 17mm（用于 Prusa i3）
- 角尺

■**备注：** 一些打印机制造厂家会提供例行维护所需要的工具。比如 MakerBot Replicator 里就会提供调节打印床和挤出机所需要的内六角扳手。

　　数字卡尺的用途很多。它可以让你更加轻松和精确地对打印机进行设置。数字卡尺通常被用来测量一些细微的距离，同时也可以测量内径、外径和深度等参数。它在设计和打印需要与其他物体配套的物体时也十分有用。比如你可以用数字卡尺来测量两个物体安装表面的厚度或者深度。图 3-1 里就是一个常见的 Kobalt 数字卡尺。

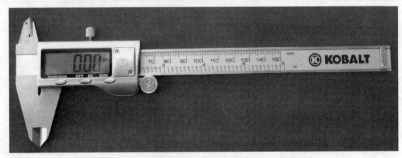

图 3-1　数字卡尺

■**提示：** 在你使用数字卡尺之前，确保将两个游标靠近并且按下归零按钮来进行调零，如图 3-1 所示。

　　防静电镊子则是另一种十分有用的小工具。我更喜欢尖端带有一定角度的镊子。你可以用它来安全地移除喷嘴里和打印基板上加热后的丝材，而不用担心被静电电击（或者被烧伤）。

　　在一些打印机上，比如 Prusa 系列，用非防静电的镊子去触碰喷嘴或者挤出机可能会产生少量的静电放电，并可能使液晶屏幕损坏。这个现象通常不会对人造成危害，但是你又何必去冒这个风险呢？因此最好准备一把防静电的镊子。

　　笔形美工刀具组（X-Acto 是常用的名称[①]）是另一个对于所有 3D 打印机拥有者来说都十分便利的工具。你需要用它来移除物体上多余的塑料打印丝材、对物体进行切削或者修改等。图 3-2 里是一套复杂的 Koblat 刀具组，里面包含了各种不同形状的刀片。我推荐你最好购买一套这样的刀具。它的外包装十分厚实，能够很好地保存锋利的刀片并且确保安全。

---

① 就像 Xerox 经常被用来代表复印机一样，X-Acto 也经常被用来代表锋利、精致的美工刀具，并且不小心的话很容易割伤自己。

我还列出了一些列不同尺寸的扳手，但是你需要的扳手尺寸取决于你拥有的打印机型号。比如你使用的是 MakerBot Replicator 或者 Printrbot Simple 打印机，你就不需要用到任何扳手。在购买一整套的扳手之前，检查一下打印机的用料清单或者仔细观察打印机上的各个螺丝。你可以通过避免购买无用的扳手来节省一些预算。另外一方面，如果你希望自己组装打印机的话，那么上面的清单里就囊括了几乎所有可能出现的螺栓尺寸。

图 3-2　笔形美工刀具组

如果你不希望工具箱里变得太过杂乱，那么你可以考虑购买一个可调节的扳手。一个中号的 15.24cm 可调节扳手就基本能够满足大部分打印机的需求了。但是要记住，一些廉价的可调节扳手可能会给你的使用带来不小的问题，因为它的固定件可能不是很牢靠并且用力的时候可能会出现滑动。因此如果你希望买一个可调节扳手，最好是买一个较好品牌的（比如 Craftsman 或者 Kobalt）。

一个小的木工角尺就能够极大地帮助你组装打印机的框架零部件。比如当框架零部件需要成 90° 角安装的时候，你就可以用角尺来保证进行固定时框架之间的角度正确。

必备工具：组装 3D 打印机

如果你计划自己组装 3D 打印机或者自己动手给 3D 打印机升级的话，那么需要准备的工具就更多了。当然你会用到 3D 打印机维护过程中的一部分工具，但是依然需要一些额外的刀具来补充你的工具箱。如果你希望自己组装 3D 打印机的话，那就可以等等看促销活动中有没有下面清单里的这些工具，从而节省一些预算。

- 剥线钳
- 烙铁和焊锡
- 万用表
- 陶瓷螺丝刀

剥线钳有很多种，市面上可能有十几种常见的设计。但是归根结底你可以将它们分成两类：一种是你需要自己用力才能够剪掉线上的绝缘层，另一种则只需要你将线放进去就可以自动剪掉绝缘层。第一种更加常见，并且只需要一些练习就可以轻松地解决大部分问题（比如修复断开的导线）；但是第二种能够让一些复杂的工作变得更加轻松，比如从裸导线开始制作 3D 打印机将会用到的接线。你可以想象得到，第一种的价格更加便宜。图 3-3 里展示了两种不同的剥线钳，两种都是十分不错的选择。

图 3-3　剥线钳

大部分 3D 打印机套件在组装时都需要用到电烙铁，尤其是当你需要自己制作控制电路和接线的时候。如果你准备组装一个需要你自己焊接导线的打印机，或者自己制作几个接头，那么一个从五金店里购买的简单电烙铁就可以满足你的需求。但是另一个方面，如果你希望自己焊接电路，那么你可能就需要考虑购买一个更加专业的电烙铁了，比如 Hakko 电烙铁。专业型号的电烙铁包括像设定工作温度、可以更换的烙铁尖这样的功能，并且更加耐用。图 3-4 里就是一个入门级的电烙铁，图 3-5 里则是一个专业型号的 Hakko 电烙铁。

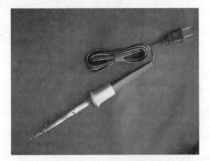

图 3-4　入门级电烙铁

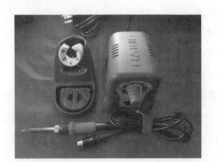

图 3-5　专业电烙铁

■ **提示**：为了获得更好的焊接效果，你可以选择含铅量在 37%～40% 范围内的焊锡。如果你使用的是专业级的电烙铁，可以将工作温度根据使用的焊锡的熔点进行调节（通常在包装上会标注）。

万用表则是你在组装过程中需要的另一样工具。你还需要用它来进行打印机上大部分和电相关的修复工作。和电烙铁一样，市场上也有许多万用表型号可供选择，同时从基础型号到功能丰富的高级型号的价格也各不相同。对于大部分 3D 打印机的任务来说，包括组装绝大多数套件，一个基础型号的万用表就能够满足你的需求了。但是如果你希望组装多个 3D 打印机或者希望自己制作电路，那么你可能需要投资一个更加先进的万用表才行。图 3-6 里是一个基础的数字万用表（大概 10 美元），而图 3-7 里则是一个专业级别的 BK Precision 万用表。

图 3-6　基础数字万用表

图 3-7　高级数字万用表

注意图 3-7 中高级的万用表有着更加丰富的刻度盘设置和更多功能。和电烙铁一样，你可能只需要一个基础的万用表就足够了。你至少需要电压和电阻的测量功能。而无论你选择购买哪个万用表，应当确保它能够测量交流和直流电压，具有连续性测试功能（最好带有声音报警），以及电阻测量功能。

■**提示：** 大部分万用表，包括那些廉价的型号，都会附带一本说明手册来介绍如何进行电压、电阻的测量，以及使用万用表的其他各种功能。

陶瓷螺丝刀通常被用来调节电路板上一些小型电位器的电阻值。由于它是陶瓷材质的，因此不会导电，从而使得它可以在通电的情况下对电路进行调节而不用担心造成短路。在 3D 打印机的使用过程中，这种螺丝刀最重要的用途就是调节流经步进电机的电流大小。如果你购买的是 RAMPS 或者类似的电路，那么在组装过程中就需要事先进行调节，因为它和你的步进电机不一定匹配。如果你更换了使用的步进电机型号，那么要记住需要对步进电机驱动板也进行调节。

■**备注：** 一些厂家会在 RAMPS 套件里提供陶瓷螺丝刀。

推荐工具

前面介绍的工具是你用来处理和组装 3D 打印机需要的最低程度的工具。这一节里介绍的则是一些如果你希望将 3D 打印变成业余爱好所需要购买的一些额外工具。虽然大部分不是必须的，但是从长远来看它们都可以提升你的使用体验。一些工具可以很明显地看出它们的功能，但是其他的则显得有些神秘。我会详细介绍每一样工具的功能。

- 灭火器
- 排烟装置
- 电动螺丝刀和配件
- 钻头
- 热风枪

我的清单里最先推荐的就是灭火器。你可能很好奇为什么要在 3D 打印机套件里准备灭火器，但是我可以向你保证这绝对是有必要的。我虽然没有在使用 3D 打印机的时候遇到过需要用到灭火器的情形，但是我认识的人里有一部分碰到过这样的情况。在网上的论坛里，我也经常看见关于打印机的加热单元出现故障导致过热的反馈，其中有一些还导致了几场小型的火灾。

我离需要用到灭火器最接近的一次则是控制电路（RAMPS 电路）的电源线出现了破损。发现这个问题的方式十分传统——我闻到了焦糊的味道。但是当时我依然无法看到有什么东西出现了问题。我只能一点点的通过触摸来确定问题所在——我的一根主电缆出现了过热现象。在断电之后，我才通过检测确定了是电缆本身出现了短路现象。如果我没有及时发现问题，那么有可能就要用到灭火器了。

考虑到 3D 打印机上的喷嘴会周期性的加热到 180℃，而可加热打印床在工作时也会保持在超过 60℃，它们在工作时会产生大量的热量。即使你的打印机主要是金属材质的，电路和塑料零部件依然有可能会被点着，或者是在熔化的时候产生有毒的烟雾。因此最好不要冒这样的风险。

■ **注意**：现在是时候警告你，不要让一台刚刚组装完成或者进行了部分升级的打印机在无人看守的情况下持续保持运行状态。你虽然不用时时刻刻地盯着打印机的运行状况，但是你应当至少待在同一个房间里，这样你可以通过声音或者气味来提前发现一些严重的问题。当打印机能够正常工作一段时间之后，你就可以不用像这样经常检查它的工作状态了——但是我依然不会让它长期地独自工作。

如果你打算用加热后可能会产生刺激性烟雾的丝材（比如 ABS）进行打印，或者你准备进行大量的焊接操作，那么你应当考虑配备一台排烟装置。排烟装置是一个体积很小的强力风扇，它能够让空气通过一个木炭过滤装置来消除它的气味和刺激性烟雾。如果你像我一样对气味特别敏感，那么你绝对需要准备一台排烟装置。

实际上我拥有两台排烟装置——一台用于焊接，一台则安装在我的 ABS 打印机旁边的一个支架上。支架让我能够将排烟装置从对准其中一台打印机的方向变换到对准另外的打印机（它们并排的摆放在我的工作台旁）。图 3-8 里是一台 Hakko 台式排烟装置，你可以用它来帮助收集焊接或者打印过程中产生的烟雾。图 3-9 里则是我安装在支架上用在几台打印机上的排烟装置。注意图 3-9 中我将吸烟口的位置摆在挤出机结构的上方，同时也靠近打印机的边缘位置。这个位置能够避免排烟装置的气流影响打印机正常工作，同时能够吸附绝大多数 ABS 加热过程中产生的气味和刺激性气体。

图 3-8　台式排烟装置

图 3-9　带活动支架的排烟装置

另一样能够帮助你组装多个打印机的工具是电动螺丝刀。虽然它不是必需品，但是可以节省你大量的精力，比如你可以用它轻松地打开 Greg's Wade 挤出机结构的舱门。它上面有两个要费很大劲才能拧下来的螺丝，而电动螺丝刀能够加速拧螺丝的过程同时节省你的体力。

■**提示：** 对于那些有着腕管综合症或者类似疾病[①]的人，电动螺丝刀就是必需品了。

如果你计划购买电动螺丝刀（即使是不带电线的充电版也很好用），最好是额外购买一系列不同的刀头，比如十字、一字、六角、梅花等。你可以在大部分五金店和百货商店里以合适的价格买到这些刀头。另一方面，如果你不准备使用电动螺丝刀，可以考虑买一套棘轮螺丝刀。棘轮螺丝刀内置了棘轮，使用起来相比于普通手柄的螺丝刀更加轻松和简便。同时你还可以给它适配多种不同的刀头。

钻头组也是你应当考虑配备的工具之一。你会在很多地用到钻头。在组装 3D 打印机时，如果原有的通孔不够大，你可能需要自己重新在塑料板或者木板上钻孔（或者是五金店里只提供 SAE 尺寸的螺丝而不提供公制尺寸的螺丝使得你需要钻更大的孔）。钻头同样还能够帮助你完成自己的项目。一些打印品上的通孔可能会出现轻微的缺陷（由于多种原因），因此使用合适尺寸的钻头能够让你轻松地修复这些缺陷。

公制钻头组？

不幸的是，你在美国的大部分五金店和家用百货店里都很难找到公制尺寸的钻头。不过幸运的是，SAE 尺寸标准的钻头组里已经涵盖了大多数公制尺寸的钻头。下面列出一些常见的钻头尺寸和它们对应的公制尺寸。

- 1/8 英寸=3mm
- 11/64 英寸=4mm
- 13/64 英寸=5mm
- 1/4 英寸=6mm
- 5/16 英寸=8mm

在这里你也可以使用数字游标卡尺，它可以帮助你测量钻头的尺寸来确保挑选正确的钻头。

不过钻头意味着你还需要配备一把电钻，不是吗？并不尽然。有些钻头采用六角形的底座，这样它们就可以直接用在电动螺丝刀或者棘轮螺丝刀上。图 3-10 里就是一组钻头和一个价格合适的电动螺丝刀。

注意看图 3-10 下方装在棘轮螺丝刀里钻头。说到这里，我发现 Craftsman 棘轮螺丝刀对于我的工具箱来说是一个十分优秀的补充。这个版本的螺丝刀能够在握把上储存一组刀头，这样你只需要一把螺丝刀就够了。图 3-11 里展示了螺丝刀上的储存仓位置。很酷，不是吗？

最后一项推荐配备的工具是热风枪。如果你打算不仅仅采用压接接头来进行接线，那么

---

① 现代极客和计算机使用者之间十分常见的疾病！

你就需要用到热缩管来对连接处进行保护（当然要先通过焊接固定连接）。热风枪是用来让热缩管缩紧的最理想的工具。当然你也可以用喷灯、打火机或者火柴来完成这项工作，不过在加热过程中要避免导线被点着。

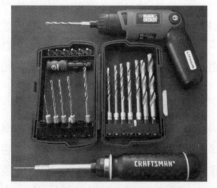 

图 3-10　电动螺丝刀和钻头组　　　　　图 3-11　带储存仓的棘轮螺丝刀

下一节里我们将会介绍其他一些可选的工具，这些工具并不是必需品，但是能够帮助你更好地组装、使用和维护 3D 打印机。

可选工具

下面这个清单里列出了一系列你可能在某些时候需要用到的工具。在某些情况下，这些工具能够使工作变得更轻松，但是某些时候这些工具却是你完成某项操作的必需品。

- 压缩空气
- 小刷子
- 吸尘器
- 小钢锯
- 锉刀组
- 砂纸
- 水平仪
- 千分表
- 小号扳手：最好是包含 3mm、4mm、5mm 等多种尺寸的开口扳手组
- 喷灯
- 剪刀

准备一罐压缩空气虽然听上去很奇怪，但是它可以帮助你清理打印机上残留的塑料和灰尘。实际上我认为用压缩空气来清洁电路是唯一安全的方式。你还可以用罐装空气来让物体快速地冷却（但是要小心，过快冷却可能会使得物体出现裂纹）。你可以在百货商店或者五金店里找到压缩空气。

相似地，如果你需要清洁打印床和周边的区域，我推荐你准备一把小刷子——跟艺术家、

机械工程师和建筑师使用的一样。

■ **注意**：不要在打印机通电的情况下进行清洁工作，尤其是当它还未完全冷却的时候。

小吸尘器也许是我最想推荐的可选工具了，但是是否要选配完全取决于个人。我非常讨厌工作台上充满了灰尘和各种塑料碎片。因此我会在打印机冷却之后用吸尘器对台面进行清洁。

■ **注意**：不要在工作中的打印机周围使用吸尘器。吸尘器的吸力会影响物体的正常冷却并增大发生卷曲和翘边的概率。等到打印机停止工作并且完全冷却之后再用吸尘器对打印台上的塑料碎片进行清洁。

在进行一段时间的 3D 打印之后，你会发现打印机的周围和底部会堆积许多塑料打印丝材的碎屑。这些塑料可能是由你对打印品的修整或者是打印过程中的冗余产生，一台小吸尘器能够让清洁工作变得更加轻松。

如果你购买了一套美工刀具组，那么你可以考虑同时购买能够装在握把上的小锯条。不过你也可以另外准备一把小钢锯。钢锯用来切割什么呢？如果你准备组装一个木质框架的 3D 打印机，买到的通常是激光切割出来的零部件。有时候在一些细节位置上零部件之间的连接可能不是很完美。这时候钢锯就能够帮助你对零部件进行修整。我也曾经用钢锯来对打印品进行修整或者移除冗余的部分来进行拼接。比如我曾经希望调节 *X* 轴末端上限位开关的位置。而我并不打算重新设计并且打印一个全新的零部件（因为可能要花费几个小时），因此只是简单地制作了一个厚度与需要调节的距离相等的矩形零部件。然后将限位开关从 *X* 轴上锯下来，接着将矩形零部件和锯下来的限位开关用 ABS 胶水一起粘在 *X* 轴上即可。多么方便！

另外两个能够帮助你处理塑料和木质零部件的工具是锉刀组和砂纸。我拥有一套含有几把不同形状的小号金属锉刀的锉刀组，有平面、圆形、三角形等。在一些需要进行拼装的零部件上可能需要你用锉刀进行打磨。有时你会需要对物体的内面进行修整，这时候锉刀就比砂纸要更加实用了。如果你准备配备一些砂纸，那么最好挑选中高目数的砂纸。通常情况下不会用到低目数的砂纸，并且如果你不打算对打印品进行喷漆的话，那么也不会用到极细等级的砂纸。

你可能曾经在不同的论坛、博客、指南和测评里读到过关于对打印机进行调平的内容。虽然大部分内容可能都是介绍如何对打印床进行调平——即将打印床和 *X* 轴调节至平行，此外虽然不是严格必需的操作，你也可以考虑将打印机自身调节至水平。如果你的打印机配备了可调节底座，那么你可以在任意工作表面上轻松地将打印机调节至水平。这时你不需要用到水平仪——只需要用瞄具辅助调平就足够了。如果你的打印机没有可调节底座，那么你可以参考第十一章介绍的内容来自己制作一组可调节底座。图 3-12 里就是我为自己的 MakerBot Replicator 2 打印机制作的一组可调节底座。

千分表是一种经常被忽视的实用工具。它是一种能够测量深度的精密工具。机械师和工程师通常用它来测量零部件的误差精度。3D 打印机上有许多地方会用到千分表。最常见的两种用途包括帮助调平打印床以及在校准过程中精确地测量轴的运动。千分表自身通常没有底座，但是会在背后提供安装环。一些 3D 打印爱好者设计了几种不同的夹具和固定件可以让你将千分表固定在 X 轴上方便对打印床进行调平。图 3-13 里就是我为了在 Prusa i3 上进行调平所制作的一个千分表固定件。

图 3-12　MakerBot Replicator2 可调节底座

图 3-13　调平打印床用到的千分表和固定件

你也许认为小号的（7mm 和更小尺寸）开口扳手或者扳手组合是必备的工具，但是由于绝大多数的小螺丝都很容易出现过紧或者滑丝的现象，因此通常推荐你用手或者小钳子去拧紧螺母。同时一些木质或者塑料零部件上会自带螺母槽，因此就不需要用到小扳手了。

由于上述的种种原因，用来拧紧螺母和螺栓的小扳手并不是必须的工具，但是在某些情况下它依然可以减轻你的负担。比如我在 RAMPS 电路板上装了一个 RAMPS 风扇支架。但是有些时候我不得不将风扇支架拆下来才能将电路板塞进某些地方，这时候就需要去拆卸 RAMPS 电路板和 Arduino 电路板之间的螺母了。一把小扳手就能够让我更加轻松地把螺母拆下来。

丁烷喷灯在自己制作打印零部件的时候很有用。如果你准备制作两个通过螺栓固定在一起的零部件，并且在零部件上设计了螺母槽（用来固定螺母的小凹槽），你可以用喷灯将螺母加热之后再放入相应的位置里。你可以在设计时将螺母槽的尺寸设计得小一点，这样放入加热过的螺母，材料冷却之后就会牢牢地咬合住螺母，防止螺母松脱或者掉落（而在木质或者丙烯酸树酯材料中这些问题很常见）。

丁烷喷灯同样可以用来加热需要弯曲的零部件。比如一些 Prusa i2 的零部件就需要在安装之前进行加热来防止安装过程中零部件断裂。热风枪可以实现相同的效果，并且使用起来比喷灯要更简单。

剪刀是用来配合 Kapton 胶带使用，因为 Kapton 胶带通常都是成卷出售，需要你自己剪出合适的长短。我们会在后续的章节里详细介绍如何使用 Kapton 胶带。如果你打算使用 Kapton 胶带来辅助打印，那么挑选剪刀的时候要注意挑选防粘剪刀，它上面的涂层能够防止剪切胶带的时候胶带黏在剪刀上。

榔头呢？

在组装 3D 打印机的过程中你很少会需要用到金属榔头。不过偶尔可能会需要一个木头、塑料或者橡胶材质的小锤子来固定某些零部件（通常是需要按压卡住进行固定的零部件），但是总的来说用到榔头的地方很少。[①]

现在我们已经介绍完了所有必备、推荐和可选的工具，接下来让我们了解一些常用的耗材。

推荐配备的耗材

这一节里将会介绍一些使用 3D 打印机过程中需要用到的耗材。下面的清单里列出了一些最常见的消耗品。

- 丙酮（处理 ABS 时需要）
- 塑料胶水（用于 PLA）
- 轻缝纫机油或者 PTFE 润滑油脂
- 无绒布
- 黄铜刷
- 蓝色美纹纸胶带
- Kapton 胶带

清单里首先列出的丙酮是用来处理 ABS 材质的丝材的。由于 ABS 能够溶解在丙酮中，你可以直接在两个 ABS 零部件上涂抹丙酮，然后将它们按压固定在一起。这样当丙酮蒸发（干燥）之后，零部件就粘在一起了。你还可以把零部件的末端浸泡在丙酮里几秒钟之后进行粘连来获得更加稳固的连接。此外，丙酮还可以用来对打印品进行抛光处理。用浸泡过丙酮的无绒布轻轻地擦拭打磨过的 ABS 零部件可以让它的表面变的十分光滑，甚至能够带上缎面的光泽。丙酮最重要的用途是制作 ABS 黏着剂，这是用于 ABS 的一种丙酮溶液，能够涂抹在 Kapton 胶带上用来减少发生翘边和卷曲的概率。

如果你使用的是 PLA 丝材而不是 ABS 丝材，那么就没有像丙酮这样有效的溶剂了。但是，二氯甲烷也可以被用作 PLA 材料的溶剂。如果你希望对 PLA 零部件进行塑形或者粘连，你可以买到针对轻型塑料特别制造的黏合剂产品。到附近的五金店或者家用百货店里咨询塑料胶水就行了（注意不是航模胶水）。

■**备注：** 我在使用某些品牌的环氧树脂胶粘连 PLA 零部件的时遇到过一些问题。更准确地说，某些胶水会使连接处附近的塑料变柔，因此很容易出现弯折现象（大部分情况下这意味着打印品被毁了）。

[①] 你知不知道怎样判断一个汽车机械师是否经验丰富？只需要问问他拥有多少把榔头就够了。如果他说"我的妻子可能在厨房里放了一把"，那么他的经验一定十分丰富！

作为例行维护的一部分，你应当准备一些轻缝纫机油或者 PTFE 润滑油脂。你可以咨询打印机的经销商看看有没有推荐的润滑油品牌。润滑油通常用在光杆上保持杆子湿润，以及保持轴承的密封件的柔性。润滑油脂则通常用在丝杆或者滚球丝杆上。我们会在第十章里介绍更多关于清洁和润滑打印机的内容。你应当使用无绒布或者碎布条清洁光杆之后再进行上油。

如何正确地处置沾油的碎布

永远记住把沾上油之后的碎布存放在合适的容器当中。浸泡过油脂的布在过热的情况下很容易被点着。虽然通常情况下使用的润滑油量不太可能会造成火情，但是依然是潜在的火灾隐患。我这么说并不是危言耸听。我朋友的朋友就曾经因为出门度假的时候在车库里留下了满满一罐沾油的碎布而损失了一辆珍贵的古董宝马摩托车，还有整个车库！

如果你没有一个用来储存用完的润滑油或者浸油布的容器，那么可以考虑找一个装满水的玻璃罐来充当。你只需要将浸过油的碎布放进水里然后关上盖子就行了。但最好还是尽快处理掉浸油的碎布，同时要注意当地相关的垃圾处理条例。如果不确定的话，可以咨询当地的城市管理局。

我推荐你准备一把黄铜刷来清理喷嘴上残留的丝材。刷子能够在喷嘴加热到极高温度的时候（并且断电的时候）轻松地对喷嘴进行清洁。但是黄铜刷的刷毛很短并且容易弯曲，因此很容易缠满丝材的碎屑。因此你早晚会需要购买一把新的刷子。注意最好购买木头把手的刷子，这样在清洁高温喷嘴的时候就不会在喷嘴上留下熔化的塑料了。

最后，如果你准备在玻璃或者金属打印床上打印 PLA 丝材，那么需要准备蓝色美纹纸胶带，而如果想要使用 ABS 或者其他高温丝材，那么需要准备 Kapton 胶带。在购买蓝色美纹纸胶带的时候，注意挑选最宽的那种，同时注意胶带表面上最好不要印刷品牌的标志。因为在打印过程中胶带上印刷的标志可能会转移到浅色的打印品上，从而影响最终的打印效果。我就碰到过这样的情况，因此一定要注意购买那些表面干净的胶带，最好是挑选像 3M 这样品牌的产品。

在购买 Kapton 胶带的时候需要注意的也差不多，尽量挑选最宽的胶带。不同的胶带之间价格差距可能很大，并且宽胶带的价格可能也会高出很多。在挑选零售商的时候需要注意商家的口碑，或者参考其他顾客的评价。廉价劣质的 Kapton 胶带会让你的打印变得十分艰难，因为它们很容易在加热之后就从打印床上松脱下来，并且施压和移除起来也很困难，或者有时候厚度无法满足 3D 打印的需求。

■**备注**：较宽的 Kapton 胶带在使用上会有些问题。如果你的打印床能够洒水，那么可以用肥皂水来帮助你更轻松地粘贴 Kapton 胶带。如果没法用肥皂水，那么可以考虑采用 5cm 宽度的 Kapton 胶带，这种胶带能够更方便地粘在打印床表面上。

一些喷嘴和可加热打印床在组装时可能还需要用到 Kapton 胶带。检查你的打印机的组装说明来确定你是否需要 Kapton 胶带来完成整个打印机的组装。

现在我们已经介绍了组装、维护和使用 3D 打印机过程中需要的各种工具，接下来让我们一起了解一下在组装和维护 3D 打印机的过程中需要你拥有或者学习哪些方面的技能。

技能

组装 3D 打印机需要的技能取决于你购买的套件是哪种。我会在后面详细介绍组装一个普通的 RepRap 套件所需要的全部技能，但是现在让我们了解一下组装一个带有所有零部件的打印机套件需要哪些技能。在这种情况下，让我们以一个 Printrbot Simple 套件（其实也可以是任何 Printrbot 套件）或者 MakerFarm 提供的 Prusa i3 套件为例，这两种可以算是最容易组装的 3D 打印机套件了。

不同套件对于技能要求的差别主要是与机械相关的内容。如果你曾经尝试过用扳手、钳子或者螺丝刀去拧紧螺丝，那么恭喜你已经掌握了基本的内容。大部分套件会提供详细的组装指南来帮助你完成机械结构的组装，并且你在组装过程中通常只需要拧螺丝来固定零部件和用扎线带固定散落的导线就够了。

如果你准备组装的打印机套件里已经将所有的电路板都完成了，并且准备了长度合适的导线，你甚至不需要进行任何焊接工作。实际上，在电路方面你可能只需要将插头插在电路板上正确的位置就够了。

接下来让我们了解一下另一个方面：组装 RepRap 打印机过程中需要的各种技能。

机械技能

RepRap 套件通常并不会像 Printrbot 套件那样进行充分的优化或者组织。实际上大部分 RepRap 套件都需要你自己来想办法解决框架零部件上可能出现的问题。比如带有木质框架的套件通常会需要你对零部件进行打磨甚至切割才能够让不同的零部件之间互相适配。而提供塑料零部件的套件有时候需要你对某些零部件进行修剪，或者对某些通孔进行扩孔来给螺栓制造空间。一些套件里会提供金属框架，比如采用单片铝材框架的 Prusa i3 打印机，则需要你自己钻孔或者是对通孔进行攻丝来供螺栓使用。

因此，一般 RepRap 打印机套件需要的基础机械技能包括简单的硬件组装、清洁塑料和木质零部件上多余的材料、根据螺栓尺寸进行扩孔、打磨、锉光、钻孔以及少数情况下需要进行的攻丝。因此你需要熟悉钻头和其他手持电动工具的使用方法。

电路技能

RepRap 套件所需要的电路技能可能只包括正确地插入导线——和 Printrbot 套件一样，也可能需要你自己在印制电路板（PCB）上焊接元件。

除了连接导线之外，大部分套件需要你自己动手通过压接接头或者焊接连接的接头来制作接线。比如一些 RepRap 套件里就需要你在热敏电阻（温度传感器）、热端（加热单元）和可加热打印床的电阻上制作压接接头。因此你应当学习如何使用焊接连接导线、制作压接接头，以及用热缩管来保护导线之间的连接处。

如果你挑选的套件里不包括一个组装好的 RAMPS 电路板，那么你需要确保你能够自己完成 PCB 上元件的焊接。大部分 RAMPS 套件都会将焊接难度较大的元件（表面安装元件）事先焊接在电路板上。因此你只需要学会用电烙铁完成少量的焊接工作就够了。

你是否需要学习如何进行焊接?

如果你对于焊接一无所知或者距离上次拿起电烙铁已经有段时间了，那么你可以考虑通过一些相关的书籍或者互联网上的教学视频来复习关于焊接相关的知识。或者你可以在市场上购买一些提供电烙铁、斜口钳和其他耗材，并且带有一些相关指南的焊接学习套件。你能够通过相关的指南来确定你是否完成了正确的操作，还可以用成品来向朋友或者家人炫耀。

无论你是否需要组装电路，你都需要学会如何使用基础的万用表来测量电阻、电压或者电流。最常见的情况是使用万用表测量步进电机的供电电流是否充足，并且根据测量结果来调节电机的驱动器。

■**注意**：这也是大部分 RepRap 初学者会犯错的地方。确保花些时间在检查和调整步进电机的驱动器设置上。如果驱动器提供的工作电流过低，那么步进电机可能会无法启动或者出现运行故障。如果提供的工作电流过高，步进电机可能会过载、过热甚至损坏。

从我们介绍的内容可以看出，套件的 DIY（自己动手）程度越高（即预先完成的零部件越少），那么组装过程中需要你掌握的技能就越多。我们会在下一节里介绍几种不同种类的套件，并且详细介绍每种套件里能够提供的内容。

再议 3D 打印机套件

在介绍组装 3D 打印机的诀窍之前，我希望首先花点时间来介绍一下市场上的各种套件。在上一章里，我们介绍了如何自己定制打印机套件，并且简单介绍了套件可以分成几个等级。但是想要真正了解 3D 打印机套件你还需要更多相关的知识，比如你需要了解特定的套件能够提供怎样的最终成品。我将套件分为 3 个种类：完整套件、零部件套件和配件套件。我们会在后面详细介绍这 3 种类别的套件。

完整套件

完整套件里包含了组装打印机过程中你需要的全部零部件。一些套件还会附带一些必须的工具，但并不是所有套件都是这样。不过大部分完整套件里都会附带详尽或者部分的组装说明（有可能在经销商的网站上提供）。

同时大部分完整套件的包装十分精细，会将零部件按照材料清单上的内容进行分类，同时包装上会进行相应的标注让你能够更轻松地区分不同的零部件，比如包装上会标注零部件编号或者在组装说明中的参考编号。这一类的套件通常会附带完整、带图片、步骤详细的安装指南。图 3-14 里就是一个十分优秀的完整套件——Printrbot Simple 套件。

图 3-14　完整的 Printrbot Simple 套件（图片由 printrbot 网站提供）

Printrbot Simple 套件可以算是完整 3D 打印机套件中最优秀的产品之一。它的木质零部件都经过激光切割加工而成，并且不需要你进行修正或者扩孔就可以完美地组装起来。它还包含了一块预先焊接完成的控制电路板——由 Printrbot 设计的 Printrboard，和全部必须的接线。套件里还提供了一份详细的材料清单，而且在运送之前会有工作人员对套件里的零部件进行核对（有手写签名证明），同时通常会附带指向一系列详细说明文档的链接。

这些套件的组装过程通常很简单，并且最终你能够得到一个便携、打印质量良好、能够给你带来乐趣的 3D 打印机产品。Printrbot Simple 的基础版本套件售价通常为 299 美元，升级了铝制挤出机结构的版本为 349 美元。如果你需要一个不麻烦、完整的 3D 打印机套件，那么 Printrbot 可以算是你的不二之选。①

Printrbot Simple：初学者的最佳套件

我曾经尝试着通过 Printrbot Simple 打印机来评估入门级打印机套件的具体情况。在体验过程中我发现它组装起来十分简单，而且只需要一个下午就可以完成全部的工作。②虽然安装指南显得有些简单，但是附带的图片说明和提示能够指导你完成全部的组装工作。你不需要进行焊接——只需要完成一些简单的机械组装就够了。如果你能够打结、用刀切割和使用

---

① 当然不同型号的 Printrbot 套件也可能会成为你幸福的烦恼。
② 这里面甚至还包括花了 20 分钟在找一管我很确定位置但是神秘失踪的胶水上。时不时地有些东西总是会离奇失踪！

螺丝刀，那么组装 Printrbot Simple 就不会有任何问题。

初学者在组装过程中可能会碰到的唯一问题就是绑紧 X 轴和 Y 轴上的钓鱼线了。要正确完成这项操作，你需要仔细地按照指南里的步骤进行操作，同时在绑紧两端的线头之前先测量留出的长度是否足够。完成这项操作之后，其他的就不是十分困难了！

无论你是已经拥有了自己的 3D 打印机想要体验组装 3D 打印机的过程，还是你希望在有限的预算内获得属于自己的第一台 3D 打印机，Printrbot Simple 都是你的最佳选择。

零部件套件

这一类套件里通常会提供所有的打印机零部件，但是却不会提供各种安装过程中需要用到的五金硬件，比如螺丝、螺栓、螺母、垫片等。一些经销商会在销售打印机零部件套件的时候搭配销售相应的五金硬件套件。同时这一类别的套件可能不会提供一些常见的各类耗材，比如扎线带、胶带和热缩管。仅提供打印机零部件使得经销商能够以稍低的价格出售套件。和完整套件不一样，这些套件里的零部件需要你多花些心思进行清洁或者打磨才能够互相适配。同样你需要花费更多的时间在寻找合适的零部件并且修整那些可能出现故障的零部件上。最后你需要注意的是这一类的套件通常不会提供安装指南（但是有些套件会提供）。图 3-15 里就是一个常见的零部件套件。

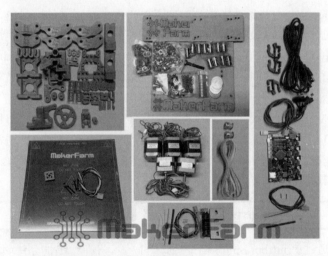

图 3-15　Prusa i2 豪华版 RepRap 零部件套件（图片由 MakerFarm 提供）

注意套件里包含了组装 Prusa i2 3D 打印机需要的绝大多数零部件，但是没有包括光杆和丝杆。实际上在写这本书的时候，MakerFarm 并不提供任何杆类产品，因此你需要从另外的经销商那里去购买光杆和丝杆。虽然套件里会提供全部的螺母、螺丝、垫圈和轴承，但是它并不提供扎线带或者其他杂项零部件。

除此之外，MakerFarm 通常会提供额外的零部件，比如备用的五金硬件、长度略有冗余

的导线，甚至是一些额外的小型电路元件。其他经销商出售的套件里通常只提供精确数目的
3mm 螺母。如果你不小心弄丢了，那么只能停工去寻找备用零部件了。

和完整套件不一样，豪华版 Prusa i2 套件需要你具备一定的电路技能，同时机械组装也
会更加复杂一些（但是也不算很困难）。你需要了解如何制作接头、焊接导线、用螺栓来固定
组件、在组装过程中注意对齐零部件，以及如何协调整体的组装方案。同样你可能会需要对
塑料零部件进行一定的修整来确保它们能够正确组装起来。

也许这个套件最吸引人的因素是你可以在从 MakerFarm 订购套件的时候挑选一部分
套件里提供的零部件。你可以挑选打印制作的零部件的颜色、是否需要步进电机、是否
需要电路以及电路的种类、喷嘴的尺寸。由于它能够提供多个购买选项并且附带了大部
分安装需要的小五金硬件，MakerFarm Prusa i2 套件比起大部分 RepRap 打印机套件来说
要优秀。并且更好的是，MakerFarm 在网站上提供了一份详细标注了各个零部件的组装
说明。

总的来说，MakerFarm 套件相比于其他 RepRap 套件来说是更加优秀的选择。如果你希
望体验组装 RepRap 打印机，那么可以考虑挑选一个 MakerFarm 套件。

■备注：MakerFarm 同样提供 Prusa i3 的完整套件。和 i2 套件类似，你可以通过一些选项来自
定义你的订单。在挑选喷嘴的种类同时你还可以挑选套件里提供的丝材种类。

配件套件

配件套件并不是那种包含你需要的各种各样零部件的套件，实际上它提供的内容通常只
是打印机中的某个配件。比如经销商会同时出售热端套件、挤出机套件、框架套件、电路套件
等，但是却没有一项套件产品里包含了这些全部的组件。配件套件可能会以半成品的方式提供。
经销商通过这种方式给予了你更高的自由度，让你能够自己定制完整套件的内容。不过同时你
也需要自己想办法去弄到那些没有包含在内的零部件，比如五金硬件和耗材。图 3-16 里就是
一个配件套件。

套件通常只包含打印机的一部分组件，但是你可以通过多个套件来获取你需要的全部内
容。另一个例子是 Gadgets3D 提供的 RAMPS 1.4 版终极套件包。图 3-17 里展示了 Gadgets3D 销
售的套件里包含的内容。

注意全部电路元件（不仅仅是 RAMPS 电路）都已经组装完成并且附带了相应的接线。
我曾经从它们那里购买过数个不同的套件，质量都很优秀。

■提示：如果你希望自己订制 RepRap 打印机，那么你可以注意搜索此类套件的相关信息。它
们能够节省你大量的时间，有时还能够稍微节省一点你的预算。

它们在网站上同样会提供关于产品的详细说明文档。产品的配送同样十分迅捷，包装也
很精良，如果你发现里面的零部件有富余，也可以很方便地储存或者转手出售。

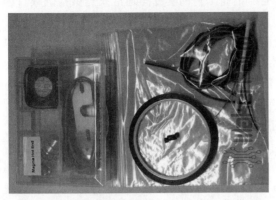 

图 3-16　热端套件（图片由 MakerFarm 提供）　　　图 3-17　RAMPS 套件（图片由 Gadgets3D 提供）

Gadgets3D 同样还出售其他适用于 RepRap 打印机的零部件套件。它们也提供只包含少量电路的套件、附带步进电机的套件，甚至是完整的打印机套件。它们提供的液晶单元是我见过质量最优秀的，因此即使你不打算从它们那里购买 RAMPS 电路板，也可以考虑购买它们提供的液晶屏。你绝对不会后悔！

接下来让我们学习一下组装 3D 打印机过程中可能有用的一些小诀窍。

组装 3D 打印机的技巧

如果你已经下定决心想要自己组装一台 3D 打印机，恭喜你！这将是一段充满乐趣的体验。你只需要带着充足的耐心和动力，最终总能够获得成果。当然你也可以从前人无数次的失败经验里学习一些窍门。

而这一小节里我们将要介绍的就是这些窍门。我会向你介绍一系列能够帮助你在组装打印机的过程中避免各类陷阱的技巧和诀窍。介绍的内容将仅限于组装过程，使用和维护过程中的相关内容将会在后续的章节里进行介绍。我将这些诀窍分成个以下几个类别，方便你在回顾的时候进行查阅。

- 一般事项
- 框架零部件
- 活动零部件
- 电路部分
- 最后检查

我推荐你在开始组装之前先浏览一遍所有相关的技巧。不过就算你已经开始了组装工作，阅读这些内容也许依然能够帮助你解决某些困难。

下面我们将要介绍的内容并不能够替代套件里经销商提供的组装说明上介绍的内容。我个人认为撰写一系列通用的打印机组装指南并没有什么帮助，因为 3D 打印机的设计方案经常发生变化——更别说现在存在着这么多衍生型号。但是对于所有的 3D 打印机的组装来说仍然有一部分内容是共通的，而这些内容就是我们下面将要介绍的。

一般事项

这一节里的内容主要是针对你在开始组装之前需要进行的准备工作。

整理小零件

在组装过程中一项十分浪费时间的工作就是到处去寻找小零件——螺栓、螺母、垫片或者是一堆相同直径的小螺丝里唯一的一个平头螺丝。因此在组装打印机之前最好能够通过塑料储存箱来对零部件进行分类和整理。如果你购买的套件里附带了五金硬件，或者购买的就是五金硬件的套件，那么绝对值得花些时间在整理这些小零部件上。图 3-18 里展示了对 Printrbot Simple 套件里附送的各种小零部件进行分类之后的情况。

图中没有展示的是托盘实际上是有盖子的。这就意味着我可以随时停下来，关上盖子将整个套件放在一边。如果你准备购买用于分类小零部件的储物箱，那么我推荐你最好买一个带盖子的储物箱。注意这个简单的问题就能够帮助你避免不小心碰翻储物箱使得零部件四散掉落的烦人问题。

如果你打算组装不止一台 3D 打印机（换句话说，你已经沉浸在 3D 打印之中），那么就可以考虑购买一系列储物托盘来分类存放各种各样的螺丝了。比如我的托盘里就将螺丝大概分成了 2mm、3mm、4mm、5mm 和 8mm 直径的螺栓、螺母、垫片等。图 3-19 里的就是我放置直径为 2mm 和 3mm 硬件的托盘。

这样不仅能够使你更加轻松地找到需要的螺栓，同样相比于每次都去购买少量的安装零部件能够节省一些金钱。比如为了填满图 3-19 里的储物箱，每种尺寸的螺丝我都会一次性购买 50~100 个。如果你只打算组装一台打印机，那么这些螺丝肯定会有富余，但是如果你打算组装好几台打印机，那么这绝对是必须的。

图 3-18　用储物托盘来分类小零部件

图 3-19　适用于多台打印机组装的大量安装零部件

哪种头型最优秀：六角、一字还是梅花？

如果你准备自己定制打印机套件，那么也许你正在考虑使用哪种头型的螺栓——内六角型、一字型还是梅花型？我和许多其他的爱好者都偏好内六角螺栓。实际上大部分套件里提供的都是这种螺丝。由于它们能够配合内六角扳手使用，因此使用起来十分简单。但是螺丝的选择很大程度上是个人喜好的问题。只要你选择了正确直径、正确螺纹以及正确长度的螺栓，那么使用起来就不会有什么问题。

仔细阅读说明

如果你的经销商给你提供了一系列的组装说明书，那么注意确保至少从头到尾仔细阅读一遍。如果这是你第一次尝试组装 3D 打印机，那么最好详细地阅读几遍说明书来确保你对于每个步骤都能做到烂熟于胸。

这个步骤十分重要，因为它能够减少你在组装过程中漏掉步骤或者按照错误的顺序进行组装，甚至更加严重的安装方向出现错误的概率。比如，如果你在组装 RepRap 打印机的框架时对于某些零部件的安装朝向出现了错误，尤其是在 Prusa i2 打印机上，最后你会碰到需要将整个框架拆掉来重新安装（可能仅仅是一个小垫圈）的情况。这种情况时有发生。仔细阅读安装说明能够帮助你避免像这样的情况。

最后，阅读说明书能够帮助你确认准备的工具是否正确。大部分组装说明里都会附带一份必需工具的清单。你可以对照清单里的内容来确认你的工具箱是否能够满足整个组装操作的需要。这同样能够帮助你避免进行到一半却发现扳手尺寸不对，然后不得不停工去到处寻找合适的扳手这样的窘境。[①]

保持工作区域整洁、干净

这项操作能够避免你在组装过程中出岔子。确保你挑选的工作区域没有其他无关的小零部件、工具或者打印机来干扰你手头的组装工作。同时你的工作区域应当能够在你不能一次性完成全部组装的情况下安全地存放打印机。

同样，在开始摆放零部件之前对工作区域进行彻底地清洁对你的工作也有帮助。你不仅仅需要保证表面看上去整洁，还需要清洁区域内的灰尘、碎片、油脂和其他任何污染物。记住光杆和轴承上通常都会涂着润滑油。在肮脏的工作区域内对它们进行组装会使得灰尘黏附在你的打印机上，你不会希望组装到最后发现打印机上盖满了灰尘。

至于工作区域的大小，则取决于你准备组装的打印机尺寸以及你对于零部件的分类整理完成得如何。比如一台 Printrbot Simple 所需的全部零部件大约只需要占据一张普通电脑桌

---

① 这让我想起了我关于家庭维修的一个理论。维修的难度似乎和你拜访家用百货店购买工具的次数成正比。有推论说明相关维修的难度同样与一开始就雇佣专业人员所省的时间成正比。

的空间——同时还能够留出的足够的空间来放置需要的工具和打印机本身。同时对于一台 RepRap 打印机需要的空间可能会更大，因为它的零部件数量也更多，因此可能会占据一张办公桌大小的空间。

你的工作习惯也会影响工作区域的大小。如果你习惯保持工作区域整洁，那么可以用储物盒或者快递盒子来分类整理零部件。这样你就可以在需要的时候去寻找合适的零部件。时刻要记住在组装过程中总是分为几个阶段的，你需要给特定的阶段留出放置零部件的空间。

同样需要注意你的打印机使用的框架材质是哪种。如果你准备用家里的餐桌来充当工作台，那么这一点就很重要了。你的配偶不会希望看见打印机的金属框架把木质桌面刮花。因此你可以考虑在工作台面上铺上罩布来防止刮花，或是另外找个地方来组装打印机。

最后你需要确保你的工作区域里不会出现任何液体、饮料或者其他可能泼洒出来的东西。打翻液体可能会花费大量的时间来清洁，尤其是当你需要擦干几百个小螺栓和螺母的时候。

核对材料清单

如果你购买的套件附带了材料清单，那么在拆包的时候注意同时核对清单上的零部件是否正确。这样你就能确保不会漏掉任何零部件，并且能够帮助你有效地整理储存这些零部件。将每个零部件或者零部件包放在你的工作区域内，并且试着按照组装说明里的顺序对零部件进行整理。

如果你的套件提供了螺栓和螺母这样的五金硬件，那么最好同时核对一下数目确保它们足够完成组装工作。大部分经销商都会给你提供一定数量的备用零部件防止出现丢失的情况。

准备工具

在读过说明书并且检查了材料清单之后，你就需要准备好组装过程中需要的各种工具了。我习惯将全部的工具都分类放在储物箱里，这样方便挑选合适的工具并且方便我在未完成需要停下来的时候存放工具。如果花了很多时间好不容易把一个螺母放在了零部件背面合适的位置，但是却发现另一只手拿不着螺丝刀是一件很让人沮丧的事。因此最好将你的工具箱放在靠近工作台的位置。

不要搞混 SAE 和公制标准

先不管五金店和公制标准相关的各种笑话，不要试着将 SAE 标准的螺丝塞到公制标准的螺孔里（反过来也一样）。一台打印机可以在一部分零部件上采用 SAE 标准的螺栓，另一部分则使用公制标准的螺栓，但是如果弄混了却会导致问题。我推荐你全部采用公制标准的五金硬件。虽然购买起来可能更困难，但是可以精简你的工具箱。

保持双手清洁

如果你的框架采用的是激光切割的木质零部件，那么有些零部件的切割边缘上可能会有残留的灰尘，并且可能会转移到零部件的其他表面上。如果这个问题不会困扰你，那么可以忽略这条提示。但是如果最终打印机成品的效果对你很重要，那么你就需要注意那些小五金件、轴承和杆上通常都会涂有一层薄薄的油脂。除非你希望打印机的塑料和木质零部件上变得油迹斑斑，不然最好准备一块湿布（最好是家里用不上的抹布）和一些纸巾来在经手这些零部件之后保证双手清洁。

我曾经组装过一台采用 PLA 材质零部件的 Prusa 打印机。当我将零部件放在工作台上准备开始时，铝制的框架零部件看上去很闪亮很显眼。但是当我装完几个螺丝和一两根杆子之后，我才发现 PLA 塑料是多么容易黏附上脏东西，并且根本洗不掉。即使你用上肥皂也很难洗干净从手上转移到塑料上的污渍。这是因为塑料零部件的表面实际上有许多的小孔会吸附污渍。暗色塑料零部件则能够掩盖住一些不是很严重的污渍。

不要使用牛皮胶布

严禁在 3D 打印机上使用牛皮胶带［即使是纳斯卡赛车（NASCAR）的狂热粉丝也不行①］。最多也只能用小小的一块——不能更多了！不开玩笑地说，你没有任何理由使用牛皮胶带这种不稳定的固定方式来固定打印机的各个零部件。

不过在唯一的特定情况下使用牛皮胶带被认为是安全的。即你在使用工具组装零部件的时候发现需要把某个螺栓或者螺母固定住，但是腾不出手或者够不着螺丝的位置的时候，这时候在螺丝刀上粘一小块牛皮胶布能够带给你意想不到的效果；比如你可以用胶布让螺母固定在通孔位置等待着你把螺栓穿过去。

停下来！

如果你发现自己碰到了困难或者在进行某些步骤的时候过于急躁，那么最好停下来休整一下。有时候让自己远离问题一段时间——即使是一晚上或者是一个周末，也许能够给你带来意想不到的灵感。我推荐你每两个小时就稍微休息一下。在休息时间尽量去做一些其他的事，比如说和你的家人、朋友聊聊天，让他们知道你不是一个完全沉浸在自己世界里的呆子。虽然这也许并不会有什么效果。

不要使用蛮力

在用螺栓或者连接件固定住零部件之前先测试一下它们是否能够合适地组装在一起。一些零部件只能够按照某种特定的方式进行组装，但是如果用蛮力可能会使组装出现错误。你可以在节日期间看到许多这样的例子。

不要随意变更计划

如果你像我一样经常考虑怎样对打印机进行升级，那么就需要在组装过程中克制住变更设计或者在打印机上加装 Thingiverse 上找到的各种小零部件的冲动。虽然这些升级套

---

① 我自己就是一名 NASCAR 粉丝！我多么希望他们能够用克林贡语（注：星际迷航系列剧集中的外星语）来播报整场比赛，那将成为完美的体育运动！

件或者改进零部件也许能够改善打印机的工作表现，但是在完成打印机之前就开始安装它们可能会给你带来意想不到的麻烦。假设你准备升级一下套装里附带的限位开关调节结构，但是在组装完成进行校准的时候出现了问题，那么你就没法确定问题是出在套件提供的零部件还是你自己升级的零部件上了。同样假设你偏离了经销商提供的安装指南，但是却需要售后服务的话，你会发现他们的热情没有你想象中的高。并且他们通常首先就会建议你拆除升级套件来作为尝试解决问题的第一步。因此最好是将你的升级尝试推迟到组装完成之后。

装饰你的打印机

在豪华摩托车改装领域，我们经常会加装一些不是必需品，但是却能够实现有趣功能的装饰配件。这些配件的功能大多是展示性质的。我必须承认我的打印机上也会有一些这样的零部件，比如带点儿造型的丝材引导装置、额外的照明灯条等。一般情况下，打印机套件里并不会提供这样的配件，并且也不影响打印机提供的打印质量。但是加装这些配件并不会带来任何问题，不过你最好等到完全组装完成并且确定打印机能够正常工作之后再来尝试装饰你的打印机！

学会记录工程日志

许多开发者、工程师和科学家都会用纸质或者电子的记事本（像是 Evernote 这样的软件）来记录他们的项目进行情况。录音装置可以帮助你捕捉那些转瞬即逝的灵感和想法，或者是在你不方便执笔记录的时候帮助你进行记录。一些人的记录会更加详细，但是大部分人都会在开会和打电话的时候进行记录，从而提供一份关于语言交流的书面记录。

如果你没有记录工程日志的习惯，那么你应该考虑开始学习如何记录日志了。你会发现同时组装多台 3D 打印机的时候记录日志尤其的重要和便利。你不仅能够记录下完成了哪些工作——某项设定、测量结果等，还能够记录你对已经完成部分和未完成部分的想法和改进思路。对于任何一个可能花费你大量时间和精力的项目，都应该尝试着通过日志来记录完成进度和下一步将要进行的操作。

一般来说，你可以使用任何你喜欢的记事本；但是如果你希望详细地记录所有内容，那么可以去购买专门为工程日志设计的记事本。这种记事本上通常会预先提供网格线和用来记录像是项目名称或者页码这样的关键信息的空白区域。我个人最喜欢的两种记事本分别是 SparkFun 提供的小号项目记事本和 Maker Shed 提供的大号 Maker's 记事本。

SparkFun 记事本的封面可以是灰色或者红色，能够提供 52 页带有白色网格线的灰色记事页。它是柔性的、重量较轻并且大小也很适合（25cm×20cm），可以用来记录你的重量级项目。

如果你需要一本页数更多并且功能更丰富的——比如同时记录多个小项目的进度，那么你可以考虑一下 Maker's 记事本。

这种记事本有 150 页方格纸，并且页眉上能够记录项目名称、日期和页码等参考信息。它还提供了目录页以及能够手写记录的便签纸。这种笔记本的价格比一般的内衬笔记本或者栅格笔记本要稍贵一点，但是如果你希望找一件优秀的工具来帮助你管理多个项目里的笔记的话，它绝对是物超所值的。

这不是玩具！

虽然你可能认真考虑过给你的儿子或者女儿购买 3D 打印机套件作为礼物，但是这种想法并不现实。3D 打印机根本不是玩具。它的一些零部件在工作时会产生极高的热量，一不小心就会使人烧伤并且很容易留下伤疤。但是这并不意味着你需要完全抹杀你的孩子对于 3D 打印机的兴趣，只需要你能够在他们使用和组装 3D 打印机的时候陪伴在一旁提供安全保障。

框架零部件

这一部分里主要介绍组装 3D 打印机的框架过程中需要用到的小技巧。一部分内容仅适用于木质框架，而其他内容则适用于全部材质的框架结构。

清洁螺栓和杆子的通孔

如果需要穿过螺栓或者杆子的通孔太小了，那么你需要使用合适大小的钻头来对它进行扩孔。而对于塑料零部件，要确保你使用的钻头尺寸不能比现有的通孔尺寸大太多。

同样，在对塑料零部件进行扩孔时最好用手拿着钻头慢慢地进行钻孔，而尽量避免用高速的电钻来进行扩孔。虽然用电钻十分方便，但是它很可能会破坏塑料零部件的结构完整性。这个问题的原因有两个：首先塑料零部件的外表面通常是多层的结构。如果你在钻孔的时候钻通了这些层，那么可能就会将内部的填充物暴露出来使得零部件被弱化；其次，电钻在钻孔的过程中很容易和塑料纠缠在一起，使得零部件承受额外的压力。这可能导致零部件出现开裂。

■ **提示**：你可以使用电钻来进行扩孔，不过只能使用钻头反向进行钻孔来防止钻头和塑料纠缠在一起。如果钻头过于深入，依然可能导致零部件上出现裂纹或者其他类似问题。

如果通孔的尺寸小太多，那么你应当考虑更换螺栓，或者修正零部件的设计并且重新打印。不过通常更换合适的螺栓就能够解决问题了。

在组装之前测试零部件的装配

虽然大部分套件不是这样，但是仍然有一部分套件提供的并不是激光切割或者高压水切割制作而成的高精度零部件。虽然这并不意味着你每次都会需要对这样的零部件进行修整、切割或者打磨来保证正常组装，但是至少需要测试各个零部件之间是否互相适配来防止拧了 7 个螺丝里的 6 个之后，才发现第 7 个螺丝孔不符合标准需要进行扩孔这种尴尬的情况。

我推荐每次测试的零部件不要超过两个。这样你就可以尽可能少地对零部件进行修改来完成整个组装，如果每次测试的零部件数量过多，那么你的修整方案也会变得过于庞大，可能实施起来十分困难，甚至可能会导致你将已经组装完成的部分拆卸掉。

在确认零部件之间的组装不会有问题之后，你就可以开始上螺栓了。这种方式的一个缺点是最后组装出来的零部件可能会很紧，但是更坚固的连接可以使打印机的工作质量也有所提升。我曾经见过一个组装得松松散散的木质框架，甚至在打印机工作的时候框架自身都在不停地晃动。[①]这对于 3D 打印机的打印质量来说会是毁灭性的影响，因为 3D 打印机自身在工作的时候挤出机就在不停地快速移动。

重复测量尺寸

RepRap Prusa i2 打印机（以及其他同样采用金属杆或者打印铝材与塑料零部件连接构成框架的近似型号）在组装时需要注意各个连接处之间的距离。如果你的打印机刚好是这一类的，那么在组装框架的时候一定要仔细测量框架零部件之间的距离——在组装之前测量一次，并且在拧紧螺丝之后再测量一次零部件之间的距离。这样能够帮助你避免某些不合适的零部件。

你还应当注意检查框架之间是否正确对齐——即零部件之间的安装角度是否正确（比如边角上的两根杆之间是否为 90°），或者应当互相平行的零部件之间是否平行。

清洁丝杆

不要尝试将螺母用蛮力套在切丝杆上。可以用锉刀或者磨石把丝杆末端的螺纹磨掉来方便你安装螺母。即使是最后伸出的螺纹部分不是很多也没关系，只是需要注意别用螺母来充当硬模（在棒状原材料上切割螺纹的特殊工具）。对螺纹槽内部进行清洁同样对组装有帮助。有时候切割工具可能会使得末端的螺纹出现弯折。你可以用一把小号的三角形锉刀来清洁螺纹槽的内部。

螺母槽

如果你的打印机套件里提供的是激光切割的木质零部件、丙烯酸树脂或者复合板零部件，那么很有可能打印机在设计时会在零部件上切割出相应的螺母槽。这些槽能够在你将螺栓穿过通孔的时候事先固定住螺母。它的实际效果非常好，并且能够有效地替代钉子或者其他容易出错的紧固方式。

但是，如果选择的螺母尺寸和螺母槽的大小不互相匹配，你在组装时可能需要花费大量的精力把螺母固定在螺母槽里。如果零部件上的螺母槽在组装的时候朝向不正确，那么你可能需要经常去捡掉下来的螺母。

为了解决这样的问题，你可以用一小片蓝色美纹纸胶带（毕竟买了整整一卷，是时候让

---

① 就和那些廉价的三合板家具一样。如果你在大学宿舍里住过，那么一定见过这样的东西。

它派上用场了）把朝向地面的螺母槽里的螺母固定住。这样就可以防止螺母槽里的螺母受地球引力的影响而从槽里掉出来了。

　　另一种方法则是用尖嘴钳把螺母放进螺母槽并且在你穿螺栓的时候依然用钳子固定住螺母。这种方法需要你用钳子夹紧螺母的外沿并且牢牢地握住钳子保持不动。图 3-20 里展示的就是这种固定方法。

图 3-20　固定螺母槽里的螺母

螺丝需要拧多紧？

　　经常有初学者和经验丰富的人来和我探讨这个问题。拧螺丝的时候究竟应该拧紧到什么程度呢？虽然每种紧固件在设计的时候都有能够承受的最大扭力（好奇的话可以查阅制造商的数据手册里的相关数据），但是组装 3D 打印机却不用像组装火箭那样精密。你并不需要用到扭力扳手这样的精密工具。

　　但是你应当了解螺丝上施加的扭力过大也可能会造成问题。比如在木质和塑料零部件上的螺丝拧得过紧就会使零部件出现破损。换句话说，你的木质框架上的螺丝不能拧成像埋头螺丝那样的效果。

　　为了让你了解拧成多紧才合适，可以用最后通过螺栓固定在一起的零部件应当形成毫无缝隙的牢固连接作为标准。零部件之间不能够出现松动或者摇晃一下就发生松动。比如 Prusa i2 打印机的框架上丝杆与塑料零部件连接的位置，你在拧螺栓的时候只需要使塑料零部件没法在丝杆上转动就够了。我曾经使用过锁紧垫圈来防止 Prusa i2 的框架固定太松的问题，你只需要将螺栓拧到将锁紧垫圈完全压住就差不多能够将框架零部件固定住了。

修复滑丝的螺栓

　　如果你将螺栓拧得过紧，那么螺栓很可能会发生滑丝现象。这意味着螺栓上的螺纹会互相交叉，使得你很难将螺栓拧下来。如果刚好你的螺母又被固定在螺母槽里的话，这种现象甚至会使塑料零部件出现损坏。这种情况常见于 2mm 和 3mm 直径的小螺栓上。当发生滑丝或者你不能在不损伤木质或者塑料零部件的情况下将螺栓拧下来的时候，你可以用一把小锉刀把螺栓切断。你还可以用专门的螺栓钳来把螺帽剪掉。但是要注意不能用小电锯对塑料零部件上的螺栓进行切割。这样会使螺栓过热，可能会导致塑料零部件熔化。

注意别弄丢螺母和其他小零件

　　由于 2mm 和 3mm 直径的螺母和螺栓的体积都很小，并且很容易掉落在地上然后消失在家具的缝隙里，你可能想着掉了就掉了，等着最后一次性用吸尘器把它们全找回来。但是你需要避免养成这样的习惯，最好时时刻刻关注这些小零部件的状态！

　　我曾经碰到过一次这样的情况，尝试着找一个不见了的 3mm 直径的螺母却怎么也找不到。我甚至用磁铁把我的工作台周围都吸了一遍，但是依然一无所获。直到我给打印机通电之后，才发现这个螺母掉在了我的电路板上，并且还让我的 Arduino Mega 电路板短路了。不过至少我从这件事里得到了两项好处：观赏到了十分罕见的带烟雾的电弧秀，并且学到了永远注意这样易丢失的小零件的位置。

上漆或者涂色时要小心

如果你考虑在组装之前对打印机的木质零部件进行上漆或者涂色，这并不是什么大问题。人总是会想让自己的打印机看上去更酷一点，比如喷上一层亮光漆或者给零部件染上木纹。不过在挑选使用的喷漆或者染料时需要小心。如果你不确定哪种染料合适，那么最好把你的零部件带到五金店或者家用百货店里去询问专业人士的意见。并且要注意喷漆或者染色过程中是否会改变零部件的尺寸，即使是十分轻微的弯曲或者膨胀都会使你的组装出现大问题。

比如我曾经尝试过给 Y 轴支架的底座进行喷漆，尽管使用的是适合材料的喷漆（MDF 板喷漆），但是在零部件的一个角上还是出现了弯曲。虽然我通过打印床调节装置消除了这个弯曲造成的影响，但是依然意味着底座上有一部分会和其他位置不一样。如果你打算对框架进行装饰的话一定要注意相关的问题。

活动零部件

这一节里主要介绍如何安装和校准步进电机、同步带，以及打印机上各类活动零部件。

处理上油的零件

我们会在与例行维护相关的章节里介绍更多关于如何给活动零部件上油的内容，但是在组装过程中这一操作依然很重要。光杆、轴承甚至是一些螺栓和其他的小五金硬件在出厂的时候就会涂有轻润滑油。注意别把这层油脂清洁掉。你的光杆需要利用这层油脂来和大部分轴承进行连接。一般你的手上不可避免地会粘上油。前面我们介绍过你需要保持双手的清洁，但是在处理光杆的时候会让情况变得复杂。

但是在处理上油的零部件时你可以戴上紧身橡胶、丁腈或者其他乳胶材质的手套。这让你能够处理完上油零部件之后依然保持清洁的双手来处理其他的零部件。我在工具箱里就保留了一打丁腈手套来应付这样的情况。

保持光杆和丝杆的清洁

和上面相关的另一个技巧是保持丝杆、轴承和光杆上不要沾染灰尘或者其他碎屑。组装的时候戴上手套能够帮助你实现这一目的，但是保持清洁的最好方式还是在组装过程中用塑料袋或者塑料膜套住杆子。这样它们就不会沾染上组装过程中产生的灰尘或者碎屑了，比如木屑、塑料碎屑等。如果杆子上沾上了灰尘或者碎屑，那么你需要用无绒布来擦拭清洁。清洁并安装之后记得重新涂上一层薄油。

使用同步带张紧器

如果你的打印机设计里用到了同步带张紧器，那么记得在组装过程中需要给同步带留出一定的余量。因为组装完成之后你很有可能需要重新调节同步带的松紧，就没必要在组装的时候重复劳动了。此外如果在组装过程中需要重新调节轴的位置时，没有必要先松开同步带。我曾经在一个始终没法和 Z 轴杆对齐的 X 轴上折腾了好几分钟，然后才意识到我一不小心使用了同步带张紧器。把它拆下来之后，我就成功地在不用威胁打印机的情况下解决了这个问题！①

对齐滑轮和同步带

这一点在许多安装说明里都不会详细介绍，甚至经常被忽略。在组装使用同步带来驱动轴运动的打印机时，你需要对滑轮、惰轮以及固定的同步带底座进行对齐从而确保同步带不会在惰轮或者滑轮上松脱。你可以通过一个非常简单的操作达成这一目标。在组装完轴体之后，观察同步带的运动并且同时检查对齐的状况。同步带此时应当无法完成一周的运动。如果皮带能够正常转动，那么说明你需要调整惰轮或者滑轮的位置了。

我使用的调节方法是首先松开惰轮和滑轮上的同步带，然后前后移动轴的位置，并且同时调节惰轮和滑轮的位置。一旦对齐了之后，就可以上紧同步带了。对齐能够让轴的运动更加顺滑，并且同时能够改进侧壁对齐现象（打印过程中一部分的丝材可能出现错位，使打印品的侧面显得坑坑洼洼的）。

注意塑料零部件上的压力

在组装过程中你可能需要弯曲轴机构来对齐光杆和轴的末端部件。在使用压接结构固定光杆上的轴机构时，你可能经常碰见这样的情况，比如 Prusa 打印机中的 X 轴。如果你需要进行这样的操作，那么一定要注意。弯曲过多可能使杆上的塑料零部件裂开。如果你听见了塑料裂开的声音，那么说明已经弯曲过头了，可能丝材层之间的连接或者打印丝材自身已经出现了断裂。因此在进行对齐的时候，尽量将轴拆下来并放在平面的工作台上进行组装。

为什么会相反？

如果你检查不同 RepRap 打印机的组装说明和相关图片，可能会注意到一个小小的细节，里面的 X 轴和 Y 轴电机的位置经常会变化。但是其实它们安装在哪个位置都一样。

比如许多 Prusa i2 打印机里都会将 Y 轴电机装在前方，但是仍然会有一部分打印机将电机装在背面。只要它安装的位置不会影响打印机的正常运作就够了。步进电机能够朝着两个方向转动，因此不需要固定它的安装方向和安装位置。唯一需要注意的问题就是固件里的设置。你

---

① 相信我，你至少会有一次碰见这样的情况。威胁打印机不会有任何作用，但是它或许能够让你感觉舒服一点儿。

需要将固件按照步进电机的朝向进行设置。同样，X 轴上步进电机的安装位置也没有那么重要。

如果你喜欢遵循惯例，那么 X 轴电机通常安装在轴的左侧（朝向打印机），Y 轴电机则通常安装在打印机的正面。但是我需要再次强调安装位置并不会影响打印机的正常工作。对于大部分 Prusa 打印机，我都会将 X 轴电机装在左侧，Y 轴电机装在后方。

避免混用零部件

如果你组装的是 RepRap 或者其他开源的 3D 打印机，并且准备自己打印一部分塑料零部件，那么要确保生产出来的零部件都是相同打印机设计里的相关零部件。比如 Prusa i3 打印机，它有时会采用其他打印机里的 X 轴末端限位开关进行升级。但是我曾经在使用其他打印机里设计的零部件时遇到过兼容性问题。其中一部分问题可以通过升级套件解决，但是你依然要注意混用零部件的问题。一个特定版本的零部件并不值得你对整个打印机都重新设计或者修改。尽量采用同一个设计中的零部件。

盒子还是铝片？

此外，对于 Prusa i3 打印机还有一项需要注意的问题。它有着两种主流的版本——一种采用木质盒子框架，另一种采用的是单片铝材框架。它的一部分塑料零部件需要根据框架的材料进行定制，比如 Z 轴末端限位开关的结构就互不相同。记住检查打印的 .stl 文件来确保得到的是正确版本的零部件。如果你准备从商家那里购买塑料零部件，那么记得咨询他们零部件适用于哪个版本的打印机。

电路部分

这一节里主要介绍打印机中电路部分组装能够用到的技巧。如果你没有处理电路的经验，那么在接触打印机的电路组装之前你可以尝试熟读这一部分的相关内容。

注意提防静电

在处理电路之前，你需要采取措施来确保你的身体、工作区域以及打印机的接地连接都正常，从而避免静电可能造成的损害。静电会损害电路，而预防的最佳方式则是在你的手腕上戴上防静电腕带，并且将它和正在组装的打印机的框架结构连接起来。

单独对元件进行测试

只要条件允许，最好在组装之前单独测试每个电路元件是否正常。虽然这样会大大延长你在组装电路板上花费的时间，但是绝对是值得的。如果你的电路零部件来自于几个不同的零部件套件或者是你自己分开采购的，那么单独测试就更加重要了。不过对于特定的电路元件我十分信任，比如电源和 Arduino 克隆板，它们很少会在全新的情况下出现故障。

不过，在把电源接入电路之前先通电测试它的输出端电压是否正常依然是值得进行的操作。测试过程中要注意需要单独进行测试，这样即使电源的输出电压有问题，也不会损坏其他元件。

你可以通过将拓展板装在 Arduino 和 RAMPS 上，然后连接计算机（并且装载固件）来测试电路是否正常。我从不熟悉的商家那里购买元件的时候会事先进行这样的测试。

即使是在电路以外的零部件上，这项技巧依然适用。你可以测试轴的运动（来观察电机是否正常转动），检查热端的加热是否正常，甚至包括液晶屏是否正常工作。这一系列过程被称为基准测试，并且有经验的电路工程师经常进行类似的操作。

如果你不希望进行太多的操作，那么我推荐你至少对电源进行一下测试。这是唯一能够快速摧毁整个打印机的零部件——无论它是无法工作还是性能过于良好。简单的测试就能够避免你在按下开关但是打印机却无法启动时的沮丧和不快。

组装时不要急躁

组装电路的时候过于急躁很可能会影响你的设备的使用寿命。比如在连接元件的时候出错的话，那么可能一通电就会将元件烧毁，甚至有可能使整块电路板一起被毁掉。尤其是当你第一次组装打印机电路的时候，多花点时间来研究组装指南，确保你的每一步接线和焊接的位置都是正确的。

学会使用扎线带

事实上要想获得整齐的走线，你最后会用到大量的扎线带！它能够帮助你将走线固定在远离活动零部件或者高温零部件的位置，从而防止它们影响你的打印机的正常工作。

不过需要注意在进行最终测试之前不要各处都固定住。想象一下，如果测试的时候发现 RAMPS 电路的连接出现问题，而你不得不将全部的扎线带都剪掉来修正一处连接错误的那种沮丧。

同样也需要注意最后不要让导线散布得到处都是。将它们绑起来除了能够远离活动零部件之外，同样还能够让你的打印机显得更加专业。

注意给导线长度留出余量

在需要你自己制作接线时候，尽量避免导线的长度刚好合适。这样做的原因有两个：首先，如果后续需要改变走线的路径来添加配件的话，那么你的导线可能不够长，从而不得不重新制作一根新的导线；其次，如果你需要更换电路板的话，电路板上的接头位置可能也不一样，这时候导线的长度也可能不够。因此最好在制作导线的时候稍微多留出一定的长度，多余的部分可以用扎线带固定起来。

注意剪断扎线带的位置

这也许是经常被忽视的注意事项。当你使用了大量扎线带的时候，剪断扎线带的位置会随着你的组装速度而各不相同。如果你在修剪扎线带的时候十分迅速，那么斜口钳的位置可能会离扎线带上的结点太远，从而留下一小片尖锐的塑料。对于小号扎线带来说这并不是什么大问题（只是看上去不太好看），但是对于大号扎线带，尤其是那些采用硬塑料制成的扎线带来说，这些塑料可能会导致严重的问题。有好几次我的手都是被这样的扎线带划伤。因此仔细注意剪断扎线带的位置能够避免意外的伤害，并且能够让你的打印机看上去更整洁。

在加热单元上使用高温导线

你的打印机上的加热单元（挤出机的热端和可选的加热打印基板）在工作时会产生大量的热量。因此你需要在连接它们的时候使用专门为加热单元电路设计的特殊导线。导线通常会标注出耐高温特性（或者在参数中的温度指标里标注）。如果你购买的是套件，那么注意检查商家有没有提供用来连接热端和打印基板的高温导线。

对液晶屏的信号线进行静电屏蔽

我发现一些液晶屏很容易受到工作中的电路的干扰。在我早期组装的一台 Prusa 打印机上就曾经遇见过这样的问题。只要我在打印机工作的时候靠近它，液晶屏幕上就会出现干扰信号。但是打印机自身的工作并不会受到影响，因此最后我发现造成这个现象的原因是少量的静电电荷。即使对打印机的各处都进行了良好的接地，这块液晶屏还是对静电和电磁干扰十分敏感。你可以通过将液晶屏的信号线和任意连接电源（5V 或 12V）的导线分隔开来避免这个问题。

但是最好的方式还是对液晶屏的接线进行静电屏蔽处理。我采用了带有铝箔内衬的屏蔽胶带。McMaster 上出售许多种的屏蔽胶带，我选用的这种能够有效防止电磁干扰和射频信号。

确保在接线上做好标记！一旦包裹上屏蔽胶带之后，可能很难看出两边导线的对应情况。我会用小号的记号笔在接线的两端都做上记号（大部分液晶屏都需要用到两根接线）。图 3-21 和图 3-22 里展示了进行屏蔽处理之前和之后的接线。注意，你需要将涂黑的那一侧朝外。

图 3-21　屏蔽处理之前的液晶屏接线

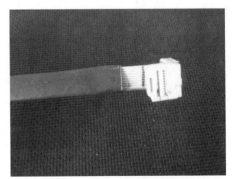

图 3-22　屏蔽处理之后的液晶屏接线

注意电源的绝缘

如果你的打印机套件里不提供独立电源或者你打算使用一般的给 LED 供电的 12V、30A 电源，那么在将电源连接到家用电之前需要注意电源上的连接方式。你需要将连接交流电的插头单独保护起来。

一种常见的方法是采用带开关的交流插头，比如 IEC320C14 插头（或者其他近似的型号），并且将它装在打印机上，无论是作为电源的一部分还是单独固定在打印机上。我习惯在电源的两端都加上开关，这样能够让我在处理交流电的时候更加放心。

如果你的打印机框架上没有合适的固定点，那么将高压导线完全包裹住也可以作为一种有效的防护措施。

这样做的另一个好处是能够防止意外出现的短路情况。比如我曾经为一台 Prusa 打印机制作了一个连接 LED 电源的接头。LED 电源则通过开关和家用电相连。当我插上插头之后，它背部的导线压住了电源和开关上的接线。很明显可以看出只要其中任意一根导线松脱下来，那么电路就会发生短路现象。

对这些导线进行绝缘处理的最佳方法是使用热缩管来包裹住接头的末端。这样能够尽可能地覆盖所有的高压导线。图 3-23 和图 3-24 里是进行绝缘处理前后的自制插头的图片。从图中你可以观察到处理之前的插头是多么危险，经过处理之后连接显得更加安全了。

　　　　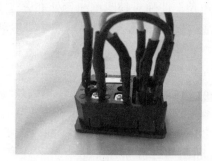

图 3-23　绝缘处理之前的电源插头　　　　图 3-24　绝缘处理之后的电源插头

注意消除扭力

连接在打印床、挤出机或者轴这样的活动零部件上的导线很可能会受到快速运动的影响而出现故障。对于这些零部件，你可以采用扭力消除装置来防止导线保持在特定的弯曲位置。一种方式是把导线缠上几圈胶带。图 3-25 里就是一个导线上加装了扭力消除装置的 X 轴机构。导线的一端连接在 X 滑架上，另一端则连接在框架上。这样能够防止导线定死在某个角度从而出现断裂。你可以在五金店或者汽车用品店里买到合适的胶带。

图 3-25　挤出机线缆上的扭力消除装置

■**注意:** 在使用胶带消除导线上的扭力的时候,确保从导线的末端开始缠绕,以便防止胶带末端的导线被定死,从而使问题变得更糟。

你是否注意到了图 3-25 中缺少了某些零部件?如果你好奇打印机的挤出机(冷端)到哪儿去了,这是由于这台打印机采用的是 Bowden 结构,它的冷端和热端分开固定,并且采用 PTFE 软管连接。这种结构允许 X 滑架以更快的速度移动,从而加快打印速度。

分散负载

如果你准备自己制作电源,那么注意使用不同的接头给每个主要零部件进行供电。留出两个接头给你的 RAMPS 电路板供电(大部分都需要两路电源),一个接头用来给其他各类配件供电。如果配件中还有加热装置,那么需要再单独分出一个插头进行供电。一些人会将 RAMPS 电路板连接到电源上的同一个接口里。这样做要根据你的电源功率是否充足,也许并不会造成什么问题,但是最好还是分开来用两个接口给 RAMPS 电路板供电。

最终检查

这一节里的内容是你在组装完成打印机并且对它进行校准之前需要完成的事项。注意这些技巧里都默认你已经装载了打印机控制电路和控制固件。如果还没有完成这两项操作,那么你需要装载完成之后再尝试这里介绍的技巧。

烟雾测试

我一般首先进行的是一项被我称为烟雾测试的测试项目。[①]这项测试需要插上电源并且给打印机通电。同时你最好守候在开关边以防万一,正常情况下打印机的指示灯应当正常发光,如果有液晶屏的话也应当正常启动。实际上如果打印机已经加载了固件的话,那么液晶屏上应当正常显示开始菜单界面。

但是如果你闻到或者看见了烟雾,或者听见了什么奇怪的声响的话,那么记住立刻切断电源并且检查是哪里出了问题。如果没有闻到、看见或者听见任何古怪的事情,那么就可以进行后续的步骤了。

保守地设置限位开关的位置

下一步我通常会确保限位开关的位置比绝对最小值稍微靠中间一点。这样能够让你在正确地校准打印机之后再进行微调。对于 X 轴和 Y 轴上的限位开关,你需要松开限位开关的固定件,然后将它们朝轴的中央移动 5~10mm 的距离。对于 Z 轴限位开关,你可以将限位开关微调器调节到最大值。如果你的套件里的 Z 轴限位开关的位置是固定住的,那么可以松开

---

① 并不需要香烟或者电子烟这样的东西。

固定件然后将它抬升大约 5mm。

连接控制器软件

接下来的内容就十分令人高兴了。你可以继续进行并且启动你的打印机控制软件了（比如 Repetier-Host），然后将打印机的 USB 接线接入到计算机上，并且将另一端插在打印机上。然后就可以单击软件里的连接按钮让打印机软件控制打印机了。

如果软件连接失败，首先检查打印机软件里的端口设置并且多试几次。如果依然存在问题，那么需要检查软件里的通信速率设置。一些版本的固件当中（比如 Marlin）允许你对通信速率进行设置。如果你是自己装载固件的话，查阅厂家提供的说明书来获取正确的速率应当设置成多少。

检查限位开关状态

限位开关可以算是打印机上最简单的组件之一了，但是对于打印机的正常工作依然十分重要。回忆一下，限位开关的作用实际上是开关，它能够在闭合之后阻止轴进一步运动。如果没有检查限位开关能否正常工作的话，打印机工作时可能会在轴机构、框架，或者其他理论上不该接触的零部件之间发生碰撞问题（比如脆弱的导线、电路、你的手指、家里的宠物等，但是不管怎么说这都不是好事！）。

限位开关的基本接线

如果你使用的是 3 个管脚的标准限位开关，那么观察限位开关的侧面（或者查阅说明文档）。你应当能够看见 3 组字母：NO、NC 和 C。它们分别代表常开管脚、常闭管脚和共用管脚。你需要将 NO 和 C 管脚连接到电路板上，这样当开关闭合之后，常开管脚和共用管脚之间就互相连接。对于其他类型的限位开关，你可以咨询商家来确认如何进行接线。

检查限位开关的最佳方式是通过一些特殊的 G-code 指令，你需要用到的代码是 M119。通过你的打印机控制软件向打印机输入这条命令。图 3-26 里是在 Repetier-Host 里输入命令之后的情况。

注意此时固件应当会返回每个限位开关的状态，观察屏幕下方的信息栏，里面可以看出我运行了两次命令。第一次所有的限位开关返回的状态都是断开，但是第二次 Z 轴限位开关返回的状态是触发（Triggered）。这是由于我手动按下了限位开关。要这样操作你需要同时用到双手，一只手操纵鼠标单击发送命令按钮，另一只手则按住限位开关。

如果你按住的限位开关没有返回触发状态，那么首先检查限位开关的接线是否正确。在极少数情况下，尤其是使用 Marlin 或者其他类似固件的时候，你需要改变固件的设置来配合不同类型限位开关的运行。如果你使用一般闭合触发的限位开关的话（并且进行了正确的接线），那么就不需要改动固件里的设置。

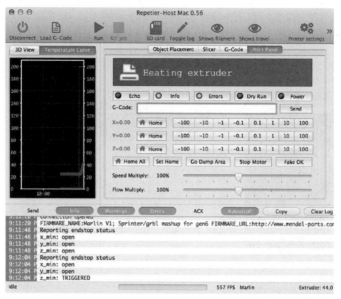

图 3-26　利用 M119 命令检查限位开关状态

检查轴的运动

接下来，试着一次让一个轴朝着正极方向运动 10mm 的距离。记住 X 轴正极代表右边，Y 轴的正极代表后方，而 Z 轴的正极则代表上方。但是在通电让步进电机带动轴的运动之前，首先手动缓慢地将所有的轴机构移动到中间或者靠近中间的位置。

重新接上所有轴机构的连线然后给打印机通电。用你的液晶屏或者打印机控制软件让每个轴朝着正向移动 10mm。如果某个轴的运动方向不正确，那么可以通过几种不同的方式进行修复。如果接头是非极性的（极性代表接头只有一种接入方式），那么只需要将电路板上步进电机的接头反过来就行了。这样就能使步进电机的转动方向反转。如果接头是极性的，那么就需要在固件里修改电机的转动方向或者对调电机上两根导线的位置了（一些电机上会有插头，而其他的则只会引出导线）。

注意：永远不要在通电情况下断开零部件的连接，尤其是步进电机。在处理电路的连接之前记得断开打印机的电源。

你还可以在固件里对运行方向进行修改。比如 Marlin 固件的 Configuration.h 文件里就有专门控制轴运动方向的选项。

注意：暂时不要让轴运动到最大值的位置。你需要在正确设定限位开关之后再配置轴的运动范围。如果你尚未进行校准，同时轴的运动比预想的快（比如希望运行 100mm 但是运行了110mm），那么很有可能因为超出范围而损害打印机。

在确定了轴的运动正常之后，接下来你需要将每个轴都进行复位。由于限位开关的设定目前都比较保守，因此轴此时复位的位置也不会在最小值上。接下来我推荐你再次检查限位开关的状态，此时应当全部返回触发状态，如图 3-27 所示。

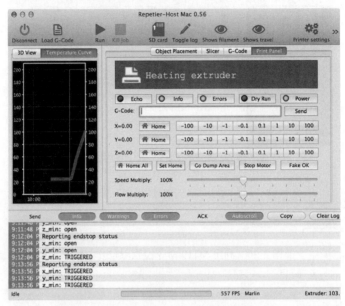

图 3-27　在复位轴之后检查限位开关的状态

■**提示**：在移动轴之前一定要事先执行复位操作。如果你组装的是 RepRap 打印机，默认的固件（除非你修改过）里或默认轴的位置都是 0。这意味着通常情况下打印机默认通电之后轴的位置都在复位点上。在使用打印机的时候也需要注意这一点——无论是通过打印机控制软件还是液晶屏进行控制。

检查加热单元

下一步则需要测试加热单元。你可以从控制软件里打开热端和可加热打印床。将热端设置到 200℃，可加热打印床（如果有）设置到 100℃。然后依次检查它们的温度。你可以通过近红外温度表来测量温度。记住设置的温度单位是℃，此时它们的热量足够让你烧伤了。

■**注意**：一些热端在第一次加热的时候会散发出少量的烟雾。这是正常现象。不要用灭火器去喷它。但是如果持续散发出烟雾并且能够听到塑料燃烧的声音的话，立刻断开打印机的电源，检查你的电路是否出现了接线错误。

测试挤出机

检查的最后一项是测试挤出机是否正常。首先在你的挤出机里按照说明书放入打印丝材。比如弹簧装载结构的挤出机需要你按下一个塞子，然后将丝材塞进挤出机里，经过驱动齿轮进入到热端当中。

由于你已经将热端加热到工作温度了，那么接下来只需要用打印机控制软件挤出少量的丝材就行了。根据你塞进的丝材有多少，可以挤出大约 30～50mm 的丝材。但是要注意，不要一次性全部挤出。如果你的热端加热有问题，那么尝试打印只会让挤出机被堵上。

在成功挤出少量打印丝材之后，就可以算是大功告成了。你已经正式成为了 3D 打印机的组装者。但是不要庆祝得太早，你还需要进行校准才能够尝试第一次 3D 打印，不过离成功已经不远了！

这差不多就是本章的全部内容了。我希望本章的内容能够帮助你成功地组装自己的 3D 打印机。现在你可以去购买套件然后开始组装了！[①]

总　　结

如果你认为拥有一台 3D 打印机和拥有一台普通的 2D 打印机一样，那么在看到本章列出的各种工具——其中一些甚至闻所未闻的时候你可能会有些吃惊。但是幸运的是我在这里介绍的工具基本上就是组装、使用和维护 3D 打印机的过程中你需要的全部工具了。

我重新介绍了市场上常见套件的种类来帮助你挑选适合自己的产品。希望你能够买到帮助你成功完成 3D 打印机组装并且体验极佳的套件产品。我同样还介绍了一系列的技巧和注意事项来帮助你进行 3D 打印机的组装。如果你打算尝试组装 3D 打印机，但是却担心缺乏必须的技能和一些通用的指导的话，希望这一章的内容能够打消你的顾虑。[②]

在下一章里，我会向你介绍如何设置你的新 3D 打印机和计算机上的相关软件。

---

① 向所有的克林贡粉丝致意：Qapla'！
② 我希望见到未来二手市场上组装了一半就被抛弃的 3D 打印机越来越少。

■ ■ ■

第四章

配置打印软件

第一次组装完成3D打印机的时候看着各种零部件一步步地成型是一件很有成就感的事。但是你需要做的还远远不止这些。为了让你的新打印机能够发挥出最大功效，你需要对打印机的固件进行配置和装载，以及在计算机上安装打印机控制软件。

这一章我们将会介绍如何配置打印机固件和如何在计算机上安装打印机控制软件。我们将会以 Marlin 固件和 Repetier-Host 打印机控制软件为例，来展示如何完整地配置一台 RepRap 打印机所需的所有软件环境。我们同样还会介绍关于固件的一些简单修改，来为液晶屏菜单添加一些新功能。

如果你的打印机不是 RepRap 设计或者购买的时候已经完成了配置，那么可以考虑跳过与固件相关的内容。这些内容里主要介绍如何通过固件来控制步进电机从而驱动轴机构的运动。如果你未来准备自己组装 RepRap 打印机的话，那么这些内容应该对你也有所帮助。

首先我们将会介绍打印机固件。如果是自己组装打印机的话，那么在用打印机控制软件实现对轴的控制之前先要在打印机上装载固件。

在打印机上安装和配置固件

回忆一下打印机上固件的作用，它能够实现与计算机的连接，并且通过连接接收和执行 G-code 指令。因此固件是打印机工作所必须的软件环境的一部分。但实际上固件所实现的内容比这要复杂得多。固件需要通过配置才能够基于坐标系实现对打印机轴的控制。比如固件需要知道电机转动多少度才能够使轴运动 1mm。但幸运的是你可以找到一系列优秀的工具来帮助对打印机的工作坐标系进行配置。

在这一节里，我们将会介绍如何在打印机上安装和配置 Marlin 固件。内容包括如何获取固件，如何在固件中对打印机的工作坐标系进行配置，以及如何在打印机上装载固件。

挑选固件

如果你的打印机没有预载任何固件，或者是从零开始组装 3D 打印机，那么你就需要自己选择打印机上使用的固件种类。第一章里列出了一些常见的、可供你挑选的固件选项。而我则偏向于在 RepRap 打印机上使用 Marlin 固件。Marlin 是从 RepRap 社区早期十分流行的 Sprinter 固件衍生而来。Marlin 固件囊括了 Sprinter 和其他许多固件里的一系列功能，提供了更加丰富的打印机功能选项，并且它现在依然定期更新和不断演变。

哪个版本的 Marlin 固件？

你也许会遇到许多不同版本的 Marlin 固件。许多固件都是针对特定的打印机品牌或者特定的硬件功能而设计的（比如特定的液晶屏或者电路板）。我采用的是由 Erik van der Zalm 开发的 Marlin 固件。其他一些常见的版本包括（根据打印机型号分类）：

- Rostock Max
- Tantillus
- Printrbot（PxT）
- Kossel Deltamaker
- LulzBot
- RepRapPro
- MakerGear M2

但是要注意，如果你购买的打印机（套件或者成品）提供了相应的 Marlin 固件，那么你最好是采用厂家提供的原生固件来配置你的打印机。

你可能认为固件对于操作打印机并不重要，但是如果你想要不断升级打印机的话，那么 Marlin 固件可能相比于其他的固件更早就实现了对某些功能的支持。比如自动调平功能的相关配置在硬件研发出来之前就已经添加进了 Marlin 固件当中。

认识 Marlin 固件

Marlin 固件是针对一些特定型号的微控制器开发的，包括 Arduino Mega。新型的 Arduino Mega 2560 微控制器经常被用来配合 Marlin 固件控制 3D 打印机。因此 Marlin 是一种大型、多文件的固件，需要你自行下载、修改和编译之后才能够装载到打印机里。为了对 Marlin 固件进行编译，你首先需要安装 Arduino 集成开发环境（IDE）。下面的内容里会简单介绍如何下载、安装和使用 Arduino 开发环境。

Arduino 是什么?

Arduino 是一个开源的硬件原型系统,并且搭配了开源开发软件。最早的 Arduino 硬件出现在 2005 年,并且设计目的是为了让广大人群都能够简单地学习和使用 Arduino 硬件。因此你不需要成为电子工程师就能够尝试学习使用 Arduino,并且你可以将它运用在各种各样的项目当中——从环境条件控制的电路到复杂的机器人控制,再到控制 3D 打印机。Arduinio 同样能够帮助你通过各种实例来学习电子学。

Arduino 教程

这一节将会简单介绍如何使用 Arduino,包括如何获取和安装 IDE 以及尝试编写一个简单的脚本。为了避免篇幅变得过于冗长,本节中将主要介绍一些关键点,对于那些对 Arduino 不是很熟悉的读者,可以在互联网上查阅相关的资料和其他深入介绍 Arduino 的数据。同样 Arduino IDE 也提供了大量参考示例来供你了解 Arduino 的相关功能。大部分例子都在 Arduino 官网上有配套的教程。

Arduino IDE 能够运行在 Mac、Linux(分 32 和 64 位版本)和 Windows 平台上。你还可以下载 IDE 源代码来编译运行在其他平台上的程序,甚至是自行修改程序来添加需要的功能。目前 Arduino IDE 的版本号为 1.0.5。你可以在 Arduino 官网上下载到 IDE 软件。页面上会提供各个平台版本的 IDE 和源代码的下载链接。

IDE 的安装十分简单。在这里我们省略了 IDE 的安装步骤从而保持内容的整洁,但是如果你需要安装 IDE 的指南,那么可以参考下载页面上介绍的链接里的内容,或者参考 *Beginning Arduino*(Michael McRoberts, Apress, 2010)。图 4-1 里是一个加载了示例的 Arduino IDE 软件截图。

启动 IDE 之后,你应当能够看到一个文本编辑区域(默认为白色背景)为主,下方是信息窗口(默认为黑色背景)以及上方带有菜单栏的简捷窗口。按钮从左到右分别为验证(Verify)、上传(Upload)、新建(New)、打开(Open)和保存(Save)。最右端还有一个按钮用来打开串口监视器。你可以通过串口监视器来观察 Arduino 通过串行端口发送或者打印的相关信息。你会在第一个项目里就用到这些内容。

注意,图 4-1 里打开了一个示例程序(名称为 Blink,闪烁),并且已经完成了代码的编译。界面的底部信息说明了你在通过特定的串口对 Arduino Uno 电路板进行编程。

由于处理器和它们支持的架构的不同,编译器在构建程序(以及 IDE 上传程序代码)的过程有些许不同。因此打开软件后你需要最先进行的操作就是在工具(Tools)菜单的硬件型号(Board)里选择使用的 Arduino 种类。对于大部分 3D 打印机,你应当选择 Arduino Mega 2560 选项。图 4-2 里是在 Mac 系统里的选项窗口。

图 4-1　Arduino IDE 界面

图 4-2　选择 Arduino 控制器型号

注意图 4-2 中给出了大量可选的 Arduino 控制电路型号。如果你的 3D 打印机使用的是其他型号的控制电路板，那么可以查阅制造商的网站来寻找相关的推荐选项。如果硬件型号选择出现错误，那么你通常都会在上传固件的过程中遇到错误，但是问题的原因不一定很明显。由于我使用的硬件型号太多，因此每次启动 IDE 的时候我都会习惯性地确认连接的硬件电路型号是什么。

下一步需要做的是选择 Arduino 电路板连接的串口是哪个。为了将计算机和电路板连接起来，单击工具（Tools）菜单里的串口（Serial Port）选项菜单。图 4-3 里是 Mac 系统里的软件截图。在图中可以看到没有显示出连接的 Arduino 电路板。这可能是因为 Arduino 没有正确连接在计算机的 USB 接口（或者集线器）上，或者是连上以后又断开了，又或者是系统没有正确加载 Arduino 需要的 FTDI 驱动（虚拟串口驱动，Mac 和 Windows 系统都需要）。通常情况下，你只需要断开 Arduino 并且重插几次让计算机能够正常识别出端口就可以解决这个问题。

图 4-3　选择串口

■备注：如果你使用的是 Mac 系统，那么选择 tty 开头或者 cu 开头的串口都可以正常地连接 Arduino。

现在你已经完成了 Arduino IDE 的安装，接下来就需要将打印机的电路板通过合适的 USB 接线连接到计算机上。在插上电路板之后，你应当能够观察到一些 LED 开始发光。如果你的打印机配备了液晶屏，那么它也可能会被启动。这是由于 Arduino Mega 电路板正在通过计算机的 USB 接口进行供电，是正常情况。

> ■**备注**：虽然计算机上的 USB 接口能够给 Arduino 电路板和液晶屏提供足够的电量，但是 USB 接口却不能够驱动电机、加热单元和其他任意采用 12V 供电的配件。这是因为 USB 接口只能够提供 5V 的电源电压，并且功率不够驱动全部的组件。因此所有打印机都会另外配备电源，并且用电源给电路板供电。

如果你还没有开始操作，那么可以打开 Arduino IDE 并且选择正确的硬件型号和串口。尝试打开和编译程序附带的 Blink 示例，并且上传到你的 Arduino 电路板里。示例程序如果能够正常运行，Arduino 的 13 号管脚上连接的 LED 应当开始周期性地闪烁。在确认 IDE 安装完成并且成功试运行了示例程序之后，你就可以开始打开 Marlin 固件并且尝试对固件进行配置了。

下载 Marlin 固件

你可以在 github 网站上下载到最新版本的 Marlin 固件，只需要单击页面右侧的下载压缩包（Download Zip）按钮就行了。文件下载完之后，解压压缩包并将得到的文件放到你的我的文档/Arduino（Documents/Arduino）文件夹里。

一般在你打开 IDE 的时候，软件就会自动生成这个文件夹。但是如果找不到这个文件夹，你可以在软件的偏好（Preference）选项窗口里找到示例文件夹路径选项（Sketchbook location entry），如图 4-4 所示。在 Mac 系统中，默认的路径就在 Documents 文件夹里。

在下一节里，我们将会介绍配置 Marlin 固件时需要用到的一些先决条件值。这些值需要你手动计算，因为它们直接影响了轴机构的移动是否准确。这一步也是大部分 3D 打印爱好者遇到困难的地方。如果你花了足够的时间来收集正确的数据和进行相关的计算，那么在校准打印机的时候就会更加轻松。

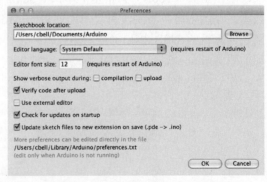

图 4-4　Arduino IDE 的偏好选项窗口

实际上，如果你的计算结果准确的话，校准结束后甚至都不需要对这些值进行更改。因为你的轴能够在你让它移动 100mm 的时候准确地移动相应的距离。我会在下一节里介绍校准和优化打印机的相关内容。

参数值的相关计算

在 Marlin 固件中你需要修改的地方有许多（但是修改都集中在同一个文件中）。其中之一是计算步进电机的每一步能够控制轴机构移动多少距离。另一个需要修改的地方是计算你的挤出机电机需要转动多少度才能够挤出一定长度的丝材（通常也用步每毫米作为单位）。

你可以用两种方法进行相关的计算。首先你可以通过轴上的每个运动零部件的相关公式进行计算，包括同步带、丝杆和齿轮；其次可以用 Josef Prusa 制作的在线 RepRap 计算器来进行相关计算。

那么既然有了计算器为什么还要自己重复手动的计算呢？用计算器算是作弊吗？[1]也许看上去像是，但是作为 A 型人格的一份子，即使可以使用计算器获得正确结果，我也希望了解实际的计算过程如何。这样至少能够让我确定我得到的是正确答案（是的，A 型人格）。因此让我们首先了解一下应当如何进行计算，然后再了解如何利用计算器来完成相同的计算过程。

在我们开始计算之前，首先需要测量打印机硬件的一些相关数据。你需要知道每个同步带轮（装在电机上用来驱动同步带的结构）上的齿数、各个传动同步带的间距、丝杆的螺距以及挤出机上齿轮的齿数。你还需要知道步进电机每一圈转动的步数以及驱动器的步进细分数。通常情况下，3D 打印机使用的 Nema 17 步进电机每一圈为 200 步，步进细分数为 1/16。下面列出了你需要测量的各项数据。

- 步进电机
  - 每一圈的步数
  - 步进细分数
- 轴传动同步带
  - 同步带轮的齿数
  - 同步带间距（同步带上两齿之间的距离）
- 轴传动丝杆
  - 导程（对于单头螺丝，多头螺丝需要测量的是螺距）
- 挤出机的齿轮结构
  - 小齿轮的齿数
  - 大齿轮的齿数
  - 进丝绞轴的有效直径

■**备注**：*如果你采用了直驱或者其他的挤出机结构，参考说明文档来确认如何计算挤出机每毫米移动多少步。*

---

[1] 你可以去了解一下现在高中生和大学生常用的图形计算器。你甚至可以用它们来解决一些十分复杂的微积分问题，简直像是在作弊！

方法 1：人工计算

Marlin 和其他类似的固件中对于同步带传动机构的计算按照下列公式进行。在这里我们通过电机每圈的步数乘以步进细分数来计算移动每毫米所需的步数。然后用这个值除以同步带间距（同步带上两齿之间的距离）和同步带轮齿数的乘积就行了：

每毫米所需步数=（电机每圈步数*步进细分数）/（同步带间距*同步带轮齿数）

假设 3D 打印机上使用的是普通的 Nema 17 步进电机，它每一圈有 200 步，步进细分数为 1/16。在这里我们只取步进细分数的分母部分进行计算。现在假设同步带轮上有 16 个齿并且同步带间距为 2.0mm（GT2 同步带）。那么每毫米所需的步数计算如下：

$$(200*16)/(2.0*16)=100$$

现在让我们另外看一个例子，假设我们使用的是 T2.5 同步带，同步带轮上有 20 齿。那么每毫米所需步数的结果如下：

$$(200*16)/(2.5*20)=64$$

丝杆驱动结构的计算稍有不同，需要采用下面的公式进行计算。公式中依然用到了步进电机每圈的步数和步进细分数，但是除数使用的是导程（即螺纹上任意一点沿同一条螺旋线转一周所移动的轴向距离），这里的导程可以通过螺距（螺纹上相邻两牙对应点的轴向距离）乘以螺纹的头数进行计算：

每毫米所需步数=（电机每圈步数*步进细分数）/（螺距*螺纹头数）

■**备注**：这里介绍的公式计算单位都是毫米。如果你使用的是 SAE 标准的丝杆，那么记住对相关长度的单位进行转换。比如直径为 5/16 英寸的丝杆的导程就为 1.4111[①]mm。

比如使用同一个 Nema17 步进电机和 0.8mm 导程的直径为 5mm 的丝杆（Prusa i3 的衍生型号中很常见），计算结果如下：

$$(200*16)/0.8=4000$$

而对于使用 SAE 标准直径为 5/16 英寸的丝杆的打印机来说，计算结果如下（注意结果进行了四舍五入，实际结果为 2267.735）：

$$(200*16)/1.4111=2268$$

通过齿轮驱动的轴机构（挤出机）还需要进行进一步的计算。这里我们需要使用步进电机的两项数据以及齿轮结构的齿轮比（大齿轮的齿数除以小齿轮的齿数），然后除以打印丝材驱动结构（进丝绞轴）的直径和 π 的乘积。公式如下所示：

每毫米所需步数=（电机每圈步数*步进细分数）*（大齿轮齿数/小齿轮齿数）/
（进丝绞轴有效直径*π）

这里的计算几乎会难倒所有组装 3D 打印机的爱好者。如果你一不小心算错了齿轮的齿

---

① 注意最后重复的数字，这说明计算结果进行了省略。通常情况下并不会造成严重的问题，但是却有可能导致打印过程中的微小误差。

数或者进丝绞轴的直径测量有误，那么计算结果就会出现有误。这可能会导致打印时的挤出的丝材不足或者过多。

比如你的挤出机在接收到挤出长 100mm 打印丝材的指令时可能只挤出了长 95mm 的丝材。由于这个问题的重要性，我会在下一章里详细介绍挤出机的校准过程。但是现在，我们只需要简单了解一下计算的过程就够了。

■提示：测量进丝绞轴的直径时，需要将数字游标卡尺设置到 mm 挡并且测量螺栓的滚切区域的最大直径。这样能够对挤出机的校准优化提供方便。

比如在 Greg's Wade 铰接挤出机上使用 Nema17 电机驱动的时候，大齿轮有 51 齿、小齿轮有 11 齿，进丝绞轴直径为 7mm，计算结果如下：

$$(200*16)*(51/11)/(7*3.1416)=674.65$$

另一个例子里，假设齿轮分别为 49 齿和 13 齿。显然齿轮比的变化会极大影响挤出机移动 1mm 所需的步数。这也是这项计算是 3 种计算里最容易出现错误的原因。但是不要担心，我们会在下一章里详细介绍相关的内容。

$$(200*16)*(49/13)/(7*3.1416)=548.47$$

如果看到现在你已经感觉有点迷糊了，不要担心。这差不多就是固件配置里最困难的部分了。其他的操作相比之下都会简单很多。如果你花了足够的时间来获取计算所需的正确数据，那么结果应当十分接近实际所需的正确值，并且你的校准工作也会因此变得轻松很多。但是如果你不确定计算中所需的某些数据，那么最好查阅数据手册或者咨询商家来获取准确的数据。

方法 2：使用 RepRap 计算器

你也许正在想是否有一个更加简洁明了的方法，恭喜你！实际上，在线 RepRap 计算器在选项里提供了许多常见计算过程中需要的数据，使你可以轻松地计算一些常见轴机构的相关结果。而网页上唯一不提供的则是齿轮驱动的挤出机的相关计算，我猜可能是由于市面上的挤出机种类太多导致的。

你可以访问 josefprusa 网站的公式页面来使用 RepRap 计算器。图 4-5 里展示了 RepRap 计算器的页面。访问网站查看有哪些可供选择的计算器，你应当能够看到 4 个计算区域：同步带传动、丝杆传动、层高和加速度（注意没有齿轮比相关的计算器）。我会依次介绍每个计算器的用法。

图 4-6 里展示的是同步带传动结构的计算器。注意你需要手动输入同步带间距和同步带轮的齿数。步进电机的步进角度、步进细分数以及同步带类型则提供了下拉菜单选项。同步带类型的下拉菜单会自动在左边的文本框里填上同步带之间的间距，因此如果你不确定同步带的间距是多少，但是知道使用的同步带类型时，计算器就能够防止你填进错误的数据。像这样的错误很容易影响打印机的校准操作，因此最好是一开始就确保不要出现任何错误！

注意图 4-6 中我输入的值和前面的示例里一样。你可以从图中观察到我们的计算结果是正确的。如果你更喜欢人工进行计算或者希望检查自己的计算结果是否正确，那么 RepRap

计算器能够帮助你进行检查。尝试输入我们上面列举的第二个例子,看看结果是否互相吻合?

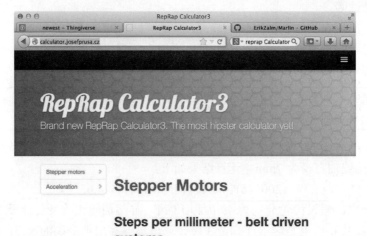

图 4-5　RepRap 计算器

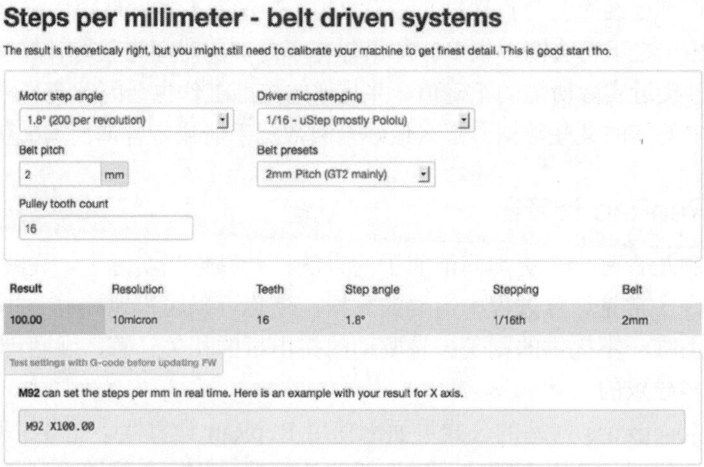

图 4-6　同步带传动的轴运动相关计算

注意图 4-6 中底部还有额外的内容,这是设置相关结果的 G-code 指令(虽然使用的是 M 开头的代码)。你可以在打印机控制软件里利用这条代码来进行修改和测试。我们在校准的时候会用到这样的操作。

图 4-7 里则是丝杆传动结构的计算器。里面的下拉菜单选项同样提供的是步进电机的步进角度以及步进细分数。和同步带传动结构计算器类似,也有一个预置菜单提供了一些最常用的丝杆尺寸。是不是轻松多了?

接下来的是齿轮比输入框。这个计算器能够让你计算使用齿轮的丝杆传动结构每毫米需要移动多少步。由于一些 3D 打印机里会将步进电机通过齿轮组和丝杆相连,因此你需要计算出齿轮组中大小齿轮的齿轮比才能够进行相关的计算。图 4-7 中的 1:1 表示步进电机直接驱动丝杆的转动。同时下方依然提供了相关的设置命令。

Steps per millimeter - leadscrew driven systems

Gives you number of steps electronics need to generate to move the axis by 1mm.

Motor step angle | Driver microstepping
1.8° (200 per revolution) | 1/16 - uStep (mostly Pololu)

Leadscrew pitch | Presets
0.8 mm/revolution | M5 - metric (0.8mm per rotation)

Gear ratio
1 : 1

Motor : Leadscrew (1:1 for direct drive - Prusa)

Result	Leadscrew pitch	Step angle	Stepping	Gear ratio
4000.00	0.8	1.8°	1/16th	1 : 1

Test settings with G-code before updating FW

M92 can set the steps per mm in real time. Here is an example with your result for X axis.

```
M92 Z4000.00
```

图 4-7　丝杆传动的轴运动计算器

试着输入我们之前举的例子里的数据，看看计算结果对不对？

下一个计算器如图 4-8 所示，它能够计算出你的 Z 轴工作时最理想的层高。由于大部分 Z 轴机构都采用丝杆传动，因此计算过程中使用的数据都很熟悉：步进电机每圈的步数、螺距以及齿轮比。你还可以输入你需要的层高来看看实际计算结果的差距有多大。

Optimal layer height for your Z axis

Helps you to select layer height in a way, that Z axis moves only by full step increments. Z axis isn't usually enabled during inactivity. If the axis is disabled during micro-step, axis jumps to the closest full step and introduce error. This effect is occuring to some extent even while leaving the Z axis motors enabled. This is most usefull to machines with imperial leadscrews but also for unusual layer heights with metric leadscrews.

Motor step angle
1.8° (200 per revolution)

Leadscrew pitch | Presets
0.8 mm/revolution | M5 - metric (0.8mm per rotation)

Desired layer height
0.25 mm

Z axis gear ratio
1 : 1

Motor : Leadscrew (1:1 for direct drive - Prusa)

Layer height	Error over 10cm	Number of steps	Step length
0.2480	0mm	62	0.004mm
0.25	-0.8mm	62.5	0.004mm
0.2520	0mm	63	0.004mm

图 4-8　理想层高计算器

■**备注：**对于这个例子来说，计算器的结果并不准确。我们会在后面介绍如何计算理想层高。

我曾经读过一些 3D 打印机的指南书籍里推荐使用 0.25mm 的层高，因为这样能够方便计算校准打印时打印的物体层数，比如 10mm 高的物体就刚好是 40 层。其他一些指南里则推荐使用 0.3mm 的层高来进行校准。这两个数据都不是在实际打印中的理想层高，因为理想层高需要根据物体的高度来进行计算。

假设你打算用 0.2mm 或者 0.25mm 的层高来打印一个 10mm 高度的物体，可以预见最终能够得到高度恰好为 10mm 的物体，因为 10 能够整除 0.2 或者 0.25。但是如果你设置的层高为 0.3，由于 0.3 不能被 10 整除，因此最终得到的物体可能只有 9.9mm 高。这种误差被认为是非累积误差，因为最终物体高度的差距是由于除法除不尽导致的。图 4-9 里展示了两个分别用 0.3mm 层高和 0.25mm 层高打印出来的测试方块的高度测量结果。

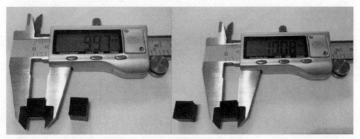

图 4-9　分别用 0.3mm 和 0.25mm 层高打印的 10mm 边长测试方块

注意左图中的测量结果略微小于右侧的测量结果。[①]左侧方块高度为 9.97mm，而右侧方块高度为 10.08mm。为了避免打印出来的物体太短，我设置的层高已经很接近理想层高了，即用物体高度除以层高时舍入误差最小的值。

图 4-10 展示的最大加速度计算器是另一项来设定期望值的计算器。

这个计算器能够让你输入需要的加速度值（单位为 mm/s^2，默认值为 3000）、轴的最大运动距离（单位为 mm）以及需要的速度（单位为 mm/s）。这个速度是你的轴机构在范围内运动时的速度。对于一般的同步带传动结构来说，120mm/s 已经是比较快同时比较稳定的速度了（你可以把达到这个速度作为目标）。

注意图 4-10 中我输入的轴长度为 200mm，目标速度为 120mm/s。图标中的垂直坐标代表轴机构在范围内能够达到的最大速度。图中你可以观察到在加速度为 $3000mm/s^2$ 的情况下，轴机构的最大速度能够达到 800mm/s，但是只能够持续到中间点。此后速度会逐渐降低，因为轴机构需要减速。可能这项数据目前看上去不是十分重要或者有趣（是的），但是当你需要对打印流程进行优化来加快打印速度的时候就需要考虑这项数据了。

关于轴机构的运动需要进行的计算就是这些，并且我们已经得到了配置固件时需要用到

① 实际上这里的差距十分小。有趣的是由于它是非累积误差，因此通过 0.3mm 层高打印出来的 100mm 高度的物体实际高度应当为 99.9mm。

的各种数值，接下来就开始认识固件了！

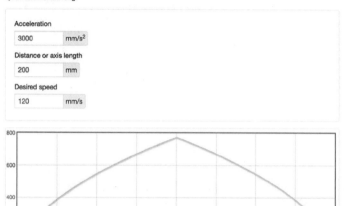

图 4-10　加速度计算器

配置 Marlin 固件

根据你自己的需要配置 Marlin 固件主要包括修改 Configuration.h 文件的相关参数。根据你的打印机硬件配置，你可能只需要修改少数的几项参数。通常需要修改的参数包括下面列出的这些内容（按照它们在文件里出现的顺序排列）。我们会在后面的内容里针对每一项内容介绍如何进行修改。

- 作者和版本号
- 波特率
- 电路板型号
- 温度
- 限位开关
- 轴运动参数
- EEPROM（可复写只读存取器）
- 液晶屏

首先你需要在文件系统里找到刚才解压并且放在 Arduino 文件夹里的 Marlin 固件文件。在文件夹里应当会有一个名称为 Marlin 的文件夹。在文件夹内应该有一个 Marlin.ino 文件。双击这个文件就能够自动在 Arduino IDE 中打开相关的文件。不过你也可以先打开 Arduino

IDE 然后用文件（File）菜单里的打开（Open）选项来定位并且打开文件。打开文件之后，找到 Configuration.h 选项卡并且单击它，就可以对文件进行编辑了。

■**备注**：下面的章节里提到的"代码文件"都代表的是 Configuration.h 文件，因为在固件的基础配置过程中你不需要修改其他的代码文件。我会按照顺序来介绍需要修改的地方，从文件的开头开始。如果你使用的是不同版本或者针对其他型号开发的 Marlin 固件，那么文件中需要修改的参数的顺序可能会略有不同。学会使用搜索功能来确认参数的位置。

我推荐你一次只修改一项参数，并且及时保存。用文件（File）菜单里的保存（Save）选项来保存文件。

作者和版本号

你不是必须对作者和版本号信息进行修改，但是如果你拥有多台打印机或者希望未来对打印机进行升级的话，那么这些信息就可以帮助你区分适用于不同打印机的固件。我个人不会更改日期和时间的参数，而是通过固件编译时添加 __DATE__ 和 __TIME__ 参数，这样能够让固件自动添加编译时的日期和时间。

但是我会对作者信息进行修改。这样能够帮助我区分这个固件是否经过了我的修改（或者是自己编写的）。下面的代码是你在文件里可以修改的部分。找到对应的代码并且自己决定要不要修改作者信息。

```
#define STRING_VERSION_CONFIG_H __DATE__ " " __TIME__ //编写代码的日期和时间
#define STRING_CONFIG_H_AUTHOR "Dr. Charles Bell" //作者信息
```

那么要怎样在打印机里确认这些信息呢？当你将打印机连接到像是 Repetier-Host 这样的控制软件上并且打开日志功能时，你可以用 M115 代码来让打印机在信息窗口里输出下列信息，如图 4-11 所示。

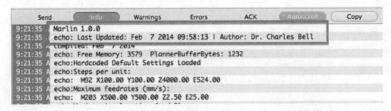

图 4-11　在 Repetier-Host 里显示固件的作者和版本信息

波特率

下一个需要更改的是串口（USB 接口）通信的波特率。大部分情况下你可以将它设置到 250 000，但是有时候你需要将它改得更低一些。找到对应的代码并且改成下面的内容：

```
#define BAUDRATE 250000
```

电路板型号

固件需要知道你使用的硬件电路板型号。你可以在文件的顶部找到固件支持的电路板（也称为主板）型号。代码列表 4-1 里是文件里关于支持主板的注释内容，以及如何将主板参数设置成控制单个挤出机、风扇（面向挤出机喷嘴）和可加热打印床的 RAMPS 电路板。根据你使用的主板型号来选择正确的参数。

代码列表 4-1　选择电路板型号

```
//下面的定义需要根据你使用的电路板型号来确定。根据下面的内容选择对应的参数进行设定
// 10 = Gen7 custom (Alfons3 Version)
// 11 = Gen7 v1.1, v1.2 = 11
// 12 = Gen7 v1.3
// 13 = Gen7 v1.4
// 2 = Cheaptronic v1.0
// 20 = Sethi 3D_1
// 3 = MEGA/RAMPS up to 1.2 = 3
// 33 = RAMPS 1.3 / 1.4（功率输出：挤出机、风扇、打印床）
// 34 = RAMPS 1.3 / 1.4（功率输出：挤出机0、挤出机1、打印床）
// 35 = RAMPS 1.3 / 1.4（功率输出：挤出机、风扇、风扇）
// 4 = Duemilanove w/ ATMega328P 管脚分布
// 5 = Gen6
// 51 = Gen 6 豪华版
// 6 = Sanguinololu < 1.2
// 62 = Sanguinololu 1.2 及以上版本
// 63 = Melzi
// 64 = STB V1.1
// 65 = Azteeg X1
// 66 = 配备 ATmega1284（MaKr3d 版）的 Melzi
// 67 = Azteeg X3
// 7 = Ultimaker
// 71 = Ultimaker（早期型号，早于1.5.4版本，比较少见）
// 77 = 3Drag Controller
// 8 = Teensylu
// 80 = Rumba
// 81 = Printrboard (AT90USB1286)
// 82 = Brainwave (AT90USB646)
// 83 = SAV Mk-I (AT90USB1286)
// 9 = Gen3+
// 70 = Megatronics
// 701= Megatronics v2.0
// 702= Minitronics v1.0
// 90 = Alpha OMCA board
// 91 = Final OMCA board
// 301 = Rambo
```

```
// 21 = Elefu Ra Board (v3)

#ifndef MOTHERBOARD
#define MOTHERBOARD 33
#endif
```

温度

　　下一个需要修改的参数和温度传感器相关，更准确地说是你用来测量热端和可加热打印床所使用的温度传感器类型参数。代码列表 4-2 里列出了所有传感器对应的数值，代码将传感器类型设置为一个 100kΩ的热敏电阻，因为这是 RepRap 套件里最常见的传感器。咨询厂家来查询正确的传感器型号。

■注意：这也是 3D 打印新手经常感到困惑的地方。如果你选择了错误的传感器类型，那么热端在加热时得到的温度可能会出现错误，甚至会导致零部件过热。花点儿时间来确认正确的传感器型号，如果不确定的话一定要咨询厂家来获取正确的信息。

代码列表 4-2　设置温度传感器

```
//===========================================================
//=========================Thermal Settings==================
//=========================温度传感器设定=====================
//===========================================================
// 通常情况下搭配的是 4.7kΩ的上拉电阻——热端可以搭配 1kΩ的上拉电阻使用，选择正确
// 的电阻和传感器类型
// 温度传感器设定:
// -2 表示热电偶和 MAX6675 芯片（仅适用于传感器 0）
// -1 表示热电偶和 AD595 芯片
// 0 表示无传感器
// 1 表 100kΩ热敏电阻 - EPCOS 100kΩ热敏电阻（配合 4.7kΩ上拉电阻）
// 2 表示 200kΩ热敏电阻 - ATC Semitec 204GT -2 热敏电阻（配合 4.7kΩ上拉电阻）
// 3 表示 mendel-parts 热敏电阻（配合 4.7kΩ上拉电阻）
// 4 表示 10kΩ热敏电阻! 注意不要在热端上使用此类传感器，可能导致过热现象!
// 5 表示 100kΩ热敏电阻 - ATC Semitec 104GT -2 热敏电阻（用于 ParCan 和 J-Head）（配
// 合 4.7kΩ上拉电阻）
// 6 表示 100kΩ EPCOS 热敏电阻 - 不如 1 准确（采用吸气式热电偶）（配合 4.7kΩ上拉电阻）
// 7 表示 100kΩ Honeywell 热敏电阻 135-104LAG-J01（配合 4.7kΩ上拉电阻）
// 71 表示 100kΩ Honeywell 热敏电阻 135-104LAF-J01（配合 4.7kΩ上拉电阻）
// 8 表示 100kΩ 0603 SMD Vishay NTCS0603E3104FXT（配合 4.7kΩ上拉电阻）
// 9 表示 100kΩ GE Sensing AL03006-58.2K-97-G1（配合 4.7kΩ上拉电阻)
// 10 表示 100kΩ RS 热敏电阻 198-961（配合 4.7kΩ上拉电阻）
// 60 表示 100kΩ Maker's Tool Works Kapton 胶带打印床热敏电阻
// 配合 1kΩ上拉电阻的型号——通常情况下不常见，注意需要将 4.7kΩ的上拉电阻换成 1kΩ（但是
// 能够提供更高的精确度和更加稳定的 PID 结果）
```

```
// 51 代表 100kΩ热敏电阻 - EPCOS (配合 1kΩ上拉电阻)
// 52 代表 200kΩ热敏电阻 - ATC Semitec 204GT-2 (配合 1kΩ上拉电阻)
// 55 代表 200kΩ上拉电阻 - ATC Semitec 104GT-2 (用于 ParCan 和 J-Head) (配合 1kΩ
// 上拉电阻)

#define TEMP_SENSOR_0 1
#define TEMP_SENSOR_1 0
#define TEMP_SENSOR_2 0
#define TEMP_SENSOR_BED 1
```

注意需要设置的参数有 4 处，分别代表 3 个挤出机和 1 个可加热打印床上的传感器。如果你的打印机只有 1 个挤出机，那么将第 2 和第 3 个参数都设置为 0。如果你的打印机没有可加热打印床，那么将第 4 个参数也设置成 0，从而禁用传感器数据。在这个例子里，打印机有 1 个挤出机和 1 个可加热打印床，并且使用的都是 100kΩ 的热敏电阻。

■备注：如果你的打印机有多个挤出机，那么还需要更改#define EXTRUDERS 1 代码来注明使用的挤出机的数量。

限位开关

下一个部分也很容易出现问题。一部分原因是变量名称比较复杂。[①]一般我们需要更改的参数有几处，但这是根据你使用的电路和限位开关类型决定的。如果你使用的是一般的 RAMPS 电路和触发后闭合的常开机械式限位开关，那么你需要启用限位开关的上拉电阻并将限位开关里相关的默认设定反过来。因为默认的限位开关是触发后断开的常开限位开关，即通常情况下保持闭合状态。如果你的限位开关是触发后闭合的，那么在逻辑上就需要反转过来。代码列表 4-3 里列出了相关的代码行，包括我用加黑标注的进行了修改的内容。

代码列表 4-3　限位开关设定

```
// 粗略限位开关设定
#define ENDSTOPPULLUPS // 注释掉这行的内容 (在最左侧添加//进行注释) 来表示限位开关没
// 有使用上拉电阻

#ifndef ENDSTOPPULLUPS
  // 详细限位开关设定: 单独设定每个限位开关是否使用了上拉电阻, 如果没有注释掉上面的
  // ENDSTOPPULLUPS 则忽视下列设定
  // #define ENDSTOPPULLUP_XMAX
  // #define ENDSTOPPULLUP_YMAX
  // #define ENDSTOPPULLUP_ZMAX
  // #define ENDSTOPPULLUP_XMIN
  // #define ENDSTOPPULLUP_YMIN
  // #define ENDSTOPPULLUP_ZMIN
#endif
```

---

① 对我来说，这些变量的名称十分古怪。

```
#ifdef ENDSTOPPULLUPS
  #define ENDSTOPPULLUP_XMAX
  #define ENDSTOPPULLUP_YMAX
  #define ENDSTOPPULLUP_ZMAX
  #define ENDSTOPPULLUP_XMIN
  #define ENDSTOPPULLUP_YMIN
  #define ENDSTOPPULLUP_ZMIN
#endif

// 如果你想要直接连接机械式限位开关，那么需要在信号和接地管脚之间连接上拉电阻
const bool X_MIN_ENDSTOP_INVERTING = true; //设置为真时表示限位开关的输出信号逻
// 辑相反
const bool Y_MIN_ENDSTOP_INVERTING = true; //设置为真时表示限位开关的输出信号逻
// 辑相反
const bool Z_MIN_ENDSTOP_INVERTING = true; //设置为真时表示限位开关的输出信号逻
// 辑相反
const bool X_MAX_ENDSTOP_INVERTING = true; //设置为真时表示限位开关的输出信号逻
// 辑相反
const bool Y_MAX_ENDSTOP_INVERTING = true; //设置为真时表示限位开关的输出信号逻
// 辑相反
const bool Z_MAX_ENDSTOP_INVERTING = true; //设置为真时表示限位开关的输出信号逻
// 辑相反
#define DISABLE_MAX_ENDSTOPS
// #define DISABLE_MIN_ENDSTOPS
```

　　仔细阅读上面的代码，你也许会发现一些奇怪的地方。注意在里面我唯一进行的更改就是取消了其中一行最大值限位开关的代码的注释。这是由于我的打印机上并没有安装任何的最大值限位开关。其他地方都没有更改是因为这些设定刚好和我的打印机一致——只有机械常开的最小值限位开关。

　　正如我所说，这一部分很可能会给你带来困扰。如果你的设置出错了，那么限位开关将无法被正确触发。回忆一下第三章里我们曾经用过 M119 指令来获取限位开关的状态。如果在使用指令进行测试的时候限位开关返回的状态不正确（没有根据你的测试返回"Triggered"或者"Open"状态），那么可以尝试更改？_MIN_ENDSTOP_INVERTING 参数的值为 false。

　　■提示：在改变这些参数之前首先检查限位开关上的接线是否正确！如果改变了参数，但是结果没有任何变化是一件很让人沮丧的事。如果你的接线错误了，那么无论你怎样修改源代码都没法得到正确的结果。

　　限位开关不能正确触发时需要检查的另一项则是是否需要在电路中连接上拉电阻。这取决于你使用的限位开关类型。比如我在一台打印机上使用的 MakerBot 机械限位开关（它们是常开型的），它们需要上拉电阻才能够正常工作。有时候直接改变电路状态也许就能让限位

开关正常工作。如果不确定的话，那么就给所有限位开关都装上上拉电阻。

代码里还有另一部分需要根据限位开关修改的内容展示在下方。这一段代码定义了限位开关在复位过程中的作用。如果你的限位开关位于轴的最小值位置，那么就需要检查这些参数的设定是否正确。如果没有设置或者设置错误的话，那么轴机构很可能会在复位过程中和框架或者其他机械零部件发生碰撞。你不会希望发生这样的事的。

```
//限位开关设定
//设定复位时限位开关的位置；1=最大值、-1=最小值
#define X_HOME_DIR -1
#define Y_HOME_DIR -1
#define Z_HOME_DIR -1
```

轴运动

下一段需要修改的代码参数需要用到上一节里我们介绍的一些计算结果。但是首先我们需要设定每个轴的最大和最小范围。找到下列代码，这些代码也决定了你的打印机的打印容积。假设你使用的是 Prusa i3 打印机的话，那么相关的设定应当如下所示。

```
//复位后的移动范围限制
#define X_MAX_POS 180
#define X_MIN_POS 0
#define Y_MAX_POS 180
#define Y_MIN_POS 0
#define Z_MAX_POS 80
#define Z_MIN_POS 0
```

那么，你怎么知道应当将相应的参数设置成多少呢？对于 X 和 Y 轴，只需要测量你的打印基板尺寸，从左到右的长度就是 X 轴的范围，从前到后的长度就是 Y 轴的范围。在轴机构运动的时候你需要检查它们是否能够在整个运动范围内移动。

■提示：对于 Z 轴来说这项检查尤其重要，因为如果运动过程中碰到坚硬固件（框架），那么运动产生的机械力很容易造成轴机构损坏。

但是你还需要注意打印基板自身的相关配置，如果你使用的是可加热打印床上配备的玻璃打印基板（这也是最常见的配置），那么就需要注意打印床上用来固定打印基板的活页夹或者其他种类的夹子。注意在设定轴的运动范围时留出被夹子占据的空间，这样才能够避免挤出机喷嘴在运动的时候与夹子发生碰撞。

比如我在 Prusa i3 打印机的打印基板的前后用金属活页夹进行了固定，因此需要将 Y 轴的最小值限位开关移到喷嘴将会和夹子发生碰撞前面的位置。接下来需要测量最小值限位开关到另一边的夹子之间的距离，在我的打印机上这个距离为 180mm。你应当根据自身的配置情况进行类似的测量。

我的 X 轴同样也有范围限制，但这是由于我使用了同步带张紧器来保证同步带收缩到最

紧（这样才能够有效地对同步带进行调节），因此 X 轴的运动范围也会减少 20mm。

Z 轴确定起来要困难一些，并且需要你仔细地完成一些测量。我习惯将 Z 轴的运动范围设置得比较小（比如 80mm），这样后续进行最终检查的时候方便我进行调整。比如我会在复位之后将挤出机抬升到最大值的位置，然后测量它和障碍物之间的距离，并且相应地逐渐增加 Z 轴的运动范围直到确定安全前提下的运动范围。我推荐你为了安全也通过类似的方法进行调节。

■注意：如果任意轴的运动范围超出了复位之后能够运行的最大长度，那么肯定会出现故障！如果轴机构与障碍物发生碰撞，可能会导致传动结构受到损害。对于同步带传动系统来说，可能导致同步带或者同步带的固定件损坏。对于丝杆传动系统，那么可能导致 Z 轴的电机接头脱落从而使得轴机构倾斜，甚至可能导致塑料零部件出现裂纹。因此最好对轴的运动范围进行较保守的设置，然后在最终检查的时候再进行调整。

现在你可能感觉有点儿害怕，但是不用担心，事情并没有那么糟糕，即使设置出现错误你的打印机也不会爆炸。如果不确定相关参数，那么先按照我的建议设置一个较为保守的值，然后后续再进行修改就行了。

■提示：如果你对于轴运动的相关参数进行了保守设置，但是轴的位置位于最大位置的 1.5 倍处，那么执行复位的时候可能无法将轴机构回归到限位开关位置。这时候只需要再次执行复位即可。之后只要正确设定最大运动范围，复位操作应当能够在轴位于任何位置的时候执行。

接下来我们需要输入前面计算得到的结果。它们都集中在下面一行代码中。这里的数组里的值分别代表 X、Y 和 Z 轴上的相关参数，最后一个参数则是挤出机的相关设定。将相应的参数按照顺序填进数组里就可以了。比如我的 Prusa i3 同步带传动的 X 和 Y 轴上每毫米所需步数均为 100，Z 轴上则为 4000，挤出机需要 524。注意我在小数点后保留了两位。如果有参数需要更加精细地表达的话，最多可以使用小数点后四位进行表示。

```
#define DEFAULT_AXIS_STEPS_PER_UNIT {100.00,100.00,4000.00,524.00}
```

这就结束了吗？对的。只要你的计算结果正确，那么只需要在数组里输入相关的数据就行了。但是代码里还有另外一行可能需要你进行修改。对于那些使用更小更密的丝杆的打印机，可能需要改变进给速度（有时也叫加速度倍数）来进行匹配。

比如使用直径为 5mm 丝杆的 Prusa i3 打印机就不能够使用默认的加速度设定。你可以通过 Z 轴电机是否出现了卡顿、跳步或者一次只能转动极小的角度来判断是否出现了相关的问题。也就是轴能够缓慢地移动，但是却不能快速移动（比如一次性移动 4～5mm）。下面第一行代码是默认设定，第二行是我在 Prusa i3 上进行修改后的相关参数。

```
#define DEFAULT_MAX_FEEDRATE {500, 500, 5, 25}  // (mm/s)
#define DEFAULT_MAX_FEEDRATE {500, 500,2.5, 25} // (mm/s)
```

注意加黑标出的更改内容，这是对 Z 轴做出的修改。如果修改之后依然遇到问题，那么首先检查步进电机的连线和工作电压是否出现问题。如果都正确的话，可以考虑先将参数改到 1。然后再每次增加 0.5 来观察电机的工作是否正常。

EEPROM

下一处修改的代码关系到 EEPROM 的功能。EEPROM 是一种 Arduino 电路板上特殊的非易失性存储区域，固件能够在里面储存大量的变量值。比如我们可以设定计算出来的轴的最大速度。通过命令来更改运行内存里储存的变量值，而不是 EEPROM 中的相关变量。这样当打印机断电之后，相关的参数能够复位到固件最初规定的值。因此使用 EEPROM 能够帮助你对打印机进行优化。代码列表 4-4 里展示了启用 EEPROM 功能的相关内容（默认情况下是关闭的）。

代码列表 4-4　EEPROM 设定

```
//EEPROM
//微控制器能够在 EEPROM 中储存相关的设定，比如最大速度限制等
//M500 - 在 EEPROM 里储存参数
//M501 - 从 EEPROM 里读取参数（比如临时变更之后进行复位）
//M502 - 返回到默认的“出厂设置”。后续需要重新在 EEPROM 里储存参数
//这条代码能够启用 EEPROM 功能
#define EEPROM_SETTINGS
//要禁用 EEPROM 串联回应功能并且消除 1700 字节之后的程序空间，注释掉下面这行
//请尽可能保持此功能启用
#define EEPROM_CHITCHAT
```

注意在注释里提供了几个不同的指令用来控制 EEPROM 的行为（如果启用的话）。此外还有指令用来在 EEPROM 中储存、读取和复位参数。而通过这些功能，我们能够对 Z 轴的运动范围进行最终检查并且进行相应的调整，然后再将最终合适的结果储存到 EEPROM 中。你可以在任何时候查找在 EEPROM 中储存的值，或者在出错的情况下将它们复位到默认情况。

> ■提示：如果你在校准过程中修改了相关的参数并且写入了 EEPROM 中，那么记得修改文档中对应的参数来匹配 EEPROM 中修改后的参数。这样能够避免你后续编译一些不相关的功能和重新装载固件的时候出现硬件故障。假设一下，如果稍微修改固件并且重新装载固件之后却发现 Z 轴不能运行到超过 80mm 的位置是一件多么令人沮丧的事。[①]

液晶屏

最后，如果你的打印机配备了液晶屏，那么你需要在固件中进行修改来启用它，否则你

---

① 想知道我是怎样体会这种感觉的嘛？我花了一整天才发现问题的根源。听我一言，不要重蹈覆辙。

的液晶屏在启动之后只能够显示一些线条或者杂乱的花纹，甚至是根本没法显示数据。找到代码列表 4-5 里的代码，它可能在文件后面的位置。

代码列表 4-5 液晶屏设置

```
//液晶屏和 SD 卡功能
//#define ULTRA_LCD // 通用液晶屏，包括 16x2 点阵液晶屏
//#define DOGLCD //SPI 128×64 液晶屏（控制芯片为 ST7565R 系列）
//#define SDSUPPORT //在硬件控制台中启用 SD 卡
//#define SDSLOW //使用低速 SD 卡传输模式（通常情况下不需要——如果遇到卷初始化错误请
//取消注释）
//#define ENCODER_PULSES_PER_STEP 1 //如果使用高分辨率编码器请增加此参数的值
//#define ENCODER_STEPS_PER_MENU_ITEM 5 //根据 ENCODER_PULSES_PER_STEP 或者你
//的个人喜好进行设置
//#define ULTIMAKERCONTROLLER //相应硬件可以在 Ultimaker 网上商城买到
//#define ULTIPANEL //Thingiverse 上有 Ultipanel 的模型设计

//支持图形控制器和 SD 卡的 MaKr3d Makr 面板
//#define MAKRPANEL

//RepRapDiscount 智能控制器（白色 PCB）
#define REPRAP_DISCOUNT_SMART_CONTROLLER

//GADGETS3D G3D 液晶屏/SD 卡控制电路（蓝色 PCB）
//#define G3D_PANEL

//RepRapDiscount 全图形化智能控制器（正方形白色 PCB）
//记住在 Arduino 的库文件夹中先安装 U8glib
//#define REPRAP_DISCOUNT_FULL_GRAPHIC_SMART_CONTROLLER

//RepRapWorld 数码键盘 v1.1
//#define REPRAPWORLD_KEYPAD
//#define REPRAPWORLD_KEYPAD_MOVE_STEP 10.0 //当按下按键之后移动多少距离，比如
//10 就代表每次按下按键移动 10mm

//Elefu RA 控制面板
//记住在 Arduino 的库文件夹中安装 LiquidCrystal_I2C.h 文件
//#define RA_CONTROL_PANEL
```

从上面的代码里可以看出，可供选择的液晶屏有很多。同时这也是代码里注释最详细的部分。注意代码里提供了大部分支持的液晶屏的相关链接。找到你使用的液晶屏型号并像我一样取消掉对应代码的注释，比如这个例子里我使用的就是 RepRapDiscount 智能控制器。

■提示：如果你是自己到处采购的零部件并且不记得液晶屏的购买厂家，你可以在液晶屏的 PCB 上查找相关的信息。制造商通常会将型号印刷在 PCB 上。如果电路板上没有信息，那么最好咨询一下商家来获取正确的信息。

我也使用过这里列出的其他类型的液晶屏甚至一些制作精良的仿制品，有一次我就从另外一个商家那里购买了一块 RepRap Discount 智能控制器。它上面的零部件都和原版一样，但是 PCB 却是红色的而不是白色的。它不能在针对原版电路进行的设定下工作，因此我深入研究了一下并且发现实际上有一些指标达不到预期。因此在购买的时候需要注意买到的是否是真正能用的产品。

注意还有一些液晶屏需要额外的 Arduino 库文件支持。这些库文件通常都放在解压出来的文件夹里的 ArduinoAdditions 文件夹中，你需要将它们拷贝到你的 Arduino 文件夹里。如果需要使用其中的库文件时，你需要关闭 IDE 然后拷贝相应的子文件夹到对应平台的 Libraries 文件夹中，接着重启 IDE。IDE 会自动检测新的库文件并且在下次编译的时候使用它们。

如果你再往下看一点，就会发现还有一部分代码是关于液晶屏幕的。不过这些代码并没有用处。你只需要在前面的代码里正确启用对应的液晶屏就可以了。但是如果你选择的型号出现了错误，那么很可能最终的显示效果会十分古怪（字符错乱、图片碎裂、无法刷新等）或者是液晶屏的旋钮没法正常工作。如果出现了相关的情况，那么就需要检查相关的设定，修复并且重新进行编译和装载固件。

那么其他的部分呢?

你会发现代码中还有许多其他的变量和定义可以进行修改。在这里我们只介绍了通常需要你自己进行修改的部分。但是你可以通过文件里注释的帮助来自己尝试着自定义功能和修改一些设定。一些零部件，比如限位开关的相关设定可能很复杂，但是大部分零部件的设定都很简单。如果你组装的是一台普通的 RepRap Prusa 型的打印机，那么这里介绍的内容基本上就是需要修改的全部了。你可以咨询套件的经销商来获取固件的修改指南。

现在我们已经完成了对 Marlin 固件代码的配置，接下来需要对它进行编译并且上传到我们的打印机上。

编译和上传

在上传固件之前我都习惯重新编译一次固件。你可以通过单击 Arduino IDE 工具栏里的编译（Compile）按钮（最左侧的按钮）。编译过程中消息窗口里可能会输出几条关于其他文件的警告（Warning）信息。这是正常现象，不会造成什么问题。你需要注意的是消息窗口中不能出现错误（Error）信息，并且需要看到类似下面这样一条成功编译的消息。

```
Binary sketch size: 133,188 bytes (of a 258,048 byte maximum)
```

　　如果碰到了错误信息，那么你需要在消息窗里找到错误信息并且查看是什么原因导致了错误。从最先出现的错误开始进行排查。由于你只修改了 Configuration.h 文件里的内容，因此你碰到的错误应当都和该文件中修改的内容有关。你可以根据示例中的代码文件来尝试修复错误，然后重新对固件进行编译。有时候代码里的一处错误可能导致多条错误信息，碰见这种情况只要修复与第一条错误信息相关的错误，其余的错误信息也会随之消失。比如代码里的括号不匹配或者分号缺失都会导致多行代码上出现错误信息。

　　现在你已经完成了固件的编译，是时候连接打印机来上传固件了。要完成上传操作，你需要单击工具栏中的上传（Upload）按钮（左侧第 2 个）。虽然你已经对代码编译过了，但是上传操作中会自动对代码重新进行一次编译然后再将文件传输到打印机的电路板上。传输完成之后，你应当能够在消息窗口中看到编译完成的信息，同时程序下方的进度条也会消失。

　　完成上传之后（即编辑窗口右下方的进度条消失之后），检查液晶屏的状态。当电路完成重启之后，你应当能够看到液晶屏上显示的初始信息。如果你使用的是点阵液晶屏，那么应当能够观察到和图 4-12 里类似的菜单。

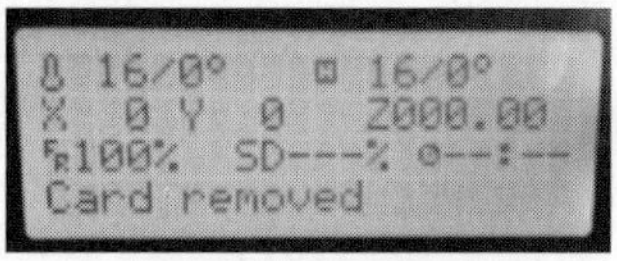

　　完成上传之后，你的打印机就可以正常使用了！现在就可以进行第三章里我们介绍过的最终检查了。

　　对于那些喜欢冒险的人，接下来我将会介绍一些你可能会感兴趣的轻微修改内容。下面的项目里主要介绍如何通过修改来拓展 Marlin 固件的液晶屏菜单内容。

图 4-12　信息界面
（Marlin 固件的液晶屏功能）

项目：定制 Marlin 固件

　　基于 Arduino 平台的开源软件和固件最吸引人的一点就是修改起来很方便，但是首先我们需要知道为什么要尝试修改呢？

　　如果你组装的打印机里配备了液晶屏，但是固件里却没有提供菜单界面或者你希望对原始的菜单进行修改，那么你可以花点时间来研究液晶屏上的菜单。但是不要单击任何执行按钮，只是粗略地浏览它们的内容。

液晶屏？什么液晶屏？

　　液晶屏对于一些打印机来说是比较新的功能。如果你的打印机没有配备液晶屏，那么就需要通过打印机控制软件来使用打印机的相关功能。液晶屏能够让你在不连接计算机的情况下管理打印机。你可以通过液晶屏完成像是打印 SD 卡中的文件、对轴进行复位、预热热端等类似的操作。

在我接触到 Marlin 固件（和其他 RepRap 打印机固件）的时候，首先注意到的就是它们并不具备某些打印机控制软件里提供的常见功能。比如在 Marlin 固件中，不能够单独对某个轴进行复位操作——必须同时对 3 个轴进行复位。类似地，功能菜单里也不提供通过将 Y 轴移动到最大值来将打印基板"送出"打印机的操作。[①]

■**备注：** 打印床的延伸建立在你的 Y 轴能够移动打印床的基础上。这也是大部分 RepRap 打印机中采用的设计，但是对于其他打印机则不一定适用。比如 Printrbot Simple 打印机中就通过 X 轴来移动打印基板，Y 轴控制的是挤出机臂。但是，将挤出机臂移动到最后方在 Printrbot 打印机中就和在 RepRap 打印机中将打印基板伸展出来的效果是一样的。这是因为两种方式下的运动都体现在挤出机和打印基板的相对位置上，无论是哪个零部件在 Y 轴上进行运动，最终得到的结果都是将挤出机移动到了打印基板的最后方。

那么为什么不自己尝试着添加一些功能呢？下面我将会向你介绍如何在液晶屏中添加这些功能。

添加自定义菜单项

要添加菜单项，首先需要给每个将要添加的菜单项定义一个文本字符串，然后通过代码在准备菜单中添加这些菜单项。我习惯在准备菜单中添加新的菜单项，因为自动复位功能位于同一菜单上。将单独复位各个轴的选项添加在同一个菜单里显得更加合理，而我将会向你介绍如何将这些菜单项添加在自动复位按钮的后面。

首先我们需要添加#define 代码。[②]找到 language.h 文件（单击 IDE 中对应的标签页）并且找到 MSG_AUTO_HOME 变量。代码列表 4-6 里用加黑标注出了在文件中新添加的菜单项定义代码。在这里我们添加的代码里包括了菜单项的文本内容以及与之对应的变量。记住这些变量的名称供下一步使用。

■**提示：** 用标签栏右侧的小箭头来浏览固件中的各个文件，然后单击需要编辑的文件。这会让 IDE 在编辑窗口中打开对应的代码文件。

代码列表 4-6 添加文本字符串

```
#define MSG_AUTO_HOME "Auto Home"
#define MSG_X_HOME "Home X Axis"
#define MSG_Y_HOME "Home Y Axis"
#define MSG_Z_HOME "Home Z Axis"
#define MSG_EJECT "Extend Bed"
```

---

① 有趣的是，第 5 代 MakerBot Replicator Desktop 3D 打印机已经开始提供这项功能。

② 这一步并不是必须的步骤，因为你可以直接在代码中定义字符串，我们在后面会介绍如何进行定义。但是在同一个文件中使用#define 来定义全部使用到的字符串是一种约定而成的习惯。它能够使代码的维护变得更加简单，尤其是当有多处都用到了同一个字符串的情况下。

下一步我们需要添加新的菜单项。找到并打开 ultralcd.cpp 文件，然后找到 MSG_AUTO_HOME 变量。代码列表 4-7 里展示了如何添加新的菜单项。注意我在代码中用到的对应的 G-code 指令和字符串变量。

代码列表 4-7　添加新的菜单项

```
MENU_ITEM(gcode, MSG_AUTO_HOME, PSTR("G28"));
MENU_ITEM(gcode, MSG_X_HOME, PSTR("G28 X0"));
MENU_ITEM(gcode, MSG_Y_HOME, PSTR("G28 Y0"));
MENU_ITEM(gcode, MSG_Z_HOME, PSTR("G28 Z0"));
MENU_ITEM(gcode, MSG_EJECT, PSTR("G0 Y180"));
```

MENU_ITEM()函数能够将 gcode 代码和添加在函数中的字符串对应起来，这样当单击了菜单中的某个选项之后，固件就会将对应的 gcode 代码发送给打印机执行。比如当你单击了"复位 X 轴"按钮之后，打印机就会执行 G28 X0 代码来将 X 轴移到 0 的位置（即进行复位）。

接下来你就可以编译固件了，并且应当不会出现编译错误。如果出现了错误，仔细检查修改的代码部分是否和代码列表 4-7 中的代码一致。完成编译之后，将它上传到你的打印机里。这样当打印机重启完成之后，通过按钮来选择准备菜单并且向下拖曳查看新的菜单项。你应当能够看到如图 4-13 所示的这些新菜单项。

你可以尝试一下每个选项是否都能正常工作。但是注意先确保你的轴机构已经组装完成并且能够自由移动！同样注意在执行"延伸打印床"之前需要确保已经对 Y 轴进行了复位。

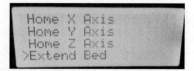

图 4-13　自定义的菜单项

■**注意：**在对轴进行移动操作之前一定要进行复位操作。如果没有通过像这里介绍的复位选项或者 G-code 指令对轴进行复位，可能会使轴机构的运动超出它的运动范围。因此，在移动之前不执行复位操作可能会使你的打印机受到损害。

你已经完成了 4 个全新的菜单项来让你的打印机在不连接计算机的情况下变得更加容易使用。现在你可以单独对每个轴执行复位操作，或者让打印床延伸出来让你更轻松地拿下打印品。

但是等一等，让我们进一步深入来添加一条全新的欢迎信息吧。下面一节将会向你介绍如何完成这项操作。

显示欢迎信息

另一件你可以做的事是给液晶屏添加一条欢迎信息，这样当你启动打印机之后，它会在显示主菜单之前先显示这条欢迎信息。在这里，我们想让它显示的只是简单的"Welcome,<Your Name>！"（"欢迎，<你的名字>！"）而这一次，我们也需要在 language.h 文件中添加文本字符串，然后编辑 ultralcd.cpp 文件来添加欢迎信息。首先你需要打开 language.h 文件并且添加下列代码。如果你已经尝试了上面我们介绍的修改，只需要在那些代码后面添加下面的代码即可。

```
#define MSG_WELCOME_SCREEN "Welcome, Chuck!"
```

下一步用 Arduino IDE 打开 ultracd.cpp 文件并且滚动到 176 行附近。我们需要编辑 lcd_status_screen()函数。代码列表 4-8 里用加黑字表示出了我们添加的几行新代码。

代码列表 4-8　添加欢迎信息

```
boolean welcomed = false;

/*主菜单。根据硬件进行设计...*/
static void lcd_status_screen()
{
    //设计一个简单的欢迎界面
    if (!welcomed) {
        START_MENU();
        MENU_ITEM(gcode, MSG_WELCOME_SCREEN, PSTR("M119"));
        delay(1000);
        welcomed = true;
        END_MENU();
    }
    if (lcd_status_update_delay)
        lcd_status_update_delay--;
    else
```

这里我们添加一个布尔变量并将它的值设为假。接着在初始化显示函数中添加一个判断，当布尔变量为假的时候函数就会显示欢迎信息并且将变量值设定成真。这样我们就能够让系统只显示一次欢迎信息。这点很重要，因为每次当你返回主菜单的时候系统都会调用这个函数。你不会希望每次回到主界面的时候都看一遍欢迎信息，对吗？

注意在判断代码之后的程序块。我们需要用一个新菜单来显示欢迎信息。[1]因此我们需要创建一个新的 menu 变量，然后用它来显示欢迎信息，如果进入了欢迎界面，固件可以执行检测限位开关状态的操作。这样能够在不影响任何轴机构、热端或者重要零部件的情况下进行欢迎界面的显示。注意之后紧跟着就是一个延时函数的调用，这个函数能够让固件持续显示 1s 的欢迎界面并且不执行其他任何操作，因此欢迎界面的持续时间就是 1s。很酷，不是吗？程序块的最后将我们创建的 menu 变量关闭。

输入这些代码之后，编译并且上传固件，你的打印机应当会自动重启并且完成之后显示如图 4-14 所示的欢迎信息。

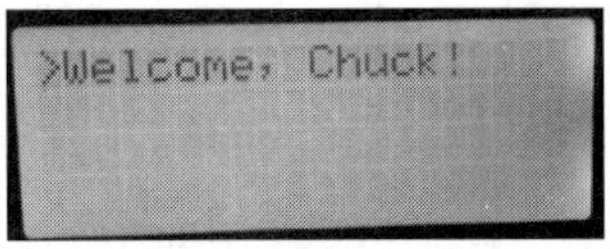

现在我们完成了固件的编译和上传，并且已经尝试着添加了一些新功能，接下来让我们回归到控制软件上来学习如何安

图 4-14　打印机上的欢迎信息

装并且通过它来进行第三章里介绍的最终检查。但是在进行检查之前，我们需要确保计算机上安装了合适的打印机控制软件。下一节里我们将会介绍如何让你的计算机能够操作打印机。

---

[1] 是的，这个方法略显简陋，但是它很有效！

在计算机上安装软件

回忆一下 3D 打印过程中需要用到的软件，包括创建物体（.stl 文件）的 CAD 程序；用来将物体转化成打印机能够打印的（.gcode 文件）内容的 CAM 程序；以及将 G-code 文件发送到打印机上、控制轴、设定热端温度以及执行其他维护功能的打印机控制软件。如果打印机上配备了液晶屏，打印机控制软件的使用频率可能会稍低一些，但是我认为打印机控制程序能够在打印机的排错和维护过程中帮助你很多，尤其是在对打印机进行校准的时候。

在这一节里，我们将会介绍如何在打印机上配置 Repetier-Host 软件。关于 CAD 软件的介绍我们将会在后面的章节里进行。在这里，我们将会以 Thingiverse 上现成的物体作为例子。

选择打印机控制软件

第一章里我们介绍了集中可供挑选的打印机控制软件，其中最常见的是 Printrun 和 Repetier-Host。这两种软件都能够与 CAM 软件进行集成。对于 Printrun，它能够在界面中提供 CAM 功能和打印机控制功能的访问按钮，而在 Repetier-Host 中则是通过一系列对话框来安排这些功能。

虽然 Printrun 十分流行，但是我更偏向于选择 Repetier-Host。这是因为 Repetier-Host 拥有一些 Printrun 所不具有的功能，包括直接编辑.gcode 文件、在打印基板上摆放物体、针对不同的打印机的配置文件，以及记录发送给打印机的代码和打印机的回应。并且 Repetier-Host 的界面相比于其他软件也要更加美观。

因此，我在这里选择 Repetier-Host 来展示如何利用打印机控制软件来最有效地使用打印机。比如当你想要进行第三章里介绍的最终检查时，Repetier-Host 能够简化一些操作。

Repetier-Host 能够直接从 repetier 官网上下载到。你可以在网页上找到 Linux、Mac OS X 和 Windows 版本的下载链接。各个版本都是开源的并且可以免费使用。

■ **备注**：Linux 版本实际上和 Windows 版本差不多，除了需要额外安装 Mono 来执行.NET Framework。

目前来说，Mac OS X 版本的界面和 Windows 以及 Linux 版本的界面稍有不同。但是它们所提供的功能基本相同，除了物体摆放功能只在 Windows 上提供，而 Mac 并不支持。图 4-15 里是 Windows 版本的打印机控制界面，图 4-16 里则是 Mac 版本的打印机控制界面。从图中可以看出 Windows 版本提供图形控制，Mac OS X 版本的按钮则更加简单。但是两者均不影响你对软件的使用。

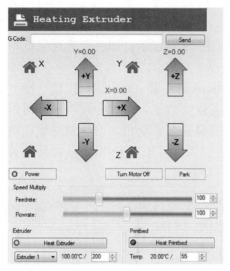

图 4-15　打印机控制面板（Windows 版）

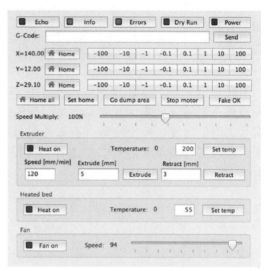

图 4-16　打印机控制面板（Mac OS X 版）

安装 Repetier-Host

　　幸运的是，安装 Repetier-Host 十分简单。Windows 版本的安装程序十分简单易用，只需要按照一般的安装流程和许可协议对话框就可以完成安装。而在 Mac OS X 上，你只需要下载 .ZIP 压缩文档，打开并且将程序拖曳到程序（Application）文件夹里即可。而在 Linux 上进行安装则要复杂一点，但是如果你能够熟练使用 Linux 的话也不成问题。实际上只需要根据使用 Mono 或者其他库文件来安装一些必备组件就行了。我在一台全新的 Ubuntu 计算机上安装的时候，安装程序自动完成了所有资源的安装。虽然安装花了点儿时间，但是在完成之后一切都能够正常工作。

　　■提示：你可能需要在 Windows 里安装 USB 驱动程序才能够正常连接打印机。查阅你的打印机说明文档来获取需要何种驱动。

　　完成了打印机控制软件（Repetier-Host）的安装之后，你就可以通过 USB 线缆将打印机和计算机连接起来了。

连接打印机

　　下一步需要将打印机连接到计算机上，但是在连接之前，你需要为打印机设置一个配置文件。单击 Repetier-Host 窗口上工具栏右侧的打印机设置按钮。

　　出现的对话框中有 4 个标签页用来设置打印机。第一个标签页上是与通信相关的参数设置，以及创建配置文件的相关选项。要创建一个新的打印机配置文件，单击添加

（Add）按钮并且为配置文件输入一个名称即可。我喜欢将配置文件命名为打印机型号加上和配置相关的信息，比如 PrintrBot、Prusa i2 PLA、Prusa i2 ABS 和 Prusa i3 等。如果你还没有打开对话框，现在就可以尝试一下了。图 4-17 里展示了打印机设置对话框里的通信标签页。

上面介绍了单击添加按钮、配置文件命名，并且单击创建（Create）按钮。接下来就可以修改配置文件中关于打印机和 USB 端口的各项参数了。比如你可以选择通信端口编号、通信速度、停止位等。查阅你的打印机使用说明来获取相关的信息进行正确的设置。完成了这些设置之后，单击行为（Behavior）标签页。图 4-18 里是行为标签页里的内容。

图 4-17 打印机设置对话框的通信标签页

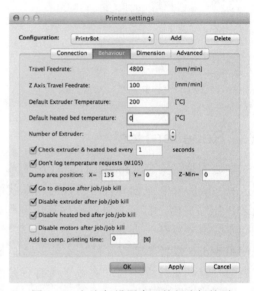

图 4-18 打印机设置窗口的行为标签页

在这一页里，你可以设定一系列打印机设置的默认值。大部分默认值都不需要更改，只需要根据你的打印机配置来修改加热选项即可。注意你可以在这里手动修改相关的参数或者在对物体进行切片时通过 G-code 文件进行设定。完成之后单击下一个标签页，图 4-19 里是尺寸（Dimension）标签页的内容。

这里你需要设置打印区域的最大容积。确保你设定的参数与固件里的参数互相匹配。图 4-19 中的例子是我的 PrintrBot Simple 上的参数。当你设定完相关参数之后，单击下一个标签页，图 4-20 里是高级选项（Advanced）标签页的内容。

你可以通过这个界面在完成切片之后调用一个过滤器脚本。如果你希望修改 G-code 文件，那么可以考虑进行这项操作。这是一项十分复杂的技术，在大部分简单的打印中并不是必须的，不过能够为一些独特的打印品服务。

完成了所有设定之后，单击应用（Apply）按钮然后关闭对话框窗口。接下来用 USB 线连接打印机和计算机，然后用工具栏里的连接按钮来连接打印机。

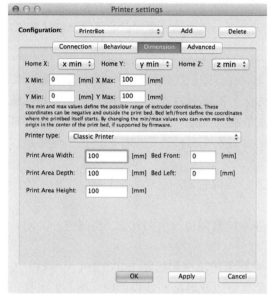

图 4-19　打印机设置窗口的尺寸标签页

图 4-20　打印机设置窗口的高级选项标签页

当打印机成功连接到软件上之后，你应当能够在软件窗口的下半部分观察到连接响应信息。如果连接失败，那么需要检查相关的设定是否正确。最常见的问题是端口选择错误。你还可以查阅帮助文档来详细了解各个平台上的配置过程。

连接完成之后，你就可以开始进行最终测试了，我们会在下一节介绍相关的内容。

进行最终测试

第三章里介绍的最终测试很适合对你的打印机功能进行第一次测试。你可以按照我下面总结的步骤进行操作，除前两步的顺序并不重要以外。

1．将所有的轴机构都移到它们的中央位置。对于 Z 轴机构，确保它至少高于打印床30mm。

2．打开打印机上的电源。

3．用 Repetier-Host 提供的打印机控制面板将挤出机温度设定到 100℃ 并且启动预热，然后单击电机左侧的温度曲线（temperature curve）标签。这时会打开一个监视热端温度的特殊图表窗口。你应当能够观察到挤出机的温度不断上升，并且随后应当能够感受到挤出机的喷嘴不断散发出来的热量。如果你观察不到温度值的增加，关闭打印机电源并且等到打印机完全冷却。这个问题说明固件中温度传感器的设置不正确或者是硬件的连接出现错误。排查并且修复问题之后重新进行这个步骤。

■**注意**：不要在进行加热的过程中触摸挤出机或者可加热打印床。它们的温度足够灼伤你的皮肤。如果你的万用表上有温度探头，那么可以用它来进行测量。红外热量检测器虽然稍显不可靠，但是也足够你看出它们是否在加热了。虽然它的测量结果会由于零部件的反光性而稍显不准确。温度探头能够帮助你更加精确地测量温度。

4．检查可加热打印床（如果配备的话）的状态。在打印机控制面板中将温度设定到60℃并且打开预热，然后单击温度曲线标签。同样，你应当能够观察到温度数据不断上升并且感受到打印床发散出来的热量。如果你观察不到温度数据的变化，断开打印机的电源并等到打印床完全冷却。这个问题说明固件中温度传感器的设置不正确或者是硬件的连接出现错误。排查并且修复问题之后重新进行这个步骤。

5．将每个轴机构都朝正极移动10mm。观察并且确保它们的运动方向正确：X轴应当朝右方、Y轴应当朝前方、Z轴应当朝上方。

6．依次手动触发每个限位开关并用M119指令来检查限位开关的状态。当限位开关闭合的时候应当返回"触发"（TRIGGERED）结果。

7．最后，你需要在挤出机中装载打印丝材，并且将挤出机加热到180℃（PLA丝材）或者210℃（ABS丝材）。等挤出机达到目标温度之后（可以从温度曲线窗口中观察到）用打印机控制软件控制挤出少量的丝材。

恭喜你！你的打印机能够正常地移动轴并且加热热端零部件了。现在让我们稍微往回一点并且认识一个越来越普及的功能：网络打印。

项目：构建 3D 打印机共享服务器

如果你曾经研究过 MakerBot 或者其他专业级打印机品牌提供的最新型打印机，也许会注意到它们正在给打印机适配网络和无线连接功能。这个功能很酷，但是你是否必须购买全新的打印机才能够获得这些功能呢？

幸运的是，对 RepRap 打印机来说答案是非必须的，你不需要另外购买一台打印机！OctoPrint 软件提供的 3D 打印机网络打印服务器使你能够远程遥控打印机。OctoPrint 同样还能够部署在树莓派上，让你能够使用一台轻量级的计算机作为网络打印服务器控制打印机。实际上，你还可以通过无线网络实现控制！

■**备注**：OctoPrint 只能够控制那些使用 G-code 指令工作的打印机。MakerBot 打印机虽然能够接受 G-code 指令，但是由于规格设计，OctoPrint 官方并不支持 MakerBot 打印机。也许以后的版本当中会加入对 MakerBot 打印机的支持（或者你可以向开发者发送邮件来请求加入这项功能）。

这一节里将会介绍如何使用树莓派来运行特殊版本的 OctoPrint 软件，从而实现通过网络控制打印机和进行 3D 打印。除此之外，如果你的树莓派上带有摄像头（或者其他视频设备），你还可以实现通过网络视频流来监控打印机的打印过程。你还可以拍摄多组照片来制作打印过程的延时视频，多么的酷！

树莓派是什么？

树莓派是一种小型、廉价的个人计算机。虽然它无法进行储存拓展并且不能连接像是 CD 光驱、DVD 光驱或者硬盘这样的板上设备，但是却有着一台简单的个人计算机所需的全部组件，包括两个 USB 接口、一个以太网口、HDMI（和复合）视频接口还有一个音频输出接口。

树莓派支持 SD 卡[①]，因此你可以在上面运行 Linux 操作系统。然后只需要将它和一台 HDMI 显示器（或者通过 HDMI-DVI 转接头连接在 DVI 显示器上）、USB 键盘和鼠标，以及 5V 直流电源相连就可以正常使用了。

■提示：你还可以通过计算机上的 USB 接口来给树莓派供电，只要 USB 接口能够提供至少 700mA 的工作电流。这种情况下你需要一条一端为 USB A 型公头、另一端为 micro-USB B 型公头的接线。将 USB A 型公头插入计算机上的 USB 接口，micro-USB 的 B 型公头插入树莓派的电源端口里。

树莓派有着多种版本，不过都只是单块电路板产品，售价大约为 35 美元（带有以太网口的版本）。你可以在像是 SparkFun 或者 Adafruit 这样的网上电子商城里进行购买。大部分经销商都提供一系列经过测试和验证能够配合树莓派正常工作的配件，其中包括小显示屏、微型键盘甚至是安放电路板的盒子。

树莓派教程

树莓派是一种功能和多样性十分强大的个人计算机产品。你也许认为它就是玩具或者一种功能十分有限的产品，但是事实远不止如此。由于它在板上提供了多种接口，比如 USB、以太网和 HDMI，树莓派完全能够充当一台轻量级的台式计算机。如果你考虑到额外的 GPIO 接口，树莓派能做的比一台简单的计算机要多得多，它完全能够胜任一个进行硬件实验所需的计算机系统的角色。

本节里是一个如何使用新树莓派的简单教程，从一块裸电路板开始到一个完整运行的计算机系统。有其他许多十分优秀的书籍会详细介绍如何使用树莓派。如果你遇到了困难或者想要深入了解树莓派和 Raspbian 操作系统的相关信息，你可以参考 Peter Membrey 和 David Hows 撰写的 *Learn Raspberry Pi with Linux*（Apress, 2012）。如果你希望深入了解如何在硬件项目里使用树莓派，那么可以参考 Brendan Horan 撰写的 *Practical Raspberry Pi*（Apress, 2013）。

---

① SD（Secure Digital，安全数码卡）：一种邮票大小的便携式移动存储设备。

从零开始

在前面的配件内容里，我们介绍过你需要 SD 卡（或者是 microSD 卡和 microSD 卡转接器）、额定电流为 700mA 的 USB 电源，以及带有 micro-USB 公头的接线、键盘、鼠标（可选）、支持 HDMI 接口的显示器或者支持 DVI 接口的显示器和 HDMI-DVI 转接头。但是在你将所有的配件都插到树莓派上并且尝试它的各种功能之前，你需要在 SD 卡里创建启动镜像。

安装启动镜像

安装启动镜像的步骤包括挑选镜像、下载并且拷贝到 SD 卡上。下面的内容里将会详细介绍各个步骤如何进行。

在选择了需要的镜像并且下载之后，首先需要解压下载下来的文档并将解压出来的文件拷贝到 SD 卡上。完成这一步有许多方法。下面的内容里会介绍不同平台上分别适用的一些简单方法。你需要在计算机上连接一个 SD 卡读卡器。一些计算机上有时会内置 SD 卡读卡器（联想笔记本、苹果笔记本和一部分台式计算机等）。

Windows 系统

要在 Windows 系统中创建 SD 卡启动镜像，你可以使用 Lauchpad 提供的 Win32 Disk Imager 软件。下载这个软件并且安装到系统里。解压出镜像之后将你的 SD 卡插入到读卡器里，接着启动 Win32 Disk Imager 程序，在顶部的文件栏里选择镜像文件，然后单击写入（Write）按钮将镜像拷贝到 SD 卡里。

■**注意**：拷贝过程会覆盖掉 SD 卡上原有的全部数据，因此记住事先对储存数据进行备份！

Mac OS X 系统

在 Mac 系统中创建 SD 卡启动镜像，你需要下载并解压得到镜像，然后将 SD 卡插入读卡器中。确保 SD 卡的文件系统格式为 FAT32。然后打开系统状态窗口（单击苹果菜单，关于本机选项）。

如果计算机内置了读卡器，那么直接单击读卡器图标；如果是外接的读卡器，那么可以在 USB 设备菜单里找到读卡器设备。记住读卡器对应的磁盘号，比如可能是 disk4。

接下来打开硬盘管理（Disk Utility）界面并取下 SD 卡。你需要重新装载 SD 卡让硬盘管理界面能够识别并且连接 SD 卡。接下来的步骤会比较复杂。打开终端程序并输入下面的命令，同时用你刚才记下的磁盘号代替命令中 n 的位置，并用镜像文件的名字的路径替换掉 <image_file> 的内容：

```
sudo dd if=<image_file> of=/dev/diskn bs=1m
```

运行命令之后读卡器上的指示灯应当开始闪烁（如果有指示灯的话），此时你需要耐心等待。这个步骤可能需要持续一段时间并且期间没有任何用户反馈。你可以通过重新出现的命令行提示符来判断操作是否完成。

Linux 系统

在 Linxu 系统中创建 SD 卡启动镜像，你首先需要知道 SD 卡读卡器的设备名称。下面的命令能够查看系统中目前装载的设备的名称：

```
df -h
```

下一步将 SD 卡插入读卡器并将读卡器连接到计算机上，等到系统识别出读卡器之后再次运行此命令：

```
df -h
```

花些时间来仔细对比两次运行结果之间的区别，多出的那个设备就是你的读卡器名称了。记录下设备名称，比如可能是/dev/sdc1。设备名里的数字代表分区编号。因此/dev/sdc1 代表分区 1，而设备名称则是/dev/sdc。接下来断开设备连接（接下来我们都用这个设备作为例子）：

```
umount /dev/sdc1
```

使用下面的命令来覆写镜像，将设备名称替代掉<device>的内容，镜像文件的名称和路径替代<image_file>的内容（举例来说你可以用/dev/sdc 和 my_image.img 替代对应的内容）。按照镜像文件的大小和 SD 卡的大小来填写文件大小，比如我的 4MB SD 卡就需要填写 4M。

```
sudo dd bs=4M if=<image_file> of=<device>.
```

运行命令之后读卡器上的指示灯应当开始闪烁（如果有指示灯的话），此时你需要耐心等待。这个步骤可能需要持续一段时间并且期间没有任何用户反馈。你可以通过重新出现的命令行提示符来判断操作是否完成。

配置树莓派硬件

在这里你需要用到的硬件设备包括树莓派电路板（B 型、带有 512M 内存）、树莓派摄像头以及二者的封装盒子。你可以在 SparkFun、Adafruit 或者 MakerShed 上购买到全部需要的电路、摄像头以及盒子。你还可以在其他的线上购物网站买到相应的物品。图 4-21 里就是一个封装在盒子里的树莓派计算机。

注意在图中我将树莓派放置在了打印机附近并且将摄像头放在了一个自制支架上。如果你需要永久固定住摄像头，那么可以考虑制作一个牢固一点的支架来固定树莓派和摄像头。注意我还在打印区

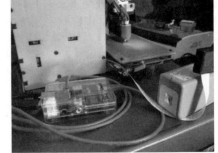

图 4-21　实际使用中的树莓派硬件

域内用灯光进行了照明。我推荐你尽可能将打印区域照亮一些，比如使用柔性转轴的 LED 台灯。

■**备注**：通常情况下我使用树莓派来监控我的 Prusa i3 打印机，但是在这里我准备将它用在 Printrbot Simple 上来向你展示 OctoPi 服务器的多样性。

摄像头的外壳同样可以在网站上买到，你可以先购买一个比较廉价的外壳，然后等到打印机能够正常工作之后再在 Thingiverse 上挑选一个最合适的设计自己打印出来。我会在后面介绍一个类似的例子。

从图 4-21 中你可以看到装在透明外壳里的树莓派以及装在我用另一台打印机打印的外壳里的摄像头。摄像头的外壳是 alexspeller 设计的一个衍生版本外壳；我额外用了一个螺栓来让外壳的封装更加紧密。透明的树莓派盒子是从 Adafruit 上购买的。

注意摄像头的安装朝向。由于我们在这里使用的例子是 Printrbot Simple 打印机，它的打印区域很小，因此我可以将摄像机装在靠近打印区域的位置。如果你准备在打印容积较大的打印机上配置 OctoPi 服务器，那么可能需要将摄像头装在远离打印床的位置，以防止打印过程中挤出机或者打印品撞到摄像头。[①]

下一步你需要组装好树莓派和摄像头，并且将它们封装在你挑选的外壳里。然后将它们固定在打印机附近并将摄像头朝向打印床的中央。确保摄像头的安装位置留出了足够的空间供轴机构运动。如果你使用的是一个简单的摄像头外壳没有附带任何固定件，那么你可以用胶带将它固定住（或者是扎线带）。

摆放好树莓派并且固定了摄像头的朝向之后，就可以插上网线和电源线了，但是暂时不要给树莓派通电。我们需要首先完成软件的配置工作。

配置树莓派软件

要进行软件配置，首先你需要下载和解压 github 网站提供的 OctoPi-devel.zip。或者你可以到 octoprint 网站上按照下载网页上的指南和链接获取镜像文件。

解压文件之后，按照前面介绍的步骤将镜像装载到 SD 卡上。完成之后就可以启动树莓派了。将 SD 卡插到电路板上然后给所有设备都通上电。我们还有几个步骤需要完成，但是这些步骤首先都需要连接到 OctoPi 服务器上。确保你的树莓派接入了局域网。

■**备注**：如果你使用了树莓派以及配套的官方摄像头，那么 OctoPi 的启动镜像不需要额外的设置就可以正常使用。但是，如果你使用的是另外的摄像头或者需要重新配置不同的 OctoPi 启动镜像，那么可以参照 github 网站提供的 Setup on a Raspberry Pi running Raspbian 里的内容来手动对 OctoPi 进行配置。你可以在终端里使用 ssh pi@octopi.local 命令和默认密码 raspberry（或者自己修改的密码）来连接打印服务器。

---

① 尽量避免将摄像头装得太靠近！这样只会导致你的摄像头被撞的面向墙或者是你的马克杯，如果你的支架十分牢固的话，它甚至有可能会让打印床出现部分松脱现象！

连接和使用 OctoPi

要连接 OctoPi 服务器，首先需要确保树莓派上插入了网线，然后等待树莓派启动完成。启动过程可能要花费 3～5 分钟。如果你能够看见树莓派的指示 LED，那么等到指示网络的 LED 发光或者开始闪烁。启动完成之后，打开计算机上的浏览器并输入网址 octopi.local 来连接服务器。

■**备注**：octopi.local 地址适用于 Mac 和 Windows 系统，但不是所有版本的 Linux 系统都能够支持这种访问方式。如果你使用的是 Linux 系统，最好检查一下是否安装了 Avahi 软件。

首先你需要单击连接（Connection）链接来连接打印机。图 4-22 里是 OctoPi 的连接窗口。你可以使用默认值来进行连接，只需要单击连接（Connect）按钮。完成连接之后，连接窗口会自动关闭。接下来要操作的内容就都在软件的主界面里了，如图 4-23 所示。

在开始打印之前，你需要上传一份或者多份 G-code 文件到服务器上。我上传的是测试方块的打印文件。注意图 4-23 里我选定了需要打印的文件，同时服务器显示出了文件相关的信息。

图 4-22　连接窗口

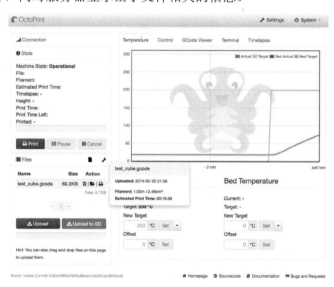

图 4-23　OctoPi 的主界面

同样从图中可以看到我已经激活了打印机的挤出机加热单元，位于图中的温度标签页下。你可以通过控制（Control）标签页里的打印机控制功能来进行类似的操作。图 4-24 里展示了控制标签页的界面。从图中可以看到，你可以通过这个窗口移动轴机构、复位以及设定挤出机和打印床的加热温度。注意右上角的部分——摄像头的画面！在使用这个界面的时候，你可以看到树莓派提供的实时画面。你可以通过这个界面在打印机进行打印的时候监控打印过程。

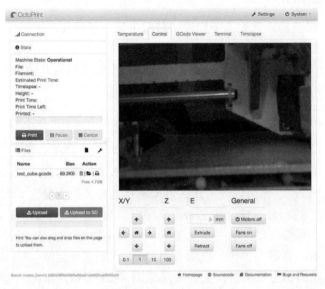

图 4-24　控制标签页

GCode 浏览器（GCode Viewer）标签页让你能够预览即将打印的切片文件。你还可以通过页面上的许多链接来获取打印机的参数信息。图 4-25 里展示的就是 GCode 浏览器标签页。

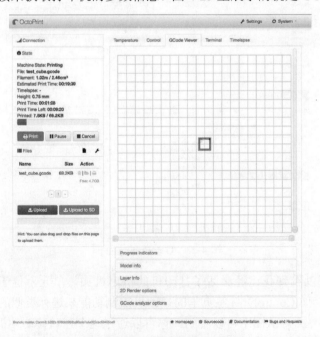

图 4-25　GCode 浏览器标签页

下一个标签页是终端（Terminal）浏览器，你可以在里面检测发送给打印机的 G-code 指令，以及打印机传回的响应信息。这个标签页和 Repetier-Host 界面的下方提供的消息窗口类似。图 4-26 里就是终端标签页。

下一个标签页是延时（Timelapse）标签页。在这里你可以设定延时捕捉并且管理已经录制完成的延时视频。图 4-27 里展示的就是延时标签页，里面已经显示了我们稍早录制的延时视频。

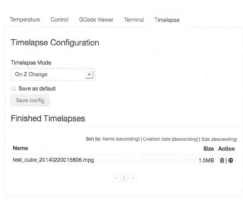

图 4-26　终端标签页　　　　　　　　　　　图 4-27　延时标签页

这个标签页的使用方法在文档中介绍的不是很详细。如果正在进行打印或者尚未连接打印机的话，你无法更改延时相关的各项设定。因此你需要等到连接上打印机之后，在开始打印之前启用延时捕捉功能。注意在图中我将它设定成每当 Z 轴变更的时候就录制一帧画面。这样能够得到一个容量较小但包括打印全过程的视频文件。

要查看延时视频，等到打印完成之后重新访问这个标签页。如果视频尚未准备好，那么你可以等几分钟之后重新刷新页面。OctoPi 会根据你打印的文件名称来命名视频。单击视频文件右侧的小按钮就可以查看视频了。图 4-28 里是查看视频的界面。

注意视频左下角的 OctoPrint 水印。如果不需要的话，可以在设置对话框里（窗口的左上角链接）里关闭水印。

图 4-28　延时视频

这差不多就是全部的内容了！完成这个项目之后，你的打印机就可以完全通过网络遥控了。我们只是将打印机控制软件从计算机上转移到了树莓派里（它足够完成全部操作），从而使我们不需要用 USB 线连接计算机和打印机就可以实现对打印机的控制。并且我们还能够得到一些十分炫酷的延时视频！

如果你还没有尝试这个项目介绍的内容，我推荐你尽可能将它作为第一个进行的项目。你也许会希望在校准打印机之后再来尝试这个项目，但是 OctoPi 能够提供最终测试中需要的全部控制功能——并且可以通过网络遥控！

总　　结

这一章里介绍了大量的内容。我们不仅介绍了 Marlin 固件和如何针对新打印机对固件进行配置（或者是替换现存打印机上的固件），同时还向你介绍了如何修改 Marlin 固件来添加新的菜单项。这也是组装 3D 打印机过程中最重要的一步，你需要正确配置 Marlin 固件中的参数，或者至少是一个接近正确的值，才能够让校准更加轻松。

我们还介绍了如何在计算机上安装打印机控制软件。此外还稍微延伸介绍了一点儿如何通过网络（或者无线网络）来控制支持 Marlin 或者其他类似固件的打印机进行工作的内容。而最有趣的部分要算是最后的延时摄影了！①

在下一章里，我们将会介绍如何检查和校准打印机的精确度。如果你的测量数据和固件中的参数配置正确或者十分接近，那么校准只是对配置进行进一步优化的过程。

---

① 这个功能十分的实用和有趣，并且不需要你花费大量的金钱来更换一台更新、功能更强大的打印机就可以实现（虽然这样做并不是什么坏事）。

第五章

■ ■ ■

校准 3D 打印机

在第一次设置打印机的过程中最重要的部分就是对机械结构进行校准来让所有的轴机构都能够执行精确的移动，以及让挤出机能够精确输出一定量的丝材。不进行校准或者校准不仔细都会导致打印机在使用过程中出现各种各样的问题。其中一些甚至可能等到你在打印体积较大或者精细度较高的物体时才会显现出来，比如打印悬空或者缝隙过大等。

由校准导致的误差可能十分细微，因此通常很难被察觉，但是它们可能导致严重的后果并且影响打印品的质量。显著的误差可能导致各种不同的问题，包括物体体积不准（过大或者过小）、打印丝材过多（导致打印丝材结球）、打印丝材不足（导致层与层之间黏结不牢）以及黏附问题等。我曾经读到过许多寻求帮助的文章和请求，并且经常看见论坛上有人抱怨自己碰见了这样的故障。但是他们在解决问题的时候都被局限在了问题的表面，而没有考虑导致问题的原因。正确的校准过程虽然不能够解决全部的打印问题，但是它能够大大提升你的使用体验和打印质量。

因此在这一章里我们将会尽全力来帮助你避免可能由校准导致的各类问题，并且详细分步向你介绍如何设置限位开关、校准每个轴和挤出机，以及调平（调高）打印床。等到这些零部件都能够正常工作之后，接下来你就可以把注意力转向优化你的打印文件来获取更加优秀、快速的打印过程了。但是首先让我们从打印机的机械部分开始！

设置限位开关

回忆一下限位开关的作用，它们被用来限制轴机构的最小或者最大运动范围。它们被固定在轴上，这样轴机构的运动会使得限位开关闭合，从而触发限位开关向固件发送信号表明轴机构到达了某个特定的点。

限位开关可以通过螺栓管夹或者压接结构固定在特定位置上。如果限位开关太容易松脱（比如从光杆的一端滑落）可能会导致各种问题，比如复位位置变动。检查打印机上每一个限位开关的安装是否稳固。前面也介绍过，压接结构能够牢牢地固定住限位开关，防止限位开关在触发时滑动。

在前面的章节里，我们介绍过最好将限位开关固定在远离坚硬零部件的位置来防止碰撞。在这一章里，我们将会仔细研究限位开关安装的合适位置。

■备注：我在这一章里介绍的都是机械式的限位开关。此外还有利用光电原理和霍尔效应进行工作的限位开关。光电限位开关利用特殊的传感器来检测两点之间是否有障碍物经过。霍尔效应限位开关则能够检测靠近的磁性物体。这些不同类型的限位开关的效果最终都是相同的，但是它们的机械结构却各不相同。

X 轴限位开关

X 轴限位开关的固定位置应当使 X 滑架（即固定挤出机和热端的零部件）能够在喷嘴离开打印床范围，或者与打印床上的夹子或者其他紧固件发生碰撞之前停止轴机构的运动。

这个限位开关最常见的安装位置（对于单挤出机的机型）是 X 轴的光杆上。图 5-1 里是 Prusa i2 打印机上的 X 轴限位开关。注意限位开关在安装时的朝向要使 X 滑架能够闭合限位开关。注意固定限位开关的夹子也充当了限位开关的支架。

■备注：X 轴上装有多个挤出机的打印机在设置限位开关时需要使最右侧的喷嘴能够运行到打印表面的边缘。

Prusa i3 上的 X 轴限位开关也很类似，参照图 5-2。

图 5-1　Prusa i2 打印机上的 X 轴限位开关位置　　图 5-2　Prusa i3 上的 X 轴限位开关位置

这里的限位开关支架是通过压接结构固定的。这样你可以用手慢慢地移动限位开关的位置，但是挤出机碰撞的力只能够闭合限位开关而不会影响限位开关的位置。

你也许还注意到 Prusa i3 使用的限位开关上连接了 4 根导线而不是 2 根。这是由于限位开关是根据 MakerBot 的 1.2 版的限位开关进行设计的。限位开关上提供了一个开关闭合之后会自动发光的 LED。因此需要额外连接 2 根导线用于给 LED 供电。但是由于它的 4 个管脚的中间 2 个实际上是共用的接地管脚，因此你只需要接 3 根线就可以让限位开关正常工作了：

+5V 电源线、接地线和限位开关信号线。

要调节限位开关时，首先需要断开打印机的电源。[①]接着缓慢地移动 X 滑架直到听见限位开关的开关闭合。你应当能够听到"咔哒"的开关闭合声音。

■注意：当用手移动轴机构的时候，一定要记住慢慢地移动防止产生的电流回流损伤电路。此外你还可以在移动过程中断开步进电机的连接，但是记住最后要在打印机断电的情况下把它重新连接回去。

下一步观察喷嘴和打印床的相对位置。看看喷嘴的末端是否会碰到其他的障碍物，比如打印床上的活页夹或者其他的东西？同样还需要注意喷嘴是否在可加热打印床的范围内（如果配备的话）？如果你需要改变限位开关的位置，那么将轴机构从限位开关上先移开，然后重新移动限位开关的位置。重复这一过程直到喷嘴远离了所有障碍物，并且位于打印床上加热区域的范围之内为止。图 5-3 里展示了 Prusa i3 限位开关的正确位置。

图 5-3　Prusa i3 上正确的 X 轴限位开关位置

Y 轴限位开关

Y 轴限位开关的设定位置需要让打印床喷嘴离开打印表面范围，或者与打印床上的夹子或者其他紧固件发生碰撞之前停止打印床的运动。

Y 轴限位开关最常见的安装位置是在 Y 轴机构下方的打印床边沿位置。有时限位开关会装在光杆上，有时则会安装在丝杆或者框架上。图 5-4 里是 Prusa i2 打印机上的 Y 轴限位开关，图 5-5 里则是 Prusa i3 打印机上的 Y 轴限位开关。

图 5-4　Prusa i2 的 Y 轴限位开关位置

图 5-5　Prusa i3 的 Y 轴限位开关位置

---

① 以及其他嘈杂的音乐、邻居、宠物等，保证周围环境的安静能让你听到机械开关的运作声音。

在这些例子里，限位开关的朝向都能够让轴承或者轴承支架在运动时闭合开关。这意味着限位开关安装的位置需要能够让打印床经过限位开关。你也许会碰见其他的安装方式让打印床自身来闭合限位开关。比如 Prusa i3 的某个衍生型号的 Y 轴电机的固定件上就有 Y 轴限位开关的安装点。

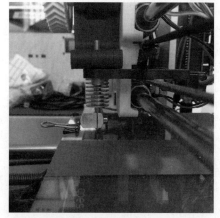

调节 Y 轴限位开关的方式和调节 X 轴限位开关一样——只不过这里你需要注意的是打印床自身的位置。同样你需要缓慢移动打印床直到限位开关闭合（通过声音判断）。调节限位开关的位置使喷嘴能够保持在加热区域内并且不会碰到其他的障碍物。图 5-6 里是 Y 轴限位开关的正确安装朝向以及限位开关相对于打印床上方喷嘴的位置。

图 5-6　Prusa i3 上的正确 Y 轴限位开关位置

加热区域

大部分可加热打印床都会在边缘上用线条另外画出一个区域。这并不仅仅是装饰线条。它标出了加热区域的范围。大部分可加热打印基板都不会加热整个面板的范围。在设定 X 轴和 Y 轴限位开关的时候都需要注意这一点。

Z 轴限位开关

Z 轴限位开关的安装需要使 Z 滑架（同时会驱动 X 轴的机械结构）在喷嘴碰到打印床表面之前停止运动。

这个限位开关最常见的安装位置是在 Z 轴左侧或者右侧的光杆上。通常情况下，你会发现这个限位开关的固定并不是很牢靠，因此方便调节限位开关的位置。而最新的 RepRap 打印机衍生型号都会采用一个配备细微调节结构的限位开关，让你能够在小范围内调整限位开关的位置。这样使你能够快速地改变 Z 轴的高度。

虽然 Z 轴限位开关和其他轴上的限位开关一样都只是简单的机械开关，但是它的意义却远不止如此。X 轴、Y 轴上的限位开关并不会影响打印质量（只影响打印的起始位置），而 Z 轴限位开关被用来设定底层的起始高度。如果限位开关位置过高，那么打印丝材可能无法较好地黏附在打印基板上，从而导致底层的黏着问题（以及后续各种各样的黏着问题）。如果限位开关位置过低，那么可能会使底层丝材受到挤压，如果位置足够低甚至有可能导致打印丝材挤出故障（挤出的丝材被打印基板挡住）。

现在让我们花点儿时间来了解一下各类可选的 Z 轴高度微调器，以及如何正确地设置底层所需的 Z 轴高度。

Z 轴高度微调器

和 X、Y 轴不一样，你需要经常性地调节 Z 轴限位开关的高度。大部分人会在每天第一次使用打印机之前进行此项调节。只调节一个轴的位置可能感觉很奇怪，但是这样做的理由有几个。

其中主要的原因是，环境的湿度可能会影响采用木质底座的打印基板的位置。木质结构会根据湿度的变化而出现膨胀和收缩现象。虽然一般情况下最终变化的高度值可能很小，但是由于 Z 轴高度通常也只有 0.1mm，因此对于 Z 轴高度的影响是很显著的。

另一方面需要考虑的是针对使用不同种类的胶带。比如蓝色美纹纸胶带的厚度与 Kapton 胶带就不同。如果你还采用了 ABS 黏着剂进行表面处理，那么打印基板上各处所需的 Z 轴高度可能各不相同。

无论基于何种原因，你都需要对 Z 轴高度进行精密地调整。早期的 RepRap 打印机，甚至是一些商业级打印机，都会在 Z 轴上采用固定的限位开关。调节 Z 轴高度需要首先松开 Z 轴的固定件然后再上下进行调节，接着需要测量 Z 轴的高度是否合适并且重复调节直到获取合适的 Z 轴高度。这一过程中很容易出现错误并且需要反复练习才能够熟练。但是后来的打印机上有了更加先进的调节方式。

人们对于 RepRap 最先进行的改装就是将 Z 轴限位开关上完全定死的固定件变成一个可调节的固定件。在 Thingiverse 上有许多不同版本的 Z 轴微调器。其中一部分十分优秀，并且即便采用不同原理进行调节也没关系——只要它们能够在振动环境下不松脱、能够提供平稳的线性运行，同时能够进行精密调节（我曾经遇到过一些装置里的默认棘爪位置看上去不太对劲）就行了。图 5-7 里就是一个可调节高度的 Z 轴限位开关。

图 5-7　Prusa i2 上的可调节 Z 轴限位开关位置

合适的 Z 轴高度

对于 3D 打印新手来说，设置合适的 Z 轴高度是一项十分有挑战性的操作。无论你使用哪个级别的打印机，它们都会配备用来调节 Z 轴高度的机械结构。在一些老式或者未进行升级的 3D 打印机上，你可能需要不断地松开和调整整个限位开关固定件的位置。这个过程很容易出现错误。如果你碰到了这样的情况，那么可以考虑制作一个可调节的固定件来进行替换。

那么，正确的 Z 轴高度应当是多少？设定 Z 轴高度最简单和最容易的方式是利用一张纸。最常见的纸张厚度大约为 0.01mm。因此你可以用一张纸作为参考来设定 Z 轴高度。首先将 Z

轴高度调到最低，然后将纸塞到喷嘴的下方。如果纸能够轻松地滑进去，那么稍微调低限位开关的位置，然后对 Z 轴进行复位。重复这一过程直到纸张被喷嘴轻轻地压在打印床上为止。

■ **提示：** 确保此时喷嘴上没有残留的丝材。你可以用美工刀切掉喷嘴上多余的丝材来保证测量的是喷嘴和打印床之间的距离。

将喷嘴和打印床都进行预热能够帮助你进行更加精确的测量，但是这取决于打印床和热端使用的材料是什么种类。一些材料在加热时产生的膨胀比其他材料更大。

Z 轴限位开关的位置

通常情况下 Z 轴限位开关固定在打印机的左侧，并且安装在 X 轴机构（也称为 X 端）下方的光杆上。X 轴电机通常也安装在同一侧。图 5-7 里展示的是 Prusa i2 上的 Z 轴限位开关。注意图中限位开关已经配备了可调节固定件。

图中使用的调节装置是 Thingiverse 上的设计 16380（关键司 High accuracy adjustable Z Endstop for Prusa）。更详细来说，它的安装方式需要让调节臂朝向左侧，使你能够将激活限位开关的长塑料片固定在 X 轴电机上。这样调节器就只需要改变限位开关自身的位置。通过使用精密丝杆和尼龙锁紧螺母来实现精密的调节，并且防止打印时的振动影响限位开关的位置（因为不容易松脱）。

Prusa i3 上的限位开关也有多种固定位置可供选择。最常见的一种方法是在 X 端左侧加装一个长的 M3 螺栓，用来触发固定的限位开关。如果你的 X 端零部件已经打印完成了，你可以另外打印一个小的支架用来固定这个螺栓。然后采用弹簧和尼龙锁紧螺母来压紧螺栓和防止振动导致移位。

和 Prusa i2 一样，Prusa i3 的 Z 轴限位开关同样也安装在左侧的光杆上，如图 5-8 所示。根据你使用的 Z 轴丝杆夹具的不同，你可能需要使用较窄的限位开关固定件。注意图中发光的 LED，这说明限位开关此时已经被触发，在你调节 Z 轴高度的时候是一项十分便利的功能。

我曾经介绍过一些 RepRap 爱好者会装配 Z 轴自动调高探头（有时也被不准确地称为打印床自动调平）。自动调高探头能够自动设定 Z 轴高度，并且能够避免打印床不平的问题。最常见的结构里用到了舵机和固定在电机短臂上的限位开关。当固件里的自动调高指令激活时，它会将臂伸出使限位开关下降并且在打印床上几个不同的点进行探测（将 Z 轴降至限位开关被触发）。当确定 Z 轴高度之后，电机会收回伸出的臂。图 5-9 里就是一个装在舵机的短臂上的 Z 轴限位开关。在图中，限位开关正在进行探测，而一般情况下限位开关会水平摆放着。

虽然这种装置听上去很美好（尤其是在你手动设定 Z 轴高度一段时间之后），但它并不是简简单单就能完成的改装。它需要你自行修改固件、添加额外的硬件，并且进行反复枯燥的设置。我们会在后面的内容里详细介绍如何在 RepRap 打印机上添加一个这样的装置。

图 5-8　Prusa i3 上的 Z 轴限位开关位置　　图 5-9　Prusa i3 上带有自动调平功能的 Z 轴限位开关

校准步进电机

在校准各个轴的运动之前你还需要进行一项操作。你需要检查步进电机的驱动器来确定它们给步进电机提供的工作电压是正确的。无论你是否执行了这项操作，我都推荐你再次检查一下这个问题。

下面介绍的步骤适用于设定 A4988 步进电机驱动器。你可以使用其他的步进电机驱动器。虽然基础的逻辑步骤相同，但是实际的计算过程可能稍有不同。如果你使用的不是基于 A4988 的步进电机驱动器，最好是查阅经销商的网站或者说明书确认应当如何正确地进行校准。

首先检查你的步进电机参数来确认经销商推荐使用多大的工作电流。你应当可以在购买步进电机时提供的数据手册上找到相关的数据。下一步需要检查驱动器上使用的电阻的值。比如 Pololu 步进电机驱动器通常使用 0.05Ω 的电阻（最好是查阅经销商提供的数据进行确定）。然后你就可以将各项数据代入下面的公式来计算出参考电压值（VREF）。

参考电压值=步进电机最大工作电流*8*电阻值

对于 Pololu 步进电机驱动器，计算公式为：

参考电压值=步进电机最大工作电流*8*0.05

假设步进电机的工作电流为 1A，那么参考电压值就应当为：

```
0.4V = 1.0 * 8 * 0.05
```

而测量 VREF 的时候，首先给打印机通电，然后找到步进电机驱动器上的小电位器的位置。图 5-10 里就是一个 Pololu 步进电机驱动器，在图中我用椭圆形标出了电位器的位置，方框内的则是接地管脚。

要测量电压，将万用表调节到直流电压挡。如果你的万用表有多个量程，选择 10～20V 的量程。给打印机通电之后将万用表的正极表笔放在电位器的中央，接地表笔放在接地管脚上。读出电压值与计算结果进行比较。

如果你需要增大测量得到的电压，用陶瓷螺丝刀将电位器的旋钮顺时针转动一定角度。只需要转动很小的角度就会改动较大的电压值。再次测量电压之后重复这个调节过程直到你得到正确的电压值。如果电位器转得太多，那么你可以将它逆时针转回 0V 重新进行调节。只需要不断转动电位器总能得到正确的结果，但是注意一次转动的角度不能过大。对于每个轴上以及挤出机的步进电机驱动器都需要重复这个调节过程。

图 5-10　微型步进电机驱动器模块

■注意：注意表笔放置的位置！如果你使用的是 RAMPS 电路板，那么 X、Y 和 Z 轴的步进电机驱动器会相邻摆放。因此在测量的时候很容易就会碰到错误的管脚，有可能还会产生电火花。如果碰到这样的情况，最好祈祷驱动器电路不会被烧坏！①

完成了步进电机的校准之后，接下来我们就可以对轴机构的运动进行校准了。我们会在下一节里介绍针对 3 个轴的校准过程。

校准各个轴

校准过程中的下一步是对各个轴机构进行调节保证移动准确。最基础的校准过程包括挑选一个起始点（如果限位开关设置正确的话通常以复位点作为起始点）、标记喷嘴的位置、预计并且标注移动一定距离后的位置，然后移动轴并且测量实际移动的距离。你需要使用不同的距离和位置重复几次这样的过程。

如果实际移动距离和预计的距离出现偏差，那么首先需要检查计算是否正确。如果计算无误并且轴的运动零部件组装没有错误，那么也许不需要另外进行调整。但是对于使用无齿同步带或者其他近似结构进行传动的轴可能需要你手动进行校准。这个原则同样适用于挤出机的机械结构，但是不适用于丝杆机械结构。

要对无法通过数学预测出的轴运动进行校准，那么首先需要计算它们之间的差距，使你能够对固件进行相应的修改。例如，如果轴的实际移动距离只有预计的 90%，那么你就可以按照这个比例来调节固件中的每毫米所需步数值以获取正确的结果。

---

① 猜猜我是怎么知道这点的？是的，图里的这块步进电机驱动器就是坏的。

■注意：轴的校准过程需要打印机的框架保持稳定并且组装无误。如果打印机的框架松松散散，或者有零部件出现松脱或者振动现象，那么肯定会影响校准的准确性。相似地，如果框架不是方形的，那么也可能导致奇怪的问题。因此在校准轴之前，检查打印机的框架结构的组装和牢固性。参照前面的"框架和底座"一节来获取检查框架的相关技巧。

但是在我详细介绍每个轴的校准过程之前，我们需要了解一下校准过程中需要的各种工具。

必备工具

你需要的工具首先包括适用于轴机构上螺栓的扳手。根据打印机使用的硬件不同，你还可能需要螺丝刀、内六角扳手等工具来松开和拧紧零部件。如果轴采用同步带传动，那么你还需要扳手来拧紧同步带张紧器。在尝试校准步骤之前检查每个轴机构的结构，确保你已经准备好了需要的全部工具。

你还需要美纹纸胶带或者蓝色美纹纸胶带以及铅笔。如果你准备使用蓝色美纹纸胶带，那么最好挑选一支对比度较高的颜色（比如黑色）的圆珠笔让你的标记能够在胶带上更加显眼。你需要在胶带上做标记来测量轴的移动，因此一个清晰的标记点能够让测量更加简单和精确。当然你还需要一把尺子。你可以挑选较短的尺子（100～150mm）用来测量封闭空间内的距离，或者一把较长（300mm）的尺子用来测量轴的运动范围。在测量 Z 轴的移动范围的时候数字游标卡尺会十分有用。

总结一下，你需要下面列出的清单里的一部分工具。其中螺丝刀、扳手和内六角扳手的尺寸则根据你的打印机具体零部件来决定。

- 扳手
- 内六角扳手
- 螺丝刀
- 尺子
- 数字游标卡尺

记住，如果得出了新的结果需要及时更新固件当中的参数（比如 Marlin 固件中的 Configuration.h 文件里的各项参数）。我习惯对相关的代码进行注释来记录原始值，比如下面这个例子。

```
//更新设定。原始 E 步数值为 524，更新值为 552.5
#define DEFAULT_AXIS_STEPS_PER_UNIT {100.00,100.00,4000.00,552.5}
```

X 轴

让我们从 X 轴开始。首先在打印床上粘一段蓝色美纹纸胶带或者美纹纸胶带，胶带应当从打印床的左侧覆盖到右侧。给打印机通电后使用打印机控制软件或者打印机的液晶控制屏对 X 轴执行复位操作。复位之后，将 X 轴朝外移动 20mm 左右的距离。这应当使得热端刚好位于打印床的边缘位置。

■提示：我推荐你使用打印机控制软件来进行校准。有时候旋钮操纵并不准确，可能会使轴的运动过多或者过少，从而导致误差。最好是使用打印机控制软件里提供的按钮甚至是通过 G-code 指令来进行控制，比如 GO X50 表示将 X 轴移动到 50 的位置上。

下一步你需要降下 Z 轴将喷嘴和打印床之间的距离控制在 5～10mm 的范围内。你可以用喷嘴的尖端或者是热端的边缘作为参考点，然后在胶带上做一个标记。这个位置就是你的起始点。下一步你需要沿着 X 轴确定一个准确为 100mm 的距离，并且在终点也做一个标记。图 5-11 里是在打印床上的两个标记的位置。

接下来通过打印机控制软件或者液晶控制屏让 X 轴移动 100mm。注意观察最后终点和 100mm 的标记之间是否存在偏差？如果有的话，先将 X 轴往回移动 50mm 或者 75mm 另外做一个标记，然后再测量一段 100mm 的距离重新标记一个终点，并且再次将 X 轴移动 100mm。

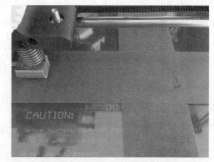

图 5-11 测量 X 轴的移动

图 5-12 里是一个恰好移动到 100mm 标记上的 X 轴。

最好是在轴上不同的位置重复测量几次移动是否精确来确保整体的机械零部件上不会出现妨碍运动的故障。[①]如果移动的距离不是 100mm，那么标记轴最终的位置，并且测量与预测终点之间的距离并记录下来。你至少需要重复 3 次这样的测试。图 5-13 里是在 Prusa i3 打印机上重复进行测试之后的结果。

图 5-12 X 轴移动精确时的情况

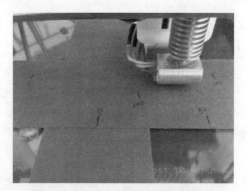

图 5-13 对于 X 轴移动的多次测试

如果你的轴机构能够在 3 次测试之中都准确地移动 100mm，那么就不需要进一步调整了！

---

① 光杆如果有弯曲部分存在的话，那么弯曲的部分就会影响移动的精确度。

但是另一方面，如果你发现轴的移动少于或者多于 100mm，那么就需要采取措施来修复这个问题了。在你打开 Arduino IDE 并且更改各种参数之前，[①]首先最好用不同的距离再重复进行几次测量，尝试测量 50mm 或者 150mm 距离下轴的移动表现。记录最终结果之间的偏差。然后利用这些测试来确定一个比例，用实际移动的距离除以预期移动的距离可以得到一个比例，比如 95/100=95%。你得到的结果的精确度应当不会超过小数点后两位，因此最终得到的结果应当相同。

为什么轴机构的移动会出错？

如果你使用 RepRap 计算器并且确保填入的所有数据都正确（驱动齿轮上的齿数、同步带的齿距等），但是轴移动的实际距离达不到 100%，你可能正在纳闷是什么原因导致的。有许多原因可能导致轴的移动出现偏差。同步带轮的尺寸可能和参数上的描述出现偏差，又或者轴上使用的惰轮会出现轻微的形变。这类原因通常造成的影响很小，误差应该不会超过 5%。如果误差超过 5%，那么你可能需要检查硬件结构和计算结果是否出现错误，即使这样最终导致的误差也很少超过 5%。当我组装使用不同硬件的打印机时通常发现误差不会超过 1%或者 2%。

回忆一下第四章里我们使用 M92 指令来设定每个轴的每毫米所需步数值，并且我们进行的测量都是在相同的距离上进行的。[②]现在让我们假设你的轴在预计移动 100mm 的时候只能移动 95mm。这说明实际的每毫米所需步数值是最终正确值的 95%。如果所有测试最终移动的距离都只有预期距离的 95%，那么可以通过将最初的值 79.75 除以 95%来得到最终正确的结果，即：

```
每毫米所需步数值= 79.75 / 0.95 = 83.95
```

你可以用指令 M92 X83.95 来重新设定 X 轴的每毫米所需步数值。完成设置以后，你需要重新进行测试来确保修正生效。现在轴移动的距离应当为准确的 100mm 了。同样最好在 3 个不同的位置重复测试来确认。

■提示：完成对于每毫米所需步数值的修订之后，记得打开 Marlin 固件并对固件里的参数进行相同的修正。如果你没有在 EEPROM 里储存相关参数，然后重新装载固件的话，那么就需要重新进行校准了。你不会希望犯下这种失误的！

现在你已经完成了 X 轴的校准，接下来该校准 Y 轴了。

Y 轴

我们测试 Y 轴的方法和 X 轴相同，只不过这回我们使用的胶带需要从打印床的前端覆盖

---

① 忍住你的冲动！
② 如果测试结果的误差不一致，那么说明轴的传动结构上可能出现了故障，或者你使用的是一个无法通过数学进行预测的传动系统。

到后端。先把胶带贴在打印床上，然后复位 Y 轴。将 Y 轴朝外移动 20mm 的距离，然后标记移动的起点，同样测量 100mm 的距离并标注终点。图 5-14 里是在 Y 轴方向进行测试的结果。

和测试 X 轴时一样，你需要重复进行几次测试并记录下实际移动的距离。如果出现偏差，那么重复进行几次移动 50mm 和 75mm 距离的测试。

如果你测量确定了最终的误差比例，那么利用这个比例来计算出最终正确的每毫米所需步数值并且用 M92 指令进行修正。比如最终 Y 轴上误差的比例为 98%，原始的 Y 轴每毫米所需步数值为 80，那么你的最终正确值和修正命令如下：

图 5-14　测试 Y 轴的移动

```
81.63 = 80/0.98
M92 Y81.63
```

■提示：再次提醒！记得在 Marlin 固件里修正对应的参数！

事情进展得很顺利，不是吗？现在轮到 Z 轴了，它的校准过程相对来说简单一点，但是有时也会给你造成极大的困扰。

Z 轴

Z 轴通常采用丝杆进行驱动，而丝杆通常十分精密并且不容易产生误差，因为整根杆上的螺纹是均匀分布的。因此无论 Z 轴位于什么位置，它的移动距离都会保持一致。

但是测量 Z 轴的移动距离却要稍微困难一些。我曾经看到过有人用贴上胶带的小方块或者三角尺来测量 Z 轴的一定距离。这种方法是有效的，但是我认为用数字游标卡尺能够让测量变得更加轻松。窍门在于，找到一个合适的位置让你能够完成全部距离的测量。

要找到这样的位置，我用到了一个为调平（调高）打印床时支撑千分表设计的支架。图 5-15 里就是我自己设计的千分表支架，你可以在 Thingiverse 上下载到设计文档（设计 232979）。你可以从链接里下载支架的文件然后自己打印一个，里面提供了两个版本，分别适用于低高度热端和更高一点的热端。

注意图中我在游标卡尺的深度杆触碰到打印床表面之后将游标卡尺的计数进行了归零。注意，测量过程中尽量不要移动支架或者打印床，因为可能会影响测量结果的准确性。

在图中可以看到我将支架固定在了 X 轴的光杆上，然后用游标卡尺的深度杆来测量 Z 轴到打印床之间的距离。

要测量 Z 轴移动的距离，首先记下游标卡尺的原始数值，然后将 Z 轴移动 50mm 的距离。为什么这里我们只移动 50mm 而不是 100mm？在进行校准之前回忆一下第三章里我们介绍的关于 Z 轴最大移动范围的设定（通常只有 80mm）。因此根据轴的起始位置不同，Z 轴能够移动的距离可能没有 100mm。

■提示：如果你能够在 X 轴上找到合适的固定点，那么也可以用一把简单的直尺来测量 Z 轴的移动距离。

你的测量结果应当会十分接近 50mm。根据测量方式的不同，可能得到的结果不是准确的 50mm，但是应当十分接近。如果结果误差较大，那么可能是来自于丝杆的故障或者每毫米所需步数值的计算错误。很罕见的情况下，我只碰见过一次，你可能会碰见丝杆上的螺纹分布不均的情况。图 5-16 里展示了移动轴之后对 Z 轴高度的测量结果。

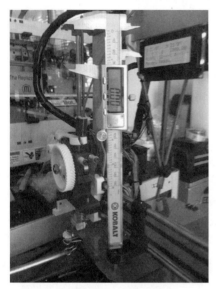

图 5-15　用固定在零点位置的
千分表来测量 Z 轴的移动

图 5-16　用游标卡尺对 50mm
Z 轴高度的测量结果

但是如果结果有误差，你可以按照 X 轴和 Y 轴校准时介绍的方法来调整每毫米所需步数值。这里用到的命令为 M92 ZNN.NN。

现在 3 个轴上的移动都应当十分精确了，而整个校准过程也接近了尾声。现在我们要对挤出机进行校准。

校准挤出机

挤出机的校准是最重要也是最艰难的一部分。回忆一下第三章里我们介绍的相关计算，其中使用到了同步带轮或者进丝绞轴的直径作为参数，如果相关参数的测量出现了误差，那么挤出机挤出的丝材量就会出现过多或者过少的现象。

校准不正确的挤出机会导致各种各样的打印问题，会让你觉得打印出来的物体和预想中的完全不一样。比如挤出丝材过少可能导致打印品的层与层之间的黏结不牢靠，而挤出丝材过多会导致缓慢移动中挤出的丝材结球或者拉丝。还有其他类似的问题都与挤出机故障有关。但是，如果你能够对挤出机进行正确地校准的话，那么就能够更加轻松地检测问题是出在挤出机、加热单元还是切片文件里了。

校准挤出机和校准轴的运动完全不一样。在校准过程中你一定会发现误差的存在，因为对于进丝绞轴的测量通常是不精确的。同样导致误差的原因还有送到进丝绞轴上的丝材量是不确定的。举例来说，假如绞丝区域（螺栓上的凹槽部分）很窄，那么打印丝材经过的位置会更接近螺栓横向的中心位置，从而使得实际生效的滚切直径更小。打印丝材的尺寸同样也会影响结果。我个人猜想这也是没有现成的挤出机计算器的原因。

> ■提示：尝试咨询你购买进丝绞轴或者同步带轮的商家。他们也许能够根据你使用的丝材尺寸（比如直径为 3mm 或者 1.75mm）给出更加精确的参考数据。

要测量挤出的丝材量，首先我们可以通过测量送入挤出机的丝材长度来得到。下面列出的是简单步骤，后面我们会对每个步骤进行详细的介绍。

1. 拆卸热端。
2. 在挤出机里装载打印丝材。
3. 在挤出机进口结构（比如舱门或者进口）的丝材上做一个标记。
4. 用尺子在丝材上量出 100mm 的距离然后再做一个标记。
5. 通过打印机控制软件挤出 100mm 长度的丝材。
6. 如果完成时打印丝材上的第二个标记刚好停在进口结构上，那么说明设置正确；否则的话，测量标记到进口结构之间的距离。
7. 计算误差比例并且对挤出机的每毫米所需步数值进行修正，修正指令为 M92 ENN.NN。
8. 继续送入打印丝材直到超过第二个标记位置。
9. 从第 3 步开始进行重复直到挤出机能够输出准确的 100mm 长度的打印丝材。

第一步需要你卸除打印丝材并且拆除热端结构。这样能够节省校准过程中使用的丝材量，并且省去等待热端加热和冷却的时间。如果你已经装载了打印丝材来测试挤出机是否能够正常工作，那么依然可以进行测试，没有规定说一定要卸除打印丝材并且拆掉热端才能够进行校准，只不过这样做能够让校准更加轻松。

如果你拆除了热端进行校准，那么首先需要通过 M302 指令来允许在冷却条件下挤出丝材。这是由于大部分固件都会在设置中禁止在热端冷却的条件下挤出丝材。如果你在执行挤出丝材的时候遇到"禁止冷却挤出"（"cold extrusion prevented"）的报错信息，那么就需要执行一次设置指令。否则的话你就需要先加热热端，然后才能够挤出丝材。

> ■注意：记得热端拆下来之后要放在打印床上你不会不小心触碰到的地方，如果启动了加热功能的话，热端的温度很可能会使你烧伤。

当打印丝材装载完毕并且闭合并拧紧挤出机惰轮之后，在与挤出机某个结构对齐的丝材上做一个标记。通常我们推荐使用挤出机的机身或者惰轮的边沿。图 5-17 里是在 Greg's Wade

铰接挤出机上做标记的例子。

下一步，在丝材上以标记作为起点测量 100mm 的距离并在终点处另外做一个标记。图 5-18 里就能看到测量和终点标记的位置。然后在 120mm 的位置再做一个标记，注意这个标记最好与前面两个标记能够区分开，比如更宽一点或者使用不同的颜色。我们需要用第二个标记来预防挤出机挤出的丝材过多的情况。因为如果挤出丝材过多，那么就没法观察到第一个标记的位置了。

图 5-17　在丝材上标记 0mm 的位置

图 5-18　在丝材上 100mm 和 120mm 的位置做标记

■提示：在图 5-18 中可以看到我在 100mm 和 120mm 的位置上的标记使用了不同颜色的笔，这样如果我需要重复进行测试的话，就不会弄混两个标记的位置了。

接下来使用你的打印机控制软件，让挤出机挤出 100mm 长度的丝材。图 5-19 里正在通过 Repetier-Host 软件的控制界面进行这项操作。

挤出机停止之后，观察打印丝材上 100mm 位置的标记与你的参考点之间的距离。如果它能够和你的参考点对齐，那么恭喜你，你的设置完全正确！如果有偏差，那么就需要确定是挤出丝材过多还是挤出丝材过少。

如果挤出丝材过少，那么 100mm 的标记应当位于参考点的上方。用游标卡尺或者小的直尺测量一下两点之间的距离。然后计算出误差比例来修正现有的挤出机每毫米所需步数值。你可以在 Repetier-Host 的日志窗口中搜索 Marlin 固件中相关参数的位置。作为连接握手协议的一部分，Repetier-Host 会通过 M503 指令请求打印机发送各个每毫米所需步数值。下面这条信息就是打印机发

图 5-19　在 Repetier-Host 的打印机控制窗口控制打印丝材挤出

送回的数据。

```
2:28:23 PM: echo: M92 X100.00 Y100.00 Z4000.00 E524.00
```

现在让我们假设你的挤出机挤出了 96mm 长度的丝材，即与预期挤出量之间存在 4mm 的误差，那么它的误差比例就是 96%。利用这一比例对图 5-19 里的每毫米所需步数值进行修正，计算结果如下。图 5-20 里就是打印丝材挤出不足时的情况。

图 5-20 挤出机打印丝材挤出不足

```
545.83 = 524 /0.96
```

而另一方面，如果打印丝材上的 100mm 标记低于参考点，那么说明打印丝材挤出过多。这种情况下，你需要测量 120mm 处的标记和参考点之间的距离，然后用 20 减去测量结果就是最终的误差。比如 120mm 标记和参考点之间的距离测量结果为 10mm，那么实际挤出的丝材长度就是 110mm。同样利用这一测量误差对图 5-19 里的每毫米所需步数值进行修正，计算结果如下。图 5-21 里就是打印丝材挤出过多时的情况。

```
476.36 = 524 / 1.10
```

计算出正确的每毫米所需步数值之后，通过指令 M92 ENN.NN 来设定新的挤出机（E 轴）每毫米所需步数值，然后重新进行校准测试。重新在丝材上的 0mm、100mm 位置做标记，然后挤出 100mm 长度的丝材。这一次 100mm 上的标记应当刚好和参考点对齐了。如果依然存在细微的误差，那么重复测试来进一步优化你的每毫米所需步数值设定。重复进行测试直到你能够获得稳定的结果。

现在让我们来观察一个实例。图 5-22 里是我在一台 Prusa 打印机上进行校准测试的结果。注意图中我测量到了 5.24mm 的挤出不足，即挤出机只挤出了 94.76mm 长度的丝材。而最初计算得到的每毫米所需步数值为 524，那么新的值计算过程如下：

```
552.98 = 524 / 0.9476
```

图 5-21 挤出机打印丝材挤出过多

图 5-22 挤出不足时的测量结果

接下来使用指令 M92 E552.98 来更新挤出机的每毫米所需步数值，然后重新进行测试。我发现这次测量的结果仍有一些细微的误差，因此为了获得最佳的效果，[①]我进行了多次测量，最后得到的平均误差为 5.16mm。然后计算出的修正每毫米所需步数值如下：

```
552.51 = 524 / 0.9484
```

这一次通过指令 M92 E552.51 来更新挤出机的每毫米所需步数值，并再次进行测试。这一次得到的结果就十分准确了。你可能发现自己也需要多次进行测试才能够得到最终准确的结果。

现在我们已经完成了挤出机的校准，已经很接近开始打印了。下一步需要进行的就是对打印床进行调平（调高）。

调平可加热打印床

这个步骤值得你多花些时间在上面。除非打印机上配备了自动调平装置，不然你总是需要确保打印床位于与 X 轴平行的平面上。我们使用调平来描述这一过程，但是这一说法并不准确。我们并不是要将打印床调节至水平，而是要确保喷嘴在各个位置上距打印床的高度相同。你需要在进行调平之前先在打印床上装好你挑选的打印基板。

■ **备注**：这一步骤需要在你用纸张测试 Z 轴高度之前进行。

挑选打印基板

关于打印基板的材质，最常见的选择是玻璃。大部分套件里使用的都是普通的家用玻璃（家庭窗格里的那种），厚度大约为 10mm。虽然这种玻璃很常见并且相对比较廉价，但是却有不少的缺陷。我曾经在不同的玻璃店和家用百货店里挑选玻璃的时候发现有不少玻璃并不是完全平整的，可以明显地看出整块玻璃呈凹形或者凸形。使用这样的玻璃会对设定 Z 轴高度造成极大的影响。但是在你通过中心点对打印床进行调平（调高）之前，可能甚至注意不到这样的问题。我是碰见打印区域边缘的丝材在黏附上不如中心的丝材时才发现这类问题的存在，一块凸形的玻璃打印基板就是罪魁祸首。

在 X 轴上固定一个千分表能够帮助你进行调平（调高）。将打印床四周的调节装置都调节到中间位置。然后按照下面的步骤来对打印床进行调平。

■ **提示**：如果你正在对一台新打印机进行调平，那么可能没有合适的千分表固定件（并且也没法自己打印一个，因为打印机还没准备好）。但是你依然可以按照下面的步骤进行调平，只需要用游标卡尺替代千分表来测量打印床上方轴的高度即可。需要注意每次测量的时候选择的参考点要保持一致。

---

① 还记得我前面说过的 A 型人格吗？

1. 将千分表放在 X 轴左侧靠近打印床边缘的位置。

2. 对 Y 轴执行复位操作。

3. 读出此时千分表的值并进行记录（或者转动千分表使此时的读数为 0）。

4. 将 Y 轴移动到最大位置。调节打印床的高度，直到此时千分表的读数和步骤 3 中记录的值保持一致。尽可能让测量点靠近打印床四角的位置。

5. 轻轻地将千分表移动到 X 轴的右侧。调节打印床的高度直到读数和步骤 3 中记录的值一致。

6. 对 Y 轴进行复位。调节打印床的高度直到读数和步骤 3 中记录的值一致。

7. 重复步骤 2～6 直到在 4 个位置上得到的读数都一致。

你可以使用我们在测量 Z 轴高度的时候用到的千分表支架。装上千分表并固定在 X 轴上。同时在调节打印床的时候尽量小心。根据打印床材质的不同，按压打印床可能会使打印床出现弯曲现象。因此要注意在进行调平的时候不能按压或者敲打 X 轴上的千分表。图 5-23～图 5-26 里展示了调平过程，并且标记了 X 轴和 Y 轴的相对位置。注意有一些位置上的读数并不是 0，因此需要在这些位置上进行调节直到千分表的读数为 0。

图 5-23　测量点 1（X 轴：最小值，Y 轴：最小值）

图 5-24　测量点 2（X 轴：最小值，Y 轴：最大值）

图 5-25　测量点 3（X 轴：最大值，Y 轴：最大值）

图 5-26　测量点 4（X 轴：最大值，Y 轴：最小值）

图 5-23 里展示了 X 轴和 Y 轴均为最小值的位置上的千分表读数。

图 5-24 里展示了 X 轴最小值、Y 轴最大值的位置上的千分表读数。

图 5-25 里展示了 X 轴和 Y 轴均为最大值的位置上的千分表读数。

图 5-26 里展示了 X 轴最大值、Y 轴最小值的位置上的千分表读数。

你需要重复至少两次这样的测量和调整过程来确保打印床在 4 个角上的高度保持一致。如果测量结果之间存在细微的差距是可以接受的，但是这一差距不能超过 50μm。超过这个大小的差距就可能会影响丝材在打印床四周的黏附情况。不过你的打印机也许能够容忍稍大一些的误差。

就快完成了！最后我们需要再次检查你的框架结构是否牢固，确保它不会在打印过程中发生形变。我们会在下一节里介绍如何进行相关的检查。

框架和机壳

你也许认为打印机的机壳是不需要校准的。但是如果你曾经组装过 RepRap 打印机，尤其是那种框架分成了很多零部件的型号，那就会知道确保机壳稳定是一件很困难的事。换句话说，你需要确保打印机的框架不会松脱、不会振荡，并且所有轴上的机械结构都被牢牢固定住并经过了恰当的调整（比如使用同步带张紧器）。

花些时间来检查所有螺丝和同步带的松紧是否合适，并且进行相应的调节。下一步检查框架是否会出现弯曲现象，一些情况下形变是正常的，尤其是使用塑料零部件去连接金属零部件的时候，但是整体的框架不能出现松动的现象。

Prusa i3 单片铝材框架的稳固性

全新的 Prusa i3 打印机设计中（当时）吸引我的内容里就包括了新框架的开放性。我很喜欢这种不被框架所拘束的打印床设计。在使用原先的 Prusa 打印机时，我经常需要把手臂扭曲才能够勾到打印床或者其他的零部件。因此我很期待组装自己的第一台 Prusa i3 打印机。

但是在组装了一个全铝材的框架之后，我发现了一种十分流行的配件上的小缺陷。如果你在框架的顶部安装了打印丝材卷的支架，它额外的重量可能会在快速运动的时候导致框架出现轻微的形变，无论怎样去固定 Y 轴的丝杆都会出现这样的情况。这个问题出现在抬升 Z 轴并且快速移动 X 轴机构的时候会导致铝制框架上出现轻微的形变或者振动，从而可能导致挤出机出现轻微的前后运动，最终使得物体呈现轻微不稳定的波纹状。

为了解决这个问题，你可以在框架的背部添加额外的支架进行固定。有许多现成的设计可供选择，但是我试用各种支架之后发现 iPrintln3D 在 Thingiverse 上提供的设计能够最好地解决问题（设计 251890）。

如果你准备自己组装 Prusa i3 打印机，那么需要考虑一下是否使用铝材框架的版本，或者是更换混合材质的框架，比如 SeeMeCNC 提供的设计。

这个框架并不会出现和铝材框架一样的形变问题，并且可以使用一部分铝材框架的零部件。实际上我曾经考虑用这款产品来替代我的打印机上的框架。这样就能解决 Z 轴的振动问题，同时减少框架零部件的数量。

总　　结

如你所见，校准打印机并不仅仅是确保轴移动的距离准确，还需要确保步进电机驱动器的设置正确、限位开关的位置合适，甚至框架和挤出机的功能是否正常都需要进行检查。在这一章里我们介绍了各项校准中需要检查的内容，并且详细介绍了如何进行相关的校准操作。

如果到目前你已经完成了这章里介绍的全部校准操作，那么恭喜你！你已经可以开始准备打印第一个物体了！

骗到你了吧？你可能认为对于各种机械结构的摆弄和对固件的修改已经结束了。但是事实并非如此，我们需要验证打印机的功能是否正常。比如操作打印机打印边长为 15mm 的方块时，是否能最终得到一个每个边都精确的是 15mm 的方块呢？

在下一章里，我们会介绍如何打印测试物体来验证校准是否正确，同时还会介绍有哪些设计值得打印以及到哪儿去寻找可以打印的新模型。

第六章

■ ■ ■

尝试第一次打印

到目前为止，你应当已经拥有了一台全新的 3D 打印机，[①]或者刚刚完成了对自己组装的打印机硬件的校准工作。但是无论如何，你都期盼着打印第一个物体时的激动和快乐。但是为了最大限度发挥你的打印机性能并且给你一个好的开始，我们需要花点儿时间来测试打印机是否准备完毕。还有许多东西需要你去处理——即使是从包装盒里刚拆出来的新打印机也一样。虽然这听上去像是更多无趣的操作和折腾，但是事实并不是如此。

这一章将会从如何准备好你的打印基板开始。这一步对于确保你在诊断问题时减少一个可能的问题来源十分重要。一个准备良好的打印基板能够帮助你避免打印过程中最常见也是最严重的问题——翘边（lifting）。

这一章同样还介绍了关于如何设置切片软件以及打印第一个物体的小窍门。首先让我们从简单地校准物体开始，打印它的过程能帮助你进一步优化打印机的设计。我们会介绍如何利用简单的几何体（比如方块）来确保你的打印机校准是正确的。让我们开始吧！

为打印做准备

在开始打印之前你还需要进行一些准备工作。无论这是你用新打印机打印的第一个物体，还是用一台维护良好的打印机打印的第无数个物体，在给打印机开始通电之前你都有一些操作需要完成。

这也是大部分与 3D 打印相关的书籍会略过或者介绍得十分简略的部分。但是，花时间来准备好 3D 打印机能够帮助你避免一系列的打印问题。有 3 项准备工作是在开始打印之前所必需的：首先应当确保打印表面准备完毕，并且和准备采用的丝材类型相匹配；然后要设定正确的 Z 轴高度；最后你需要确保切片软件设定能够和采用丝材的温度和尺寸互相匹配。

我们会在下面的内容里详细介绍这 3 个步骤。在你花时间仔细完成了这些步骤之后，就可以准备开始进行打印了。

---

① 对你来说是"全新"的。

准备合适的打印表面

市面上有许多类型的打印表面材料，而你使用的丝材决定了应当采用何种材料。比如回忆一下第一章里我们介绍了最适合 PLA 丝材的打印表面是蓝色美纹纸胶带，而最适合 ABS 丝材的则是 Kapton 胶带。这两种表面处理材料是最适合 PLA 或 ABS 丝材的。在这里我们将会介绍另外一种用来解决 ABS 丝材的翘边问题的表面处理材料。①

如果你能够挑选打印机上的打印基板，那么需要考虑的因素就更多了。比如铝制的打印基板更适合使用蓝色美纹纸胶带，而 Kapton 胶带则更适合玻璃打印基板。不过玻璃打印基板是一个十分常见和通用的选择。

下面的内容里会介绍几种不同的打印表面处理方式，针对各种方式给出备注来帮助你挑选最适合自己的方式。

> ■ **提示**：我个人会针对各种表面处理方式使用不同的打印基板。比如在使用蓝色美纹纸胶带和 Kapton 胶带的时候会分别使用两个不同的打印基板，然后还会准备一个打印基板用来应付使用 Kapton 胶带和 ABS 黏着剂时的情况（后面的内容中会进行介绍）。

准备工作

为了让表面处理能够发挥最大功效，首先要对打印基板的表面进行清洁，处理掉各种油渍、碎屑和灰尘，并且保持打印表面的干燥。如果你的打印基板是玻璃或者铝制的，那么可以用丙酮和 90% 或者更高浓度的异丙醇来进行清洁，这样能够在清洁表面的同时保证不会残留肥皂沫或者其他清洁剂。你还可以使用刮窗器，但是要确保打印基板不会在使用刮窗器时受损。如果你使用的是水基溶剂，那么确保在打印之前保持打印基板的干燥。

如果你需要更换打印基板的表面，那么首先需要完全移除旧的打印表面。使用好几层不同的表面处理方式——比如蓝色美纹纸胶带和 Kapton 胶带交替使用，并不是一种理想的处理方式。图 6-1 里展示了在 Kapton 胶带上使用蓝色美纹纸胶带发生的情况。虽然这样节省了移除 Kapton 胶带的时间，但是由于蓝色美纹纸胶带和 Kapton 胶带之间的黏附不是很好，导致出现了翘边问题。即使用同一种表面处理材料叠加多层也很容易导致同样的问题。

图 6-1　叠加多层表面处理材料的情况

---

① 它能够像魔法一样解决 ABS 丝材的翘边问题。

蓝色美纹纸胶带

在五金店、家用百货店或者油漆店中，你都能找到各种用来标志喷漆区域的胶带产品（也被称为纸胶带）。最适合喷漆的胶带需要能够防止油漆喷洒上之后流动，这样能够帮助油漆工在喷涂多种颜色的时候精确区分不同颜色的喷漆区域，或者是遮盖住花纹、电子元件和其他任何不希望油漆粘上去的区域。

有许多种喷漆用的纸胶带可供选择，一些胶带并没有什么特殊的（通常是黑色、棕色或者蓝色），但是有一些胶带上附有塑料片。[①]虽然一部分胶带使用起来更加优秀，但是它们对于油漆工来说有一项特质是必须和共通的：它们可以轻松地被移除掉，同时不会影响原先黏附部分的喷漆或者墙纸。我们采用的胶带叫作蓝色美纹纸胶带。

是蓝色的吗?

有许多厂家生产美纹纸胶带，但是其中有一部分不是蓝色的！我曾经就在市面上看到过绿色和黄色的美纹纸胶带，商品名叫作青蛙胶带。绿色的版本和传统的蓝色美纹纸胶带性能相同，但是黄色的版本黏附力要差一些，适用于一些更加敏感的表面。在 3D 打印社区中人们对于使用绿色美纹纸胶带褒贬不一。我个人在可加热打印床上使用它的时候没有碰到什么问题，但是在一般的打印床上它的表现不如普通的蓝色美纹纸胶带，打印丝材并不能很好地黏附在上面。而黄色版本的美纹纸胶带根本不适合 3D 打印，因为很容易在打印过程中松脱使物体出现位移。

蓝色美纹纸胶带是一种十分适合各类打印床的表面材料。它能够完美支持 PLA 丝材的打印，同时在使用可加热打印床的情况下能够较好地支持 ABS 丝材的打印（但是依然比不上使用 Kapton 胶带）。胶带通常有多种宽度可供挑选，并能够轻松地黏附在玻璃或者铝制打印基板上，而且不需要特殊的工具就可以快速地移除或者替换。

■**备注**：在蓝色美纹纸胶带上打印出来的物体底部通常会有一种磨砂的质感，并且会呈现与胶带相同的花纹。

打印模型在完全冷却之后就可以轻松地拿下来，并且胶带可以重复使用好几次。由于胶带本身也很廉价，因此替换起来不会给你很大的心理压力，即使是弄破了其中的一部分，你只需要另外剪一段胶带将破损的部分补上即可。

■**提示**：物体在冷却之后相比于刚刚完成的时候能够更加轻松地从蓝色美纹纸胶带上移除下来。

但并不是所有的蓝色美纹纸胶带使用起来都一样。我推荐你尽可能避免那些不知名厂家生产的十分廉价的胶带，一部分虽然看上去没什么问题，但是如果它们不能很好地黏附在打

---

① 永远记住不要尝试使用塑料或者类似材质的胶带。它们不能承受可加热打印床的高温工作环境，并且很容易粘在你的打印品上毁掉一切。

印基板上，那么可能会使打印品上的翘边问题变得更加严重。同样如果黏附得太紧，也会使后续移除和替换胶带时变得更加困难。

多宽的胶带才合适？

通常情况下，你可以挑选能够买到的最宽的胶带，不过购物的时候一定要注意多比较。比如我曾经就看到过一些 10cm 宽的美纹纸胶带，但是它们的价格大概是 5cm 宽胶带的 4 倍，同时长度大概也只有 5cm 宽胶带的 75%。这时候更宽的胶带反而会花费你更多钱。同样太宽的胶带在往固定的打印基板上粘贴的时候也十分困难，尤其是当框架零部件或者电路板影响你操作打印基板的情况下。因此我通常选择使用 5cm 宽的胶带，然后通过几条胶带来完整覆盖住整个打印基板。这对于我来说是最经济实惠的选择了。

另一个需要注意的问题是胶带表面是否印刷了制造商的标识。如果你准备使用浅色打印丝材打印的话，那么注意尽量避免使用印刷了标识的胶带。这是因为胶带上的标识很容易印在丝材上。有一次我在使用一个大品牌生产的蓝色美纹纸胶带打印 PLA 材质的物体时，最后发现全部物体的底部都印上了品牌的标识。如果你使用暗色打印丝材打印的话，可能标识不会很明显，但是我推荐你还是尽量避免使用印了标识的胶带。

你需要根据当地胶带的价格来自己估算使用胶带的花费大概有多少，通常情况下最好在价格、宽度和黏着质量之间寻找一个平衡点。比如我一般使用 5cm 宽、无出血边沿、无标识的蓝色美纹纸胶带，虽然价格上要稍微贵一点，但是它能够很好地黏附在玻璃表面上，并且相比于便宜的品牌能够提供更佳的耐用度。

在你的打印基板上粘贴蓝色美纹纸胶带十分简单。你只需要剪出几段长度比打印基板稍长的胶带，然后将它们并排粘贴在打印基板上直到完全覆盖了整个打印基板即可。不要担心打印基板边沿上多余的胶带，你可以在完全覆盖整个打印基板之后再用剪刀或者美工刀修剪掉这些胶带。我更倾向于留下这些悬空的部分，它们能够让移除胶带变得更加轻松。但是注意不要让这些多余的胶带影响轴机构的运动，因为蓝色美纹纸胶带悬空的部分在可加热打印床工作的时候会出现卷曲。如果你留下来的部分太多，那么卷曲的部分可能会粘在热端上，甚至可能会把打印基板上的胶带带松，还可能会堵塞喷嘴，导致挤出故障。

粘贴胶带的过程中最困难的部分要算是让各条胶带之间的缝隙尽可能小，但好消息是胶带能够轻松地撕下来进行调整。我个人习惯将胶带拉直放在打印基板的上方，然后先将一端与之前的胶带对齐保证没有缝隙，然后缓缓地降下另一端的胶带并注意保证胶带笔直。不过说起来总是比做起来简单，经过几次练习之后你肯定能掌握其中的诀窍。

粘贴完胶带之后，我会修剪打印基板边缘上多出的部分，但是会留出一部分来稍微按压一下胶带，这样能够保证胶带牢牢地粘贴在打印基板上，即使是在出现了重叠的情况下。

图 6-2～图 6-6 描述了如何在打印基板上粘贴蓝色美纹纸胶带的过程。我使用了一个特制的 MakerBot Replicator 2 上的铝制打印基板作为演示，但是这些步骤同样适用于玻璃、尼龙

或者其他类似的材料。唯一需要注意的情况可能就是软质打印基板了（比如 Plexiglas），这种情况下你最好使用美工刀来修剪胶带的边沿。这是因为在使用剪刀修剪胶带的时候很可能会损伤打印基板本身。

图 6-2　一列列地粘贴胶带

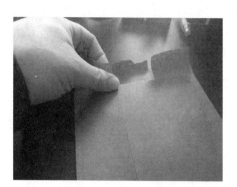

图 6-3　先对齐一端

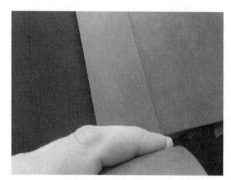

图 6-4　再对齐另一端

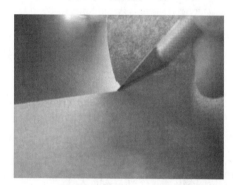

图 6-5　修剪掉多余的胶带

注意，图 6-3 里我先将胶带拉直，然后再对齐外沿的位置。这样能够避免打印基板上的胶带产生褶皱并确保打印基板上的缝隙是平整的，同时注意我留出了一小段悬空的胶带。

在图 6-5 和图 6-6 里，我修剪掉了多余的胶带并平滑了打印基板上胶带之间的缝隙。如果你的胶带互相重叠了，那么打印出来的物体底部可能也会出现不平的现象。

图 6-6　平滑缝隙位置

■**注意**：尽量避免胶带之间出现重叠。胶带的厚度可能会使喷嘴在打印底层的时候运动轨迹受到阻拦，因此导致翘边之类的打印问题，至少会导致你的打印品底部出现折痕。同样注意胶带之间的缝隙不能太大。缝隙同样会导致你的打印品底部出现折痕，并且由于打印丝材不能很好地黏着在打印床上而导致翘边问题。

使用蓝色美纹纸胶带来辅助打印不需要对打印机进行特殊的设置。只要确保 Z 轴高度的设定正确（一张标准重量的纸张的厚度），打印丝材就应当能够轻松地黏着在物体上。蓝色美纹纸胶带十分适合用来打印 PLA 丝材，同时配合可加热打印床也可以用来打印 ABS 丝材（但是可能很容易出现翘边问题）。使用蓝色美纹纸胶带打印 PLA 丝材能够取得和可加热打印床一样的效果，但由于可加热打印床会影响黏着剂的使用效果，因此你可能需要更频繁地更换可加热打印床上的胶带。

> ■提示：使用蓝色美纹纸胶带打印 ABS 丝材需要你十分精确地对 Z 轴高度进行设定。我发现在使用蓝色美纹纸胶带打印 ABS 的时候所需的 Z 轴高度比使用 Kapton 胶带进行打印的时候低。相比于蓝色美纹纸胶带，ABS 材料更容易黏附在 Kapton 胶带上。[1]

如果发现打印表面上出现褶皱就应该更换胶带了。在几次打印之后（也许可能只有 5 次），你可能会发现打印基板上胶带的颜色开始发生变化。轻微的变色是正常的，只要胶带能够良好地黏附在打印床上就能继续使用。我们需要关注的是移除物体时可能造成胶带的损伤以及胶带表面上出现褶皱，不过通常在许多次打印之后才会出现类似的情况。

当你的切片软件默认将物体摆放在打印基板中央时，这种情况更容易出现。在这种情况下，打印基板中央的胶带很容易就会出现耗损，另外，即使没有出现褶皱，打印模型的底层也很难黏附在胶带上，并且如果在边沿和 4 个角上出现翘边的问题，就应当更换打印基板上的胶带了。

如果你像我一样使用的是 5cm 宽的胶带，那么可以考虑一次更换几条胶带而不是全部胶带。如果你只在中央进行打印并且物体的体积不超过两条胶带纸的宽度，那么只需要更换经常使用的两条胶带就行了。你不需要每次更换的时候把整个平台上的胶带都撕下来换上新的。这也是另外一个挑选不是特别宽的胶带的理由——每次更新表面消耗的胶带也许要少得多。

Kapton 胶带（聚酰亚胺胶带）

你是否曾经拆开过笔记本计算机、平板计算机或者智能手机看看它们内部的构造？[2]有没有注意到它们内部通常会有一些透明的黄色胶带？很大可能你看见的就是我们将会使用的 Kapton 胶带。Kapton 胶带实际上是一面附有黏着剂的聚酰亚胺薄膜，它具有极佳的耐高温特性，能够在-269～400℃的温度范围内正常工作。在 3D 打印（以及其他类似的）领域中，我们经常用最先发明聚酰亚胺胶带的公司 Kapton 来称呼这种胶带（Kapton 胶带）。实际上你会在市场上看见许多品牌的聚酰亚胺胶带，但是注意不要将它们称为 Kapton 胶带（由于明显的商标/产品限制）。

Kapton 胶带最适合用来打印 ABS 丝材，同时也适用于其他高温丝材的打印。Kapton 胶

---

[1] 能否使用蓝色美纹纸胶带来打印 ABS 丝材完全取决于你的经验。我推荐你在有了充分的控制翘边问题和其他类似黏附问题的经验之后再尝试用蓝色美纹纸胶带来打印 ABS 丝材。
[2] 我经常在苹果公司的设备中看见 Kapton 胶带的身影。

带粘贴起来会更加困难，因为它的黏着力十分强。实际上 Kapton 胶带的黏着力甚至超过了薄膜本身的强度，如果你不小心将 Kapton 胶带粘在了干燥的铝或者玻璃表面上，那么除非破坏薄膜的结构，否则很难将胶带撕下来。图 6-7 里是一卷普通的 Kapton 胶带。

■备注：在 Kapton 胶带上打印的物体底部通常十分光滑，但是有些人并不喜欢这样，因为会使物体各个面上的质感不统一。

从 Kapton 胶带上取下打印品是一件很困难的事。你需要等到物体完全冷却之后再来尝试将它们取下来，才能获得比较好的效果。从 Kapton 胶带上取下物体有多种方法，其中一部分需要用锋利的小刀或者美工刀来将物体撬松。虽然这些方法很实用，但是有可能会损伤表面上的 Kapton 胶带。由于 Kapton 胶带的价格相对比较昂贵并且更换起来也比较困难，因此我推荐你在最后无可奈何的时候再尝试使用各种工具。

我取下小物体的方法是用可调节的扳手套住物体的边缘，然后轻轻地用扳手将物体撬松，一般这时候物体就可以直接拿下来了，或者至少有一边能够空出足够的缝隙来让你放进钝塑料刀片来撬动物体。

图 6-7　Kapton 胶带卷

■注意：在尝试下面介绍的方法之前需要准备好厚手套和防护眼镜等保护措施，如果弄错了某个步骤，那么很可能会弄坏玻璃打印床！

另一种用来取下粘在普通的玻璃面板 Kapton 胶带表面上打印品的方法是，首先你需要将玻璃打印床拆下来，然后将它放在垫了毛巾的工作台或者桌面上。然后将打印基板移到一半悬空、一半位于桌面上的位置，接着轻轻、慢慢地按压悬空的部分，直到你听见物体发出了"啵"的一声。注意这里一定不能快速用力按压打印基板——这样会直接弄碎你的玻璃打印基板！对物体的 4 个边都重复这样的操作，直到你可以将物体从打印基板上撬下来为止。

和蓝色美纹纸胶带一样，Kapton 胶带也有多种宽度可以挑选。但和蓝色美纹纸胶带不一样的是，在这里我推荐你尽可能使用更宽的胶带，因为要对齐许多条胶带并且避免缝隙和重叠是一件十分困难的事。不过你在购买的时候依然需要注意对比各个产品之间的差别，因为有时宽胶带比窄胶带的价格要贵得多。我通常使用 200mm 宽度的胶带，这样用两条胶带就能够覆盖住整个打印基板，因此只有打印基板的中央存在一条接缝。

粘贴 Kapton 胶带需要一定的练习以及大量的耐心。我发现有一种方法适用于绝大多数的打印基板，并且在玻璃和铝制平台上的效果都很不错。但是这种方法并不推荐用在镂空的固定打印基板上使用（比如 MakerBot Replicator 1）。后面我会另外介绍如何处理 Replicator 1 的打印基板。下面的图 6-8～图 6-13 里展示了这种方法的步骤示意图，后面我们会详细介绍各个步骤的内容。

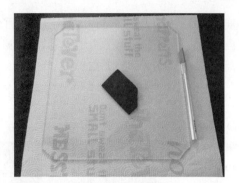

图 6-8　准备工具

图 6-9　喷混合溶液

图 6-10　一次粘贴一条胶带

图 6-11　粘贴另一条胶带直到完整覆盖住打印基板

图 6-12　压平缝隙位置

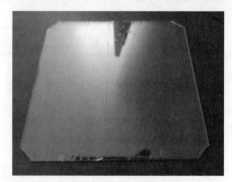

图 6-13　大功告成

1. 将打印基板拆下来，放置在一个平坦的防水台面上。我通常会垫一些纸巾用来吸收洒出去的液体。

2. 用 1 滴婴儿洗浴液和 110g 水混合制成溶液。

3. 在打印表面喷洒适量的溶液，可以用喷雾器来保证水溶液的分布尽量均匀。

4. 剪出一段长条的 Kapton 胶带，长度至少要比打印基板长 5cm。

5. 在手指上喷一些水，然后小心地握住胶带的两端。

6. 将胶带放在打印床上方，让它自由下落，形成一个"U"形。

7. 慢慢地用手指按压胶带（注意不能拉两端），让胶带均匀分布在平台表面上。

8. 如果胶带的分布不均匀，那么将它撕下来然后重新尝试步骤6～7。水溶液应当能使胶带更容易撕下来。如果发现胶带粘在玻璃上，那么在重新尝试粘贴胶带之前需要喷洒更多的水。

9. 用橡胶或者其他软质材料的刮刀，从胶带的中央开始轻轻地按压并朝两端移动，将水溶液从两端挤出去。如果出现了较大的气泡或者折痕，那么可以将出现问题的胶带部分轻轻地撕下来然后重新粘贴即可（注意过程中不要拉伸胶带两端）。

10. 重复步骤9，尽量将胶带下的水溶液挤压干净。不用担心那些小气泡（比如直径4～5mm的气泡），它们会在水溶液干燥之后自然消失。

11. 对于另一条胶带也重复同样的步骤，注意最好将这条胶带与原先的胶带对齐之后再粘贴在平面上。你会发现水溶液使两条胶带在重叠的情况下也可以轻松地撕下来。

12. 用刮刀尽可能地挤干胶带下方的水分，最后注意用刮刀处理两条胶带缝隙之间可能残留的水分。

13. 用美工刀修剪掉多余的胶带。

14. 用纸巾吸干打印基板上多余的水分，然后将打印基板放在太阳底下进行自然干燥。几个小时或者一晚上之后胶带里的小气泡应当就会自然消失了。

■提示：不要担心在表面上洒水过多。水溶液能够防止胶带粘在玻璃上。

在用刮刀刮水的时候尽量从中央开始，同时注意动作平和、稳定。

保持两条胶带之间的缝隙尽可能小，但是同样需要避免重叠。缝隙的宽度需要保证不超过零点几毫米，超过这个宽度的缝隙可能导致在缝隙上打印的物体出现凸起。

在 Replicator 1 打印机上使用相同的方法

你依然可以在 MakerBot Replicator 1 打印机上使用前面介绍的方法，但是需要准备和注意的事项更多。首先你需要将打印床从打印机上拆卸下来，拆卸过程需要你先断开可加热打印床的接线（接头位于打印床背部的中央位置），然后移除4个打印床调平螺丝。移除螺丝之后，你就可以将打印床抬升起来从打印机上取出了。

注意打印床的接头需要用绝缘胶带或者其他防水胶带进行保护。保护好接头之后，就可以用前面介绍的方法来粘贴胶带了。不过在喷水的时候需要注意适量，避免螺丝头里浸满水。最后尽量让打印床干燥整晚的时间，并且在安装时注意残留的水渍。如果发现打印床依然潮湿，那么尽量避免使用它。

很明显，这些步骤是为了解决 Replicator 1 打印机在干燥条件下很难粘贴 Kapton 胶带的问题，但是它需要花费的时间更长，因为你需要在重新安装打印床之前让打印床彻底风干，并且安装之后需要重新进行调平。

这也是大部分 Replicator 1 打印机的拥有者更倾向于改装一个可拆卸的打印床的原因。如果你拥有相同型号的打印机，那么可以考虑在网上购买一个二手可加热打印床备用，这样就可以随时保持一个干燥的、粘好了胶带的打印基板备用了。

在使用 Kapton 胶带打印的时候需要非常精密的 Z 轴高度设定——比使用蓝色美纹纸胶带时的要求更高。你应当在头几次使用 Kapton 胶带进行打印的时候每次都重新校准 Z 轴高度（如果不是每天都至少使用一次的话）。

虽然 ABS 能够很好地黏附在 Kapton 胶带上，但是依然会有翘边问题出现。一些人会通过使用 Kapton 胶带替换蓝色美纹纸胶带来尝试解决翘边问题，但是却发现问题变得更加严重。这可能是由于问题不出在打印表面上。比如，如果 ABS 丝材在打印时周边有冷却气流，那么高层可能会比底层更快地冷却收缩（因为底层丝材被可加热打印床持续加热），因此使底层丝材出现弯折和卷曲从而导致翘边问题。[①]

■**备注**：不同层次之间的丝材出现切片问题不仅仅可能由冷却过快导致，在已经冷却的丝材层上进行打印也可能导致相同的问题。因为这种情况下两层丝材的温度不够高，以至于无法形成有效地黏合。

为了让在 Kapton 胶带上打印 ABS 丝材时的效果达到最佳，你应当搭配使用温度设置在 90～110℃ 之间的可加热打印床。你可能需要经过几次试验才能够找到最合适的温度设定，并且不同尺寸的丝材所需的工作温度也不同。我使用的一些浅色打印丝材所需的打印床温度就稍低一些。最佳方案是从 100℃ 开始进行试验，注意观察底层丝材在打印床上的黏附情况。如果在边沿或者小直径的零部件上出现了翘边问题，那么将可加热打印床的温度升高 5℃ 然后重新尝试打印。这个过程并不是特别复杂。我个人倾向于在 Kapton 胶带上打印 ABS 丝材的时候将打印床设置成 100～110℃，下限用来打印较大的物体，上限则用来打印小体积或者带有突起部分的物体。相关的数值可以在切片软件中进行设置。

Kapton 胶带的更换频率比起蓝色美纹纸胶带来说要低得多，一般在胶带的黏性失效之前你很可能就会在取下物体的时候弄坏胶带的表面。即使是这样，你也可以通过少量的丙酮和无绒布来清洁胶带表面残留的 ABS 丝材。我曾经最多使用 Kapton 胶带支持超过 40 个小时的打印工作。实际上，我还从来没有在胶带失效之前保证胶带完整过。

ABS 黏着剂

如果你准备打印 ABS 丝材并且希望底层丝材能够牢牢地黏附在打印床上，同时不想使用 Kapton 胶带（或者是用光了），那么另一种可选的表面处理方式是 ABS 黏着剂（ABS Juice）。[②] 你可以将它涂抹在玻璃面板上或者是 Kapton 胶带上。

首先你需要将长 10～20mm 从旧裙子、帽子或者其他类似物体上收集来的 ABS 碎屑（丝材需要花费更多时间来溶解）溶解在适量的丙酮里（每 1mm 长度的 ABS 纤维需要大约 10ml 的丙酮），溶解需要在带有盖子的玻璃罐中进行。在涂抹黏着剂的时候，只需要将黏着剂均匀地涂抹在玻璃表面上，然后等待几分钟让黏着剂干燥，接着在校准 Z 轴高度之后就可以开始

---

① 当不同层次的丝材在冷却中切片时还可能导致大型物体出现内部的裂痕。
② 这并不是 ABS 胶水，ABS 胶水用来黏合两个不同 ABS 材质的零部件，通常也会更浓。

打印了。这种方法能够显著地缓解在 Kapton 胶带上 ABS 丝材容易出现的翘边问题，并且能够节省你在完成整个打印之前进行的尝试次数。

比例正确的 ABS 黏着剂应当是溶液状的，并且没有任何残留的凝结块（ABS 碎屑应当完全溶解）。你可以用棉签、布或者刷子来涂抹黏着剂，尽量将黏着剂均匀地涂抹成薄薄的一层。涂抹完成的黏着剂如果出现了波纹是正常的，不会影响打印丝材的黏附，同时还有人曾经反馈过条纹状的黏着剂甚至有可能帮助打印丝材的黏附。我个人发现它可以有效地帮助你取下打印模型。同时正确涂抹的黏着剂应当使玻璃面板看上去不透明，并且应当带有轻微溶解在其中的丝材的颜色。比如使用蓝色塑料来制作 ABS 黏着剂，最终得到的成品就会带有淡淡的蓝色。图 6-14 里是一个涂抹了 ABS 黏着剂的打印基板。

■**提示：**为了让涂抹黏着剂更加轻松，你可以将打印床调节到 50℃，然后再涂抹黏着剂。

在制作黏着剂的时候，尽量选择和打印丝材相同颜色的塑料。因为每次取下打印模型的时候，事先涂抹的黏着剂通常都会粘在物体的底层上。因此如果你使用蓝色打印丝材进行打印，那么最好使用蓝色的黏着剂。这也是有些人不喜欢使用黏着剂的原因——每次更换使用的丝材时都需要重新调制，这是黏着剂的缺点之一。但是如果你像我一样喜欢储备大量相同颜色的丝材的话，那么就不是什么大问题了。图 6-15 里展示了从涂抹了黏着剂的打印基板上移除物体之后是怎样的。

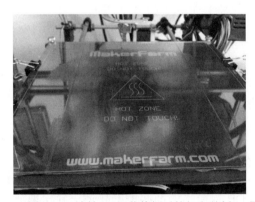

图 6-14　涂抹 ABS 黏着剂后的打印基板　　图 6-15　涂抹黏着剂的打印基板在移除物体之后的情况

■**提示：**在制作丙酮黏着剂时另一种可选材料是 MABS（丙烯酸甲酯-ABS 树脂），它是 ABS 树脂和丙烯酸树酯的混合材料。它能够产生乳白色的 ABS 黏着剂，干燥之后会变成透明，因此适用于各种颜色的 ABS 丝材打印。但是 MABS 相比于丙酮可能更难获取。

注意图中的黏着剂完全脱离了物体的底部。[①]ABS 黏着剂的最大优点——除了它可以有效解决翘边问题之外——就是你可以在移除打印完成的物体之后，重新在打印基板上涂抹

---

① 能不能辨别出我打印的是什么？提示：这是为 MakerBot Replicator 2 准备的配件。

新的黏着剂，并等待黏着剂干燥之后就可以继续使用了。你不需要每次都清理干净残留的黏着剂！

　　如果你需要清除掉打印基板上的黏着剂，那么只需要用一把简单的小剃刀将残留的黏着剂擦干净即可。如果你曾经尝试过在家里的窗户上喷漆，那么肯定知道该怎么做！你还可以用碎布和丙酮来清洁残留的黏着剂，不过这种方法只能够处理较薄的黏着剂层。如果你涂抹的黏着剂较厚，那么可能需要使用丙酮反复地擦拭才能够清理干净黏着剂了（但是依然可以清洁干净）。

　　在溶解和储存黏着剂的时候，注意使用的容器要能够密封，并且能够承受丙酮蒸汽的腐蚀性。我通常使用带有弹簧盖子和橡胶圈的玻璃罐来密封储存黏着剂。丙酮蒸汽会损伤甚至完全毁坏合成塑料材质的垫圈。图 6-16 里是储存了黏着剂的玻璃罐子。罐子的顶部带有螺纹，以及一个牢固的垫圈。图中的罐子已经摆在架子上放置一个星期了。在一开始的时候，罐子里的黏着剂大概有一半的容量。但是过了一星期之后，罐子里的黏着剂就只剩下底部残留的

图 6-16　变质的黏着剂

一小部分了，并且垫圈也被弄坏了。因此我不得不将整个罐子都丢掉。

　　装指甲油的空罐子也可以用来储存黏着剂。它能够抵抗丙酮的腐蚀，甚至还能够附带一个小刷子。

　　如果你希望储存黏着剂，首先要确保容器能够抵抗丙酮的腐蚀，其次如果你每次只使用少量的黏着剂，那么可以在使用完之后让丙酮自然挥发（让可以重新使用的 ABS 沉积在罐子底部）或者用大量丙酮来清洁罐子里多余的黏着剂。

　　如果你准备用刷子来涂抹黏着剂，那么注意一定要挑选用动物毛制成的刷子。如果刷子的刷毛会溶解或者粘在一起的话，[1]那么肯定不是由动物毛制成的！我使用的刷子是扁形的，大约有 1cm 宽。在涂抹黏着剂的时候，只需要按照相同的方向重复均匀地涂抹黏着剂即可。这样能够形成光滑的黏着剂涂层，并且边缘上的凸起能够让你更轻松地取下打印模型。

　　■**注意**：如果刷子的柄上喷了漆或者有其他类似的涂层，那么注意尽量避免让黏着剂沾到刷子柄上。丙酮会使柄的表面受损，甚至可能溶解漆面装饰。最好是使用那些光木头柄的刷子。

　　用刷子来涂抹黏着剂除了需要注意刷子的材质之外，在用完之后的清洁也比较困难。我通常会储备两罐丙酮，一罐用来制作 ABS 黏着剂，另一罐则通常会保持纯净用来在每次打印完之后清洁我的刷子。只需要将刷子浸入丙酮里轻轻地转几圈，然后用纸巾擦干刷子并等它

---

　　① 动物毛不会溶解在丙酮中。

自然风干即可。这种方法适合于黏着剂浓度不是很高的情况，如果黏着剂太浓，那么清洁起来就会更加困难。

一些人更喜欢使用棉签而不是刷子来涂抹黏着剂。你可以根据个人喜好来选择使用何种方式，关键点在于保证黏着剂涂抹的时候需要尽量均匀，同时再次强调只要不超过 1mm 宽的波纹都不会影响打印的质量。

关于 ABS 黏着剂还有另外一点我希望介绍一下。回忆一下前面我们介绍的是直接在玻璃表面上涂抹黏着剂。你可以将它用在其他材质的平台上，但是效果不一定很好，并且有一些平台会因此变得无法使用。比如，我通常不推荐将黏着剂直接涂抹在可加热打印床上（一些打印机并不会在加热单元上另外加装一块玻璃的打印基板），因为它可能会损伤电路零部件。同样我一般不会在铝质表面上使用黏着剂，但是有人曾经介绍过使用成功的例子。

在 Kapton 胶带上涂抹 ABS 黏着剂听上去很浪费并且没有必要，但是事实并非如此。它能够让事情变得更方便。这样我不仅能够通过撕掉 Kapton 胶带来完全清洁残留的黏着剂，同时还可以节省黏着剂的使用量，只需要薄薄一层即可。不仅如此，如果在打印过程中一不小心弄破了 Kapton 胶带，我还可以用黏着剂来修补破损的位置（如果面积不大的话）。

我还曾经尝试过只在物体的边沿位置涂抹适量的黏着剂，只需要先让打印机打印出物体的外沿部分。外沿部分的打印可以在切片软件中设置，并且可以在打印之前用来清洁喷嘴中的丝材。它可以很方便地标定出打印模型在打印基板上的位置。图 6-15 里就残留了打印完成的物体外沿。当打印机完成外沿的打印之后，只需要将轴移开，然后将沿着外沿的内侧涂抹一层 ABS 黏着剂（大约 10mm 宽）即可。这样能够在节省黏着剂的同时有效解决翘边问题。

无论你是直接在玻璃表面还是在 Kapton 胶带上使用 ABS 黏着剂，都会发现它能够比使用挡板或者其他障碍物的物理方式更加有效地解决翘边问题。我们会在第七章里介绍更多关于如何控制翘边问题的内容。

■注意：记住丙酮本身是带有腐蚀性的物质，并且严禁食入或者吸入。因此在处理丙酮的时候需要格外注意，因为它对皮肤有很强的刺激性。[①]而且丙酮十分易燃，因此需要远离明火或者可能产生电火花的设备。同时在处理易燃性液体的时候一定要准备好灭火器。

其他处理方式

还有许多表面处理方式被许多人采用，并且其中一部分能够取得良好的效果。但是在这里我并不打算一一进行介绍，因为它们都比较奇怪。不过其中有一种方法值得提及，有人曾经介绍过在玻璃表面上用发胶来充当 ABS 黏着剂的替代品，还有人在铝质表面上使用发胶也取得了不错的效果。如果你像我一样对一些发胶过敏的话（以及某些特定的溶剂），在尝试这些方法之前一定要仔细考虑它们对于周围环境的影响。

如果你十分具有冒险精神，想要试验各种不同的表面处理方式，我推荐你在熟悉了一种

---

① 它能够使你的皮肤瞬间变得干燥，你不会希望遇到这样的情况！

或者几种成熟的方法之后再进行其他方法的试验。在熟悉的过程中还能够帮助你不断优化打印机的设置，并且排查各种可能导致打印质量问题的故障。不要轻率地认为蓝色美纹纸胶带、Kapton 胶带或者 ABS 黏着剂是导致打印质量问题的原因。许多资深的 3D 打印爱好者都使用这些表面处理方式，并且能够获得很好的效果。先排查出隐藏的问题再来尝试各种新奇的技术。[①]

现在我们已经了解了一些常见的打印表面处理材料以及如何正确地使用它们。接下来让我们重新讨论一下如何设定 Z 轴高度。

设定 Z 轴高度

我在上一章里介绍过关于 Z 轴高度的设定，并且上一章里有许多处都涉及到了相关的内容。在这里我们需要更加详细地介绍如何设定 Z 轴高度，让你能够牢记在打印之前进行这项操作。我这样做的原因来自于我早期的 3D 打印经验。那时候我经常忘记检查 Z 轴高度的设定，在论坛上花了大量的时间来查阅导致翘边问题的原因，直到有人好心地提醒我 Z 轴高度是导致这个问题的关键因素。

■ **备注**：在这里我使用的描述名词是 Z 轴高度（Z-height），其他人有时会用喷嘴高度（nozzle-height）或者底层高度（first-layer height）来描述。

你应当记住在每天的第一次打印之前、变更打印基板之后，或者是手动改变了轴的位置之后都需要检查 Z 轴高度设定是否正确（尤其是在变更打印基板之后，因为不同材质的打印基板的厚度通常不一致）。这是由于这些操作都会导致打印床的高度发生轻微的变化。有趣的是，你会发现打印机使用的框架材料也会在不同的环境或者空气条件下轻微地影响打印床的高度。我拥有的一台打印机在 Y 轴上安装的是木质表面，然后在上面固定可加热打印床。玻璃打印基板通过夹子固定在打印床上。有一天我发现 Z 轴高度偏离了大约 0.025～0.050mm，而这么大的误差量已经可以导致底层丝材出现黏附问题了。

检查和设定 Z 轴高度有多种方法。采用何种方法取决于你使用的打印机类型。如果你的打印机带有自动调平（调高）功能，那么只需要使用它即可。如果你的打印机文档中介绍了如何进行调平，那么最好按照说明文档进行操作。另一方面，如果手册中没有介绍任何方法（或者是自己组装的打印机），并且打印机带有 Z 轴微调器，那么可以按照下面的步骤进行调节。

1. 调节 Z 轴微调器稍稍地抬升喷嘴高度。这一步是为了防止在 Z 轴高度过低的情况下喷嘴在调节过程中与打印床发生碰撞。

2. 对所有轴执行复位操作。

3. 撕下（或者剪下，如果你像我一样希望一切都整整齐齐的）一片大小为 5cm × 10cm 的标准重量的纸张。你也可以使用便签纸，但是要注意使用时将带黏性的一面朝上。你也可

---

① 虽然在 Kapton 胶带上另外涂 ABS 黏着剂听起来很奇怪，但是我实践之后发现效果确实不错。

以用黏条来固定纸张。将纸张塞到复位之后的喷嘴下方。

4．调节 Z 轴高度直到你可以将纸张在不被压紧或者撕裂的情况下取出来。纸张被压紧或者撕裂说明 Z 轴高度太低。通过 Z 轴微调器来小幅度调节 Z 轴高度，每次朝着需要的方向调节 1/10 圈然后重新复位。重复这一过程直到纸张能够在轻微受压的情况下取出来。

5．将喷嘴抬升 5mm，然后将 X 轴和 Y 轴移至中间位置，重复第 4 步。

这个方法能够在我拥有的全部 RepRap 打印机上正常使用，而商业打印机都有各自适用的 Z 轴高度校准方法。

如果你的打印机上的 Z 轴限位开关是固定的，并且暂时没有或者没有计划加装 Z 轴高度微调器，你依然可以尝试调节 Z 轴高度，但是这个方法需要根据你的打印床进行调节。如果你的打印床上带有调平（调高）螺丝，那么可以通过调节这些螺丝来设定 Z 轴高度。这种情况下，如果你的打印床是 4 个点固定的，那么需要在 4 个角上分别校准一次 Z 轴高度。如果你的打印床只有 3 个固定点，那么你需要用前后左右 4 个边缘位置作为校准点。我推荐你额外在中央进行一次校准。

如果你的打印机没有可调节的打印床，那么就只能通过复杂的 Z 轴限位开关来尝试调节 Z 轴的高度。这需要你不断地松开限位开关的固定件并上下调节限位开关的位置。这种方法十分容易出现误差，并且可能需要重复多次才能得到正确的结果。我敢肯定尝试过几次这样的调节之后，你就会将 Z 轴微调器加入你的必备配件清单里。

准备好打印基板并且校准了 Z 轴高度之后，我们就可以开始打印第一个物体了！现在让我们认识一下打印过程中如何校准你的切片软件。

切片软件校准

准备打印模型的第一步就是对切片软件进行校准。回忆一下第一章里我们介绍过切片软件的功能是将.stl 文件转换成.gcode 文件，它实际上是用来规定打印机的硬件规格、打印丝材特征、加热单元控制，以及打印质量控制方案等内容的软件。在这一节里，我们会介绍如何使用 Slic3r 软件展示校准打印机的打印过程。

■**备注**：一些书籍会将这些步骤归类到设置当中，但是大部分还是会作为校准的一部分进行介绍。

幸运的是，编写 Slic3r 的人已经在软件里内置了一个十分优秀的校准向导程序（Calibration Assistant）。你可以在帮助菜单里启动这个向导程序，只需要单击帮助（Help）→校准向导就可以启动相关程序了。图 6-17 里是初始状态下的对话框。如果你没有配置过 Slic3r 程序，那么现在是绝佳的时机打开它，然后按照我下面展示的步骤通过向导程序进行配置。

注意，界面里介绍了几个步骤。你需要按照步骤输入打印机使用的固件、打印床的尺寸、挤出机喷嘴的尺寸、所用打印丝材的规格细节，以及温度设定等相关的信息。

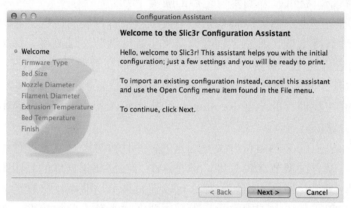

图 6-17 校准向导的欢迎界面

单击下一步（Next）按钮前进到固件设置页面。图 6-18 里的信息是根据我的 Prusa i3 打印机选择的。

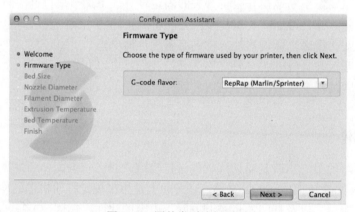

图 6-18 固件类型选择页面

注意图中我选择的是 Marlin/Sprinter 固件。切片软件需要知道你使用的固件类型才能够给打印机发送正确的控制指令，即与固件相匹配的 G-code 指令。Slic3r 支持多种固件选项，包括 Teacup、MakerBot、Sailfish、Mach3/ENC 以及 Marlin/Sprinter。根据你的打印机情况选择对应的选项，然后单击下一步按钮来打开打印床尺寸设置页面，如图 6-19 所示。

在这个界面上，你需要输入 X 轴和 Y 轴的最大值。输入完毕之后单击下一步按钮进入喷嘴设置页面，如图 6-20 所示。

根据打印机的说明文档或者硬件的规格单来查阅喷嘴的直径数据，然后输入到对话框中。切片软件需要这项数据来计算挤出多少打印丝材才能够得到一定厚度、填充密度的丝材层，等等。输入数据，然后单击下一步进入打印丝材设置界面，如图 6-21 所示。

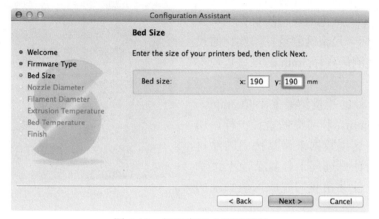

图 6-19　打印床尺寸设置界面

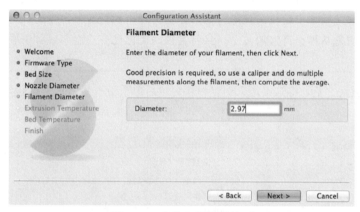

图 6-20　喷嘴直径设置界面

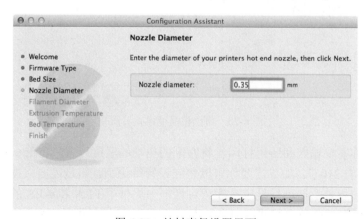

图 6-21　丝材直径设置界面

在这个界面上，我们需要输入使用丝材的直径。注意不能仅仅输入常见的 3mm 或者 1.75mm

这样的数据，因为不同品牌丝材的直径可能差距十分大，甚至不同颜色的丝材的直径也可能不同。用数字游标卡尺精确测量打印丝材的尺寸，图 6-22 里是测量直径 3mm 的丝材直径得到的结果。

图 6-22　测量丝材的直径

注意丝材直径的测量结果并不是 3mm，实际上只有 2.97mm。和喷嘴的直径一样，切片软件同样需要这项数据来计算挤出的丝材量，并且实际的计算过程十分复杂，不过幸运的是切片软件能够帮我们完成这些烦琐的工作。

■**提示：**你需要养成每次打印之前都测量一下丝材直径的习惯。如果误差超过 0.01～0.02mm，那么就需要更改切片软件中的相关设定。如果你发现打印丝材卷中各处的丝材直径不一致，那么以后就要尽量避免从那个商家购买了。丝材直径的变化过多可能导致打印质量不佳甚至是挤出机故障。

测量完丝材直径之后，将结果填入对话框中，然后单击下一步进入温度设置界面，如图 6-23 所示。

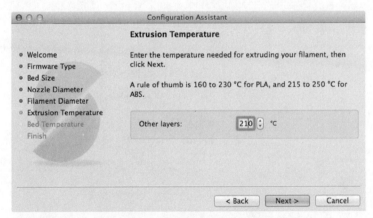

图 6-23　挤出机温度设置界面

这个界面中你需要输入和所用打印丝材匹配的热端的温度设置。在图 6-23 中，我输入的是用于 ABS 丝材的 210℃。如果需要你可以将它设置得更高，但是需要根据打印机和打印丝材的说明文档里的相关数据进行设定。注意对话框中提供了 PLA 和 ABS 的推荐温度设置。输入相应的值，然后单击下一步进入打印床温度设置界面，如图 6-24 所示。

在这里你需要输入可加热打印床设定的温度值。如果你的打印机没有配备可加热打印床，那么输入 0 即可。注意对话框中同样给出了 PLA 和 ABS 的推荐设定值。在这里我设定的是 100℃用于打印 ABS 丝材。输入你需要的值然后单击下一步按钮就可以进入最终界面，如图 6-25 所示。单击完成按钮（Finish）结束整个向导程序，之后 Slic3r 会自动回到主界面，同时 3 项配置文件也已经修改完毕了。

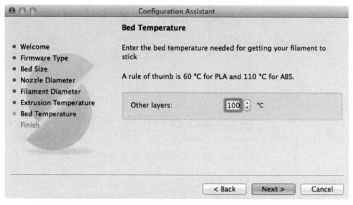

图 6-24　打印床温度设置界面

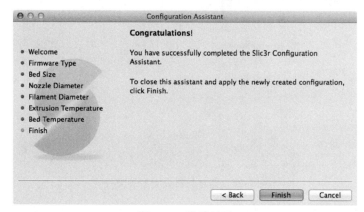

图 6-25　最终界面

现在你需要做的是将各个配置文件进行命名和保存，这样才能够在打印机控制软件（比如 Repetier-Host）里使用相应的配置文件。单击那个小的软盘①按钮，如图 6-26 所示。

注意图中我将 3 个配置文件分别命名为 Prusa_i3_low、RED_ABS_210 和 Prusa_i3，如图 6-26～图 6-28 所示。你可以通过单击软盘按钮来储存配置文件。命名是为了让你能够重复使用这些配置文件。比如你可以针对使用的多种打印丝材分别建立不同的配置文件，然后根据选用的丝材来选择对应的配置文件进行打印，这样就不用每次重新输入各项数据了。

■备注：如果通过 Repetier-Host 里的配置按钮（Configure）启动 Slic3r，那么 Plater 标签将不可见。

————————

① 软盘？是不是感觉很复古？

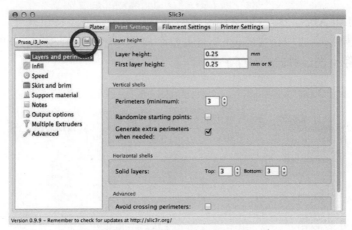

图 6-26　储存打印设置配置文件

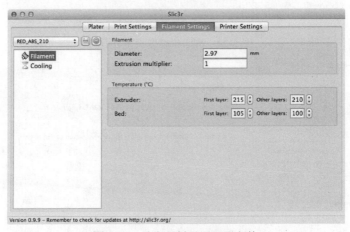

图 6-27　储存丝材设置配置文件

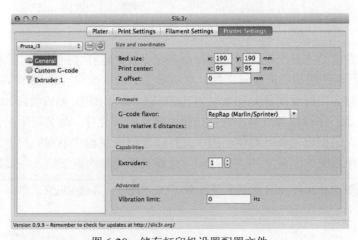

图 6-28　储存打印机设置配置文件

回忆一下每个面板里都有大量的数值设定。比如打印设置窗口主要控制打印质量，因此你可以设置层高、填充材料以及其他与打印质量相关的设定。但是目前你只需要将它们保持在默认设定即可。

为了演示如何在打印机控制软件里选择对应的配置文件，图 6-29 里展示了一个 Repetier-Host 里的 Slic3r 设置界面的例子。注意图中我选择的配置文件就是前面储存的配置文件。

现在你已经配置完了切片软件并且储存了配置文件，接下来是时候开始考虑如何打印第一个物体了。

图 6-29　在 Repetier-Host 里设置 Slic3r 使用的配置文件

打印你的第一个物体

我们已经准备好了打印表面、校准完了 Z 轴高度，并且完成了对切片软件选项的配置，你已经为打印做好了准备！这一节里将会全面介绍如何使用 3D 打印机来打印模型。

虽然你现在已经准备好打印任何想要的东西了，但是我推荐你再进行一项校准步骤——打印一个物体来测试你的校准设定。我知道这听上去像是在浪费打印丝材，但是我希望通过下面的内容能够让你了解这个步骤的重要性。它能够帮助你建立对打印质量和打印机性能的合理预期。

我们先简单介绍 3D 打印的流程，然后详细介绍如何进行校准打印测试。

■**备注**：如果你的打印机质量优良，那么也许不需要打印校准物体。比如 MakerBot 打印机在出厂的时候已经完成了各项配置，只需要进行少量的设置就可以开始打印了（包括打印床的调高）。

打印流程

打印的流程如下，但是要注意不同打印机的使用步骤也会有所不同，因为一部分打印机不配备可加热打印床，或者是需要不同的软件配置（比如 MakerBot 就需要 MakerWare 固件），或者是不连接计算机进行打印控制（比如通过 SD 卡进行打印）。但是下面的步骤是一般情况下大多数打印机都需要遵循的流程，我们会在下一节里介绍更多的细节。

1．给打印机通电。

2．检查并且校准 Z 轴高度。

3．装载打印丝材。

4．启动打印机控制软件。

5．对所有轴进行复位。

6．选择切片软件配置文件。

7．启动加热单元（挤出机热端、打印床）。

8．装载物体并进行切片处理。

9．加热单元达到设定温度之后，开始打印。

■提示：你可以同时完成其中的几项步骤。随着你对于 3D 打印的熟练度越来越高，可以尝试在等待加热单元预热的同时配置切片选项。

首先，你需要在挤出机上装载打印丝材。如果你的打印机没有丝材卷支架，那么需要提前抽出一长条打印丝材，保证挤出机在拉扯打印丝材的时候不会受到打印丝材卷阻力的干扰。你也可以考虑从打印丝材卷上剪出 2～3 圈长度的丝材，装载到挤出机里之后将多余的丝材拖在打印机的背部。重点在于保证挤出机在使用和拉扯打印丝材的时候不会受到过大摩擦力的阻碍。

按照打印机使用说明里的步骤来配置挤出机进行打印，包括预热热端并装载打印丝材直到挤出机能够正常挤出丝材。我通常习惯挤出约 30mm 长的丝材来测试挤出机是否能够正常装载和加热打印丝材。

■提示：丝材卷支架是一项必备的配件。如果你的打印机上没有配备，那么到 Thingiverse 上找找有没有合适的支架设计。大部分设计都需要你通过 3D 打印才能制作，但是少部分只需要使用常见的材料就可以组装出来，比如细 PVC 管和轴承零部件等。挑选一个能够确保摩擦力尽可能小的设计。你也可以考虑在支架的侧面装上一个转盘。

接下来给打印机通电，校准 Z 轴高度是否正确，然后对所有轴进行复位。[1]然后在计算机上启动 Repetier-Host，通过 Repetier-Host 连接打印机并在打印控制面板中启动热端。你需要在打印控制面板里设置所需的温度，注意这里设定的值需要保持和切片软件中的设置一致。

在挤出机加热的过程中，回到物体摆放界面，单击添加 STL 文件按钮（ADD STL File）。找到你的方块（.stl 文件）并选中打开它。此时方块应当出现在平台预览窗口的中央。

下一步单击切片软件配置按钮，然后选择之前储存的配置文件。之后单击通过 Slic3r 进行切片按钮（Slice with Slic3r）。完成之后，软件中就会显示出 G-code 指令清单。

接下来只需要等热端加热完毕就可以开始打印了。单击温度曲线按钮来观察挤出机的温度情况。

达到预设的温度之后，单击工具栏里的运行按钮（Run）。你的打印机在短暂地暂停之后

---

[1] 我必须强调这些步骤对于打印质量的重要性。永远记住在对打印机进行任何操作之前都需要校准 Z 轴高度并对所有轴执行复位操作。

就会开始打印了。根据打印机速度（以及切片软件设定的速度），打印一个方块可能需要花费15～20分钟。最后在将物体从打印基板上取下来之前让物体冷却5～10分钟。

校准打印

校准打印是通过打印一个特殊的物体来测试你的打印机在执行某项任务时性能表现的过程。比如你可以通过打印一个方块来测试轴运动的准确性、打印带有多个通孔的物体来测试打印的精确度、打印带有悬空部分的物体来测试你的挤出机性能究竟如何、打印中空的物体来检查连接设置等。

我推荐你从方块开始进行测试。这也是检查打印机设置是否正确的最佳方式。对于那些刚刚组装完自己的打印机的新手来说，测试成功带来的成就感是十分令人满足的。方块能够让你准确测量出轴的运动量，比如你打印的是一个20mm边长的方块，那么可以测量每个边的实际长度，看看它是大于20mm还是小于20mm。

当然我们的目标是精确的20mm，但是事实上大部分打印机在第一次校准打印的时候都会出现细微的误差，不过误差通常只有零点几毫米。超过这个大小的误差说明你需要回头去检查轴运动的校准是否正确。物体上出现误差的原因有很多，包括打印丝材的冷却特性不同或者是丝材层的构成出现了细微的故障。不管成因如何，如果误差只有零点几毫米通常可以忽略不计。

你可以在Thingiverse上找到各种不同的测试方块设计，或者通过OpenSCAD来自己设置一个。我们会在下一章里详细介绍OpenSCAD的使用；不过设计一个方块只需要了解一些基本功能就够了，现在就可以尝试一下。如果你还没有安装OpenSCAD，现在是时候把它装上了。

首先打开OpenSCAD软件。注意默认情况下软件会打开一个空白的模型设计界面。在屏幕左侧的编辑框里输入下列代码：

```
cube([20,20,20]);
```

这行代码能够生成一个每边均为20mm长的方块，边的顺序为 *X* 轴、*Y* 轴和 *Z* 轴。如果你希望设计一个10mm宽（*X* 轴）、20mm长（*Y* 轴）、5mm高（*Z* 轴）的长方体，那么应当使用下面的代码：

```
cube([10,20,5]);
```

接下来我们需要对代码进行编译。你可以通过设计→编译（Design→Compile）选项里的渲染菜单（Render）对代码进行编译，并且同时产生物体渲染之后的示意图。渲染完成之后的方块应当出现在软件的右侧窗口中。大功告成！你成功地通过代码生成了一个边长20mm的方块，很酷不是吗？

接下来我们需要生成.stl文件用在切片软件中。单击文件→导出→导出为STL文件（File→

Export→Export as STL）选项，[①]在弹出的对话框中给文件命名，比如 cube_20.stl。你也可以在 OpenSCAD 里储存这个方块，不过由于代码很简单，一般没有必要。如果需要一个不同的方块，只要简单的一行代码就可以搞定了。现在设计工作已经完成了！下一节里我们将会介绍如何对方块进行切片。但是首先让我们来了解一些校准打印的实例。

在这些例子中，我会介绍测量方块所得到的结果。首先让我们从一个用一台全新的 MakerBot Replicator 2 打印机打印的 20mm × 20mm × 10mm 方块开始。图 6-30 里从左到右展示了 X 轴、Y 轴和 Z 轴长度的测量结果。

图 6-30　MakerBot Replicator 打印的测试方块

注意方块实际的体积和设计值十分接近。其中 X 轴多了 0.1mm，Y 轴和 Z 轴的误差还要更小。在我看来，这台打印机已经不需要进一步的校准了，因为这样的误差是完全可以接受的。

多小的误差才够？

根据打印机的用途不同，你打印得到的物体尺寸也许不需要那么精确。如果你打印的是其他打印机的零部件，那么只要物体打印正常，并且外部尺寸没有太大的误差，就没有必要修正打印机的校准设定了。那么多少误差才算正常呢？我认为这与你使用的打印机也有关，比如 0.2～0.4mm 的误差对于大部分入门级和 RepRap 打印机来说都是可以接受的。而对于商业级和专业级的打印机，误差通常不应超过 0.2mm。

下一个例子则是通过 Printrbot Simple 打印的 15mm × 15mm × 15mm 的方块。图 6-31 里是测量结果。从图中可以看到实际的长度比预期的要稍大一些，X 轴和 Y 轴上的误差分别达到了 0.36mm 和 0.38mm，而 Z 轴上的误差则达到了 0.19mm。

图 6-31　Printrbot Simple 打印的测试方块

① 老版本中对应的选项顺序为设计→导出为 STL 文件（Design→Export as STL）。

虽然这个误差看上去很大，但是考虑到打印机的硬件配置，实际上并没有那么糟糕。总的来说，Printrbot Simple 作为一款入门级的产品，出现这样的误差是可以接受的。更详细地说，Printrbot Simple 采用摩擦轮和钓鱼线来驱动 X 轴和 Y 轴，因此机械结构的精确度比不上 MakerBot Replicator。但是考虑到价格的区别，这样的误差实际上已经很不错了。而且 Z 轴依然采用丝杆驱动，误差也不是很明显。图中 Z 轴的误差并未超过 0.2mm。

下一个例子是采用一台未经校准的 RepRap Prusa i2 打印机打印的测试方块。图中的结果展示了早期 RepRap 爱好者在碰到不准确的参数时经常遇见的问题。图 6-32 里预期是一个 20mm × 20mm × 20mm 的测试方块。

图 6-32　未经校准的 RepRap 打印机打印的测试方块

粗略观察图中的结果，X 轴和 Y 轴的结果只是出现了轻微的误差，并且其他结果看上去并不差。但是仔细观察你会发现一个独特的问题，方块的侧面是凹形的。你可以通过观察 X 轴和 Y 轴测量结果里方块的左侧面发现问题，仔细观察侧面的弧度。图 6-33 里是在侧面的中央进行测量时的结果。

同时引起我注意的还有 Z 轴测量结果的误差。从图 6-32 中我们可以观察到实际的高度远远小于 20mm，这个误差已经算是十分显著并且亟待重新对打印机进行校准。

注意右图中在垂直方向测量的结果实际只大了 0.13mm。仔细观察方块，会发现在 X 轴和 Y 轴边沿上有着很多凸起部分。这是由于打印丝材挤出过多导致的。如果仔细观察图 6-33，可以发现方块侧面上出现了波纹。

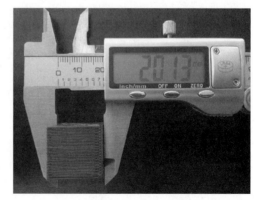

图 6-33　沿着轴的垂直方向测量长度

在这个测试里我们发现了两处问题。首先 Z 轴的校准有错误，其次打印丝材设定也需要重新检查。当我获得这台打印机并且发现这些问题之后，我首先重新检查了固件中关于 Z 轴的一些参数，并且对 Z 轴重新进行校准。在这过程中我发现虽然错误只是很小的一处，但是修复之后能够让 Z 轴的运动变得精确很多。

而关于打印丝材问题，我首先改变了切片软件中相关的设定使其与打印机使用的丝材互相匹配，这样修改之后凹面问题得到了显著改善。我将这个方块保留了下来，用来展示校准错误有时还与其他的因素有关，在这里是与打印丝材设置有关。同时这个测试方块展示出了如果你不能正确地计算相关参数和配置固件，那么可能得到类似的、最坏的结果。

■**备注**：这种情况也可能仅仅是由于 Z 轴设置错误导致的，即丝材层受到喷嘴的挤压，从而导致侧面出现凸起。

现在让我们通过一个正确校准过的 Prusa i2 打印机来为 RepRap 衍生型号正名。图 6-34 里展示了 Prusa i2 使用 ABS 材料打印的一个 15mm × 15mm × 15mm 测试方块。你可以看到图中实际的测量结果已经十分接近预期值了。

图 6-34 校准过的 RepRap 打印机打印的测试方块

如果你打印了几次测试方块，依然发现误差在 0.2～0.4mm，那么说明你可能需要重新校准打印机。不过你需要仔细观察是否存在不平整的表面或者其他可能导致你的测量出现误差的问题。如果你发现了类似的问题，进行补偿之后的实际测量误差没超过 0.2mm，那么首先应当解决导致问题的原因，然后再决定是否需要重新校准。比如底层丝材受到喷嘴过度挤压，那么最终得到物体的 Z 轴高度就会低于预期值。在这种情况下，你首先需要修正的是 Z 轴高度设置过低的问题，它会导致打印床上的底层丝材被过度挤压。

在最后决定是否重新校准之前，你可以打印两个（甚至是三个）测试方块来保证误差的稳定性。如果依然存在误差，你可以尝试着打印一个稍大一点儿的测试方块。如果误差不会随着方块尺寸的变化而变化，那么说明误差可能与校准过程无关，而是来自于其他不是那么显著的问题。但是如果误差随着方块尺寸变大也变大了，那么误差的原因肯定是来自于校准问题。如果你决定要重新调整打印机的相关设定，那么注意一次只调整一个轴，通过打印验证修正有效之后再尝试调整其他的轴。

寻找能够打印的设计

好的，你的打印机已经准备完毕了，那么接下来呢？是时候找一些东西来打印试试看了！在第一章里，我简单介绍了 Thingiverse 这个网站，它能够提供大量的 3D 物体建模和设计方案素材。它是一个十分优秀的共享社区，你可以在上面找到其他人设计并分享出来的现成建模。网站上的设计从十分简单的立方体，到十分复杂的镂空装饰应有尽有。而作为第一个实际尝试打印的项目，我推荐你挑选一个简单的物体。如果你是刚刚接触 3D 打印的话，那就更应当如此。但是如果能把打印的成品向家人朋友炫耀一下总是更好的，那么应当挑选怎样的物体来打印呢？

从零开始

有一些十分流行的物体可以作为你的备选方案。你可以考虑从体积较小、没有悬空或者连接部分、没有小突起的物体开始。所有这些特征都会导致物体的打印难度上升以及更容易出现打印质量问题。换句话说，不要在一开始的时候就妄想成为精通 3D 打印的大拿。你需要花时间来了解你的打印机在使用不同打印丝材、加热设定以及其他各项配置时的性能表现。只有经过不断地练习和持续积累才能够最终获得成功。

图 6-35　第一次打印的示例成品

下面列出了几个我推荐的可以用作第一次尝试打印模型的设计。其中一些虽然结构很简单，但是最终的成品却能够令人惊奇。图 6-35 里就是各个设计打印完成之后的成品。

- 伸缩手链（Thingiverse 网站，设计 13505，关键词 Stretchy Bracelet）：一个可穿戴的优秀 3D 打印设计。很适合新手作为打印练习使用。只需要花费 20～30 分钟即可打印完成
- SD 卡收纳器（Thingiverse 网站，设计 9218，关键词 SD Card Holder）：能够用来存放 SD 卡的实用工具。由于它的体积较大，因此打印花费的时间也更长。通常情况下，打印时间需要 1～2 个小时，具体时间则由你的打印设定决定
- 口哨（Thingiverse 网站，设计 1046，关键词 Whistle）：打印难度会比较高，但是绝对值得你花费时间和精力进行尝试。最终得到的成品可以赠送给你的朋友们，因此可以大批量地进行打印！打印时间通常不超过 1 个小时。查看 Thingiverse 上的信息页面来了解如何打印口哨内部的发声结构

如果你在打印过程中碰见了问题，不要担心。我会在后面的章节里介绍如何解决常见的打印故障。不过这时候如果你碰见了打印问题，那么可以检查 Z 轴高度、切片软件设定以及打印表面等设定是否正确。

但是通常情况下大部分打印机，比如 MakerBot Replicator 2，都能够直接打印出质量十分优秀的物体。如果你的打印机是自己从零开始或者是通过套件组装完成的，只要你能够遵循说明手册介绍的步骤，那么最后得到的结果应当也很不错。不要害怕经过多次尝试才能最终得到优秀的打印品——这也是 3D 打印的学习曲线的一部分。

搜索设计

在完成了这些物体的打印之后，你可以尝试着寻找一些其他的物体来打印。Thingiverse 上提供的设计非常多，你可能需要花费几百个小时才能够完成各种你喜欢的模型设计的打印。

但是幸运的是，MakerBot 给 Thingiverse 添加了一个"喜欢"（like）的功能。你只需要注册账号并登录就可以使用这个功能，你还可以通过这项功能标记出自己喜欢的设计，之后访问网站的时候就能够快速找到这个设计页面。我很享受浏览各种设计的页面来寻找自己喜欢的设计的过程，找到我喜欢的设计之后只需要单击页面上的喜欢按钮就可以将它收藏在自己的账户里了。之后你可以在账户的"我喜欢的设计"（Things I Like）选项里快速访问你收藏的各种物体。

当然除了浏览各种不同物体之外，你还可以在 Thingiverse 里搜索特定的关键字来查找相关设计，比如小鸭子（duck）、小兔子（bunny）、浴帘（shower curtain）等。网页的右上角有一个文本搜索框，你只需要输入相应的关键词，然后按回车键即可。

比如你希望打印一些新的浴帘挂环，那么可以搜索"浴帘"（shower curtain）。页面上应当会显示出许多设计供你挑选，你可以收藏那些喜欢的设计，然后回到账号页面仔细进行挑选。图 6-36 里展示的是搜索浴帘时的结果页面。

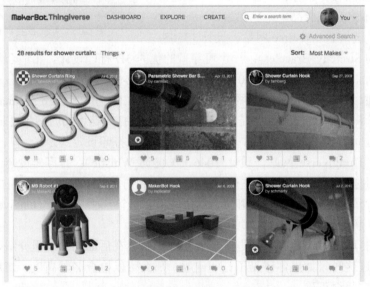

图 6-36　Thingiverse 的搜索结果页面

注意图片右上角的排序设置选项。默认的排序依据是相关度，即优先显示和你的搜索关键字匹配的设计。在这里我选择的是最多打印，即通过完成这项设计打印的人数对结果进行降序排列。这样能够优先显示最受欢迎的模型设计。通常情况下，这意味着物体的设计更加优秀，能够提供更高的精确度或者实用性。你还可以通过发布时间来查看最近上传到 Thingiverse 上的物体。你还可以通过这个选项来查看物体是否最近被修改过。

下载设计

找到你中意的物体之后，只需要在搜索结果中单击对应的页面。弹出的页面里会显示更多关于物体的细节。图 6-37 里是搜索结果中一个浴帘挂环的详细信息页面。

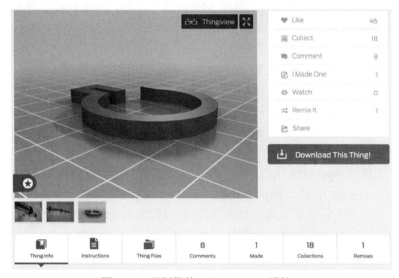

图 6-37　示例物体（由 schmarty 设计）

　　要下载物体的设计文件，只需要单击下载（Download this Thing）按钮，就会弹出设计中包含的文件清单。在出现清单界面之后，单击下载全部文件（Download All Files）按钮并将.zip文件保存在系统中。之后解压得到的.stl 文件就可以导入到切片软件或者 Repetier-Host 中用于切片和打印了。图 6-38 里是在 Repetier-Host 中装载完毕已经准备好打印的同一个物体。

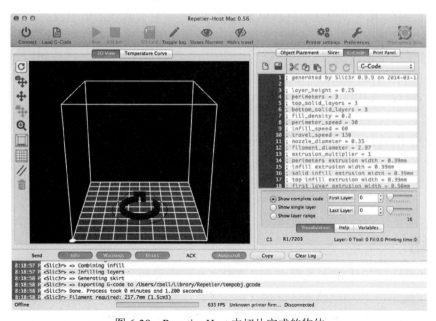

图 6-38　Repetier-Host 中切片完成的物体

Thingiverse 的物体详细信息页面有许多你可以单击的标签页，标签页中提供了关于设计的进一步信息。并不是所有的物体都具备全部的标签页信息。如果创建者没有提供物体的使用说明，那么说明标签页就是灰色的无法单击。下面列出了全部可能存在的标签页。

- 物体信息（Thing Info）：关于物体的一般信息，通常描述了物体的设计目的和用法
- 使用说明（Instructions）：关于如何打印、组装和使用物体的详细说明。物体的创建者通常会在这里介绍推荐的填充密度、外壳层数等和打印质量相关的详细设置信息
- 设计文件（Thing Files）：所有与物体相关的设计文件所在地。你可以在这里找到.stl文件以及偶尔还会发现源代码文件。如果你希望根据自身需求对物体进行修改，那么源代码文件就很有用了。注意有时候物体的源代码文件只适用于特定的图形软件。比如物体是通过 OpenSCAD 设计的，那么这里提供的文件就是.scad 格式
- 评论（Comments）：这里列出了其他曾经打印过这个物体的用户给出的评价。注册用户可以使用这个标签页来充当讨论区，你可以在这里向物体的设计者提问或者给出升级的建议，当然还可以通过赞赏设计者给他创造新的设计的动力
- 成品展示（Made）：这个标签页囊括了其他用户曾经打印过并且上传之后在 Thingiverse上的链接。你可以通过链接来查看其他用户得到的成品效果。有时候看看不同颜色成品的效果能够帮助你决定是否要挑选这个设计。如果你打印了一个成品，那么可以登录 Thingiverse 后单击详细信息页面的左上角的"我制作了一个"（I Made One）按钮开始上传，然后上传成品的照片和详细的描述信息
- 选集（Collections）：这里列出了其他用户创建的相关物体选集
- 衍生设计（Remixes、Derivatives）：这里列出了其他用户创建的关于这个物体的衍生设计链接。你可以用这里的清单来尝试寻找有没有更喜欢的衍生设计。衍生设计通常会在某些独特的方面改进模型设计，比如你可能会发现提供更多稳定性或者添加了新功能的衍生设计

现在是你自己行动的时候了。访问 Thingiverse 并且寻找一些自己感兴趣的东西，下载相关的设计进行打印，最后上传成品结果图。这样能够让你逐渐成为快速发展的 3D 打印社区的一份子。

在你使用 Thingiverse 一段时间之后，尤其是当你注册账号之后，就会发现它很实用。我经常在自己设计模型之前到 Thingiverse 上搜索有没有能够直接使用或者轻微修改之后就可以使用的类似的设计来避免重复劳动。在后面的章节里，我会介绍如何重复使用物体的设计。

总　　结

如果你的 3D 打印机是从套件或者从零开始组装完成的，并且按照本章的内容进行了校准，那么你的打印机应当已经准备好进行打印了。如果你是直接购买的成品 3D 打印机，那么也许不需要进行校准打印测试（但是同样需要确保打印机没有任何故障）。但是不管怎样，

这一章里介绍的相关内容依然十分实用。

在这一章里，我们介绍了如何对打印机进行校准，包括各种打印表面处理方式、设定 Z 轴高度，以及测试打印机的准确度。执行这些步骤虽然看上去十分烦琐，但绝对是值得的，因为它们能够保证你的打印机配置正确并且正常工作。我同样还简单介绍了打印模型的步骤，以及如何通过 Thingiverse 来搜索其他可以打印的模型设计。

下一章预示着本书进入了新的篇章，即如何对 3D 打印机进行排错。我们将会从如何排错打印机硬件来诊断并解决可能导致打印失败或者打印质量问题的各种故障开始。

第二部分

■ ■ ■

排　　错

　　这一部分将开始介绍 3D 打印机复杂的排错过程和如何提升打印质量。我们会介绍关于分析和诊断导致打印质量问题的软硬件故障的各种技巧。这一部分通过各种问题和解决方案的实例，以及相关的分析来帮助你了解最常见的故障并且快速地修正它们，其中还包括许多提示来帮助你最大化地发挥硬件的性能。

■ ■ ■

第七章

解决硬件问题

我希望你周围没有大胆宣称 3D 打印十分轻松的人。虽然在打印机正常工作的情况下，打印过程确实十分简单，但是这需要你花费大量的精力来对打印机进行正确的维护，以及了解如何正确地修复打印机出现的故障。并且 3D 打印机的故障频率并不低。这也是尖端科技魅力的一部分。从另一方面来说，你可通过维护、修复和优化打印机，以及打印制作质量精良的物体来获得成功的满足感。

这并不意味着所有的 3D 打印机都很容易出现故障，或者是在你最需要它的时候却发现它出故障了。①一些打印机的质量比较好。我曾经看到过不同的人关于各个等级的打印机的故障报告，大部分的故障只需要简单的调整、替换损耗或者失效的零部件，或者修正软件设置（比如切片软件中的相关设置）就可以修复。但关键在于你需要了解如何修复各种故障，而了解如何诊断问题能够帮助你快速地解决故障。

记住我们的目标永远是获得更优秀的打印质量。任何影响打印质量（或者是对于物体质量的期望）的因素都是我们需要修正的问题。在某些情况下，故障可能会导致打印失败（比如打印零部件失效）；而某些情况下零部件依然可用，但无法提供令人满意的打印质量。同时你还需要注意某些打印质量问题可能由多种不同的故障导致，比如层移现象既可能由松脱的轴机构导致，也可能由电路和软件故障导致。

在接下来的两章中，我们会介绍一些解决各类故障时需要用到的工具。这一章主要关注硬件故障，下一章则主要关注软件故障。我们将会介绍常见的解决思路和方法，而不会介绍太多详细的步骤。我认为了解操作背后的原理比了解如何进行操作更加重要。阅读这两章能够帮助你更加详细地了解如何对打印机进行排错。

这些内容同样还能够帮助你判断应当修正打印机的哪个部分。比如当硬件出现严重故障时，对于切片软件中打印方式和打印参数的修改不会对问题起到任何改善作用。

在本书的附录部分，我列出了几个表格供你查阅许多常见问题的可能故障来源。在阅读完这两章的内容之后，你可以用附录中的表格来帮助你应用所学到的知识。

---

① 我在上大学时拥有的一辆汽车就是这样。它时常出现各种莫名其妙的故障，并且经常会在你最需要它的时候撂挑子。

在开始介绍你可能碰到的各种各样的硬件故障之前，首先让我们来了解一下排错中一些常用的基本方法。我在这里只会介绍一种排错方法——经过我自己的实践确认有效的方法。你可能会在其他地方了解到其他同样有效的方法。但是如果你对于排错没有充足的经验的话，那么下面的内容应当能够避免你走弯路并解决大多数的疑问。

解决方案和魔法之间的区别

在排错 3D 打印机的过程中，针对同一个问题似乎有着无数种的解决方法。比如你很轻松地就可以在网上搜索到针对翘边问题的各种解决方案和建议。其中有些建议的确很优秀——但是只有少部分对于大多数人都适用。剩下的就更像是魔法或者巫术了，虽然其中一部分也许能解决你的问题，但是在这里我只会介绍那些经过证实有效并且实用的方法。这并不意味着只能够采用这些方法；不过这里介绍的是有效的，也是最受推崇的方法。

排 错 方 法

排错并不是一个全新的概念、方法或学科。从本质上说，排错是为了发现问题来源并解决问题。排错的过程会很大程度影响你是否能够成功地解决问题，比如你可能更改了各种设定却只是轻微改善了问题，或者直接就找到了问题的根源所在进行修复。

■**备注**：在这里介绍的方法都是为了处理可再现的故障。随机故障由于无法再现通常很难进行修复。如果故障不能再现，那么就没法知道故障是否被修复或者还需要采用其他的方法。

一些人学习排错的过程十分艰难，需要经历大量的失败和挫折之后才开始学会控制故障并实现有效的修复。他们能够从困难中总结出实用并有效的解决故障的方法。而一部分人能够从优秀的导师那里学习实用的排错技巧。剩下的人，比如我，则通过人生经历和学术训练来进行学习。我希望这一节能够帮助你弥补经验上的不足，至少你可以学会如何应用这里介绍的方法来解决日常打印过程中碰到的故障。

白色的 "X"

我曾经看到过有人在电视外壳的一侧用两条白胶带贴成了一个"X"形。我询问过他为什么要这样做，电视的主人告诉我这是最有效的点。当我进一步追问的时候，[①]他告诉我这是电视出现故障的时候用手掌敲击来修复电视最有效的位置。虽然我很欣赏他能够自己总结出实用的解决方案，但是这个方案本身是不可靠的。注意不要在 3D 打印机或者其他任何电子和机械设备上采用这种方法，永远不要。

---

① 因为我被这个答案弄得有点儿不明所以。

下面的内容里介绍了一些你在尝试解决故障之前应当进行的准备工作。如果你在遇到故障时遵循下面的步骤，尤其是在处理 3D 打印机的故障时，那么它们能够帮助你更快速、更轻松地找到一个解决方案。

创建基准线

基准线能够帮助你确定很多事情。首先最重要的，它能够帮助你确认打印机在正常工作时的情况是如何的。基准线代表你的打印机在正常工作时的一系列指标和观察到的行为。任何特定参数超出正常范围的情况都说明打印机出现了某些故障。让我们以花园里的池塘作为例子。根据天气情况的不同，由于晴天或者雨天的影响，一定程度水量的变化是正常并且可以预计的。但是怎样才能够通过水位的变化来判断池塘自身有没有出现问题呢？如果你持续记录了水位相关的参数，包括水位的变化以及当天的天气情况等，那么你就能够从数据中找到水位变化的规律，从而进一步归纳出正常情况下的水位范围。这样当你碰见不正常的水位下降时，就能立刻判断出池塘出现了问题。而对于 3D 打印机这个道理也适用。如果你能够观察出打印机的不正常行为，那么不仅能够帮助你判断有故障出现，还能够帮助你确认问题的来源。

遗憾的是大部分人都不会进行这一步，因此他们没法注意到打印机开始出现损耗或者需要进行维护。比如，怎么判断轴的同步带传动系统需要调整和维护呢？你可以等到打印机开始出现跳步现象并毁掉你的打印品之后再进行调整，但是这显得有点儿得不偿失。如果你能够在打印机正常工作的时候测量同步带的松紧程度会不会更好呢？有了这样的数据，就能够判断出同步带是否需要重新进行调整。当同步带的松紧度远远低于你测定的基准线的时候，你就知道应当重新张紧同步带了。

3D 打印机的基准线应当以一台正确设置并正常工作的 3D 打印机的一系列参数和行为建立。你应当在从打印机获得了满意的打印质量之后就立刻开始着手建立基准线。当然你可以在这之前就开始记录相关的参数，比如在组装打印机的过程中，但是如果在校准过程中改动了主要零部件或者参数，那么之前记录的值可能就无效了。

这一系列参数都是某个轴、同步带松紧度、框架尺寸之类的长度测量值。但其中一部分的用处可能不是很大，因为正常情况下它应当永远保持不变（但记录下来总是没影响的）。

为了让你找到合适的起点，下面这些参数是我推荐测量并记录在工程笔记本（或者其他合适的记录设备）里的。你也可以额外记录那些你认为有用的参数，因为每个人使用的打印机不一定相同，尤其是打印机里存在一些可以调节的零部件，比如一些 MakerBot 打印机的拥有者就不知道打印机的 X 轴和 Y 轴可以进行调节。[1]

- 同步带松紧度：用于确定松紧度的下限

---

[1] 第一眼看上去两个轴上的同步带似乎都是固定住的，但是对于 Replicator 1、2 和 2X 打印机来说并不是这样。

- X轴两端的高度：用于确定它们能够保持和 Z 轴高度一致
- 对于调平（调高）之后的打印床，测量 4 个角上打印床调节器的高度：用于确定打印床调平的起始点
- 热端和可加热打印床的实际和设定的温度值：用于确定加热单元或者温度传感器是否出现故障
- 轴机构的紧密度：用于确定结构是否松脱导致打印质量受影响
- 新打印丝材卷的厚度（直径）：用于确定打印丝材是否会出现质量问题

记录这些以及你自己认为有用的参数之后，当打印机出现故障的时候就可以对比这些参数的变化。下一节中将会介绍出现故障之后应当如何进行处理。无论你是否建立了基准线，下面的步骤都能够帮助你有条不紊地找到最佳的解决方案（或者至少是有效的方案）。我们会在后面详细介绍每一步的内容。

1．观察并记录相关的数据。
2．考虑各种可能性。
3．挑选并实施某种方法。
4．观察数据的变化并进行比较。
　　a）如果问题解决了，那么停下来记录新的基准线数据。
　　b）如果问题没有解决，那么将改动的设置复位然后回到第 3 步。

在这里我们用在一次打印过程中出现的层移现象作为例子来详细介绍每一步流程。

观察和记录

成功排错的关键在于出现故障的时候及时并全面地观察打印机的状况，并且记录相关参数。记录你观察到的现象能够帮助你理解故障出在哪里，同时详细记录能够帮助你在遇见同样故障的情况下快速地进行诊断和修复。

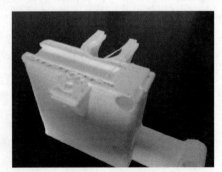

现在让我们观察一个例子。假设你注意到了打印品中出现了层移现象。图 7-1 里是一个出现了层移的物体。出现这种情况之后你可以记录的参数有很多，通常我推荐你从记录打印机在出现故障时的状态开始。当发

图 7-1　层移现象

现问题之后，我会停止打印机的工作并记录一些明显的状况。

首先我记录下了是哪个轴出现了偏移以及偏移情况出现了几次。在这个例子中，出现问题的是 Y 轴。同时我还记录了轴机构的状态，此时所有零部件看上去都十分牢固并且没有出现错位。下一步我依次对所有轴进行了复位操作，并记录下各个轴的运动状况是否流畅，以及运动过程中是否出现了异常的噪声。接下来检查步进电机是否出现了过热现象。注意在检查过程中最好不要触碰零部件，以防止影响打印机的参数。列表 7-1 里列出了层移现象出现

之后记录下来的状况。[①]注意其中我记录了详细的故障描述、故障出现的时间以及我观察到的一系列状况。

列表 7-1 层移现象：状况观察

故障：多次层移

时间：2012 年 6 月 3 日

状况：

-出现于 Y 轴

-步进电机温热，并无过热现象

-电路板无过热、异味、噪声或者冒烟现象

-轴运动正常，无卡死现象

-故障只出现在较高的物体上

那么怎样才知道应当观察哪些现象呢？虽然你也许能够辨别出哪些零部件可能与故障有关——而只有通过经验的积累你才能够获得这样的能力，但是尽可能详细地记录各种状况总是更好的。这可能听上去更像是科学分析当中会采用的方法，实际也是如此。我遇见过的最优秀的诊断者会在解决问题的过程中运用自身的创造力，包括详细考虑可能出现故障的各种情况，以及详细观察故障出现时打印机的具体状况。

考虑可能的成因

在记录下观察到的现象之后，接下来就需要列出可能导致故障的成因了。你应当尽可能列出所能想到的全部成因，因为有时候虽然导致故障的成因很明显（比如你的操作失误），但是并不适用于全部情况。你应当考虑到所有涉及零部件出现故障的可能。在层移现象的例子中，这意味着牵涉到轴运动的全部零部件，包括松脱或者开裂的塑料零部件或者是失效的电路。

一开始你可能会有些迷茫，不过可以尝试着列出脑子里想到的各种可能的成因。经验或者像是附录里提供的诊断表能够帮助你找到可能的成因。我喜欢在观察到的现象后面接着记录各种可能的成因。列表 7-2 里列出了我的工程笔记本里更新故障成因之后的记录内容。

列表 7-2 层移现象：添加成因

故障：多次层移

时间：2012 年 6 月 3 日

状况：

-出现于 Y 轴

-步进电机温热，并无过热现象

-电路板无过热、异味、噪声或者冒烟现象

---

① 通常我会记录在工程笔记本上，但是在这里我使用的是电子版记录，因为我的笔迹一般比较潦草，直接阅读起来可能会有点儿困难。

　　-轴运动正常，无卡死现象
　　-故障只出现在较高的物体上

可能的成因：
-Y轴同步带松脱
-同步带压板开裂
-步进电机故障
-步进电机驱动器故障
-驱动齿轮松脱
-轴机构中有障碍物

　　下一步你需要依次根据这些成因并挑选从哪里开始着手。我习惯从可能性最大的成因着手。根据经验，层移现象通常是由于轴机构中的故障导致的。

挑选一个成因并进行修正

　　在挑选从哪个成因开始着手解决的时候，一种方式是从最可能导致故障的成因开始着手。如果遇见的是之前没有碰到过的故障，那么可能一时间无从下手，但是无论从哪个成因开始着手都没有问题。

　　当然另一个方法则是通过从那些最有可能导致故障的成因开始排查。在层移现象的例子中，这代表着同步带压板开裂、齿轮松脱或者轴传动结构中有障碍物。这些因素都很容易检查出来。而你在检查各种导致故障的成因之后，可以在旁边做一个标记来表示这个成因已经检查过了。

　　但无论你准备采用何种方式，都应当遵循一定的步骤，包括调整、观察，然后再调整。详细地说，你可以首先更改某项设置，然后观察这样是否能够修复故障，如果不行，那么最好将修改过的设定还原成原始状态。这也是另一个基准线能够发挥作用的场合，如果没有记录的话，怎么确定相关设定的原始状态是什么呢？这些步骤适用于你的任何操作，无论是调节同步带或者其他的机械零部件还是在软件中进行修改（下一章里会介绍软件方面的内容）。

　　这种调整、观察、再调整的方式能够帮助你有效地诊断和修复故障。它能够减少你在排错过程中引入其他故障的概率。如果你不通过这种方式进行修复，虽然在一次改变数个设定之后也许能够修复问题，但是这样你就不知道是哪里做出的修改修复了故障。下次遇见相同故障的时候，你所能做的就和朝着故障零部件丢一盒子扳手一样。[①]

　　最先需要修改的零部件取决于你决定修正的成因，通常情况下二者之间的联系十分直观。一些故障也许不需要你修改特定的设置，只需检查某些零部件是否正常即可。比如当你怀疑故障是由夹具开裂导致的，那么只需要观察夹具是否出现故障。如果它没有开裂、松脱或者出现其他故障，那么就可以排除它，然后检查下一条成因了。

---

① 这就好比为解决问题花大笔钱。例如，不要在不知道喷嘴为什么堵塞以及如何清理堵塞的喷嘴之前就把它扔掉。

■**注意：** 一次只能修改一处设置。在观察修改造成的影响之前修改多项设定会导致不必要的变化出现，甚至有可能引入新的故障。

在选定了需要修复的成因之后，注意集中在仅仅解决与这个成因相关的问题上。解决故障的最佳方式是一次只修正一个相关的设置。假如你选择先研究是否由于同步带松脱导致故障，那么首先需要检查同步带的松紧度。如果松紧度不符合正常范围，那么就需要对同步带进行调整。但是注意不要急着修改其他的设置！你需要在处理其他的成因之前先测试修改可能造成的影响。

当故障被修复之后，你需要在工程笔记本上详细记录你是如何修复这个故障的。我习惯记录我进行了哪些操作，以及这些操作可能对故障造成的影响。有时候修改某些设置只能够减轻故障，但无法完全修复故障。这时候你可以尝试重复刚才执行的修复操作直到故障被修复为止。比如当你将热端的温度提升 5℃之后，发现故障得到了一定程度的缓解，那么可以尝试将热端的温度再次提升 5℃直到故障被完全修复为止。

列表 7-3 里是关于层移现象的完整记录。注意在最终修复故障之前我尝试了好几个不同的成因。

列表 7-3　层移现象：添加解决方法

故障：多次层移

时间：2012 年 6 月 3 日

状况：

- 出现于 Y 轴
- 步进电机温热，并无过热现象
- 电路板无过热、异味、噪声或者冒烟现象
- 轴运动正常，无卡死现象
- 故障只出现在较高的物体上

可能的成因：

- Y 轴同步带松脱
- 同步带压板开裂
- 步进电机故障
- 步进电机驱动器故障
- 驱动齿轮松脱
- 轴机构中有障碍物

解决方法：

问题由步进电机故障导致

备注：

问题具有可重现性，但只出现在打印时间超过一个小时的较高物体上。我检查了同步带的松紧度，虽然有一些松，但是并不会导致极大的跳步故障。同时所有的夹具、螺栓和其他的机械结构经过检查都能够正常工作。

注意在这个例子中问题是由步进电机导致的。这实际上是非常罕见的情况；步进电机通常很少出现故障。实际上这也是我第一次碰见步进电机出现这样的故障。通常情况下，层移现象都是由同步带松脱或者轴机构中其他零部件的故障导致。但是，由于我尽可能地列出了各种可能导致故障的原因以及可能出现故障的零部件，因此就可以尝试各种不同的解决方案。如果我没有考虑到步进电机可能导致相同的故障的话，那么诊断问题的过程可能要花费我更多的时间了。

现在我们已经知道了如何去正确地诊断和解决问题，接下来需要学习一些 3D 打印机上常见的具体硬件故障。

硬 件 故 障

你会碰见大量不同的与硬件有关的故障问题。在这一节里，我将会介绍一些最常见的硬件故障，它们直接导致了 3D 打印过程中许多常见的问题。这些故障主要包括打印丝材和挤出机装载打印丝材时的故障、加热打印丝材与打印床的黏附故障、轴和框架的故障，以及电路故障问题等。

在下面的内容中，我们将会详细地分别介绍这些方面的故障。此外我还会将环境因素归为单独的一类，因为环境因素可能会影响某些硬件平台的性能表现。比如热端需要加热到某个特定的温度，同时挤出后的丝材需要按照一定的模式进行冷却。打印机周围的环境可能会影响打印机在执行特定操作时的表现，比如打印机周围的气流可能会使丝材过快冷却，在极端情况下甚至可能使热端的温度无法保持稳定。

丝材

你也许认为与打印丝材相关的问题通常是由软件故障导致的，即与切片软件中与打印丝材相关的设定有关。但实际上与打印丝材相关的硬件也很可能会出现故障。打印丝材自身很容易受到环境因素的影响。下面的内容中将会介绍一些你可能会遇见的问题，以及推荐的解决方案。

质量

最常见的故障就是打印丝材质量问题。质量较差的丝材可能出现直径不一致的情况。丝材直径上细微的差别是可以接受的，但是这个差别不能够超过零点几毫米。丝材直径不一致可能导致挤出机在打印过程中挤出过多或者过少的丝材，因此产生的问题五花八门，从边角上结球的丝材到物体的侧面出现弧度，甚至还可能导致丝材层之间的黏附出现问题。在极端情况下甚至有可能会导致挤出机出现故障。

打印丝材质量差的另一个问题是打印丝材段中可能存在易折的部分，或者部分打印丝材是中空的，甚至打印丝材中存在污染物。污染物很容易堵塞喷嘴，从而导致挤出故障。

很明显，避免这些问题的最佳方式就是选用高质量的丝材。我从几个不同的大型零售网站购买的丝材质量都不错，包括 Maker Shed、Maker、IC3D。我现在通常只使用从这些网站购买的丝材，遇到过的唯一的问题是有一卷彩色打印丝材在末端存在轻微的染色不正确的情况。不过这卷打印丝材依然可以正常打印，只是最后大约 6m 长的丝材打印出来都没有颜色。

打印丝材卷的松紧度

在购买打印丝材的时候，通常买到的都是成卷的丝材。大部分打印机都配备了丝材卷支架，从而保证挤出机在打印过程中扯出打印丝材的时候不会受到太大的阻力影响。如果你的打印机没有配备丝材卷支架，那么最好是购买一个（或者是自己打印一个）。注意最好配备一个自带轴承或者卷盘能够快速松开打印丝材卷的支架。

在打印丝材卷过紧的情况下，挤出机可能会扯断打印丝材，而通常你很难在打印过程中及时修复这种情况（除非你在打印机工作的时候在一旁盯着）。这就会导致打印机出现"空转"，即在没有打印丝材挤出的情况下依然按照设定移动各个轴。除了肉眼观察之外也没有其他什么好办法能够发现这类问题。

挑选丝材卷支架

如果你的打印机没有配备丝材卷支架，而你决定自己打印一个的话，那么可以在网上找到大量不同的支架设计。实际上，Thingiverse 最近进行的一项调查表明搜索"丝材卷支架"能够得到超过 1400 个结果。大部分支架都会采用轴承或者卷盘结构来确保打印丝材卷能够在打印过程中自由转动。大部分设计之间的区别主要是所支持的丝材卷尺寸各不相同，以及通过何种方式固定在打印机上或者是自立式的支架。

你可以随意挑选自己喜欢的丝材卷支架。只需要注意确保它能够合适地固定在打印机上，并且支持你使用的丝材卷尺寸。这也是另一个选择提供高质量打印丝材的商家的原因，它们的丝材卷尺寸通常很少出现变化。不过一部分支架能够支持几种不同尺寸的丝材卷。我最喜欢的设计是在轴承的两侧都安装一个锥体，这样就能够通过水平杆来固定整个打印丝材卷了。锥体的外沿直径、厚度，以及通孔的尺寸都可以很方便地进行调节。右侧的图片中就是一个固定在 Prusa 打印机上的丝材卷支架。

打印丝材以一捆或者线圈的形式出售时很容易出现打结的问题，即少量打印丝材互相缠绕导致打印丝材很难被解开。当出现这种情况的时候，在打印过程中会遇到和打印丝材卷过

紧一样的问题。极端情况下甚至可能需要取下整个打印丝材束才能够解开打结的丝材。

> ■ **提示：** 打印丝材用光之后不要丢掉剩下的卷盘！如果你有其他多余的丝材，那么可以将丝材卷在卷盘上来配合支架使用。

如果你购买的是成捆的丝材，那么我推荐你将丝材卷在用过的卷盘上并用丝材卷支架来进行打印。这样能够减少打印丝材出现打结问题的可能性。在卷的过程中需要小心，不要让打印丝材触碰到肮脏的表面，这样会使丝材沾上杂物从而导致挤出故障。

污染物

你应当将丝材储存在干燥、清洁的袋子或者塑料容器里。确保你的丝材上不会沾染灰尘或者其他的杂物。灰尘或者其他杂物会黏附在丝材上，并且跟随着进入热端当中。如果杂物的体积过大，那么就有可能导致挤出故障。

当出现这类问题的时候，你很难将它和污染物联系起来。遇到挤出故障之后，你通常会检查挤出机的状态，清洁挤出机的内部结构，然后重新测试挤出是否正常。一般这时候打印丝材都能够正常地装载到挤出机里并被挤出，但是当你重新开始继续打印之后，挤出机过一会儿可能又会再次出现故障。如果你碰见了好几次挤出故障并且没法找到明显的原因时，那么问题可能就出在丝材表面黏附的灰尘或者杂物上。

解决打印丝材表面污染物的最佳方法是采用固定在丝材上的丝材清洁器。清洁海绵能够在丝材经过清洁器的时候擦除打印丝材表面的污染物。和丝材卷支架一样，丝材清洁器也有大量的设计可供挑选。图 7-2 里是我使用的一个环状的丝材清洁器，它就固定在挤出机上方的丝材上。在清洁器里我使用的是一小块高密度海绵。

图 7-2　丝材清洁器

环境因素

另一个可能导致打印丝材故障的因素是湿度。在高湿度环境下，打印丝材可能会吸收一部分空气中的水蒸气，从而导致当喷嘴挤出丝材的时候出现"啵啵"或者"咝咝"声、蒸汽，甚至是弯曲现象（正常情况下打印丝材应当流畅地从喷嘴中均匀、笔直地被挤出）。

如果出现这类问题，那么首先你需要停止打印机的运作，然后移除挤出机内装载的丝材。持续使用富含水汽的丝材很容易影响打印模型的质量，同样对于热端的运作也会造成影响。

如果你担心这些打印丝材之后就完全没法使用了，那么大可不必。你只需要将丝材卷和干燥剂一起放到密封的塑料袋里等个一两天，等到打印丝材完全干燥之后就可以重新用来打印了。

■**提示：** 永远记住将未使用的丝材储存在干净、干燥的塑料袋中，并且最好放进一些干燥剂。我会把各种食品包装里附带的干燥剂保存下来用来储藏打印丝材。而正是由于我储藏打印丝材的良好习惯，我很少会碰见由潮湿导致的打印问题。同时记住干燥剂也需要密封存放，长期与空气接触会导致干燥剂的效力减弱。

在这里我们提到了喷嘴堵塞和挤出故障，但是还没有介绍如何修复相关的故障。下一节将要介绍的就是如何修复挤出机和热端出现的故障。

挤出机和热端

挤出机和热端是新手在使用 3D 打印机过程中故障和挫折的主要来源之一。在上一节中我们介绍了大量与它们相关的内容。而在这一节中，我们将会列出一些最常见的故障，以及如何修复或者避免这些故障的建议。

挤出机结构

回忆一下挤出机的功能，它负责将丝材装载到热端当中。挤出机通常由步进电机驱动，内部通过送丝轮或进丝绞轴来拉扯打印丝材。送丝轮或进丝绞轴可能会采用齿轮组进行驱动。这些零部件有时会出现故障，而当它们出现故障的时候，打印质量通常会受到直接的影响。

如果你碰见挤出机里的齿轮正常转动，但是打印丝材在挤出时却存在延迟的情况，那么说明可能有齿轮出现了松脱或者磨损的状况。而根据齿轮松脱或者磨损的程度不同，可能打印质量不会受到任何影响；而一旦打印质量开始受到影响，那么在打印层起始的位置你可能就会观察到细微的缝隙。这类故障同样十分不显眼。如果你使用了打印丝材回缩设置，那么它可能会造成更大的影响。在这种情况下，松脱或者磨损的齿轮所导致的延迟会导致打印丝材回缩失效。

回缩是什么?

回缩是一些切片软件提供的一项功能，它能够让挤出机短暂地反向运转。这样能够将加热过的丝材扯回到喷嘴里，从而防止喷嘴出现漏料或者运动时产生拉丝。漏料可能是由于电机停转之后残留的压力导致，常见于那些小开口、大孔径的喷嘴结构当中。回缩操作能够消除残留的压力并且防止漏料和拉丝现象的出现。

而修复齿轮驱动的挤出机上的相关故障需要从断电情况下检查各个齿轮的状况开始。试着用手去转动挤出机，同时检查各个齿轮是否出现松动的状况。如果一个或者多个齿轮出现松动，那么需要将它们重新固定住。有一次我发现 Greg's Wade 挤出机里的大齿轮的螺母槽被磨平了，这时候就没法重新对齿轮进行固定了。但幸运的是我想到了一个临时的方法来让我能够重新打印一个齿轮。

■**备注**：如果你的挤出机采用的是直驱结构，即打印丝材的送丝轮直接和步进电机相连，那么你可能观察不到齿轮的转动。同样，如果挤出机采用封闭的齿轮箱进行传动，那么也没法观察齿轮的工作状态。在这些情况下你可能需要拆开挤出机来检查各个滑轮和齿轮是否出现了故障。

当螺母槽被磨平的时候，你可以通过加热螺栓的头部、金属杆或者其他扁平的金属工具临时修复这个问题。用喷灯或者其他的加热装置来加热金属工具。接着将螺母放在螺母槽中，然后用加热后的金属工具将螺母槽周围的塑料压向螺母。这样能够暂时地对塑料进行塑形，在你打印新的齿轮之前是一种有效的临时修复手段。

另一方面，如果齿轮出现磨损，故障的情况则更容易观察到。通常情况下出现磨损的部位都是齿轮的齿尖端，甚至有些情况下齿尖或者轮齿自身会出现断裂情况。对于磨损比较平均的齿轮，你可以先断开打印机电源，然后手动将齿轮反向转动进行检查。如果齿轮的运作不够平滑，那么应当尽快替换掉相邻的齿轮。在极端情况下，齿轮甚至会出现卡死的状况，从而导致打印丝材挤出停止，打印机出现空转。

如果你使用的挤出机需要通过控制杆或者夹具来向送丝轮施加压力，那么相关的紧固件拧得过紧或者过松都可能导致挤出故障。压力过大会使丝材黏附在送丝轮上，并最终堵塞挤出机。压力过小则会使送丝轮上的丝材出现滑丝，同样会堵塞挤出机。如果你的送丝轮经常出现堵塞现象，同时丝材卷支架上没有任何故障（比如打印丝材过紧或者打结等）并且热端能够正常工作，那么就需要考虑检查挤出机上夹具的松紧了。

喷嘴堵塞

喷嘴同样也可能出现各种故障。当热端正常工作的时候，堵塞是最常见的导致挤出故障的原因。我们在前面介绍打印丝材的杂物污染时提到过污染物很容易堵塞喷嘴。但是喷嘴的堵塞也可能是由其他因素导致的。

比如当喷嘴在打印基板上拖行的时候，喷嘴的开口可能会出现磨损或者沾染到平面上的污染物。这种情况下喷嘴出口的丝材可能会出现卷曲现象。出现这种情况时，你需要卸下打印丝材并让热端冷却。冷却之后将喷嘴拆下，然后用钢丝刷将喷嘴彻底清洁干净，并且用小钻头对喷嘴的开口处进行修整。你也可以用一小片砂纸对喷嘴的尖端进行打磨，但是注意不要磨伤喷嘴的本体。最后用压缩空气将喷嘴里和表面上的碎屑等污染物清洁干净。

■**注意**：一些热端拆卸起来会更简单。比如 J-head 热端的拆卸就十分简单，但是 Buko-style 的热端则十分难拆卸。如果你使用的热端设计十分复杂，那么最好在最后无可奈何的情况下再考虑将它拆下来进行清洁。你也可以咨询相关的厂家如何处理喷嘴堵塞的问题。

除了将喷嘴拆下来清洁之外你也可以通过冷拉法来清洁喷嘴，首先需要将喷嘴加热到稍低于打印丝材的熔化温度，然后手动将丝材从喷嘴中拉出。这样能够移除喷嘴中绝大多数堵塞的丝材，通常也就能够解决堵塞问题了。这种方法通常要将 ABS 丝材加热至 160～180℃、PLA 丝材加热到 140℃。

修复打印丝材装载故障

当送丝轮被丝材堵塞的时候，它不再能将丝材从打印丝材卷上扯出并装载到热端中。按照下面的步骤能够有效地清洁挤出机的内部构造。

1. 打开挤出机舱门。
2. 将热端加热到工作温度。
3. 手动拉出残余的丝材。（注意此时热端很烫！）
4. 将打印机断电。
5. 用尖物体刮掉送丝轮上的丝材，注意转动送丝轮来清洁整个表面上的丝材。
6. 用吸尘器吸掉残留的丝材碎屑。
7. 重新改装并装载打印丝材。

图 7-3 里是一个送丝轮（在这里用的是进丝绞轴）滑丝之后被丝材堵塞的挤出机。注意图中进丝绞轴的切槽里残留的丝材碎屑。这些打印丝材会令进丝绞轴无法对丝材进行拉扯，从而无法将丝材装载到热端当中。

图中还可以看到我们在用刀具清洁螺栓切槽中残留的丝材。根据挤出机的结构不同，你也可以用钢丝刷来清洁残留的丝材。

关于挤出机和热端的常见故障的介绍就到这里，下一节里我们将会介绍可能导致黏附问题的硬件故障。

黏附问题

黏附也是 3D 打印爱好者们经常碰见的问题之一，尤其是在使用 ABS 材料进行打印的时候更加常见。黏附问题通常表现为物体的一部分出现卷曲或者是脱离打印基板（即出现翘边问题）。图 7-4 里展示了一个出现明显翘边问题的齿轮。这种问题会导致物体无法正常使用。

图 7-3　堵塞的挤出机

图 7-4　翘边问题

■提示：体积较大或者与打印基板接触面积较小的物体更容易出现翘边问题。你可以通过切片软件中的裙边设定来增加物体与打印基板之间的接触面积，这样打印机会多打印一点儿打印丝材来拓展打印模型的边沿。你可以在物体打印完成之后撕掉或者切掉这些多余的丝材。

解决这类问题需要你恰当地处理 3 种最常见导致翘边问题的因素：打印床未调平、打印表面处理不当，以及环境因素的影响。下面将会分别介绍如何处理这 3 类故障。

打印床调节

如果你的零部件通常在边沿位置出现翘边问题，那么说明你的打印床没有进行正确地调高（调平）。在打印床的中央区域打印小体积物体时翘边问题通常不会很明显。但如果打印模型的体积增大，或者是物体摆放的位置更加偏向较低的方向时，翘边问题就会变得更加严重。翘边通常由 Z 轴高度在打印底层时过高以及底层丝材没能很好地黏附在打印基板上导致。另一方面，如果 Z 轴高度太低或者是底层丝材被挤压过度同样可能导致翘边问题。

如果你根据打印床上的某点设定了 Z 轴高度（比如中央），未经调高（调平）的打印床在四周可能会变低。这就意味着反方向的打印床会更高（从而使实际的 Z 轴高度变小），这样会导致底层丝材被过度挤压，使物体的底部出现翘边。如果 Z 轴高度过低会使喷嘴直接接触到打印表面，那么可能会堵塞喷嘴导致挤出故障。

解决此类黏附问题需要重新对打印床进行调平。在完成对打印机的测试并且解决可能存在的机械故障之后，我推荐你在每天的第一次打印之前都重新对打印机进行一次调平（尤其是那些通过套件组装的打印机）。

打印基板

另一个常见的导致翘边的原因是打印基板上存在磨损或者污染物。如果你曾经用手或者其他部位触碰过打印床，[①]那么可能会在打印表面留下你皮肤的油脂，从而导致打印丝材的黏附变差。同样，一段时间没有使用过的打印机的打印基板上可能会堆积一层灰尘，这也会导致类似的问题。最后打印基板在经过一段时间的使用之后也会出现磨损现象，需要及时进行更换。

在 Kapton 薄膜上打印 ABS 丝材的时候，你可以用丙酮清洁薄膜来提升打印丝材的黏附力。这样能够清洁掉薄膜上残留的油脂或者其他污染物，同时使薄膜表面能够更好地黏附 ABS 丝材。如果清洁表面没法改进打印丝材的黏附情况，那么说明 Kapton 胶带需要进行更换了。相较于其他表面处理方式，Kapton 胶带的使用寿命要长得多。一般情况下我只有在移除零部件弄破了薄膜表面的时候才需要更换 Kapton 胶带。

■提示：你也可以用 ABS 黏着剂来增加打印丝材在 Kapton 胶带上的黏附力。如果打印床经过调平并且 Z 轴高度的设定也正确的话，ABS 黏着剂基本能够完全防止 ABS 打印中出现翘边问题。

---

① 当然是冷却之后的打印床。

PLA 打印中使用的蓝色美纹纸胶带相比于 Kapton 胶带的使用寿命要短得多。不过蓝色美纹纸胶带价格较低同时也更容易进行更换。我推荐你在 5～10 次打印，或者是物体出现翘边的迹象之后就更换打印基板上的蓝色美纹纸胶带。

另一个打印 PLA 丝材时很实用的方法是使用底座设定，同样能够改善底层丝材的黏附问题。底座是打印机在打印模型之前事先打印的一组打印丝材，然后将物体打印在这层丝材上。一些 CAM 软件里的设定能够自动生成一个底座，比如 MakerWare 里就有一个选项能够控制是否要打印底座，并且它设计的底座在物体冷却之后通常能够直接从物体上撕下来。Slic3r 中同样提供了与底座相关的打印选项，不过它设计的底座并不如 MakerWare 提供的复杂，并且移除起来也会更加困难。图 7-5 里是 Slic3r 中底座选项的界面。

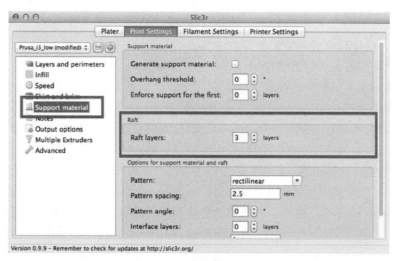

图 7-5　Slic3r 中的底座设定

■提示：切片软件能够自动生成底座。但是各个软件所采用的底座设计各不相同，最好事先进行试验来确认底座移除起来是否困难。

环境因素

环境因素的影响同样可能导致翘边问题，包括不稳定的环境温度和环境气流。如果环境温度过低，那么可能导致物体的冷却不均匀，使物体在打印基板上出现翘边。同样，打印床上的气流也会导致某些层的丝材更快冷却，这也会导致物体出现卷曲，而卷曲的部分也会将物体从打印基板上抬升。另外，如果大型物体的顶部丝材层冷却不均匀，那么也可能会使丝材层失去黏附力，从而导致物体上出现裂缝。

■备注：相比于 PLA 材料，ABS 材料在打印时更容易出现翘边、裂缝以及丝材层的黏附问题。

你需要保证打印时环境温度保持恒定。实际的温度是多少并不重要（一般令人舒适的温度即可），但是室温需要在打印过程中保持在一定范围之内。比如尽量不要在空调或者加热单元周围使用 3D 打印机。如果你的房间需要用空调或者加热单元进行调温，那么最好等到温度稳定之后再开始进行打印。

你也许认为"气流"表示的是风扇或者窗户里吹进来的微风等级的空气流动，但实际上并不需要多少空气流动就可能导致打印模型出现翘边问题。实际上有时候你甚至无法感受到环境中的气流。风扇和打开的窗户一般来说是必须关闭的。不过你很难检测并完全防止环境中的气流出现。因此我们需要尝试尽可能地降低气流对于打印造成的影响。

降低气流影响最有效的方法是消除气流的来源。你可以将打印机移到远离窗口的位置（或者关上窗户），关掉暖通空调的通风口以及其他可能产生气流的装置。但是如果你没法完全消除各处气流的来源，依然有许多方式可以降低气流对打印产生的影响。下面将要介绍的就是这些方法，我会依次介绍它们的详细内容。

- 在物体周围打印外沿或者屏障
- 在物体周围摆放临时防风罩
- 将打印机封闭起来

一些切片软件允许你在物体的周围打印一圈打印丝材，称为外沿。外沿通常是特定层高的单列打印丝材，能够在物体的周围形成一层屏障。外沿能够有效降低气流对于物体冷却造成的影响并帮助物体保持热量。我在实际使用中发现，在打印 ABS 丝材时使用外沿十分有效，不过在打印 PLA 丝材的时候效果也不错。图 7-6 里是 Slic3r 软件中的外沿设置界面，界面当中还有与裙边相关的选项，它可以用来增加物体和打印基板的接触面积。在打印中使用外沿和裙边能够有效地降低气流对于打印模型的影响。

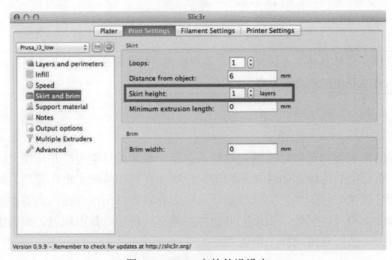

图 7-6　Slic3r 中的外沿设定

如果你的切片软件不提供打印外沿功能，或者你不希望在这上面浪费过多的丝材，那么可以用蓝色美纹纸胶带来制作临时的防风罩。[①]这虽然听上去很简陋，但实际使用的效果相当不错。我个人认为它的实际效果比外沿要更好一点儿。

为了制作可拆卸的胶带墙，首先你需要剪出一定长度的蓝色美纹纸胶带，然后将它在 1/3 宽度的位置进行折叠。接下来在有黏性的那一侧每隔一段距离用剪刀剪开一个小口子。这样能够让你将胶带固定在物体的周围。图 7-7 和图 7-8 里展示了胶带墙的制作过程。

图 7-7　折叠胶带

图 7-8　每隔一段距离剪一个口子

粘贴胶带的最佳方法是先让打印机打印模型的头几层，然后暂停打印过程。这样你就可以将胶带粘在不会影响喷嘴运动的位置了。当打印完成之后，你可以很轻松地撕下胶带来取下打印模型。图 7-9 和图 7-10 里展示了粘贴可拆卸蓝色美纹纸胶带屏障的过程。

图 7-9　暂停打印然后将胶带粘贴在物体周围

图 7-10　粘贴完全部屏障之后继续进行打印

在没法完全消除气流来源的情况下，解决气流对 3D 打印过程造成影响的最佳方法就是将打印机封闭起来。我会在后面的章节里介绍如何在 MakerBot 打印机上加装面板将整个打印机完全封闭起来。如果你的打印机没有外部框架或者无法加装面板，那么就需要你自由发挥了。比如 Thingiverse 上就提供了大量不同的用于封闭打印机的设计。这里我列出了一些使用过后觉得还不错的设计。[②]

- Big acrylic box（设计 55065）：通过打印零部件固定树脂板进行封闭
- Thermal enclosure（设计 269586）：隔热材料制作的面板能够帮助打印区域在不稳定的室温条件下保持热量

[①] 这里你可以使用印了标志或者更加廉价的胶带卷，它们的效果和昂贵的同类产品基本相同。至少我习惯在这里节省一点儿。

[②] 我没有尝试过自己制作打印机的封闭外壳，但是你可以在外沿或者防风罩都没有效果的情况下尝试制作一个封闭的外壳。

- Wooden box（设计 40080）：一个采用木头框架和树脂面板制作的封闭结构；很适合
  木工爱好者

我还曾经看见过有人用大塑料箱来制作十分简单、廉价的打印机包装，箱子的盖被用作
打印机的底座，然后用整个箱子罩住打印机进行打印。虽然它没有什么技术含量，但是却能
够很好地发挥效果。

■**提示**：完全封闭的外壳还能够帮助你进行排烟。你可以把一个低功率的风扇用胶带固定在碳
过滤器上来吸收某些打印丝材加热过程中产生的大量烟雾。如果你对打印 ABS 时产生的气味十
分敏感，那么一个封闭的打印机结构配合排烟装置能够大大地减少打印过程中发散出的异味。
你可以在 Thingiverse 上搜索实用的排烟装置设计。

现在让我们转向轴或者机壳结构导致的打印故障或者质量问题。

轴和机壳

在诊断打印质量问题的时候，我们通常很少将故障和打印机的机械结构故障或者调节错
误联系起来。有时候故障可能与零部件的损耗或者失效有关，而其他时候则可能是由于意外
事件或者变化导致的，当然还可能与你的操作失误有关。下面的内容中将会详细介绍各项可
能的原因。

障碍物

最容易观察到的故障就是某些机械零部件可能导致轴机构运作不正常或者无法到达最
大或最小值位置。

某些时候零部件变成障碍物是意外的，[1]但是有时候打印机的松脱零部件或者打印床上
被撞松的打印模型都可能阻碍一个或者多个轴的运动。当轴机构中出现障碍物，你很可能会
听到各种异样的噪声。出现这种情况之后，你应当尽快停止打印机的运作，可以通过复位按
钮或者是断电来终止打印机运作。正在打印的物体会因此无法完成并且被浪费，但是这好过
你的打印机损失固定件、同步带或者其他关键零部件。

为了修复这类问题，你需要清除障碍物，然后检查打印机是否受损。确保所有的轴都能
够在最大值和最小值范围之间自由运动。某些情况下障碍物可能会使限位开关松脱或者滑动，
从而使轴的运动范围发生轻微的变化。因此需要你彻底检查各个轴上的所有零部件是否正常，
然后给打印机通电并对各个轴复位之后就可以继续打印了。

■**注意**：永远不要在打印机正在打印的时候对零部件进行调整，同时也不要在打印机运作的时
候尝试拿去打印模型。

---

[1] 你应当按照对待其他设备的方式来对待你的 3D 打印机。注意在打印机工作的时候保证不会有手、
其他机器人、无人机或者碎布条干扰打印机的运作。

调节错误

每个打印机各不相同，但是大部分打印机都带有可调节零部件来防止磨损或者其他变化。这些零部件通常包括同步带传动结构中的同步带张紧器，无论传动器选择的是步进电机或者是惰轮。在打印机的校准结构中同样也存在可调节的零部件，比如打印床上就有可调节零部件来保证喷嘴在打印床上各处的高度保持一致。

特定的事件，比如障碍物、机械或电子故障，或者是大型的升级和翻新都可能导致打印机原先的调节失效。打个比方，如果你的打印机在同一个轴上使用两个步进电机，比如 Prusa 打印机的衍生型号，那么它的机械结构很容易受到未对齐的丝杆的影响。如果你只移动一个丝杆而没有同时移动另一个丝杆的话，那么 X 轴就会变成未对齐的状况。

我们曾经介绍过打印床未正确调平（调高）会对物体的打印造成什么影响。它会导致打印丝材的黏附问题，从而产生翘边现象。但是如果打印床调节得过高，会使喷嘴直接压在打印基板上。回忆一下这同样会导致挤出故障，因为打印基板会堵塞住喷嘴。

同样，过松的同步带可能使驱动轮出现跳步现象导致层移问题。如果同步带松紧度适中，你可能会观察到少量的回弹现象。而随着同步带越来越松，它可能会导致打印出现延迟，就和齿轮滑丝或者磨损时的状况一致。你只需手动拉扯同步带就可以感受出它是否需要重新张紧。如果你需要将同步带转动很长的距离轴才开始运动，那么说明同步带太松了。另一方面，如果同步带太松，还可能出现漏齿现象，这会立刻导致严重的层移故障。

Z 轴振动

Prusa 衍生的 RepRap 打印机（Prusa i2 和新型打印机）由于 Z 轴丝杆固定在框架上，因此会出现 Z 轴振动问题。Z 轴的丝杆可能会出现弯曲、螺纹不均或者错位的现象。这些都可能导致 X 轴出现偏移问题。因为 X 轴自身就是 Z 轴机构的一部分。如果丝杆出现了振动和偏移问题，那么 X 轴也会随之出现故障。新版本的 Prusa 打印机已经极大地改善了这个状况，它通过弹性联轴器来固定一根丝杆，使丝杆能够轻微振动而不会传输到 X 轴上。

零部件故障

当打印机零部件出现故障之后，你通常能够立刻观察到故障零部件的位置以及出现的是何种故障。比如，当同步带或者其他轴运动过程中的关键零部件断裂的时候，轴将无法正常运作，而正在进行的打印也随之失败。

有时候零部件会由于压力或者损耗出现裂缝。大部分时候这类故障都不会严重到导致打印质量问题。Prusa i2 打印机的 X 轴末端零部件在经过一定时间的打印使用之后就很容易出现裂缝，但一般并不会影响打印机的正常运作。不过当你发现零部件出现故障之后，最好还是尽快进行更换。图 7-11 里是一个出现故障的 X 轴末端零部件，不过图中是修复之后的状态。

我用了一小片 ABS 塑料，将它浸泡在丙酮里 20s。ABS 塑料会变得十分柔软，可以压在裂缝当中。等到丙酮挥发之后，零部件上的裂缝就被修补完成了。

当我碰见打印质量问题或者是打印故障的时候，通常会检查影响轴运动的零部件是否出现了破损。当我对打印机进行维护的时候，也会顺便检查各个零部件的状态。随着你越来越了解打印机的状态，就可以辨别出更容易出现故障的零部件。举例来说，RepRap 打印机上的限位开关固定件就十分容易出现开裂状况。

图 7-11　修复后的零部件

另一种常见的零部件故障我们之前已经介绍过，就是挤出机里滑丝或者开裂的齿轮。正如前面介绍过的，这会导致丝材层在垂直方向上的黏附变差，或者出现挤出故障。

打印机中一些小零部件出现故障的情况则比较少见。比如 Wade 挤出机中大齿轮上的螺母槽就可能会被磨平，从而使螺母出现轻微的松动。这可能会导致齿轮的固定螺栓松脱，最终使零部件的运作出现延迟。如果挤出机的齿轮传动结构中出现这类故障，那么可能出现挤出延迟问题；而轴的齿轮传动结构中出现相同故障时，可能导致层移问题。

你需要记住每个打印机的设计都不尽相同，有些打印机上可能不会有经常出现故障的零部件。同样也可能有些打印机更容易损耗零部件。虽然有些打印机在零部件损耗导致故障之前可能有较长的使用周期，但对于大部分机械零部件来说磨损都是存在的，尤其是那些需要转动或者与其他零部件互相接触的零部件（比如轴承和齿轮）。但是为什么零部件会开裂呢？磨损可能是零部件开裂的原因之一，缺乏维护也同样可能导致零部件出现开裂（预防性维护和纠正性维护）。接下来我们将会介绍缺乏合适的维护可能对打印机硬件造成的影响。

缺乏维护

首先你需要明确打印机的正常运作离不开恰当的定期维护。在前面的章节中我们介绍过例行和周期性维护的需求。但某些情况下你需要更频繁地对打印机进行维护（甚至是维修）。打印机可能会通过轴运动时的异常噪声来表达这样的需求，你可以将这些噪声当作是打印机发出了预防警报。[①]

这些故障最常见的原因是缺乏足够的润滑。比如，当轴承内部过于干燥或者是光杆、滑轨上变脏的时候，它们运作时的摩擦力就会增大。过大的摩擦力可能导致步进电机上累积过多压力从而发生故障。如果你的物体在打印过程中各个丝材层出现了错位现象，那么就需要

---

① 如果你持续忽视这些预警的话，等到打印机宕机之后它们就会变成"早就告诉你了吧"这样的嘲笑声。

检查各个轴是否能够自由移动以及步进电机是否存在过热现象。对出现故障的轴进行润滑或者维护之后应当能够使打印机回归正常工作。

如果没有对打印机进行恰当的维护，那么也可能会导致故障。比如零部件出现磨损或者松脱，那么可能会影响打印质量。我前面介绍过同步带过松时可能导致的问题。如果你没有定期调节同步带传动结构的话，那么过松的同步带可能会导致轴出现偏移问题。相似地，如果你从来没有调节过 Z 轴和打印床的高度，那么迟早会碰到翘边或者其他黏附问题。

另一个例子则是松脱的框架零部件。这可能会导致整个框架出现偏移，从而使丝材层在水平方向上出现偏移。这和 Prusa 类打印机的 Z 轴振动故障导致的问题很类似。如果你观察到了打印模型中的丝材层出现轻微错位现象，或者是侧面不光滑，那么就需要检查框架零部件是否牢固了。不过，如果你能够在例行维护的时候加入检查框架零部件是否松脱的操作，那么就一般不会受到这种故障的困扰了。

实际上，如果你有良好的维护习惯，那么通常出现故障的时候就可以将零部件缺乏维护从原因中排除。比方说你习惯在（每天或者一段时间之后的）第一次打印之前调节打印床和 Z 轴的高度，并且检查同步带的松紧度是否合适，那么出现打印质量问题之后就不需要考虑这些零部件出现故障的可能性。恰当的维护能够让你及时检测和修复潜在的问题。当你在维护过程中发现有零部件出现开裂或者严重磨损的时候，就可以在它导致打印质量问题之前及时进行更换。很明显，恰当的维护十分重要，并且能够给你带来大量的收益，这也是我将会花两章内容来进行介绍的原因。

现在我们已经探究过由打印丝材、挤出、黏附以及打印机硬件可能导致的问题了，接下来需要研究的是可能导致打印问题的电路零部件故障。

电路

如果电路零部件出现故障，它可能会产生和机械零部件开裂时一样的后果，即导致整个机械结构无法正常运作。比如当步进电机停转的时候，轴（或者挤出机）就无法正常移动。但是电路零部件很容易出现间歇性故障，因此你很难诊断出故障来源。当电路出现故障的时候，即使是间歇性故障，也不一定会表现在打印质量问题上。比如当液晶屏出现故障的时候，你的打印机依然可以继续进行打印。

在对电路零部件进行测试之前，你需要确保自身进行了正确接地，并且遵循了所有处理电路时需要注意的安全事项。同时更重要的，你需要了解电路中哪些部分连接了交流电或者高功率元件，然后在通电情况下避免触碰这些地方的元件。

打印机通电了吗？

新手经常忽略的一点（有时候我们这些"熟练"的爱好者也会），就是检查打印机上的电源是否插着、电路是否还通着电，以及连接计算机和打印机的 USB 线是否还插着（如果你

需要用计算机来控制打印机进行打印）。我很早就吃过这样的亏，因此习惯了在开始诊断电路故障之前检查各处的线缆。如果你的打印机放置在实验室或者是其他人能够接触到的公共区域里，那么可能它的故障只是其他人无意中将电源关闭或者是拔掉了打印机的插头。[①]插好插头或者按下开关有时候就能修好很多"坏掉"的打印机。

接下来我们将会介绍一些更加常见的与电路有关的故障，这些故障主要分为几类：步进电机故障、接线故障、主电路板故障以及其他零部件故障，例如开关等。此外还会介绍如何诊断那些间歇性出现的故障。

步进电机故障

步进电机负责实现打印机的绝大部分功能。当步进电机出现故障或者异常运作时，它会直接影响打印机的运作，具体可能表现为层移、跳步或者彻底的打印失败。

由步进电机导致的打印机故障通常来自两处电路零部件：步进电机自身和步进电机驱动器。如果步进电机驱动器出现故障，通常会使步进电机无法工作进而导致打印机完全失效。在某些情况下，步进电机可能是由于驱动器无法提供足够的工作电流而无法正常工作。一般出现这种情况时，步进电机在运作的时候会发出异常的噪声，甚至有可能出现卡顿的现象。如果你通过调整驱动器输出电压成功修复了这个问题，但是过一段时又重复出现相同的问题，那么说明你需要更换步进电机驱动器了。

另一个工作电流不正确可能产生的现象是步进电机过热。如果步进电机在工作时很烫，但是电流设置无误的话，那么步进电机自身可能出现了故障。如果是由于步进电机性能不够，无法提供足够的动力驱动机械结构，那么更换一个功率更大的步进电机就能够解决问题。但是如果打印机原先正常工作，通电之后步进电机上没有产生任何热量的话，那么说明可能是步进电机损坏了，需要进行更换。

正如我前面介绍过的，我曾经就碰见过由步进电机故障导致的层移问题。这是一个十分独特并且有趣的经历（曾经我认为步进电机十分耐用）。出故障的步进电机只能够提供很小的扭力，我甚至可以在它通电的时候用手转动它的轴。[②]根据经验来说，如果步进电机能够轻松地用手转动或是出现跳步或层移问题，说明你需要更换步进电机了。

在少数情况下，你还可能观察到打印丝材挤出问题，即打印丝材装载的速度没有保持恒定。这类问题通常表现为挤出机在短时间内能够正常挤出丝材，然后突然停止工作，或者是在挤出过程中出现卡顿现象。这通常代表着步进电机过热或者电路故障。如果步进电机过热，那么你需要检查步进电机的工作电流设置来确保驱动器提供的电流和步进电机的参数相匹配。

---

① 这是我的强迫症表现之一！我习惯将不用的电器插头都拔下来。
② 注意不要像我这样在通电情况下用手去触摸电路零部件，除非你很了解你自己在干什么。

接线故障

我们通常认为接线不太可能出现故障。但是由于打印机上的轴是不断运动的，那么就可能导致随着轴运动的电路零部件上的接线在某一点上不断积累压力。这个零部件可能是限位开关、步进电机或者热端等。

接线可能以两种形式发生断裂，一种是固定件或者焊点开裂，另一种则是由于积累的压力导致导线内部出现断裂。

断裂之后直接松脱的导线很容易发现和修复。你只需要清除掉断开的部分导线然后重新焊接连上导线即可。如果导线的接头出现了断裂，那么可以尝试用少量的焊锡将导线固定在接头里。

在组装打印机的时候，你就需要考虑到连接的导线上是否存在受力点。如果没有确保导线能够自由移动并且在特定区域内不会被弯折，那么都可能导致接线出现断裂。详细来说就是当轴运动的时候，轴机构的接线会在小范围内来回地被弯折（从而在受力点上积累压力）。经过一段时间之后，就会导致导线内的铜丝[①]断裂。如果导线持续弯折，导致大多数（或者全部）铜丝都断裂之后，那么零部件就没法正常工作了。

如果你碰见步进电机只能朝一个方向运动而不能反向运动、轴机构在触发限位开关之后依然无法停住，或者是限位开关过热的情况，那么说明你的接线可能出现了问题或者是驱动器出现了故障。

不幸的是，导线内部的断裂很难通过肉眼观察确定。在判断导线是否断裂时，你可以通过受力点来进行确定。轻轻地弯折导线来确定内部是否出现了断裂，如果某个导线的某段弯折起来比导线的其他部分更轻松，那么说明这一段的导线可能出现了断裂。

找到断裂的导线之后，你需要进行两项操作。首先需要替换断裂的导线，然后加装扭力消除装置防止未来导线出现断裂。我习惯用塑料胶带把所有可能弯折的导线都缠上。缠绕的胶带能够增强导线的强度，并且能够将弯曲产生的压力分散到整条导线上。我还会将缠绕的胶带末端进行固定，确保它能够随着一段导线进行弯曲而不是固定在导线的连接点位置。图 7-12 里是一根缠绕了柔性塑料胶带的连接导线。

图 7-12　用塑料胶带充当扭力消除装置

电路板故障

当你的电路板出现故障的时候，通常要么不会产生任何影响，要么就会造成十分严重的问题。严重的情况通常是打印机不能正常运作，同时也没法通过 USB（或者网络）与打印机

---

① 这里描述的是双绞线。你通常不能用实芯导线来进行需要弯曲的布线。

进行通信。在某些情况下，控制电路板（Arduino 电路板）虽然没有出现故障，但是其他零部件可能无法正常工作，包括热端、步进电机等。在这种情况下，我通常会首先检查电源，然后再来考虑是否是电路中的故障导致各个零部件无法运作。[①]

对于那些采用 RAMPS 或者类似拓展控制电路的打印机，你需要测试两块电路板来排查故障——Arduino 控制电路 和 RAMPS 扩展电路。如果 Arduino 控制电路出现故障，那么通常会导致打印机无法启动。但如果是 RAMPS 扩展电路中出现故障，那么你也许能够通过 USB 线与打印机进行通信。我曾经遇到过一次 RAMPS 扩展电路的故障，当时除了步进电机和加热单元之外的全部零部件，包括液晶屏、指示灯、风扇等全部都能够正常工作。我起初认为是打印机的供电出现了问题，但是最后经过排查发现是 RAMPS 电路板上出现了故障（一根聚合物保险丝熔断了）。

我还碰见过出现间歇性故障的电路板。这类故障的表现方式各种各样，但是都会给你带来困扰。如果故障是随机性出现的，那么可能会在你最需要打印机正常工作的时候给你沉重的一击。如果你怀疑电路板上可能存在间歇性故障，尝试着更换一个确定可用或者全新的电路板。

其他零部件

这一类里包括了打印机中的各类电路零部件，包括开关（限位开关）、SD 卡读卡器、液晶屏等。当这些零部件出现故障的时候，通常能够直接观察到现象（比如液晶屏黑屏），但是有些情况下故障可能并不明显。

限位开关故障很罕见，但出现故障的时候通常会造成十分戏剧性的后果，轴机构会直接撞上复位方向（或者是最大距离方向）的轴机构，这可能会直接弄坏你的打印机。不过幸运的是我们可以在开始打印之前对各个轴进行复位来检测限位开关故障，因此通常并不会影响你的打印过程。修复时只需要你更换限位开关并重新进行复位操作就可以了。

限位开关的支架也可能开裂，从而导致轴故障。如果支架开裂或者松脱了，那么轴机构的实际运动位置可能会超出预设的范围。因此，在轴复位出现故障的时候可以首先检查限位开关支架是否完好。

SD 卡相较于其他储存媒介来说稳定性要差一点儿，并且很容易受到静电的影响。当 SD 卡出现故障的时候，你的打印机会给出一条错误信息标明无法从 SD 卡中读取数据。通常你只需要重新格式化 SD 卡就可以修复此类故障，但格式化之后你需要重新将其他需要打印的文件装载到 SD 卡里。

在罕见的情况下，打印文件自身可能会出现损坏。通常表现为打印进行到一半之后莫名失败，比如突然移动到远离打印模型的位置、热端温度突然下降，或者是突然暂停。如果出现这类情况，并且检查过其他所有可能故障的零部件都没有发现原因的时候，尝试用一块新的 SD 卡来进行同样的打印，这样能够检查出是 SD 卡出现故障还是文件自身有问题。

---

① 首先你需要检查打印机的插头是否插上，以及开关是否打到了闭合的位置。

有时候 SD 卡读卡器也可能是导致无法读取 SD 卡数据的原因。这时候更换 SD 卡或者重新格式化 SD 卡依然会出现故障信息。唯一的解决方案就是更换读卡器。大部分打印机都会将读卡器装在液晶屏内部，因此你可能需要更换整个液晶屏。即使读卡器出现故障，在获得替换零部件之前你还是可以通过 USB 线连接打印机进行打印。

当液晶屏出现故障时，它可能不会显示任何文本（或者图像），不过也有可能只显示方块字体或者是几道亮横线。打印机可能可以正常运作和打印，只需用 USB 连接打印机进行控制即可。只有更换液晶屏才能够修复这种现象。查阅你的打印机说明文档或者咨询经销商来订购一个新的液晶屏。

但一般情况下，尤其是在 RepRap 打印机上，液晶屏经常会只损坏一部分。这通常是由静电荷放电损伤液晶屏导致的。如果你的打印机没有正确地接地，那么液晶屏就可能会被静电损伤。如果你触摸打印机的机壳时感觉到触电或者能够观察到电火花，那么说明打印机上有静电聚集，而静电可能会对敏感电路元件造成毁灭性的损伤。不过幸运的是，即便屏幕坏掉你也可以正常打印——只不过没法从液晶屏上获得任何反馈信息罢了。

液晶屏也可能由于环境中的电磁干扰（EMI）而出现损坏，这时液晶屏的显示状况可能有多种，但是通常这种情况都是由过于靠近液晶屏信号线的高压电源线导致的。我会按照两步来解决此类故障。首先我会在液晶屏的信号线上缠上一圈屏蔽胶带，接下来我会将电源线重新走线，使其远离液晶屏。通过这两个步骤就能够有效地减少电磁干扰对液晶屏的影响。

在十分罕见的情况下，你的加热单元也有可能会出现故障。此时你的打印机永远无法达到目标温度，因此无法开始打印。如果是热端出现故障，那么打印进行一半的时候可能会失败。如果你怀疑打印机的加热单元出现故障，那么可以用近红外探测器或者其他接触式的温度传感器来测量加热单元的工作温度。如果加热单元存在故障，那么你需要更换它。如果替换零部件依然没法解决问题，那么可能问题出在软件上或者是与加热功能相关的电路中。

打印机无法达到工作温度的另一个可能的原因是你使用的电源需要 220V 交流供电，而插座里只能够提供 110V 交流电。这会导致电源的输出电压过低（12V 电源大概只能提供 10V 输出电压），因此无法让加热单元正常工作。

注意：不要尝试用手指、手掌或者肢体的任何部分去触摸测试加热单元的温度。一些加热单元的升温十分迅速，可能导致你的皮肤严重烧伤。因此只能通过传感器来测量加热单元的温度。

朋友，能不能借我点备件？

我们会在第十章介绍准备备用零部件的相关内容。不过，我推荐你准备好一个包含打印机的一些主要零部件的备用套件，[①]这也是你的打印机最开始的用途之一。

套件的内容取决于你的预算，以及相关零部件的使用寿命有多长。对于电路零部件，我

---

① 这也是 RepRap 项目起初的目标之一——通过打印塑料零部件来实现打印机的自我复制。

通常会准备至少一个备用的、和打印机零部件相匹配的步进电机和一块备用电路板，以及大量的连接导线。如果打印机需要用作商业用途，那么我还会准备一个备用热端和加热打印平台。另外一方面，如果你拥有多台打印机，那么可以考虑出现故障的时候从其他打印机上临时挪用一些零部件。

总　　结

　　硬件故障可能导致各种不同的打印质量问题。正如我们介绍过的，诊断故障的原因需要考虑各种可能的因素，因为大部分问题可能由多个不同故障来源所导致。

　　在这一章里，我们介绍了一些基础排错练习的详细内容，同时介绍了一系列你可能遇见的硬件故障。虽然我希望你能够一帆风顺，不会碰到各种莫名其妙的故障，但是了解哪里可能出现问题能够帮助你更好地诊断和修复故障。

　　在下一章里，我们将会介绍软件设置中可能导致问题的隐藏因素。你将会了解到修复软件问题通常需要你在切片软件、打印机设定或者固件中进行一处或者多处的修改。

第八章

■■■

解决软件问题

在上一章里，我们介绍了一系列可能导致打印问题的硬件故障以及相应的解决方案。而软件故障与硬件故障类似，也可能会导致各种各样的打印问题。我将关于故障的内容分为两章进行介绍，是因为软件故障和硬件故障略有不同。不过相似的是，你也可以通过多种不同的方法来解决软件故障。

和上一章一样，我们将从可能导致打印质量问题的各种不同的软件故障开始介绍。而针对各种不同的软件故障，我们也将分类来介绍各种可能导致故障的原因以及相应的解决方案。常见的解决方法包括针对切片软件、打印机控制软件，以及固件中的各项设定进行更改。

硬件故障通常更加容易检测和修复。即使是那些不明显的硬件故障，只要检测出正确的成因，通常都可以找到一个可视的、直接的解决方案。比如，开裂的零部件或者松脱的同步带都可以直接进行更换或者调节。但是软件故障通常并不是那么明显。

在某些情况下，软件或者软件中的设置并不会直接导致打印问题。因此我推荐你在修改软件设定之前先仔细检查各处相关的硬件是否可能导致相关问题。比如当打印床未调平（调高）时，打印模型可能在打印床的某个角上出现翘边，同时在其他区域却不会出现类似的问题。而此时修改切片软件中的温度设定则无法修复这个或者其他类似的问题。

但是有时候修改软件设置能够帮助修复某些打印问题，比如提升热端的工作温度能够增强打印丝材的黏附力。而某些情况下打印问题可能就是由软件设置导致的，比如切片软件中丝材直径的参数错误就可能会导致十分严重的打印质量问题，甚至可能出现挤出故障。

和上一章里介绍的硬件故障一样，了解哪些软件设置可以用来修复打印质量问题能够帮助你优化打印机的设置并且提升打印机的性能表现。

在下面的内容当中，我们将会按照各个类别来分别进行介绍，同时还配有如何对软件进行修改的例子，对于一些比较难理解的设定还配有截图进行说明。现在让我们从切片软件开始了解有哪些设置可能和打印质量问题有关。

切 片 软 件

切片软件，即 CAM 软件，通常被认为是 3D 打印工具链中最重要的组成部分。回忆一下切片软件的作用，它负责接收关于打印机的各项参数配置，例如丝材尺寸、工作温度等，以及打印模型的设计文件（.stl 文件），然后生成一个包含了用来控制打印机进行打印所需的各个指令的文件。指令文件通常是.gcode 格式（对于 MakerBot 打印机则是.x3g 格式），可以储存在 SD 卡上供打印机直接读取或者是通过 USB 连接直接发送到打印机上。

很明显，当切片软件中的设置与打印机硬件不匹配的时候，切片软件产生的文件便无法控制打印机正常工作。采用打印机或者切片设置不正确的文件进行打印只能够产生不合适的打印品，极端情况下你所得到的通常都是一个失败的作品，即使运气好你所得到的打印品也会出现打印质量问题。

即使是在软件设置都和硬件配置相匹配的情况下，你也可以通过修改切片软件里的参数来解决一些十分常见的打印问题，即提升打印品的打印质量。类似地，你也可以通过切片软件设定来解决打印丝材的黏附问题，下一节将要介绍的就是这方面的内容。

底层丝材的黏附问题

黏附问题通常出现在底层丝材和打印基板之间。当打印丝材没有黏附在打印基板上时，导致的就是翘边问题。黏附问题也可能出现在物体中间的丝材层之间，此时所导致的问题通常称为开裂。

翘边问题可以通过多种方式进行控制。上一章中介绍了一些可能导致翘边问题的硬件因素，同时打印表面的处理方式也会影响翘边问题。但是此外还有一项因素需要考虑：控制可加热打印床的工作温度。

如果你的打印机配备了可加热打印床，那么最好是在打印模型的时候用上它。可加热打印床被认为是用 ABS 材料打印时的必备配件，对于用 PLA 材料和其他打印丝材的打印则是可选配件。一般用 ABS 材料打印时的打印床温度推荐为 110℃，用 PLA 材料打印时的打印床温度则为 60℃。

■**备注**：打印机硬件和打印丝材之间的组合可能会影响实际所需的工作温度。你需要参考自己的试验结果和经销商的推荐参数。如果你的打印机是封闭式的，那么实际所需的工作温度可能就会稍低一些。

记住，温度设定是储存在打印文件中的。你可以在打印机上或者通过打印机控制软件来设定相关的参数，但是大部分打印机都会在读取文件中相关参数的时候对设置进行覆盖。下面的命令（指令）就能够设定打印床的工作温度。

M190 S60; 等到打印床加热至预设温度之后再开始打印

记住，切片软件的打印文件仅适用于特定的打印

那些同时使用 ABS 和 PLA 丝材进行打印的人常犯的一个错误就是尝试着用 PLA 丝材的打印文件去打印 ABS 丝材。这会导致可加热打印床的工作温度不够，因此很容易出现翘边问题。热端的工作温度设置可能也会出错，因此很容易出现挤出问题。另一方面，如果你尝试着用 ABS 丝材的打印文件去打印 PLA 丝材，那么打印床就会过热，从而导致打印品出现下垂等打印质量问题。由于 ABS 丝材所需的热端温度通常也更高，因此可能会在挤出机闻到烧焦的味道。

如果打印床温度不够，那么可能导致底层丝材过快冷却，使得丝材快速收缩导致物体的底部脱离打印表面，这种现象更常见于打印 ABS 丝材时。这时问题不在于使用何种打印表面处理方式，而在于打印床无法提供足够的热量来保持各层丝材均匀、缓慢地冷却。

如果翘边问题过于严重，甚至可能导致物体在打印过程中触碰到热端。这会使整个物体从打印床上松脱，导致打印彻底失败。并且，如果打印品从底层开始就出现了翘边问题，那么它只会变得越来越严重。如果你没有监控打印机的工作状况，那么最后得到的只会是一个打印了一半的物体以及一团杂乱的丝材球，这是由于打印机在物体出现移位之后依然会尝试挤出丝材。如果这些杂乱的丝材触碰到了热端，那么它们可能会熔化并粘在打印机的各种零部件上。这不仅会将整个打印机弄得一团糟，还会浪费大量的丝材。

如果你遭遇了翘边问题，那么首先可以检查可加热打印床的工作温度，如果它比之前估计的温度低，那么可以试着将它提升 5℃，然后检查下一次进行打印时的状况如何。在某些情况下，降低打印床的工作温度也可能会改善打印品的状况。这是由于打印床过热会导致物体上积累过多的热量，在打印某些悬空部分的时候会出现困难。在这种情况下，悬空的丝材会在末端出现卷曲，使得悬空部分变得不平滑而出现阶梯式的外观。如果此时你的打印床工作温度超过了 110℃，可以考虑每次将工作温度降低 5℃ 直到不会产生类似问题（或者是令这样的问题恶化）为止。

忍受翘边

如果你能够按照这里介绍的各种方法来处理翘边问题，那么最终打印品的翘边问题应当会大大减轻。但是有可能你无法完全消除翘边现象。在打印 ABS 丝材时尤其是这样，因为它需要你花费大量的精力才能够获得完美的打印效果。但是物体的边角上或者中间某个小零部件的边沿上不会影响物体整体效果的轻微翘边有时是可以接受的。如果你仔细观察 Thingiverse 上别人上传的成品图，那么会发现许多都存在轻微的翘边现象。如果你尽了全力来消除翘边问题，但是依然偶尔会碰见轻微翘边的话，那么也许只能学会接受它了。

那么，如何来设置或者改变可加热打印床的工作温度呢？回忆一下前面章节中介绍过 Slic3r 的丝材设定（Filament Settings）标签页里能够设定打印床的工作温度，如图 8-1 所示。

而在 MakerWare 中，你可以在制造（Make）对话框的温度（Temperature）标签页里设定打印床的温度，如图 8-2 所示。在这两个截图中你还可以看到挤出机（热端）温度的设置选项。

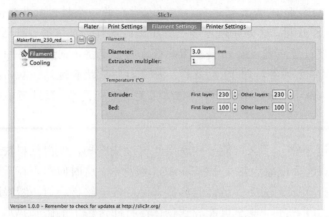

图 8-1　Slic3r 中的温度设置界面

同样，如果你需要改变打印文件中的温度设定，那么需要重新运行一遍切片操作。当然你也可以直接修改.gcode 文件，但要注意不要造成其他的故障。其他格式的指令文件修改起来就没那么简单了，比如.x3g 文件。

图 8-2　MakerWare 中的温度设置界面

另一个可能导致翘边问题的因素是物体与打印基板之间的接触面积过小。如果物体在接触面上存在小突起的话，那么构成这些部分的丝材量可能不够在物体和打印基板之间构成牢固的连接。

解决这类问题的最佳方式是给物体添加裙边，即沿着物体的边沿多打印几圈额外的丝材，从而增加物体底部的表面积。图 8-3 是 Slic3r 中的裙边设置界面。

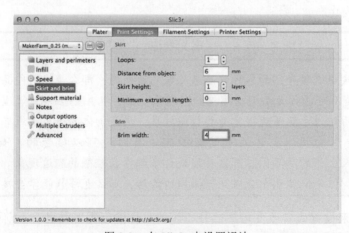

图 8-3　在 Slic3r 中设置裙边

另一项基于软件的设置能够让你在打印模型之前先打印一个底座。底座通常由几层丝材堆积而成，用来承载后续挤出的丝材。底座相比于打印模型与打印基板有着更大的接触面积，因此能够防止小体积物体或者底面积较小的物体出现翘边问题。图 8-4 里是一个带有底座的物体在 MakerWare 软件中的 3D 打印预览图。注意底座在预览中呈现为一个平台。

另一项通过设置打印床温度来处理底层丝材黏附问题的方式是一开始将打印床温度设置得较高，等到打印进行一段时间之后再慢慢降低温度。图 8-1 中显示了你可以在 Slic3r 中进行这样的设置（但是在 MakerWare 中不行）。这项设置允许你将打印底层丝材时的打印床温度设置得较高来防止出现翘边问题，同时在打印其他层时降低打印床温度来保持物体中的热量并控制物体的冷却过程（并且防止丝材层之间出现开裂状况）。

除了调节可加热打印床的温度之外，你也可以通过减缓打印底层丝材时的速度来解决翘边问题。你可以在 Slic3r 中通过打印设置界面中的速度（Speed）标签页中的选项进行设置（MakerWare 默认就是这样进行的），如图 8-5 所示。

图 8-4　MakerWare 中带有底座的物体的预览图

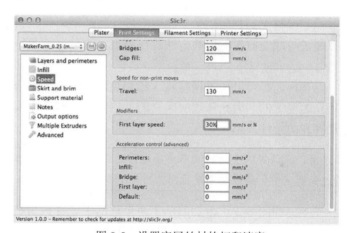

图 8-5　设置底层丝材的打印速度

注意，在图中我将底层丝材的打印速度设定为一般速度的 30%。降低打印速度能够通过给打印丝材更多的时间与打印基板进行粘连来提升底层丝材的黏附情况。如果你观察到打印丝材从打印基板上被拉脱或者周长较小的物体无法较好地进行黏附时，降低底层丝材的打印速度能够帮助你避免这些情况的出现。

另一种解决翘边的方法是在物体边沿上添加锚点片（也称为老鼠耳朵或者荷叶片）。这是一种通常位于物体的角落或者凸起上的小圆片，它能够增加物体角落位置上的表面积，而并不会和裙边那样影响物体的整个外沿。在进行切片操作的时候，你可以随自己喜好来添加锚点片。但这些锚点片的缺点是打印完成之后你需要手动将它们清除掉。

创建锚点片很简单。你只需要通过 OpenSCAD 创建一个 0.5mm 厚的圆片（或者是两层丝材的厚度，根据你的具体丝材层厚度进行设定）。一些人喜欢将锚点片设计成 3～4 层丝材的厚度来形成强力的连接。但是锚点片越厚，最后清除起来就越困难。下面这行代码就能够生成一个圆盘状的锚点片。

```
cylinder(0.5,5,5);
```

要使用锚点片，你需要打开切片软件，然后将打印模型导入预览界面中。然后再导入锚点片，并将它复制到物体的各个需要的位置，如图 8-6 所示。注意图中我在物体的每个角上都摆放了一个锚点片。一些切片软件允许你将锚点片和打印模型组合成一个新的物体。这个过程被称为混搭，我会在后面的内容中进行详细介绍。

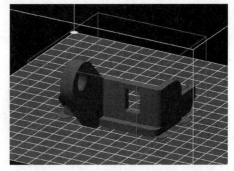

图 8-6 通过锚点片解决翘边问题

打印质量问题

高层丝材上的打印质量问题与底层丝材的黏附问题紧密相连。高层丝材之间的黏附问题可以通过与翘边问题类似的方法进行处理。这里讨论的丝材层黏附问题包括翘边、开裂以及下垂。

这些问题都可以通过调整打印床和热端的温度进行修复。通常它们都是由于打印丝材冷却不均匀导致的。因此和底层丝材的黏附问题一样，你需要在尝试调整温度设定之前先修复可能存在的硬件故障。

■**注意**：在设定温度的时候不要高过你的热端的理论最大工作温度。查阅热端的说明书或者咨询经销商确定你的热端温度上限。

图 8-1 和图 8-2 里分别展示了两个软件中设置热端温度的界面。回忆一下，热端温度同样也被储存在打印文件当中，单独修改打印机上的设定并不会对打印过程中的设定产生影响。

在大多数情况下，你需要每次提升 5℃的热端温度，然后检查打印效果如何。在罕见情况下，你需要每次降低 5℃的热端温度。在修改热端温度设定之前，确保你对于热端的特性和相关参数已经很熟悉了，避免将工作温度设置成超过理论最大值的数值。

■**提示**：大部分固件都内置了一个温度最大值参数，用来防止你设置的温度超出热端能够承受的理论最大值。你需要检查固件中的相关参数，确保它和打印机制造商推荐的最高温度相匹配。

打印丝材温度限制

当温度过低的时候，很容易遇见挤出故障。虽然提升热端温度能够改善打印丝材的黏附情况以及挤出情况，不过注意温度设定不能过高。如果热端温度太高，那么打印丝材在喷嘴里可能会出现漏料现象。偶尔出现的漏料现象也许不会对打印造成影响，但是注意正常情况下轻微的漏料现象不能超过几分钟。如果喷嘴持续出现漏料现象，那么你需要考虑降低温度

设置。温度过高的另一个潜在问题是打印丝材可能会被烧毁。[①]在某些情况下你甚至能够观察到热端里发散出来的蒸汽。[②]如果出现以上介绍的这些问题，那么你需要停止打印机的运行，然后降低设置的温度。

卷曲

卷曲问题表示的是当物体的高层丝材比底层丝材更快冷却时出现的现象。当出现卷曲问题时，说明物体的温度可能过高。降低打印床的工作温度能够帮助解决卷曲问题。如果你打印的是 PLA 丝材并且使用了降温风扇的话，那么可以考虑降低风扇的转速来减少物体周围流动的气流。气流过大会使得高层丝材比底层丝材更快冷却。

我前面也介绍过，卷曲问题同样可能出现在打印模型的悬空部分上。悬空部分通常表示物体从底座上延伸出来的、倾角较小的丝材部分。悬空部分通常很难打印，因为它们冷却起来十分迅速，因此在顶部的每层丝材上都可能出现卷曲问题。当出现卷曲问题时，由于物体还在继续打印，你能做的并不多。大部分时候最终获得的物体依然可以使用，因为热端在打印下一层丝材的过程中也许可以将卷起的丝材压平。但是最终，物体这一部分的打印质量依然会受到影响。

而处理悬空部分打印的最佳方式是添加支撑材料。支撑材料表示的是为了构成物体支架而挤出的丝材。你可以在 Slic3r 中的打印设置界面中启用相关的设定，如图 8-7 所示。MakerWare 中则需要在制造窗口里勾选支撑材料（Support material）选项框进行启用。

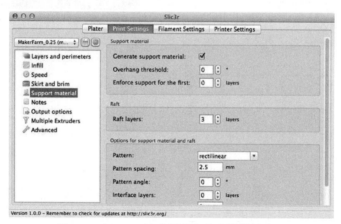

图 8-7　在 Slic3r 中启用底座和支撑材料选项

启用支撑材料会在物体上添加一部分无用的丝材用来支撑物体上悬空的部分，从而减少悬空部分出现卷曲的概率。这些支撑打印丝材通常很薄，因此在打印完成之后可以很轻松地

① 烧焦的气味通常都是坏消息，即使是 ABS 材料在打印时也不会有烧焦的气味。
② 一些少见的丝材在挤出时可能会出现蒸汽。同时如果打印丝材湿度过大也可能导致挤出时产生蒸汽，你可以将丝材和干燥剂密封在一个袋子里来降低打印丝材的湿度。

掰下来，然后用刀具修整物体表面上残留的丝材即可。图 8-8 里是一个启用了支撑材料的物体预览图，注意图中充当悬空部分支撑架的垂直打印丝材。

最后，你需要检查在打印过程中是否意外关闭了打印床的加热功能。再次检查图 8-1 中的相关设置界面，通过图中的选项你可以将打印高层丝材时打印床的温度设置为低于打印底层丝材时的温度。但是如果不小心忘了在打印高层丝材时启用可加热打印床，那么就可能导致卷曲问题。

开裂

开裂和卷曲很相似，但是开裂是由于低层丝材比高层丝材更快冷却所导致的问题。它会导致物体的一层或者多层丝材上出现黏附问题，从而使物体上出现裂缝。图 8-9 里是一个出现开裂问题的物体。

图 8-8　带有悬空部分的物体启用　　　　图 8-9　开裂的打印模型
支撑材料之后的打印预览图

开裂通常都是由气流导致的。消除打印环境中的气流能够极大地改善开裂现象。不过在处理开裂问题时，你还需要确保可加热打印床和热端的温度均进行了正确设定。在某些情况下，降低打印速度也能够帮助改善开裂现象。更慢的打印速度能够增强丝材层之间的黏附。同时，开裂现象是由于物体比新打印的丝材更快冷却所导致的，因此提升打印床的温度也可以帮助改善相关问题。

当物体出现图 8-9 里的开裂问题时，有一定概率不仅仅是观察到的位置上出现了开裂问题。我曾经遇到过物体在某个部分由于丝材层剪力导致出现了细微的开裂问题（剪力表示丝材层向与之平行的物体所施加的压力）。这说明物体整体的丝材层之间的黏附可能都存在问题。实际上当我切开物体进行观察的时候，发现物体的其他部分也出现了开裂现象。因此当你在打印时发现物体存在开裂现象时，尝试着修复导致问题的故障，然后重新进行打印。

下垂

下垂问题通常以两种形式出现：连接较大的缝隙时或者当物体过热时。对小缝隙进行连接通常不会产生什么问题，实际上一般只要采用切片软件的默认设置就可以解决，比如小通孔或者螺母槽大小的凹陷都只需要用一层丝材就可以轻松地覆盖住。但是大面积的通孔或者没有任何支撑结构的部分对于某些打印机来说可能就会造成严重的问题。

如果缝隙的宽度超过了几厘米，那么切片软件的默认设定就无法使用了，此时唯一的解决方案就是在切片软件中启用支撑材料选项或者是使用人工支架（在设计模型的同时就设计支撑结构）。

图 8-10 里是一个缝隙很大并且存在桥接部分的物体，我们将会通过这个物体进行下垂问题的相关试验。这个物体是一个小型的导流板，能够装在电源上用于将气流导向远离打印床的方向。首先我决定尝试在不添加支撑材料的情况下进行打印，看看下垂问题是否能够通过后续处理进行移除或者修复。幸运的是尝试的情况很好，只有一层丝材出现了下垂问题。其他的丝材层很好地完成了连接缝隙的工作，并且打印质量都很良好。图 8-10 里就是最终得到的打印品。

如果缝隙之间或者连接部分上仅有单层丝材出现下垂问题，那么只需要简单的修复就够了。对于 PLA 丝材，只需要用热风枪加热下垂的丝材，然后将丝材按压到物体上即可。但是要注意不要将丝材过度加热，因为可能会使物体出现卷曲现象。你无法将丝材加热然后重新进行塑形，但是至少你不需要剪掉多余的丝材或者是丢弃掉整个物体。

对于 ABS 丝材，你可以用无绒布浸泡丙酮之后擦拭下垂的丝材，等到打印丝材软化之后再将其按压到物体上。过一段时间丙酮就会自然挥发，物体的修复工作就算是完成了。图 8-11 里就是图 8-10 里的连接部分经过修复后的情况。不过这个例子里的下垂问题是极端情况（并且是刻意的）。一部分打印丝材出现了断裂并且掉落在打印基板上，因此物体上最终有一部分没有打印丝材填充。虽然最终物体的表面并不十分光滑，但是它依然可以正常使用，而我一开始并不这样认为。[①]

图 8-10 对缝隙进行桥接

图 8-11 缝隙修复之后的下垂打印丝材

不过，最后我还是在启用了切片软件中的支撑材料的情况下重新打印了这个物体。这次的问题出在用于支撑整个连接部分的支撑材料最后清理起来实在是太费功夫，并且浪费了大量的丝材。

接着我重新对物体进行了设计，在物体的连接部分上添加了几个支架。这样物体的打印

① 这也是 3D 打印的乐趣所在。一些你认为已经坏掉的打印品也许最后依然能发挥功效，因此不要害怕进行尝试！

质量就能够大大提升了，并且不需要启用切片软件中的支撑材料选项。图 8-12 里是重新设计后物体的渲染图。

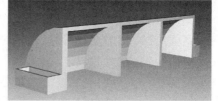

如果你的可加热打印床工作温度太高，那么打印丝材可能会保持软化的状态，而没有冷却硬化的丝材会因无法支撑上层丝材的重量而出现下垂问题。当出现这样的情况时，你需要降低打印床的工作温度5℃，然后重新尝试打印。[①]如果下垂问题很严重，那么可以考虑将打印床的工作温度降低 10℃。

图 8-12　在模型上设计支撑结构

在打印 PLA 丝材的时候，下垂问题可以通过提升打印高层丝材时的风扇速度来解决。这样能够确保连接缝隙的丝材快速冷却，从而保持连接部分的形状。你也可以增加外壳的层数，或者是在某些切片软件中增加顶层丝材的层数。但是这些方法只适用于缝隙存在于物体顶部的情况下。

修改打印速度也能够改善打印连接部分时的下垂现象。如果打印速度加快，那么连接部分的丝材出现下垂问题的概率就会降低，但是出现开裂问题的概率同时也会增加。

最后，打印支撑材料是解决连接部分和缝隙之间出现下垂现象的最好方法。

缩放功能

如果你的物体没有打印质量问题，但是大小却和预计的不一样（太大或者太小），那么可以用切片软件提供的缩放功能进行修复。缩放功能让你能够按照一定的比例放大或者缩小物体的体积。图 8-13 里展示了 Slic3r 中的缩放设置界面，图 8-14 里则是 MakerWare 中的缩放选项。在这两个软件中，你都可以按照一定比例对物体进行缩放。

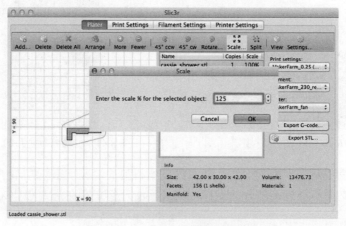

图 8-13　Slic3r 中的缩放比例设置

---

① 实际上，这也是使用 ABS 打印配置文件打印 PLA 丝材可能导致的问题之一。因此最好检查打印使用的配置文件和正在使用的丝材相匹配。

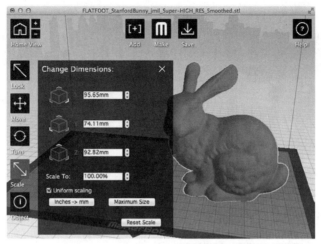

图 8-14　MakerWare 中的缩放比例设置

　　仔细观察 MakerWare 的缩放设置界面，你会发现可以单独修改某个轴的长度，这时只要勾选统一缩放（Uniform scaling）选项，软件会自动对其他两个轴的长度进行调整。但是如果你没有勾选统一缩放选项，那么单独修改各个轴的参数时并不会影响其他两个轴的参数。如果你的物体只是某个轴上长度不够精确，或者是你想打印一个比例很奇特的物体，那么可以考虑这样进行修改。你还可以通过鼠标单击物体来进行缩放，只需单击物体，然后单击缩放按钮，接着前后移动鼠标就能够控制物体的缩放比例了。

调整方向

　　回忆一下在介绍底层黏附问题时我们提到过底层与打印表面的接触面积是可能导致翘边问题的因素之一。如果物体其他面的面积大于底面，那么你可以通过切片软件中调整物体方向的功能（有时也称为旋转功能）来调整物体在打印床上的摆放方向。

　　■提示：如果打印模型是你自己动手设计的，那么在导出设计文件之前就可以调节物体的方向。

　　举例来说，假设你自己设计了一个玩偶屋里的小桌子，如图 8-15 所示。这个物体的结构很简单，并且按照你的视角来看摆放的方向是正常的。

　　但是注意那些桌子腿，它们只是物体的很少一部分，和打印基板之间的接触面积很小，同时桌面充当了桌腿之间的连接部分。你需要添加大量的支撑材料来确保桌面不会发生下垂问题；但是如果将物体反过来摆放的话，那么物体和打印基板之间的接触面积会大大增加，而桌腿部分则变成了顶部。图 8-16 里是经过调整方向之后的物体。

　　不幸的是，Slic3r 中调整物体方向的方法并不直观。不过你可以在 Repetier-Host 和 MakerWare 里轻松地调节物体方向。图 8-17 里是在 Repetier-Host 里调节物体方向的设置界面，图 8-18 则是 MakerWare 里的旋转对话框。

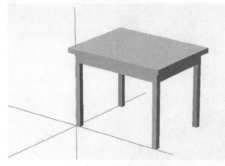

图 8-15 玩偶屋的桌子

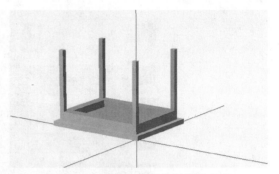

图 8-16 调整方向之后的玩偶屋桌子

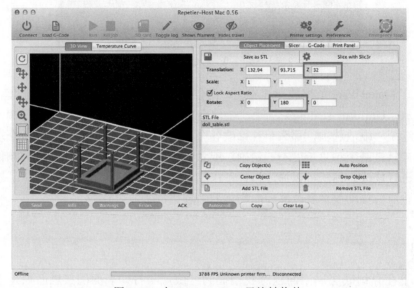

图 8-17 在 Repetier-Host 里旋转物体

注意图 8-17 中两个用红框标出的文本框。这两个参数控制了物体的旋转和平移。注意图中我将 *Y* 轴进行了 180° 的旋转（对 *X* 轴进行旋转的效果是一样的），并且将物体在 *Z* 轴方向上抬升了 32mm。这样能够将旋转之后的物体正确地摆放在打印床上。当然你也可以通过下方的自动定位（Auto Position）按钮将物体旋转之后自动摆放在打印床上的正确位置。你还可以用旁边的居中（Center Object）和放下（Drop Object）来达到相同的效果。自动定位功能还可以确保多个物体之间不会出现重叠部分。

■提示：如果你不知道物体的具体尺寸信息，那么使用自动定位功能是在 Repetier-Host 中重新摆放旋转后物体的最佳选择。

注意图 8-18 中你需要先选中物体，然后选择旋转按钮（Turn）来查看旋转的相关选项。单击需要修改的轴两侧的加减号按钮，每次单击会将物体在这个轴上旋转 90°。或者你可以像我一样手动输入各个轴的旋转角度。注意在背景中的物体也会随着调整进行旋转。和

Repetier-Host 一样，平放（Lay Flat）按钮能够保证将物体平放在打印床上。

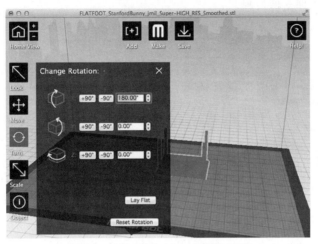

图 8-18　在 MakerWare 中旋转物体

　　从这个简单的例子里可以看出，调整物体的方向可以帮助你减小物体上的连接部分，从而防止打印时出现卷曲现象。图 8-19 里的物体同样结构很简单，并且大多数情况下可以轻松地完成打印。少数情况下你可能会碰见悬空部分（圆形部分）上出现下垂或者是卷曲问题。如果你将物体按照图 8-20 里那样摆放的话，那么不仅能够增加物体和打印床之间的接触面积，还能减少悬空部分的体积，防止出现相关的打印问题。

图 8-19　带有悬空部分的物体

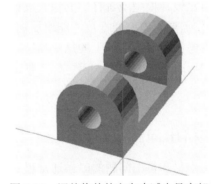

图 8-20　调整物体的方向来减少悬空部分

　　调整方向的另一个用处是减少使用支撑材料。就拿图 8-19 中的物体为例，有时候设计者会将其凹陷的一面摆放在 Z 轴上，因为有时候这样打印出来的物体更加牢固。[①]在这种情况下，物体的预览如图 8-21 所示。此时为了完成物体的打印，你必须添加支撑材料，因为打印机不可能在没有支撑材料的情况下完成与打印床平行的悬空部分的打印。

---

　　① 实际上这样做也许能够弥补轴故障带来的问题。

图 8-22 里是添加支撑材料之后物体的打印预览图。从图中你可以看出打印完成之后需要花费大量的精力来清理支撑材料。

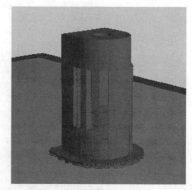

图 8-21　调整物体的方向来减少需要支撑的悬空部分　　图 8-22　带有支撑材料的物体打印预览图

但是有时候你不能为了节省支撑材料就不去调整物体的方向。实际上调整物体方向有时候能够消除剪力所带来的影响。图 8-21 中物体的丝材层与图 8-20 中物体的丝材层互相垂直。如果考虑到剪力的影响，那么最好调节物体的方向使丝材层与剪力的方向互相垂直。

举例来说，如果将图 8-21 中的物体用作支撑同步带传动结构中的滑轮或者惰轮轴承的锚点，此时受力的方向是远离物体的基座面，因此它会比图 8-20 中的物体更加牢靠一点儿。因为图 8-21 中物体的丝材层与剪力的方向互相垂直，而图 8-20 中丝材层与剪力的方向则互相平行。你可以通过下面的思路进行判断：打印丝材之间的连接比打印丝材自身更容易断裂。

在自己设计模型或者打印其他人设计的物体时，开始打印之前一定要检查物体摆放的方向。你不仅需要考虑怎样摆放才能增加物体和打印床之间的接触面积来形成更加牢固的连接，还需要考虑如何减少物体上的悬空和缝隙（连接部分）。在某些情况下，你还需要考虑剪力对物体的应用所造成的影响。而更好的是，你可以避免使用支撑材料，从而减少下垂问题的出现！

丝材和挤出问题

出现丝材和挤出问题的时候通常很难直接诊断出来源。这是由于不同打印丝材之间存在细微的差别。回忆一下我们前面介绍的关于丝材直径和所需工作温度之间的不同。PLA 丝材的特性和 ABS 丝材不尽相同。而在某些情况下，即使是同种类的丝材，只要颜色不同，它们的特性也可能会有所不同。

与打印丝材相关最常见的问题就是挤出质量问题、喷嘴的漏料问题，[①]以及丝材层异常。这些问题都可以通过切片软件中的关键设置进行控制或者减轻。我将在后面的内容中进行详细介绍。

———————————

① 就像是婴儿流鼻涕一样，并不经常出现，但是偶尔会让你手忙脚乱。

挤出质量问题

如果切片软件设定能够与打印机的固件以及所采用的丝材相匹配，那么挤出丝材时应当不会遇到任何问题。当然相关的硬件故障还是有可能出现（比如碰到障碍物、喷嘴堵塞等），不过只要你能够及时解决这些故障，就应当不会有任何问题。但是，如果切片软件设定出现了问题，那么可能就会碰见挤出质量问题。

最常见的挤出质量问题是打印丝材挤出过多或者不足。这通常是由切片软件中丝材直径的设置错误导致的。图 8-23 里是 Slic3r 程序中的丝材设置界面。

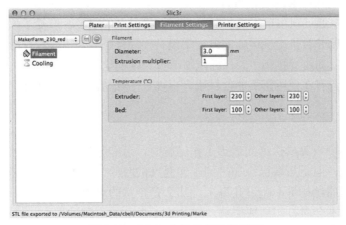

图 8-23　Slic3r 中的丝材设置界面

■提示：在对物体进行切片设定之前记住一定要测量丝材的直径。

如果你输入的值过大，那么挤出机实际挤出的丝材可能不足。这种情况下丝材层之间的黏附会受到影响，导致打印模型更容易受到剪力的影响而开裂。如果你设定的值过小，那么挤出的丝材在热端的移动过程中可能会出现结球或者拉丝问题。如果你发现物体上存在大量的拉丝，那么请及时检查切片软件中的丝材直径设置。

另一个可能导致挤出质量问题的因素是热端温度设定不正确。温度设置过高可能使打印丝材挤出更加迅速，从而导致结球和拉丝。温度设定过低则打印丝材可能会出现挤出不顺的状况。温度设定出错通常表现为挤出机的送丝轮出现打滑或者卡顿。你也可能观察到打印丝材从喷嘴里大量喷出或者是有一段打印丝材在挤出时更细一些，某些情况下你可能还会遇见挤出的丝材断裂而呈点状。如果挤出的丝材不能保持整齐的直线形，那么说明热端温度的设定肯定出现了错误。

在极端情况下，这类错误可能会导致打印丝材堵塞挤出机，使挤出失败。我最近升级了一台打印机上的挤出机结构，更换了一套十分漂亮的磨砂表面的铝质挤出机，不过使用的时候发现它的弹簧有点儿太硬了。这导致步进电机在使用某一卷打印丝材的时候出现了打滑的现象，因为这卷打印丝材相较于其他打印丝材更软一点。我通过提升热端温度临时修复了这个问题，但是最终你需要更换弹簧才能够避免这个问题再次出现。

如果打印模型上的丝材存在结球或者拉丝现象，那么降低热端温度 5℃ 然后尝试重新进行打印。如果问题稍有改善但没有完全解决，那么可以尝试再降低 5℃ 直到完全修复问题为止。

相似地，如果打印丝材挤出不顺，并且不是由于障碍物或喷嘴堵塞所导致的，那么尝试每次提升 5℃ 热端温度直到打印丝材能够流畅挤出为止。

当我遇见这样的问题时，尤其是确定由切片软件设定中的热端温度设置所导致的情况下，我会采用打印机控制软件来设定热端的工作温度，然后挤出 30mm 或者 100mm 长的丝材来测试挤出情况。你可以通过观察挤出机和挤出的丝材状况来确定是否修复了相关问题。如果打印丝材的挤出十分流畅并且挤出机运作的过程中没有出现停顿、卡顿或者打滑的噪声，那么就可以更新设置参数来重新进行打印了。这样能够节省大量的丝材，同时减少失败的打印次数。不过通常情况下，你只有在使用新买的丝材或者更换打印丝材品牌的时候才会遇到类似的问题。

漏料

当你将热端温度设置成挤出的理想工作温度时，可能导致喷嘴上出现漏料问题。如果打印机处于待机状态，但是热端已经加热到工作温度的时候，你可以观察到喷嘴上有少量的丝材漏出。只要漏出的丝材量不超过几毫米，那么是正常的现象。而根据打印机待机的时间长短，这类情况通常不会对打印造成影响。在 MakerBot 的打印过程中，这些漏出的丝材通常会粘在物体表面或者是打印床表面。[①]

但是如果漏料十分严重的话，那么说明热端的温度设置可能过高。大量的漏料可能使物体上出现冗余的丝材、将尖角磨平，或者在热端运动过程中粘连在奇怪的部位，并且这和一般情况下热端稍稍过热所导致的轻微拉丝现象不一样。这些现象说明热端的温度已经大大高于所需温度。出现这样的情况时，你可以一次降低 5℃ 的热端温度直到喷嘴上的漏料现象大大改善为止。如果喷嘴上的打印丝材在几秒钟之内就会漏出 5mm 或者 10mm 的量，那么说明热端温度实在是太高了。

同样需要注意的是一些热端的加热室体积更大，或者是设计结构时就考虑了如何防止漏料。对于这类热端，切片软件能够有效地控制漏料现象。Slic3r 软件提供了一个用来防止漏料的功能：回缩。图 8-24 里是打印机设置界面中的挤出机设定选项，在这里你也需要输入打印机的喷嘴尺寸信息。

注意界面中的回缩设置区域。在这里你可以设置挤出机回缩打印丝材的长度、Z 轴抬升的高度，以及回缩的速度等选项。一般情况下我们只需要设定抬升高度和回缩长度。你可以看到在图中我们将回缩长度设置为 2mm，抬升高度设置为 1mm。这样挤出机在完成挤出之后会回缩 2mm 长度的丝材。

---

① 这也是我最爱的 MakerBot 功能之一，你经常能够在打印床的前方清理掉长达 25mm 的漏出丝材。

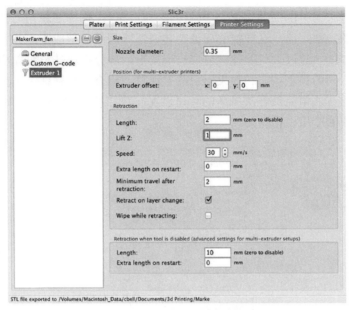

图 8-24　使用 Slic3r 中的设置处理漏料问题

设置抬升高度能够防止喷嘴碰到物体上比目前 Z 轴高度更高的区域。抬升过程同样能够令已挤出的丝材和物体之间的连接断开，从而减少回缩过程中发生拉丝的可能性。在出现大量漏料或者是拉丝（挤出机未挤出丝材但是喷嘴运动带出了打印丝材细丝）现象很严重的情况时都可以采用回缩功能进行修复，但是首先需要确定热端的温度设定没有出现错误。

并不是所有打印丝材都一样

在前面介绍打印丝材的种类和特性时，就提到过不同打印丝材之间存在差别。实际上，不同颜色或者不同品牌的同类打印丝材（PLA、ABS 等）都有着不同的加热特性或者直径。在经过排错得到最适合某种打印丝材的可加热打印床和热端温度设定之后，最好保存下来对应的配置文件并记录它所对应的丝材直径。我通常会用便签纸记下最理想的设定值，然后贴在丝材卷的卷盘上。如果你有许多打印丝材或者隔很久才使用某种打印丝材的话，这样能够帮助你记住不同打印丝材的微调细节。你不会希望每次都重复一遍试验过程的，对吗？

■备注：3D 打印社区正在进行一项名为通用打印丝材标识计划（Unified Filament Identification Project, UFID）的工程，它致力于建立一个能够让打印丝材制造厂商在丝材卷上标识出打印丝材的各项参数的开源标准，并且能够通过机器进行识别，从而实现自动化打印处理。

丝材层异常

物体中的丝材层异常算是最难诊断的问题之一了。它通常表现为丝材层或者打印丝材部分缺失、通孔处残留额外的丝材，以及物体外形异常。

　　导致这些问题最常见的原因是 PLA 丝材的冷却不充分。你需要使用冷却风扇向物体的顶层丝材提供充足的冷却气流。这样能够保证物体快速冷却从而形成牢固并且一致的丝材层堆叠。丝材层上流经的气流过大可能使丝材层出现变形，部分打印丝材可能会因此松脱，并通常会导致丝材层之间的黏附减弱。如果出现此类现象，检查切片软件中风扇的转速设定并使用默认的设定，这样通常能够解决风扇的转速设置问题并且使 PLA 丝材能够正常冷却。图 8-25 里是 Slic3r 中的冷却设置界面。

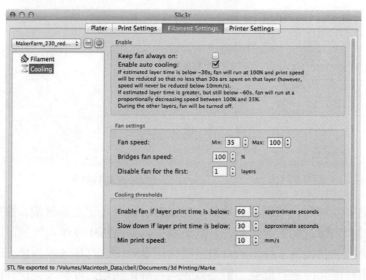

图 8-25　Slic3r 中的冷却设置界面

　　注意，图中你可以选择是否一直启动冷却风扇。选择这个选项会让风扇在打印开始之后持续按照你设定的默认速度（图 8-25 中央）转动，但是到目前为止我都没有用到过这项功能。对于 PLA 丝材的打印你可以勾选启动自动冷却（Enable auto cooling）选项。这样能够让风扇随着物体的打印过程不断改变自身的转速（参照图 8-25 里的文字来详细了解这项功能的工作过程）。

　　对于一些物体，打印速度也可能导致丝材层异常。在一些高度较高同时高处结构较复杂（小突起、通孔、细柱等）的物体上，可能会出现此类问题。降低打印速度能够有效改善此类物体的打印质量。

　　另一个导致打印品异常的原因可能是丝材层高设置过大。回忆一下在校准章节里我们介绍过层高计算出的结果不一定精确。如果你正在采用较高的层高设置进行打印，那么可以尝试降低层高的设置之后重新尝试打印，看看是否能够改善异常状况。

　　最后，在打印大型物体的时候（尤其是使用 PLA 丝材的时候），丝材层可能在打印未完成或者开始堆积下一层丝材之前就开始冷却。为了防止这样的问题，你可以提高可加热打印床的工作温度、降低风扇转速，或者将打印机封闭起来确保物体能够在低层丝材上保留更多的热量。

打印机控制软件

打印机控制软件通常十分有用，并且针对大多数零部件（以及大多数厂家的衍生设计）能够保证可靠性。但是在控制特定的早期型号打印机时，主流打印机控制软件的某些版本可能会出现漏洞。

大部分时候这些漏洞只是干扰性的，并不会对使用控制软件的功能造成影响。但是对于某个十分流行的打印机控制软件，有一些版本被确认在特定的硬件上使用时会出现严重问题。实际上，在最近提供 Retina 屏幕的 MacBook PRO 笔记本计算机上使用特定软件时也可能会遇见故障。

我同样还碰见过一些打印机控制软件上出现过通信不稳的问题。如果你偏好使用最新版本的软件，那么最好在使用它开始打印模型之前进行完整的测试。

最后，你在使用打印机控制软件指导打印机进行操作的时候也很容易犯错。大部分出现在执行复位操作的时候，不过有时候你也可能会设定错误的热端和可加热打印床的工作温度。只需要细心并且注意操作中的细节就可以有效避免这样的问题。

通信故障

如果你正在通过计算机控制打印机进行打印，有时候可能会碰见计算机突然进入休眠状态的问题。这取决于你的计算机的电源方案设置，你的计算机在静置一段时间之后可能会进入休眠状态并关闭一切软件。

当发生这种情况时，你的打印毫无疑问将会失败。这是由于打印机在进行到一半的时候会停下来等待计算机发送下一步所需的数据。如果打印机等待的时间太久，那么物体上聚集的热量会慢慢地散发掉，从而增加出现翘边和分离问题的概率。有时候及时唤醒打印机也许能够挽回你的失败。但是无论如何，如果你需要打印较大的文件，最好将它拷贝到 SD 卡上通过打印机直接进行打印，或者关闭计算机上的节能选项之后再进行打印（不过关闭显示屏并不会影响打印）。

> ■提示：自动关闭显示屏并不会影响打印过程。但是如果依然遇见故障的话，那么可以考虑将节能选项完全关闭之后再进行打印，看看相关的故障是否会重复出现。

在极少数情况下你的打印机控制软件会停止运行或者报错，[①]这时候你大概只能终止软件然后重新进行打印了。因此，如果你希望通过计算机控制打印机运行，那么确保使用的打印机控制软件是尽量新和最稳定的版本。

---

① 软件经常会出现莫名其妙的错误。

轴碰撞

轴与其他的机械零部件发生碰撞是许多 3D 打印新手经常会遇见的问题之一。[①]它通常发生在你第一次启动打印机，但是没有对所有轴进行复位就通过打印机控制软件（或者打印机上的液晶屏）移动轴的位置的情况下。

没有对轴进行复位意味着打印机会将所有轴的当前位置当作坐标[0,0,0]。而此时尝试着移动轴的位置可能会使轴超出它的物理极限位置，从而使轴机构与框架或者打印机的其他部分发生碰撞。这并不是好事，因此为了防止类似的问题，你需要记住在尝试移动轴的位置之前一定要对轴进行复位操作。

同样，如果在打印过程中对打印机进行重置也需要注意（无论是什么原因），这会使打印机丢失储存的复位参数，因此在继续打印或者打印新的物体之前一定要重新进行复位操作。

固 件 问 题

固件设置通常并不会导致打印机出现故障，这很好，因为你需要固件来让打印机正常工作。如果固件出现故障，那么打印机的各项功能可能都会受到影响！但是在某些情况下，你也可以通过修改固件来修复某些特定的故障。首先最重要的是升级组件造成的问题。比如改装打印机上的液晶屏或者修改轴传动零部件的时候，你需要修改固件中对应的参数。有时候这类问题会隐藏得很深，等你注意到打印质量问题或者奇怪的噪声之后才会发现。

我曾经遇到过有人改变了轴机构上使用的传动同步带。但是之后他在打印的过程中被修改的轴经常出现故障。这就是由于没有修改固件中相应的参数导致的。比如你将 GT2 同步带和滑轮更换成 T2.5 同步带和滑轮，同时滑轮的尺寸没有进行更改，你也许认为不需要修改固件。但实际上并不是如此，16 齿的 T2.5 滑轮与 15 齿的 GT2 滑轮尺寸并不相同。你需要保证固件中的相关参数能够和实际硬件配置相匹配。

你也许认为更换液晶屏并不是什么大事，但是它也可能导致严重的故障。如果你使用的新面板不能和旧面板相兼容，那么可能会遇见系统无法读取液晶屏、显示错乱字符或者无法显示的故障。确保咨询你的液晶屏经销商来确认如何正确地设置固件。

另一种可能导致故障的情况是对打印机的零部件进行维修。如果你改变了电路配置或者进行了某些修理操作，那么可能会在无意间擦除 ROM 中的固件设定。这样会导致你通过 G-code 指令进行的修改全部丢失。如果在维修打印机之后发现它的功能开始出现各种不正常的情况，尤其是当你没有修改的零部件也开始出现问题的时候，试着重新装载经过正确设置之后的固件。

---

① "吃一堑，长一智"，希望遇见第一次故障之后你就能够学会如何避免类似的故障。

总　　结

　　修改软件设置能够帮助你解决一系列不同的问题，从控制热端或者打印床的温度到改变物体的尺寸（缩放）。你需要确保使用稳定的打印机控制软件，或者在升级之后确保固件中的相关参数也进行了修改；这些操作都能够解决某些特定的问题。

　　在这一章里，我们介绍了一些打印质量问题的常见软件解决方案。通过介绍的内容，你了解到了切片软件是最常用的用来修复各类问题的载体，其次则是通过打印机控制软件，最后是固件中的修改通常很少导致故障或者影响打印机的运行。

　　了解软件方面导致故障的原因以及如何解决相关的故障能够帮助你修复停摆的打印机或者是打印质量问题，你也可以通过例行调整、清洁和润滑打印机来预防某些问题的出现。

　　在下一章里，我们将会主要介绍一项其他综合类书籍中很少介绍的内容：打印机的维护。实际上，许多 3D 打印机的使用说明里都很少涉及这方面的内容。我将会介绍你需要按时进行（每次打印之前）的维护任务，还会介绍有哪些你需要周期性执行来确保打印机能够保持正常运作的维护任务。

第三部分

■ ■ ■

维护和升级

这一部分主要介绍如何维护你的 3D 打印机。内容包括如何正确校准打印床，以及清洁、调整和维修打印机。我们将会通过大量图片实例来帮助你学习如何正确地维护 3D 打印机。而在最后，我们将通过一章的内容来帮助你学习如何通过升级和增强 3D 打印机的功能来延长它的使用寿命。你也许会发现添加新功能比更换一台全新的打印机要简单和廉价得多。

第九章

■ ■ ■

3D 打印机的维护：检查和调整

  拥有一台 3D 打印机能够给你带来很多好处——尤其是一台经过正确校准能够产生高质量打印品的打印机。你可以从为自己、家人、朋友制作各种有用的物件中获得极大的成就感。无论是制作新的物件、修复原有的装置或者是制作小礼物[①]，3D 打印带给你的享受都是无与伦比的。

  不过，保证 3D 打印机正常运行需要你保持警觉并且执行正确的维护操作。你需要学会关注打印机的零部件状况，并且学习执行哪些操作可以保证打印机能够正常运作。不管你的打印机校准情况如何，如果从未进行过调整或者维护操作的话，打印机迟早都会出现各种各样的小问题（或者是出现更严重的故障）。

  实际上，如果你不认真对待打印机的维护工作，那么可能会在打印过程中碰到无数错综复杂的打印质量问题，使你更难进行诊断和修复工作。像缺乏润滑、导轨变脏等这样的小故障对打印机的影响最终会累积起来。我们作为 3D 打印机的拥有者有责任防止这样的情况出现。这一章就将向你介绍如何来保证打印机的状态良好。

  我通常会将维护操作分成两类：在每次打印之前需要进行的（或者至少是每天第一次使用打印机之前）必需维护（即基础维护），以及每隔一段时间就需要执行的维护操作（即周期维护）。而维护的频率取决于打印机的使用频率，以及打印机型号的可靠性如何。

  在这一章里我们介绍的主要是与基础维护相关的内容，此外还会为那些准备接触 3D 打印或者刚刚接触 3D 打印的用户介绍一些关于维护的基础知识。

  下一章里将会介绍更加复杂、需要周期性进行的预防性维护操作，以及十分复杂的修复性维护操作（或者是如何修复出现故障的零部件）。

  现在让我们从进行维护所需的基础知识以及你需要掌握的 3D 打印机基础维护操作开始。

■**备注**：这一章里介绍的某些操作或者任务可能看上去很眼熟。这并不是意外。我们在前面的章节里已经简单或者详细地介绍了本章的部分内容。但是在这里我们依然会重复相关的内容，让这一章里介绍的内容尽可能全面，这样你就可以随时进行查阅和参考。

---

  ① 今年复活节的时候，我就打印了一些各种颜色和尺寸的兔子和小鸟玩具送给周围的孩子们。他们都很喜欢，甚至还给一部分取了名字。

从零开始学维护

维护 3D 打印机所需要的精力可能比你想象中的要多，但是它并不像人们所想的那样困难。维护分成每次使用打印机之前或者按需进行的维护，以及周期性维护（比如每隔 50 个小时），还有经过长期使用之后的维护（比如使用 250 个小时之后）。但是这些维护任务并不是十分的困难，也不需要你具备全面的知识体系或者是熟悉某些复杂的操作流程。

学习如何维护 3D 打印机并不是一个很困难的过程，尤其打印机是你自己组装的时候。虽然一部分维护操作需要一点儿技巧以及基本的工具，但是并不存在需要多年的经验积累才能够完成的维护操作。最实用的工具是你想要保持打印机良好状态的决心。如果你有这样的决心，那么没有什么维护会是困难的。你也许会碰见一些烦人的步骤，但是没有东西可以难倒你。

和大部分事情一样，维护过程中也有许多窍门能够帮助你成功。我在前面介绍过，你需要有维护好打印机的决心。除此之外，你需要学会一些通用的维护技巧。下面的内容里将会介绍一些进行维护时的常用技巧，这些内容适用于各种不同类型机器的维护，无论是汽车还是冰激凌机。

保持工作区域整洁

你是否曾经听过工作台的混乱程度会直接影响工作思路的混乱程度这种说法呢？我虽然并不完全相信这样的说法，但是它依然有一定的道理。我认识一些科研人员和工程师习惯将工作区域保持得如同外科手术室一样的清洁和有序，但是也有许多人用一种完全不同的哲学来指导工作区域的整理工作。我碰到过许多次堆积成山的书籍和文件夹发生"雪崩"的景象，不过更令人惊奇的是有些人能够在这样的一团混乱中精准、快速地找到任何自己想要的东西。

不过我并不习惯这样的工作环境。虽然我经常被认为在整理这方面有轻微的强迫症，但是我也偶尔会制造出一团乱麻似的工作台，因为事实就是经过一段时间的工作之后东西总是会不停地堆积起来，尤其是对于像 3D 打印这样的爱好。在前面的章节里我们已经介绍过，在使用和维护 3D 打印机的过程中我们需要用到各种各样的工具，同时导致工作区域出现混乱的并不仅仅是各种工具。

在进行 3D 打印的时候，打印出来的物体（原型或者是用作测试的物体）以及打印丝材的碎屑用不了多久就会充满 3D 打印机周围的空间，包括废弃的底座、对打印模型进行表面处理产生的碎屑，或者是物体外形出现错误的时候修剪掉的多余打印丝材。无论碎屑的来源是什么，你都需要避免它们堆积在你的工作区域周围，阻碍你寻找工具和材料。

工作区域的混乱不仅会让你在使用 3D 打印机的时候更加困难，还可能会影响打印机的正常工作。我曾经有一次不小心把一把防静电镊子放在了打印平台上，不过后来忘记了这回事，也许是由于太过匆忙，我忘了检查各个工具所在的位置。但是当我对轴进行复位的时候，它就变得很显眼了。不过幸运的是最后没有对打印机造成任何伤害，同时我也学到了宝贵的经验：在工具使用完毕之后，记住将它们摆放到一起方便整理。

通过长期的实践，我养成了每天清洁打印机周围区域的习惯。首先是清理所有暂时无用的丝材和打印品，然后用吸尘器清理丝材碎屑，并且整理各种工具。如果你能够养成每天都这样清理一次的习惯，那么能够避免很多意外的故障，并且能够保证工具的整齐有序。

■注意：如果你养了宠物的话，那么需要定期用吸尘器清洁整个工作间。我曾经有一次发现我的小腊肠犬在地板上啃着一小片丝材碎屑，它有时候还会尝试着去咬废弃的导线绝缘层。我认为可能是由于这些碎屑和它的食物形状很像（都是小的柱状物）。从此以后我就会注意用吸尘器将工作台周围的地板也清洁干净，并且注意防止宠物闯入你的工作区域。

整理工具方便获取

如果你的朋友和家人平常对于机械很感兴趣的话，他们的工作间和存放工具的风格与方法可能是多种多样的。强迫型的人会把所有工具都摆放在对应的位置，也有人会将同类的工具都整理在一个小容器里，当然也有随手把工具丢哪儿算哪儿的人，[①]不过大家都经常会在几种状态之间不停地切换。

无论你属于哪种类型的人，都可以提前收集所需的工具来让打印机的维护变得更加轻松。这不仅能够节省你的时间，同样还能够避免到时候翻箱倒柜地来找某些工具。3D 打印机使用经验和熟悉程度的积累能够告诉你特定的操作需要哪些工具。

比如当你需要清洁挤出机送丝轮的时候，需要用到的包括拆开机械结构露出送丝轮的工具，以及清洁送丝轮上多余丝材的工具。对于 MakerBot Replicator1 和 2，你需要内六角扳手来拆卸挤出机的风扇，美工刀或者是其他尖锐的物体来清除送丝轮上凹槽内的丝材，以及压缩空气或者吸尘器来清洁碎屑。

你不需要像医生那样把工具都整齐地摆放在托盘里，但是将它们整理在一个小盒子里或者是摆放在打印机附近的桌面上都能够帮助你进行工作。在维护或者修复打印机时，我习惯准备好所有必需的工具，然后将它们摆在打印机的周围方便取用。

实际上我前面也介绍过，我在打印机旁边的工作台上存放了一整套维护和维修 3D 打印机过程中需要用到的各类工具。我会将它们分成几类来帮助我挑选合适的工具。你只需要养成将工具放回原处的好习惯就能够得到一个整洁、高效的工作空间。

---

① 不管怎样工具都在这个房间里，不是吗？并且你肯定能够找到它，只需要从一堆杂物里翻出来就够了。

拔掉打印机的插头

大部分的维护操作都应当在打印机断电的情况下进行，同时最好把打印机的插头也拔掉。这虽然看上去过于谨慎，但是断开开关并不能够完全防止触电危险发生。即使是设计十分优秀的开关，在断开的情况下仍然有一端的电压会保持与电源电压相同。

最好的方法就是在处理打印机的时候将它的插头拔掉。而碰见像是需要给打印机通电来控制轴这样的情况时，通电之后你需要避免触碰电路或者其他通电的零部件。当你必须接触电路零部件的时候，记得佩戴防静电腕带来避免静电放电损伤。

> ■提示：你可以把电路装在盒子里来防止电路元件受到像小动物、昆虫、手指、手臂或者其他人体肢体的意外损伤。虽然大部分打印机使用的都是 5V 和 12V 电源电压的电路系统，但即便是 5V 电压也需要你在操作时小心处理。不要认为低电压直流电就不会对人体造成损伤。

多花些时间

虽然这听上去很像是你小学的自然老师（或者是爷爷）说的话，不过在处理 3D 打印机的时候你需要避免急躁。急躁的操作通常会产生错误，因此需要返工。急躁同样可能使你将工具放在错误的位置，从而导致混乱或者打印机故障。虽然慢慢来说起来很轻松，但是绝大多数人都需要花很久的时间和精力才能够克服急躁的毛病。我自己在绝大多数过于急躁的情况下，最终得到的成果都有点儿不尽人意。

避免急躁的最佳方法就是给你自己留出足够的时间来执行某项操作。比如你打算在打印之前对打印机进行某项维护，那么最好留出一个小时来让你充分地准备好打印机的状态。如果你发现自己由于其他事情（陪伴家人、工作等）而过于急躁的话，那么最好先停下手头的工作，转头去处理更重要的事，等到处理完毕有了空余的时间之后再来处理 3D 打印机的问题。

记录你的观察

前面的章节里介绍了在打印机出现故障的时候如何观察相关零部件的状况。我们记录下当时的观察情况是为了帮助诊断和修复打印机里的故障零部件，而这种方法同样适用于对打印机进行维护的时候。

其实在每次使用打印机之前，你都需要详细地观察打印机的状态。肉眼观察可以确定打印机上的零部件是否出现了松脱、开裂或者掉落的问题。和诊断故障时一样，我也推荐你将观察到的状况记录下来，比如某个齿轮上出现磨损、同步带看上去有点松，或者是喷嘴上残留了多余的打印丝材等。这些状况都不是必须立刻处理的大问题，但是在你的日志上记录这些状况能够帮助你了解打印机的工作状态，并且还能够帮助你在情况变得严重之前就解决掉这些问题。

比如你某一天观察到同步带有些松，第二天发现同步带变得更松，不过第三天又变紧了一些的时候，你就需要停止使用打印机并检查轴的传动结构中是否出现了松脱或者破损的零部件。同步带上的压力慢慢减少是正常现象，但是突然从松变紧或者从紧变松都表示可能有零部件出现了故障。

肉眼观察并不是你唯一可以使用的方法。你也可以通过在打印过程中听零部件是否发出异常噪声、闻味道或者感觉打印机的异常振动来判断是否出现了问题。有的时候奇怪的声音可能是正常现象，但是也可能预示着有零部件出现了故障或发生了可能会影响你的打印质量的事件。比如当你听见"咚咚"声或者其他撞击产生的低沉声音时，这可能意味着某个轴机构的零部件出现了松脱或错位。注意相关的情况能够帮助你在它导致故障之前就修复相关的问题。

如果你的打印机出现奇怪的行为，比如莫名的将一个或多个轴进行复位、异常的轴运动，这可能不是由于打印机自身的问题导致的。有可能是打印文件中包含了额外的不需要的指令，同样也可能是由于电路中的间歇性故障所导致。在处理这些情况的时候，你需要遵循：如果打印机出现异常，紧密关注那些可能导致故障的零部件，停止打印机的运行，然后诊断具体的故障零部件。

成为 3D 打印机专家

随着你使用的 3D 打印机越来越多，你也会越来越熟悉 3D 打印机的方方面面，比如出现异常时的噪声、轴运动的模式，甚至是打印时的正常气味。[①] 经过正常配置的打印机会在打印过程中发出不同的声音，比如快速或者缓慢的移动轴，较快、较慢或者停转的风扇所发出的声音都不相同。随着你打印经验的积累，你会十分熟悉打印机正常工作时所发出的声音和气味，甚至可能产生奇妙的第六感。

我在年轻的时候参与了不少摩托车赛，并且很了解我的摩托车。我知道它在工作的时候是什么气味，在雨天或者干燥环境下发动机的声音应当是如何，加速、刹车、转弯时会产生怎样的噪声。我对它是如此的熟悉，以至于我只要骑上去就能够感觉到它是否出现了机械故障。有时候感觉到的问题可能只需要简单的调整，但是有时候感觉到的问题可能会更加严重一些，我的第六感曾经帮助我避免了一次练习赛时出现故障。

当时我处于极速状态即将进入长直道，到达刹车点之后我压住了前轮刹车，但是瞬间我就感觉到有事情不对劲。我感觉到刹车片上发出的声音与往常有些不一样，因此我知道刹车片肯定是出现故障了，但不确定是什么问题。当时摩托车的时速超过了 225km，因此我必须马上做出决定，我可以继续使用前轮刹车进行练习，之后再尝试检查摩托车的问题，或者是相信我自己的直觉立刻回到维修区。

---

① 除了加热打印丝材时的气味之外可能还会有其他独特的气味。ABS 在过热的时候会发散出十分独特的气味，同时电路在出现过热情况或者积灰很严重时也会产生独特的气味。

我决定放开刹车，然后在下一个转弯处利用维修通道来让摩托车减速。事后证明我的选择没错，因为当我将摩托车回正之后发现前轮已经锁死了。刹车的卡钳支架已经完全开裂，卡钳卡在了轮辐中，然后毁掉了整个前轮、前叉和仅剩的刹车片。如果没有感觉到刹车片上轻微的变化，迎接我的肯定是一场十分惨烈的撞车。

我是从我的父亲那里学会这种方法的，他曾今是一名水手，教会了我关于航行的方方面面。他告诉我去了解船正常运行时的声音、振动，甚至是船壳下方的水流和风的声音。他是在海军服役的过程中学会这些的。我曾经遇见过有的海军军官能够分辨出船正航行在淡水、咸水、深水还是浅水区域。他们自己也不知道原理是什么，只是通过从水中经过龙骨和甲板传导到脚上的"感觉"来分辨。

你也许能够对你的打印机达到类似的洞察效果。并不是所有人都能够学会这种方法，但是确实有人获得过这种感觉。你也许认为我在这儿胡说八道，但是这体现的就是你对于某项事物的熟悉程度。你对于机械运行时的现象和声音越熟悉，那么就越清楚应当关注哪些方面的问题。因此在你享受 3D 打印带给你的喜悦的同时，也需要关心它运行时的声音、轨迹和气味。这些数据可能在日后给你带来便利。

基 础 维 护

我们需要再次强调，基础维护是你每次使用打印机或者隔一段时间使用打印机（比如每天）之前应当执行的维护操作。基础维护主要分为两步：首先你需要检查打印机是否存在潜在的问题（比如松脱或者开裂的零部件），其次你需要在每次使用打印机之前或者根据需要来调整某些零部件。这里介绍的"根据需要"表示的大部分都是针对新组装的或者经过升级的打印机需要进行的操作，而并不是每次打印之前都需要进行。我会在下面的内容中详细介绍这两个部分中分别包括哪些操作。

检查任务

基础维护中的第一部分包括观察打印机的机械结构、接线、框架零部件、打印丝材等是否保持正常。你需要检查打印机是否出现了错位的零部件，然后在开始打印之前采取措施修复相关的问题。比如当你观察到某根同步带松脱时，就需要调节它的松紧保证打印质量不会受到影响。检查任务通常包括以下这些内容。

- 框架：检查螺栓是否出现松脱或者错位
- 轴：检查传动结构的零部件是否存在松脱或者错位
- 打印丝材：测量丝材直径，检查是否和切片软件中的设置一致
- 挤出机：检查是否有零部件开裂、磨损或者松脱
- 同步带：检查松紧程度
- 电路：检查接线是否出现松脱或者断裂

- 打印表面：检查打印表面上是否出现损伤或者磨损

对于新的 3D 打印机，我推荐你在每次进行打印之前都进行一遍这些检查。如果你刚刚购买或者自己组装了一台新的打印机，每次打印之前进行详细的检查能够帮助你对打印机的设置进行优化。即使购买的是组装好的打印机，检查相关的零部件也能够让你对打印机的可靠性有一个直观的认识。

随着你对于打印机越来越熟悉，相应的检查频率也可以适当降低。即使是打印了很多物体并且能够证明你的打印机十分可靠的时候(比如每 50 个小时的使用才需要适当的调整和维修)，检查工作也能够帮助你提前确认打印机的问题以及是否需要及时进行相应的修复。因此对于十分可靠的打印机，我推荐你在每隔一段时间使用它的时候进行这些检查。当你准备用它打印一系列物体的时候，在打印第一个物体之前也最好检查一下打印机的状态。

■提示：如果你有记录观察日志的习惯，它可以帮助你确定是否存在需要更加频繁进行检查的项目。比如当你查阅记录发现从来不需要拧紧框架螺栓的时候，就可以将这项操作推迟到下一次进行预防性维护，比如对轴机构进行润滑的时候进行。

表 9-1 里列出了各项检查的参考间隔。注意表中分别列出针对全新或者新组装的打印机("新")；经过翻新或者是很少使用的打印机("低使用量")；以及经过长时间使用十分可靠的打印机("可靠")进行检查的参考时间间隔。

表 9-1　　　　　　　　　　　各项检查的参考频率

检查对象	检查内容	新	低使用量	可靠
框架	检查松脱螺栓和错位	每次打印之前	每隔 3～4 次打印	移动打印机位置之后
轴	检查传动结构是否出现松脱或者错位	每次打印之前	每个月	移动打印机位置之后
打印丝材	测量丝材的直径	每次打印之前	每隔 3～4 次打印	根据打印丝材质量决定
挤出机	检查螺栓松脱、零部件开裂、送丝轮（进丝绞轴）堵塞、齿轮磨损等情况[①]	每次打印之前	每次打印之前	每次打印之前
同步带	检查同步带的松紧度	每次打印之前	每天第一次打印之前	每个月
接线	检查松脱的接头或者断裂的导线	每次打印之前	每天第一次打印之前	每天第一次打印之前
打印基板	检查表面上是否存在磨损或者损伤	每次打印之前	每次打印之前	每次打印之前

框架

回忆一下在前面介绍组装 3D 打印机的时候，我们提到过框架结构构成了 3D 打印机基础，所有其他的零部件都需要固定在框架上。如果框架（有时也被称为机壳）出现松脱或者错位，

---

① 这取决于使用的挤出机类型以及它的质量如何；全金属直驱结构的挤出机很少需要进行调整。

那么会影响到固定在框架上的其他零部件。比如当框架出现错位的时候，它可能会导致轴机构上出现卡顿，从而导致打印质量问题或者使轴移动出现故障导致打印失败。

由于现在存在许多不同的 3D 打印机型号以及框架结构设计，所以很难总结一个通用的用于检查螺栓松紧的详细步骤说明。但是你并不需要一个具体使用的螺栓清单，而只需要了解打印机的构造即可。

了解打印机的构造之后，你就可以定位那些通过螺栓固定的零部件。一部分专业级打印机上的框架通常会采用焊接固定在一起，因此不会有松脱的框架零部件。但是绝大多数的打印机框架是由几个部分组合在一起构成的。RepRap 打印机的框架则通常由大量的零部件通过螺栓固定在一起构成。

无论你的打印机是自己组装还是购买的时候就已经组装完成，你都需要熟悉它的框架结构。一些厂家会在说明书里介绍如何保持框架牢固，甚至还有一部分会配图介绍需要检查框架上的哪些零部件。不过你依然需要花些时间来检查框架并确定所有紧固件的位置，然后准备好各种尺寸的扳手和内六角扳手用来拧紧各处的螺栓，并且将相关的说明记录在日志里。

拧紧螺栓

你需要依次检查各个螺栓是否被拧紧。一些人推荐用手来测试螺栓或者螺母是否被拧紧，即如果你用手能够拧松螺栓或者螺母的话，那就说明拧得还不够紧。这个方法很不错，但是只适用于你能用手够到的螺栓或者螺母。

我更倾向于使用工具来检查螺栓的松紧。只需要使用合适的工具轻轻地尝试拧紧螺栓或者螺母就行了，这样做的原理是，如果你轻轻地就能够拧动螺栓或者螺母，那么说明它原先太松了。当我碰见这样的螺栓或者螺母时，通常会每次转动 1/8 圈直到将其拧紧为止。注意不要将螺栓拧得过紧。

塑料框架零部件上过紧的螺栓

如果你不小心将固定塑料零部件的螺栓拧得过紧，那么通常会听见塑料被挤压或者出现破裂的声音。因此尽量避免这样的情况。用来固定塑料零部件的螺栓通常只需要很小的扭力就足够了。实际上你只需要拧紧螺丝保证框架零部件能够保持牢固并且不会在打印机运行过程中松脱即可。

但是如果螺丝拧得过紧，即使是轻微的过紧，都可能导致螺丝更容易出现松脱。导致这个问题的原因有很多。大部分情况下，可能是由于塑料零部件受到挤压导致零部件的内部结构出现开裂（尤其是在填充密度较低的零部件上）。当出现这种情况时，零部件虽然看上去很牢固，但是内部的柔性使紧固件无法保持稳固。

如果你发现某个螺栓或者螺母需要经常重新拧紧，并且零部件没有出现过度受压，或者经常需要弯曲，那么你可能需要对零部件进行更换并小心地拧紧固定的螺栓。如果依然存在相同的问题，那么可能需要使用支架或者其他的零部件来降低塑料零部件的柔性。

重复这一过程直到检查完框架上的所有螺栓和螺母。新打印机通常不会有太多螺栓需要重新拧紧，也可能只需要拧紧它们一两次就够了。

如果你发现某个螺栓或者螺母需要经常重新拧紧，或者是出现松脱的状况，那么说明框架上目前的受力点需要改变紧固件的状态，或者是螺栓被拧得过紧了。如果不是螺丝拧得过紧，那么说明你可能需要考虑更换或者增加紧固件了。

举例来说，你可以用密封剂来保证高压区域的螺栓牢固，或者添加锁紧垫圈来保证螺母紧固，或者将螺母更换成自锁螺母（带有尼龙环能够咬紧螺纹的螺母，也被称为 Nyloc 锁紧螺母[1]），这样能够大大减少螺栓松脱的概率。如果螺栓和螺母依然出现松脱，那么你可以考虑用支架来辅助固定特定的区域，或者将导致螺栓松脱的压力隔绝开。

图 9-1 里是我在 Prusa Mendel i2 打印机上进行的保持框架牢固的改进零部件。有趣的是这台打印机需要我花更多的时间来拧紧所有的螺母。我认为这可能是由于打印的塑料零部件上的通孔比丝杆略大。这会导致丝杆在拧紧的时候有一定的活动空间，因此产生

图 9-1　检查框架上的螺栓：Prusa Mendel i2 打印机

的振动使螺母出现松脱。我通过添加锁紧垫圈解决了这个问题。如果你准备采用自锁螺母，那么注意不要将它拧得过紧。将自锁螺母完全固定住需要很大的扭力，这可能会导致塑料零部件出现开裂。[2]

检查零部件是否对齐

除了检查螺栓是否牢固之外，你还需要检查框架零部件是否对齐。通常情况下框架不会出现错位情况，因此一般也不需要进行这项检查。但是在移动打印机位置、发生碰撞或者是某些零部件松脱的情况下，框架有可能会出现错位或者扭曲的问题。

要检查零部件之间是否对齐，你可以用三角尺检查各个直角是否保持直角，以及构成平面的各个零部件是否出现弯曲现象。你还可以用直尺来测量各个零部件是否都在正确的位置上。尤其是早期使用丝杆充当框架零部件的 Prusa 打印机需要经常检查框架零部件的位置。

你还需要确保所有的轴都能够流畅地进行移动，而不会与框架发生碰撞或者粘连情况。RepRap 打印机对框架零部件的变化或者弯曲更加敏感。比如当你将 Prusa Mendel i2 打印机移动到非水平表面上时（一角更高而另一角更低的平面），打印机的重量可能导致框架出现弯曲，并且导致一个或多个轴上出现粘连问题——通常最容易出现故障的是 Y 轴；这被认为是导致轴承座或者夹具出现故障的原因之一。

---

① Nyloc 是 Forest 紧固件公司的注册商标。
② 你能猜出我是怎么知道的吗？拧着拧着就拧裂了！

检查开裂的零部件

最后你需要检查全部塑料零部件确保没有出现开裂或者其他受压的征兆。压力对于零部件的影响有多种表现方式。最常见的是零部件的丝材层之间出现细微的裂缝，严重情况下你可能会发现零部件出现脱色或者开裂的情况。发现零部件可能受损的时候需要进行更换。

如果你已完成到目前为止的检查，并且没有发现松脱的螺丝、错位的框架零部件、开裂或松脱的塑料零部件，那么可以考虑适当降低进行这些检查的频率。即如果你在 3～4 次的打印之前没有发现有螺丝需要拧紧，那么就可以每个星期进行一次检查。如果几个星期都没有出现松脱或者错位的零部件，那么就可以等到移动打印机位置之后进行一次检查。

轴

打印机的轴需要经常进行短距离、快速地移动，因此会在零部件上积累大量的压力。全新或者刚刚升级过的打印机需要经常检查轴机构的位置是否保持正确，同时你需要检查轴机构上是否出现松脱、开裂或者破损的零部件。

和检查框架时一样，你需要检查每个螺丝是否拧紧，滑轮或者其他的活动零部件没有松脱，然后仔细检查每个塑料零部件，确保它没有出现损伤。如果框架上出现弯曲，那么轴机构中的零部件也很可能出现故障。

确保检查各个塑料零部件确实没有出现开裂或其他损耗现象。比如 Prusa Mendel i2 打印机的 X 轴末端零部件就很脆弱，当轴杆出现弯曲的时候很容易开裂，而当 Z 轴和打印平台发生碰撞时很容易导致 X 轴弯曲。当喷嘴碰撞到打印基板之后，Z 轴电机会持续运行，使 X 轴持续下降。如果挤出机此时不在打印平台的中央，那么 X 轴的一侧可能会比另一侧更低，从而导致塑料零部件出现弯曲和开裂。

你还应当检查限位开关是否出现了松脱或者损坏。移位或松脱的限位开关会导致打印机的复位变得更加困难，甚至还可能导致零部件之间发生碰撞。采用 PLA 丝材制作的限位开关支架可能会比采用 ABS 丝材制作的限位开关支架更加脆弱。开裂的限位开关支架通常是由于轴机构在运动过程中与限位开关发生碰撞所导致的。

如果打印机的位置发生了变化或者出现过其他的意外情况，比如对轴上的零部件进行过升级，那么你需要重新检查轴机构的校准。对于使用多个轴承固定在一对平行杆上的轴机构（换而言之即绝大多数打印机）很轻松就可以完成校准的检查。只需要检查轴机构是否能够自由移动，并且不会出现粘滞现象即可。如果在移动过程中感觉到阻力，那么说明需要检查轴杆是否对齐并进行调节，直到轴机构能够自由移动为止。

> ■提示：无论是由于零部件松脱或者重新校准，对轴机构进行改动之后，你都需要重新调平打印床来补偿可能出现的变化。

你应当尽可能频繁地检查轴机构（并且在移动打印机位置之后一定要记得检查）。每天第一次使用打印机之前进行检查通常就足够了。另外，如果你在检查过程中发现框架需要经常调整，或者经常需要重新校准轴，那么检查轴机构的频率也要相应提高。

打印丝材

打印丝材是在许多检查和调整过程中经常被忽视的因素。主要问题来自于丝材的直径无法保持一致——在一卷打印丝材中丝材的直径可能会发生好几次变化。除非你选择的丝材品牌能够在生产时保证相当高的质量标准，不然你可能会经常碰见由于丝材直径变化导致的打印质量问题。

回忆一下在前面我们介绍过用游标卡尺来测量丝材的直径。如果测量结果的误差与切片软件里的参数存在超过百分之几毫米的误差，那么可能就需要你修改切片软件里的丝材直径参数，并且通常需要重新进行切片操作。如果准备打印的物体之前已经进行过切片，那么也最好重新生成切片文件。我们需要通过重新切片来保证丝材层挤出丝材的时候量是正确的。挤出丝材过多（实际丝材直径比切片软件中设置的参数大）可能导致丝材层出现结球、拉丝或者凸起部分的丝材过多等问题。挤出丝材不足（实际打印丝材直径比切片软件中设置的参数小）可能导致丝材层黏附问题以及物体强度不够。

我推荐将切片软件中的参数设置成与实际的丝材直径之间的误差不超过 0.05mm。超过这个大小的误差都可能导致你的打印品上出现前面介绍过的质量问题。比如测量打印丝材卷外沿部分得到的直径为 1.77mm，中段的丝材直径在 1.74～1.80mm 范围内变化，那么将切片软件中的丝材直径设置为 1.75mm 通常就不会出现问题了。

虽然在对打印模型进行切片之前测量丝材的直径很重要，但是大部分人都会忘记切片软件的配置文件中也包含了丝材直径这项参数。因此你需要经常测量丝材直径，并且记得将它和切片软件配置文件中的相关参数进行对比。

如果你使用的切片软件产生的是能够储存丝材直径参数的.gcode 文件（你可以在切片软件的设置里看到相应选项），那么可以直接打开指令文件查看里面设置的参数是多少（如下所示）。如果你使用的切片软件产生的是二进制代码文件（比如 MakerWare），那么你需要记住设置的丝材直径是多少，并且尽量使用质量较高的丝材。

```
; filament_diameter = 1.75
```

如果你使用的丝材卷来自于可靠的供应商，那么只需要每隔几次打印测量一次，或者每次更换打印丝材的时候测量一次就够了。但是如果你对于丝材的直径变化不是很满意（比如测量几卷打印丝材所得到的误差都比较大），那么最好在每次打印之前都测量一次丝材直径。

挤出机

挤出机是 3D 打印机工作时的主力零部件。挤出机通常由几个零部件组成，因此需要检查各个零部件是否出现磨损或者损伤。挤出机的零部件包括步进电机、挤出机体、惰轮（如果配备）、齿轮组（如果配备）、打印丝材驱动齿轮或者进丝绞轴，以及步进电机和热端（如果装在一起）的接线。

挤出机中的步进电机在打印机工作时基本上一直保持转动，因此使用周期相较于其他的步进电机来说可能会更短。此外挤出机体相较于轴机构也会承受更多热量（除非采用 Bowden 结构）。

打印丝材的驱动齿轮通常是最容易导致故障的零部件。这是由于它很容易被丝材碎屑堵塞，然后就开始出现打滑现象。同时，如果挤出机采用齿轮传动结构，那么齿轮随着不断使用会渐渐出现磨损，因此每次检查时需要注意它们的磨损、开裂或断齿，或者松脱等状况。

但是对于步进电机基本上没法通过肉眼观察来确定是否出现损耗或者需要更换（除非它在某个方向或者双向上都完全停转）。我曾经见到过被用坏的步进电机，但是能够观察到的现象通常只包括保持转矩不足导致的电机无法保持在特定位置上，或者是工作扭矩不足导致的跳步现象等。当出现这些问题时，步进电机通常能够用手轻松地转动，但是注意不要在装载了打印丝材的情况下用手去转动步进电机。不过幸运的是，一般情况下步进电机的使用寿命可以达到几百个小时。

因此，步进电机上容易出现故障的部分通常是接线。如果走线的位置不注意的话，步进电机上的接线很容易在使用一段时间之后就出现断裂。因此我推荐你经常检查步进电机的接线是否正常。

挤出机体同样需要检查是否出现磨损或者开裂。一些打印机使用者曾经反馈过挤出机体在使用一段时间之后出现磨损。这种情况通常出现在分体式的挤出机结构上。比如 Greg's Wade 挤出机在惰轮旁边装有一个铰链舱门，舱门的支点使用一段时间之后就容易出现磨损。用于将惰轮压向进丝绞轴的螺栓上的压力同样会施加在舱门的支点上，最终导致通孔扩大。我自己就碰到过好几次这样的状况，出现这类情况的征兆通常是惰轮的舱门变得更松。你可以在更换打印丝材的时候观察到这样的问题，而且在挤出机工作的时候舱门可能会发生振荡。如果你发现惰轮的舱门有任何不对劲，那么就应当考虑更换了。图 9-2 里是一个已经坏掉的 Greg's Wade 铰接挤出机的惰轮舱门。

图 9-2　Greg's Wade 铰接挤出机上坏掉的惰轮舱门

注意在物体的左侧我们能够观察到用于装入螺栓的通孔已经磨平了。这使舱门施加在惰轮上的压力变得十分不精确，同时注意在物体右侧的通孔上已经出现了开裂。这同样是由于支点上通孔的损耗导致的，它会导致整个零部件在使用时的强度变弱。

即使是那些不是由多个零部件组成的挤出机上，经常检查它也能够帮助你避免很多故障。检查挤出机在轴上的固定情况，以及它固定的支架上是否出现了某些变化。我曾经遇到过挤出机体松脱导致的十分怪异的层移问题。因此要经常检查挤出机体和它的固定件是否牢固。

如果你的挤出机采用齿轮来驱动送丝轮，并且齿轮是通过 3D 打印制作而成的，那么需要检查齿轮是否出现磨损和损伤。如果齿轮上的磨损十分严重，那么齿轮在运行的时候可能会直接出现断裂的情况。在极端情况下，小齿轮上的齿可能会出现断裂情况。齿轮磨损的征兆通常表现为齿间的凹槽出现丝材碎屑。图 9-3 里是一组出现了磨损的齿轮组，图中齿轮的使用时间为 125 个小时。[①]

图 9-3   检查 Prusa Mendel i2 打印机上挤出机的齿轮

■提示：你可以在齿轮上用少量的锂、硅胶或者 PTFE 油脂来减轻磨损，但是这会使你更难检测齿轮的磨损状况。

注意，图中齿轮的颜色比挤出机体要浅一些，它原先应当是黑色。齿轮上累积了一层灰色的灰尘，不过这是正常的，通常不会导致什么故障。我用软毛刷或者吸尘器来清洁这些灰尘，这样才能更好地观察齿轮上齿的情况。如果你发现齿轮的凹槽里堆积了大量的灰尘，那么要及时进行清洁，并且需要注意齿轮间的缝隙是否过大。

磨损的齿轮可能使齿轮间的缝隙变大，从而导致咬合出现问题。检查齿轮的缝隙时，你需要固定其中一个齿轮，然后尝试着左右转动另一个齿轮。此时齿轮之间的咬合应当保持紧密，不存在任何缝隙，即使是极小的缝隙都说明你需要更换这些齿轮了。齿轮之间的缝隙可能不会导致打印质量问题，但是它会随着打印机的使用而渐渐恶化。

同样还需要检查齿轮横向上的缝隙，即齿轮是否牢牢地固定在挤出机上。我们在前面的章节里介绍过，在 Greg's Wade 挤出机里与进丝绞轴固定在一起的大齿轮上的螺母槽可能会被磨平，从而导致齿轮在正常运行的时候出现松动现象。

如果你的挤出机上使用了惰轮，那么也需要检查它的缝隙。如果惰轮是现代密封结构的，通常不容易出现故障，但是如果它固定在 3D 打印制作的零部件上或者通过 3D 打印零部件固定的话，那么就需要检查固定螺栓的松紧以及惰轮旁边是否存在缝隙。惰轮旁边的缝隙如果大到会导致打印丝材上的压力变化的话，可能会导致挤出故障。我曾经碰到过惰轮旁的缝隙仅有 0.04mm，但是依然改变了打印丝材上的压力导致了挤出故障。一开始我考虑通过增加打印丝材上的压力进行补偿（作为临时补救措施来说是有效的），但是后来却使问题恶化，并最终导致惰轮的舱门出现了开裂。

■提示：挤出机上的任何缝隙或者松脱的螺丝都需要及时进行维修。

送丝轮或进丝绞轴是所有 3D 打印机或早或晚都需要维护的零部件。如果挤出机是开放式的，让你能够直接观察到送丝轮或进丝绞轴，那么你可以检查凹槽内是否有丝材碎

---

① 齿轮采用 PLA 丝材打印，因为 PLA 比 ABS 更加耐磨。

屑。如果你发现有丝材碎屑堆积，最好及时进行清理。我们会在后续的调整任务一节里介绍详细内容。

前面也介绍过，挤出机在轴上运动导致导线不断弯曲是导致接线故障的主要来源，这被称为电线疲劳。如果你添加了扭力消除装置来预防这类问题，那么在检查时需要检查装置的固定是否牢固。松脱的扭力消除装置可能导致导线上出现新的受力点，比如你希望通过塑料胶带来消除扭力，如果挤出机接线上的胶带松脱，那么残留胶带的硬度会使导线弯曲得更厉害。

总结一下，在检查挤出机的时候，你需要检查固定零部件的磨损、齿轮间的缝隙、送丝轮上残留的丝材，以及接线是否断裂。

由于挤出机承载了打印机的绝大多数工作，因此我推荐你在每次打印之前都检查它的状态。至少你应当快速检查挤出机的机体零部件、步进电机、齿轮组以及送丝轮的状态是否正常。记住，如果挤出机出现了故障，那么你的打印注定会失败。

同步带

3D 打印机上的同步带在使用过程中会不断变松。不过通常情况下变松的程度并不严重，并且经过许多小时的打印后才会观察到明显的状况。通常情况下导致同步带变松的可能原因是某些固定件出现了松脱，尤其是那些在同步带的两端使用压板固定的打印机中更容易出现这种情况。

新型的 RepRap 打印机以及其他许多消费级和专业级打印机都会通过更牢固的设计来防止同步带打滑。比如 Prusa i3 的 X 轴和 Y 轴支架上将齿距设计成均匀的并与同步带上的齿距保持匹配，从而能够防止同步带出现打滑现象。

当同步带的松紧度超过 20mm，说明已经过松了（松紧度表示同步带运动过程中中间部分上下移动的距离）。超过这个松紧度的同步带都可能导致驱动轮出现打滑。不仅如此，过长的同步带还可能导致轴出现轻微的层移现象。比如一根很松的 Y 轴同步带就可能会使丝材层在 Y 轴方向（前后）上出现层移。同步带上合适的松紧度取决于同步带的长度和类型。查阅打印机的使用说明来确定合适的阈值是多少。

要调节没有配备张紧器同时两端固定住的同步带，你需要先松开固定同步带的压板，然后将同步带拉紧，接着重新固定住压板。如果你的打印机配备了同步带张紧器，那么只需要通过张紧器就可以重新上紧同步带了。

使用自动同步带张紧器

如果你的打印机没有配备同步带张紧器，那么最好考虑配备一个。Thingiverse 上有许多适用于各种常见打印机型号的同步带张紧器设计。我会在第十一章里特别介绍一个能够保持同步带上的压力恒定的张紧器设计。它有一根运动范围很大的弹簧臂，因此可以保持同步带状态支持许多小时的打印工作。

对于闭环同步带系统，你也需要检查同步带的松紧。如果同步带变松，那么你可以通过松开惰轮或者同步带的驱动轮侧的固定件来重新上紧同步带。比如 MakerBot Replicator 1 和 2 的打印机上在驱动轮侧（即与步进电机相连的一侧）有开槽的固定孔，让你能够松开步进电机上的 4 个固定螺丝，然后拔出步进电机，接着就可以拉紧同步带。最后你需要重新拧紧螺栓将步进电机固定住。

检查同步带的松紧十分方便快捷：只需要用手按压同步带中间的部分，然后测量下垂的长度即可。我推荐对于新打印机和使用压板固定同步带的打印机在每次打印之前都最好检查同步带的松紧。如果发现同步带没有严重的松弛现象，那么在每天第一次打印之前检查一次即可，如果持续一段时间依然没有检测到很严重的松弛现象，那么你可以每个月检查一次。

接线

3D 打印机上的接线同样也是经常被忽视的问题来源。由商家组装的打印机在电路板上通常会配备十分牢固的接线座，因此通过接头固定的导线很少出现松脱现象。但是由套件组装的打印机则会更加脆弱一些，因为大部分接线都是通过压接接头连接而不是螺丝端子、接线片或者其他形式的接头固定在电路板上。

对于通过套件组装的打印机，你需要将检查接线是否松脱作为优先事项。通过肉眼观察就能够检查接线座上是否存在异常。同时注意检查接头和压接结构里的导线是否出现松脱；拧紧端子保证导线被牢牢地固定住；并且在导线经过金属物体的时候，需要检查导线上绝缘层的磨损或者开裂现象以及导线是否断裂。接线同时也可能会由于打印机正常工作时产生的振动，或者维护过程中不小心在接线上施加的压力而出现松脱。

我曾经替换过一台 Prusa Mendel i2 打印机上的 Z 轴机构，为了测试一种试验性质的丝杆固定件。我当时并没有注意到在操作过程中不经意地拉扯到了一部分导线，导致一个限位开关和步进电机上的接头松脱了，而这两个零部件刚好是 Y 轴电机和 Y 轴限位开关。最后在我复位各个轴的时候 Y 轴只能朝着一个方向运动，并且停不下来！这让我好一阵挠头。从那以后，在每次进行了维护或者升级之后，我都会检查各个零部件上的接线是否正常。

■提示：在移动轴的时候，尤其是在经过大型升级或者是电路修改之后第一次进行复位操作的时候，你需要将手放在电源开关的附近。在轴机构无法正常停止的情况下立刻切断电源，这比放任零部件之间发生碰撞要好得多。回忆一下第三章里我们介绍过手动测试限位开关是否能够正常工作。如果轴的运动停不下来，那么你需要断开打印机的电源，然后检查限位开关的接线是否正常。

但是接线需要检查的远远不止这些。我之前也提到过需要检查挤出机上的接线是否出现弯折或者断裂的征兆，但这只是一个可能的受力点。另一个导线可能弯折的位置则是在可加热打印床上。如果你的打印机配备的可加热打印床被固定在能够运动的轴上，那么打印床的接线也需要和挤出机的接线进行一样的检查。

■备注： 虽然你很少需要担心通过焊接固定的导线，但是如果导线是你自己焊接的并且没有多少焊接经验的话，那么在前几次打印的时候最好检查焊点是否能够保持牢固。

在每次进行一系列打印之前，我推荐你检查一遍全部的接线，确保它们都牢牢地固定在电路板上。新组装的打印机最好在每次打印之前都检查一遍接线，直到确保接线不容易松脱为止。

打印表面

打印表面上也很容易出现磨损。如果你使用的是蓝色美纹纸胶带或者是不含 ABS 黏着剂的 Kapton 胶带，那么只需要在出现丝材黏附问题（正常打印一段时间后突然出现翘边问题）之后，或者是在取下打印模型时弄破了表面之后及时更换就行了。图 9-4 里是一个需要更换的打印表面。

注意图中的打印表面上有许多轻微的磨损和脱色痕迹。通常情况下脱色并不会影响打印时的丝材黏附情况，但是磨损的部分会。如果你的打印表面上开始出现磨损，那么我推荐你及时进行更换。另外，你也可以通过在打印基板的其他部分进行打印来避免磨损造成的影响。在图 9-4 里，打印基板的其他部分依然保持完好。

图 9-4　磨破的打印表面（蓝色美纹纸胶带）

回忆一下在前面章节里我们介绍过，如果你使用较窄的胶带来构成打印表面，那么就可以只更换那些出现问题的胶带条。在图 9-4 里，我们只需要更换中央的几条胶带即可。

给打印表面打补丁

一些打印机拥有者也推荐过给打印表面打补丁让它能使用更长的时间。我也曾经尝试过这样做，并且取得了一定的效果，但是在移除旧的表面处理材料的时候存在着一定的风险。假设原先你采用和打印基板等长的胶带条进行表面处理，在贴上新胶带之前你需要将需要替换的补丁剪切下来。通常你需要用美工刀或者其他尖锐的零部件将胶带刮下来，而在这个过程中可能会刮花玻璃打印表面。如果原先使用的是蓝色美纹纸胶带，那么更换可能会稍微轻松一点，因为你可以用手将胶带从表面上撕下来，然后再剪断。不过你依然需要一定的练习才能够剪出和磨损部位大小恰好合适的新胶带来进行替换，因此我更倾向于替换整条磨损的胶带，因为这样更加简单和方便。

即使在不需要更新打印表面的时候，你也可以用无绒布对表面进行擦拭，清除掉手触摸表面时可能黏附上的油脂以及堆积的灰尘。对于 Kapton 胶带，你可以用布沾少量的丙酮来清洁胶带表面的丝材碎屑、油脂和灰尘。

检查打印表面的操作同样十分简单，实际上你可以在每次打印之前都花点儿时间检查一下。只需要简单地观察一下打印表面的状况就能够判断它是否需要更换。

调整任务

基础维护过程的下一步包括一些需要定期进行的细微调整。我推荐你在使用打印机之前进行检查的时候就注意确定是否需要进行这些调整。调整任务通常不需要每次打印之前都进行（虽然你可以每次打印之前都调整一次），而在可靠性较强的打印机上你可以按需来进行相应的调节。

比如我的一台 MakerBot 打印机就很少需要进行打印床调平（调高），所以我通常只在更换了表面处理材料或者打印基板之后进行一次调平（我储备了 3 种打印基板：原始的塑料平面、轻量玻璃平面和轻量铝制平面）。

更重要的是，进行这些调整操作的频率直接影响你的打印机的工作质量。因此下面这些操作都是我推荐你尽量经常进行的，在后面我们会详细介绍各项调整如何进行。

- 调平打印床：调节打印床的高度来保证丝材黏附良好
- 设置 Z 轴高度：调节底层丝材和打印基板之间的距离
- 清洁送丝轮（驱动齿轮）：清除凹槽里的丝材碎屑
- 清洁喷嘴：清除熔化的丝材以及喷嘴上的其他污染物

在下面的内容里，我们将会通过实例来介绍如何完成这些调整。我会尽量按照通用的步骤来介绍适用于大部分打印机的方法。不过你在进行实践的时候，针对特定型号的打印机所需的具体步骤可能会稍有不同。比如你的打印机可能会在屏幕的不同位置上提供辅助打印床调平功能，或者没有配备这项功能。不过你依然可以通过手动调节轴的方式模仿我们介绍的步骤来达到相同的效果。

表 9-2 里列出了各项调整的参考间隔。注意表中分别列出针对全新或者新组装的打印机（"新"）；经过翻新或者是很少使用的打印机（"低使用量"）；以及经过长时间使用十分可靠的打印机（"可靠"）进行检查的参考时间间隔。

表 9-2　　　　　　　　　　　调整任务的参考频率

调整项目	调整内容	新	低使用量	可靠
调平打印床	将打印床调节至与 X 轴和 Y 轴平行	每天	每周	更换打印床或者表面之后
设定 Z 轴高度	调节喷嘴 Z 轴复位之后在打印床上的高度，从而确定底层丝材的高度	每天	每天	更换打印床或者表面之后
清洁送丝轮	清除齿轮上的丝材碎屑，确保打印丝材能够正常装载并且不会出现打滑	每天	更换打印丝材之后	按需进行
清洁喷嘴	清除喷嘴上的多余塑料防止熔化后掉落在打印物体上	每天	每周	按需进行

调平打印床

回忆一下第五章里我们介绍过通过调平（调高）打印床来确保 X 轴和打印床（Y 轴）平行，或者是保证喷嘴在整个打印区域内相对于打印床的高度保持一致。

一些打印机会配备 Z 轴高度调节装置让你能够控制打印底层丝材时的 Z 轴高度，精确地说，即用来控制底层丝材的挤压程度（适当的挤压能够帮助丝材黏附在打印表面上）。对于这些打印机，调平打印床和调节 Z 轴高度是两个分开的过程，你需要在调节 Z 轴高度之前先进行打印床的调平。否则最终设定的 Z 轴高度可能只适合打印床的一部分。而没有 Z 轴高度调节装置的打印机会将 Z 轴高度的设置囊括到打印床的调平过程中。

在第五章中我们介绍了一个对 RepRap 打印机进行调平的例子，不过在这里我们将会介绍一个在带有辅助调平功能的打印机上如何进行调平的例子。这项功能能够自动调节轴的位置并指导你如何设置喷嘴在打印床上的高度。你也可以将这里展示的步骤用到自己的打印机上，虽然最终进行的操作可能会与例子里介绍的稍有不同。

在这里我们将会以 MakerBot Replicator 1 Dual 打印机为例。这款打印机的打印基板采用四点式固定，并且带有能够调节固定可加热打印床的 4 个螺丝松紧的调节装置。大部分 RepRap 打印机设计中采用的也是这样的四点式固定系统。

> **■备注：** 4 个角上的调节装置如果太紧或者太松的话，可能会影响互相的松紧。新型的 MakerBot 和其他打印机都采用改进的三点式固定系统，能够让调平变得更加简单。采用三点式固定系统能够让你在不向打印床施加压力的情况下控制打印床的左右和前后倾斜角度。[①]打印床辅助调平功能与新型的 MakerBot Replicator 2 打印机相同，但是在新打印机上只需要用到 3 个螺栓进行调节——前方 2 个、后方 1 个。

要在 MakerBot Replicator 1（或者类似设计的打印机）上进行打印基板的调平，首先你需要给打印机通电，然后准备好一张方便控制的 A4 白纸。准备好之后，单击 MakerWare 的工具（Utilities）菜单，选择打印基板调平（Level Build Plate）。

> **■提示：** 你也可以用便签纸，便签纸上黏性的一面能够让你更好地控制纸的位置。

打印机开始缓慢调节轴的位置，调节完毕之后会在显示屏上显示下面的步骤介绍。你可以单击 M 按钮进入下一屏内容（一定要仔细阅读！）。例 9-1 里是这一步中屏幕上会显示的文本内容。

例 9-1　打印床调平开始时的屏幕显示内容

```
+---------------------+
| Find the 4 knobs on |
| the bottom of the   |
| platform and tighten|
| four or five turns  |
+---------------------+
```

---

① 因为三角形结构最稳定。

找到打印基板底部的 4 个旋钮，分别拧紧 4～5 圈。

```
+----------------------+
| I'm going to move    |
| the extruder to      |
| various positions    |
| for adjustment.      |
+----------------------+
```

打印机会将挤出机移动到打印床上的不同位置。

```
+----------------------+
| In each position,    |
| we will need to      |
| adjust 2 knobs at    |
| the same time.       |
+----------------------+
```

在每个位置上，需要同时调节两个旋钮的松紧。

```
+----------------------+
| Nozzles are at the   |
| right height when    |
| you can just slide a |
| sheet of paper       |
+----------------------+
```

当喷嘴能够夹紧打印基板上的纸的时候说明高度合适。

```
+----------------------+
| between the nozzle   |
| and the plate.       |
| Grab a sheet of      |
| paper to assist us.  |
+----------------------+
```

图 9-5　MakerBot Replicator 1 Dual
打印机的打印床调平

动手拿起纸来辅助进行调节。

此时按下 M 按钮，打印机的屏幕会显示例 9-2 里文字。再次按下 M 按钮会将挤出机移动到打印基板前方的中央位置。图 9-5 里展示了挤出机的位置以及应当如何用纸来判断喷嘴的高度。图中并没有展示调节旋钮，调节旋钮的位置在打印床的左右两侧。你需要同时调节两侧的旋钮直到两个喷嘴能够将纸较牢地压在打印基板上。

例 9-2　移动到第一个位置

```
+----------------------+
| Adjust the front two |
| knobs until paper    |
| just slides between  |
| nozzle and plate     |
+----------------------+
```

调节前侧的两个旋钮直到纸张能够恰好填满喷嘴和面板之间的缝隙。

■**备注**：注意你需要保证两个喷嘴对于纸张的压力基本相同，这样才能够保证两个喷嘴在打印基板上的高度相同。

完成了两个旋钮的调节之后，再次按下 M 按钮。你会在屏幕上看到例 9-3 里的文字，然后打印机会将挤出机移动到打印基板后方的中央位置。同样通过后方左右两侧的旋钮来调节打印基板的高度。

例 9-3　移动到第二个位置时

```
+----------------------+
| Adjust the back two  |
| knobs until paper    |
| just slides between  |
| nozzle and plate     |
+----------------------+
```

调节后方两个旋钮直到纸张能够恰好填满喷嘴和面板之间的缝隙。

调节完后方两个旋钮之后，再次按下 M 按钮。你会在屏幕上看到例 9-4 里的文字，然后打印机会将挤出机移动到打印基板右侧的中央位置。通过右侧前后方的旋钮调节打印基板的高度。

例 9-4　移动到第三个位置时

```
+----------------------+
| Adjust the right two |
| knobs until paper    |
| just slides between  |
| nozzle and plate     |
+----------------------+
```

调节右侧两个旋钮直到纸张能够恰好填满喷嘴和面板之间的缝隙。

注意在这里调节右侧两个旋钮的时候幅度不能太大。如果调节的幅度过大，可能会导致打印床弯曲或喷嘴的高度不一致。如果出现这种情况，你需要将挤出机从打印机上拆下来然后调节喷嘴的高度。参照 MakerBot 的技术支持页面来学习如何进行相关操作。[①]

完成了右侧两个旋钮的调节之后，再次按下 M 按钮。此时屏幕上会显示例 9-5 中的文字，

---

① 注意尽量避免出现这样的情况。

同时打印机会将挤出机移动到左侧中央的位置。通过左侧前后方的旋钮调节打印基板的高度。

例 9-5　移动到第四个位置时

```
+----------------------+
| Adjust the left two  |
| knobs until paper    |
| just slides between  |
| nozzle and plate     |
+----------------------+
```

调节左侧两个旋钮直到纸张能够恰好填满喷嘴和面板之间的缝隙。

相似地，左侧旋钮的调节幅度同样不能太大。如果调节的幅度过大，可能会导致打印床弯曲或喷嘴的高度不一致。如果出现这种情况，你需要将挤出机从打印机上拆下来然后调节喷嘴的高度。

完成左侧两个旋钮的调节之后，再次按下 M 按钮。此时屏幕上会显示例 9-6 中的文字，打印机会回到打印基板的中央位置。

例 9-6　移动到第五个位置时

```
+----------------------+
| Check that paper     |
| just slides between  |
| nozzle and plate     |
+----------------------+
```

检查纸张是否能够填满喷嘴和面板之间的缝隙。

如果纸张能够轻松地滑进喷嘴和面板之间的缝隙里，那么说明调平已经完成，可以开始打印了！如果不是的话，那么你需要思考一下问题是否是由不平的打印基板导致的。如果打印基板自身没有问题，那么它应当是扁平的并且不会和喷嘴发生碰撞。如果面板和喷嘴碰在了一起，那么需要通过同步将 4 个旋钮都调节 1/8 圈来调整打印基板的高度。调节完旋钮之后再次检查喷嘴的高度；如果不合适的话需要你重复调节过程。我还推荐你定期调节打印基板，这样当打印基板出现明显的偏高或者偏低现象时，你就能够及时发现并更换打印基板。

我推荐在新的或者不经常使用的打印机上每天第一次使用之前进行打印床的调平。当你确定打印机很稳定不会受到环境因素的影响之后，即一两个星期之内都不需要大规模调节，你就可以每周进行一次打印床调平。对于十分可靠、很少需要调平的打印机，我推荐你在更换表面处理材料或者更换打印基板之后进行一次调平即可。

设定 Z 轴高度

在前面的章节里介绍过，一些打印机上会配备 Z 轴高度微调器。我在我所有的 RepRap 打印机以及一台消费级打印机上都添加了这项功能。Z 轴高度微调器允许我根据不同情况来调节 Z 轴高度，比如所需的底层丝材黏附程度、较厚的表面处理材料（比如涂抹了 ABS 黏着剂）等。调节的基本流程如下所示。图 9-6 里展示的是在 Prusa Mendel i2 打印机上使用 Z 轴高度微调器的情况。

1．确保打印床水平并且各个轴处在复位位置上。

2．通过打印机液晶屏上的菜单或者打印机控制软件将 Z 轴抬升 5mm。

3．通过相同的方法将 X 轴和 Y 轴移动到打印区域的中央位置。

4．将一张纸放在喷嘴的下方，然后通过打印机控制软件将 Z 轴复位。

5．检查纸张上的压力并根据压力调节 Z 轴高度，然后重新复位 Z 轴。

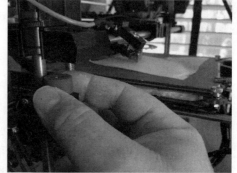

图 9-6　在带有 Z 轴高度微调器的 Prusa i2 打印机上调节 Z 轴高度

6．重复第 5 步直到 Z 轴高度合适为止。

注意打印机上通常还有调节打印床高度的调节器。这些调节器用于调平打印床，需要在调节 Z 轴高度之前完成。你也许认为 Z 轴高度微调器显得有些多余，因为你可以通过调节打印床的高度来实现相同的效果。但是要在保证打印床水平的情况下调节打印床的高度，你需要将 4 个调节装置改变相同的幅度，否则你的打印床可能出现某个角上的高度与其他部分的高度不一致的情况。因此 Z 轴高度微调器更加方便，因为它只控制 Z 轴升高或者降低，因此只需要调节 1 个点而不是 4 个点。

■备注：我会在第十一章里介绍如何在 RepRap 打印机上加装 Z 轴高度微调器。

我推荐你在每天第一次使用打印机之前调节一次 Z 轴高度，或者是根据底层丝材的黏附程度需求进行调节。如果你的底层丝材无法很好地黏附在打印表面上，那么可以适当降低 Z 轴高度来帮助丝材黏附。对于可靠性较强并很少需要调节 Z 轴高度的打印机，[①]我推荐你在每次更换表面材料或者打印基板之后调节一次 Z 轴高度。

清洁送丝轮

清洁送丝轮是修复挤出故障最经常首先进行的操作，因为大部分挤出故障都和送丝轮导致的丝材拉丝或堵塞有关。任何时候遇到挤出故障，你都可以先尝试清洁送丝轮来尝试能否解决相关的问题。

清洁送丝轮的过程根据挤出机设计的不同而各不相同。我们在第七章里介绍过如何清洁 Greg's Wade 挤出机的送丝轮。对于直驱式挤出机来说，清洁的过程也很相似。因此在这里我们将会以 MakerBot Replicator 2 上经过升级的挤出机结构为例进行介绍，清洁的步骤如下所示，后面我们将会通过配图对主要步骤进行详细介绍。

---

① 我所有的 RepRap 打印机中只有一台打印机表现出了这样的特性，因此我认为它可能是特例。

1. 卸载打印丝材。
2. 断开步进电机。
3. 移除挤出机风扇和散热片。
4. 移除步进电机。检查并清洁送丝轮。
5. 清洁 X 轴滑架和热端上的丝材碎屑。
6. 重新组装挤出机并装载打印丝材。

■**备注**：这一过程同样适用于 MakerBot Replicator 1、Replicator 1 Dual 和 Replicator 2X 打印机。对于双喷嘴挤出机，相关的零部件是镜像分布的，因此可以通过相同的手法进行拆除和装配。

　　第一步需要将丝材从挤出机中卸载出来。给打印机通电，单击工具（Utilities）菜单，然后单击更换打印丝材（Change Filament）菜单中的卸载（Unload）选项。将丝材导管从上方拔出，然后将丝材缓缓地拔出。图 9-7 里是卸载打印丝材时的场景。

■**提示**：如果你使用的是 PLA 丝材，那么需要检查移除打印丝材之后末端的柔软性如何。你可能会发现末端的丝材比正常的丝材更柔软一些。我通常会沿着打印丝材往回（打印丝材后方）摸，直到打印丝材变得更脆一点，再将之前的丝材全部剪掉，清除掉已经被加热过的部分。因为未经加热和冷却处理的丝材装载起来更轻松。

■**备注**：如果你的打印机没有配备液晶屏，那么可以用打印机控制软件在热端达到工作温度之后反转挤出机的运作方向。

　　下一步要断开打印机的电源，因为我们需要拆卸步进电机。在未断电的情况下进行拆卸可能会使步进电机受损。你只需要轻轻地断开步进电机后方的插头即可，如图 9-8 所示。

图 9-7　在 MakerBot Replicator 2
打印机上卸载打印丝材

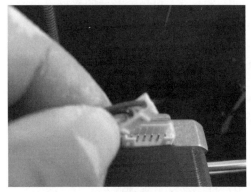

图 9-8　断开 MakerBot Replicator 2
打印机上步进电机的插头

下一步，我们需要松开步进电机上的风扇底座、风扇、垫片和散热片的螺栓来拆除步进电机。注意用毛巾盖住打印床，这样掉下来的零部件（或者工具）就不会损伤打印基板了。图 9-9 里是风扇上两个螺栓的位置。注意在移除最后一个螺栓之前用手扶住步进电机，不然它会直接掉在打印床上。如果你扶住步进电机然后慢慢拆除螺栓，那么就可以避免这个问题。如果你希望让过程更安全一点，可以用蓝色美纹纸胶带将步进电机固定在挤出机上。

进行到这一步的时候，风扇上的小垫片很可能会掉在打印床上。注意确定它掉落的位置并将它收好。挤出机风扇上的接线不用断开，可以吊着放在那儿。

下一步我们需要移除步进电机，然后检查送丝轮。用吸尘器吸掉散落的丝材碎屑。如果送丝轮上粘了顽固的丝材碎屑，可以用牙签或者小刀将它们刮下来，然后续继用吸尘器进行清洁。图 9-10 里的丝材驱动齿轮就亟待清洁。

图 9-9　拆除 MakerBot Replicator 2
打印机上的挤出机风扇

图 9-10　清洁 MakerBot Replicator 2
打印机上的挤出机送丝轮

图 9-10 中有一小段带颜色的丝材是我之前用来进行打印的丝材，它被卡在齿轮上已经持续了整整一次打印过程了。当时我有点匆忙，因此没有花时间来清理打印丝材驱动齿轮。不过我的运气不错，那一段多余的丝材没有影响到我的打印，并且它的体积本来也不大。但是如果驱动齿轮上卡了过多的丝材，那么可能导致打印模型里混入杂质，严重情况下还会导致驱动齿轮被堵塞并导致跳步。通过这次教训我学到的是在更换使用的丝材之前一定要注意清理打印丝材的驱动齿轮。

■**备注：**图 9-10 里的铝制情轮是经过升级之后的零部件，我们会在第十一章里进行介绍。这项升级是我碰见过的最实用的升级之一，它好到我在试用过之后在我的 MakerBot Replicator 1 Dual 和 Replicator 2/2X 打印机上都进行了相同的升级。

下一步你需要检查 X 轴滑架的固定件以及热端的顶部是否存在丝材碎屑。通常情况下都会有少量打印丝材飞溅到这些部位，如图 9-11 所示。你可以用吸尘器吸掉散落的碎屑，并用镊子或者美工刀刮掉粘在表面上的丝材（图中和 X 轴平行的浅色丝材碎屑）。

清除掉所有的碎屑之后，按照相反的顺序重新将挤出机组装起来。组装过程中垫片可能很难固定住。我通常会先将螺栓穿过左侧的风扇底座、风扇、垫片和散热片，将这些零部件固定好之后，再将螺栓插到步进电机上对应的通孔里。之后再对右侧的零部件进行相同的操作。最后再拧紧各个螺栓。

我推荐你在每天第一次使用打印机之前检查一下送丝轮上是否残留了打印丝材。如果没有明显的丝材残留，那么可以每次更换打印丝材之前进行一次清洁，或根据具体需要进行清洁。实际上我通常只会在碰到挤出故障的时候对丝材驱动齿轮进行清洁。

清洁喷嘴

热端的喷嘴是很多人经常会忽略掉的零部件。虽然喷嘴并不需要进行任何调整，但是随着不断使用打印机，喷嘴上也会渐渐积累污渍，熔化后的丝材经常会黏附在喷嘴的外侧。这些打印丝材可能来自于打印结束时挤出的多余打印丝材、由于热端温度过高导致的漏料，或者是与打印床上的物体碰撞时粘上的。图 9-12 里是一个 J-head 热端的黄铜喷嘴，虽然这种设计能够有效地防止沾染丝材碎屑，但是依然有少量的丝材粘在了热端的下方。

图 9-11　清洁 MakerBot Replicator2
打印机上的挤出机送丝轮

图 9-12　Prusa Mendel i2
打印机上的 J-head 喷嘴

> ■**注意**：在操作过程中热端处于工作温度。因此在打印机内移动手的时候需要小心不要触碰到热端或喷嘴，否则很可能被烫伤。同样，在使用工具清洁喷嘴之前记得将打印机断电。

经过长时间的使用之后，这些打印丝材可能会出现硬化和变黑，并最终包住整个喷嘴。虽然一些用户可能认为这个问题不是很严重（虽然我承认有时候的确不会造成很大的影响），但是我个人并不喜欢自己的工具或者设备变得很脏。而且，如果你喜欢经常切换打印丝材的话，那么在打印过程中残留的丝材可能会熔化，然后掺杂进你的打印模型里。

我曾经偶然碰见过这样的情况，一个十分粗糙的喷嘴偶尔会在打印过程中在打印模型上留下暗的斑点。在使用浅色打印丝材进行打印时斑点会变得很明显。我曾经用这台打印机打印过一个白色的物体，虽然打印质量没有问题，但是最终物体上有几个很显眼的黑色斑点，虽然体积很小，但是让物体的整体效果变得很糟。

你可以通过清洁喷嘴变脏的外侧（堆积的丝材）来完全避免这样的问题，并且你不需要将喷嘴拆下来就可以进行清洁工作。虽然某些打印机的喷嘴拆卸起来很轻松，但是某些打印机上拆卸喷嘴的过程会十分复杂。清洁固定的喷嘴的过程十分直接、简单。我们会在后面的内容里详细介绍相关的步骤。

1．通过打印机的液晶屏或者打印机控制软件将 X 轴和 Y 轴定位在中间位置，然后将 Z 轴抬升 50～80mm 给你留出足够的空间进行工作。

2．将热端加热到打印丝材的工作温度。

3．关闭打印机并拔下插头。

4．趁热端还处于工作温度，用镊子（防静电镊子）清除掉大片的丝材。

5．如果打印机的喷嘴上还有漏料，那么等到喷嘴冷却并且停止漏料。

6．用软毛刷在喷嘴温热的情况下清洁小块的丝材。

7．吸掉残存的碎屑。

8．用厚纸巾沾少量的丙酮擦拭喷嘴。

我用防静电镊子来清洁加热后的丝材。这样能够清除掉喷嘴上残留的绝大多数丝材。图 9-13 里展示的就是这一步。

在热端依然温热的情况下，用软毛刷清洁掉残留的丝材。图 9-14 里展示的就是这一步。

图 9-13　用镊子清除喷嘴上的丝材

图 9-14　用刷子清洁喷嘴的外侧

注意最好是采用材质与喷嘴相同的金属毛刷，同时刷子必须是木质或者金属把手[①]的。在图 9-14 中我就在使用黄铜刷来清洁黄铜材质的喷嘴。你也可以用金属百洁布，但是注意不要使用任何清洁剂！我不推荐使用钢丝球，因为它可能会在打印机上残留少量的钢丝碎屑。

你可以用力地摩擦被加热的部分，但是注意不要在热端上施加过大的压力。不要担心有丝材黏附在刷子上。你可以在丝材冷却之后轻松地将它清洁掉。

_____

① 塑料把手可能会在使用过程中触碰到喷嘴或者热端的时候熔化。这会让你前功尽弃。最好是使用木质把手的刷子。

熔化的丝材：到底是从哪儿来的？

如果你的喷嘴上堆积了大量熔化的丝材，那么说明你设置的喷嘴温度可能过高了，因此需要降低相关的设置参数。堆积的丝材也可能是从工作温度较低的丝材切换到工作温度较高的丝材时导致的。因此在切换打印丝材种类的时候一定要记住清洁喷嘴。

同时在没有进行挤出的时候不要将喷嘴加热到工作温度。这是由于喷嘴上的丝材可能会出现漏料，并且使丝材内部产生气泡。这可能会导致喷嘴内部的丝材出现氧化和变色，甚至有可能堵塞喷嘴。

为了完成整个清洁过程，你需要用厚纸巾浸泡少量的丙酮然后擦拭喷嘴。将纸巾多折叠几次能够帮助纸巾更好地吸收丙酮，并且保护手指不会被热端的余热烫伤。一般进行到这一步的时候，喷嘴通常都已经冷却到能够直接触摸的温度了。如果没有的话，那么最好等到喷嘴完全冷却之后再用丙酮进行擦拭。我通常用纸巾来避免用力摩擦喷嘴。在喷嘴上施加过大的压力可能会使热端、固定件以及其他轻型的配件受损，甚至还可能导致加热单元零部件以及热敏电阻的接线受损。图 9-15 里展示了用纸巾来清洁喷嘴。注意接线和纸巾之间的距离有多近，因此在操作时一定要注意避免损伤接线。

完成之后，记得用吸尘器清洁掉全部的碎屑——打印丝材、黑色的粉末（烧焦的丝材）、刷毛等。

我推荐你每天第一次使用打印机之前对喷嘴进行一次清洁，或者是在出现问题的时候进行清洁。如果你使用的温度设定能够符合打印丝材特性，并且没有遇到任何挤出故障或者打印质量问题，那么不需要经常进行这项操作。不过堆积起来

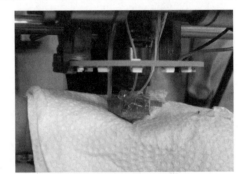

图 9-15　用丙酮清洁干净喷嘴的外侧

的丝材很容易观察到，并且清洁过程也十分简单，因此你可以考虑经常清洁一下喷嘴。

总　结

保持你的打印机正常运行需要一定的耐性和纪律性来执行一些十分简单的例行操作。虽然某些操作看上去更容易理解并且解决的问题也更明显，比如调节 Z 轴高度和调平（调高）打印床，其他的操作，像拧紧框架和保持打印床清洁这样的效果可能不是很明显。

但是，如果完全不执行这些任务的话将会在你的打印机上产生累积的效果，并且最终肯定会导致打印质量下降，而这是建立在它没有出现故障的前提下！你可以通过及时检查和调整打印机来节省大量用在诊断和修复打印机上的时间。

在这一章里，我们介绍了一些最常见的检查项目，它们能够帮助你确定是否需要调节或

者修复打印机的某些零部件。我们同样还介绍了你在每次打印之前或每天使用打印机之前需要进行的某些任务，这样做是为了将打印机保持在正常状态，从而使你能够继续享受它带给你的高质量的打印品。

现在你已经知道了最常见的一些检查和调整打印机时的操作，下一章将会开始更加深入地介绍 3D 打印机的维护。下一章将会介绍你需要经常进行的维护操作（预防性维护）以及一些常见故障的解决方案（修复性维护），例如清洁堵塞的喷嘴或者修复故障的固件。

■ ■ ■

第十章

3D 打印机的维护：预防和修复性维护

维护你的 3D 打印机需要你经常性地进行某些操作，比如检查打印机的调节和损耗状态。我倾向于将这些任务归类为"基础维护任务"。3D 打印机的维护中还包括一些更加复杂的操作，它们执行的频率并不高，却是保证打印机正常运行所必须的（"预防性维护"），以及当打印机出现故障时需要进行的操作（"修复性维护"）。

它们虽然听上去很相似，但其实是有区别的。比如更换汽车机油或者严重磨损的活动零部件这样的操作算是预防性维护，而发现轮胎漏气之后进行更换则算是修复性维护。

在上一章里我们介绍过了基础维护，而在这一章里我们将会介绍一些需要周期性进行的预防性和修复性维护操作，它们能够帮助你修复损耗或者坏掉的零部件。接下来我们将会分类对各项操作进行介绍。

预防性维护

预防性维护是为了通过周期性的操作来减少设备出现故障的概率和次数。更详细地说，我们需要通过维护操作将设备保持在能够高效运行的状态，而维护操作包括确保设备中没有堆积杂物和灰尘、需要润滑的零部件被正常润滑和磨损的零部件在损坏之前及时得到更换。通常情况下这些操作不会耗费你大量的时间，但是需要你定期进行。

比如汽车就需要定期保养。查阅汽车的使用说明里的维护章节，[①]你会发现一个清单或者列表里记录了许多驾驶了一定里程数或者时间之后需要注意的维护事项，包括更换机油和过滤器、更换磨损的轮胎和传动带，以及对底盘进行润滑等。

幸运的是，维护 3D 打印机的时候，你需要进行的预防性维护并不多。下面的内容里将

---

① 你读过了，对吧？

会详细介绍各项你需要定期对打印机进行的预防性维护操作，而执行这些操作的频率则需要根据打印机的具体状况来定，通常取决于使用时间和环境因素。我们将会从最简单的预防性维护措施开始：清洁 3D 打印机。

清洁 3D 打印机

保持 3D 打印机的干净听上去不像一种维护措施。但是由于打印机的设计各不相同，清洁有可能对于预防某些零部件故障十分关键。比如在 RepRap 打印机或者近似的没有封闭外壳的打印机上，灰尘和其他的杂物会很容易堆积在电路板上，从而使电路在工作时更加难以散发热量。最终导致电路过热出现故障。

灰尘同样也会堆积在上油润滑过的零部件上，从而导致零部件的润滑效果变差、运动过程中摩擦力增加，并且使轴承和光杆上出现磨损。封闭式的打印机并不能够完全避免这些问题，不过它们能够大大减缓灰尘堆积的过程。

对于封闭式打印机来说更严重的问题是打印区域内堆积的塑料碎屑（通常是打印基板周围的空间上）。这些碎屑包括打印模型的侧边、多余的丝材、热端上的漏料等。虽然只有在堆积了极大量的丝材之后才有可能导致打印机的故障，但是你最好周期性地对打印平台周围进行清洁。

不过要注意，打印表面上不能存在任何塑料碎屑，即使是极少量的碎屑都可能会导致底层丝材不平，或者堵塞喷嘴导致挤出故障。

那么如何才能较好地清洁 3D 打印机呢？你也没法将它放进洗碗机或者放在车库里用水管来冲洗。[①]实际上，你需要注意永远不能使用任何清洁剂来清洁一台 3D 打印机上除了外壳之外的所有部分。即使是在清洁外壳的时候，你也需要使用适合外壳材料的、尽量温和的清洁剂，并且清洁时要尽量柔和一些。查阅打印机的使用说明来看看经销商推荐的清洁方式和清洁剂。

打印机是否会真的会变脏?

你也许在想 3D 打印机是否真的需要进行清洁。因为它一般只用塑料进行打印，并且不容易沾染上油渍或者其他的液体，也不会产生什么碎屑（通常情况下）。那么需要清洁的部分是哪些呢？

严格意义上来说，这些说法都是对的。但是 3D 打印机会随着使用而渐渐堆积灰尘，以及在取下打印品和清洁打印床的过程中产生塑料碎屑。尤其是灰尘会对暴露在外的电子元件和活动的机械零部件造成极大的影响。因此，清洁 3D 打印机的主要工作就是清理掉 3D 打印机上堆积的灰尘和碎屑，保证它能够正常使用。

---

① 永远不要尝试这样做！两个都是！

详细的清洁步骤在每个打印机上可能都会稍有不同，但是有一部分操作和目标是共同的。这些目标包括：

- 清洁打印机的框架
- 清洁电路板上的灰尘
- 清洁打印区域内的塑料碎屑
- 清洁丝杆和光杆

各个部分的清洁频率取决于使用环境里的灰尘含量，以及打印机的使用频率。我推荐你在每使用 25 个小时打印机之后就检查一遍打印机，看看各个零部件是否需要进行清洁。同时根据使用环境的不同，你至少需要在使用 50～100 个小时之后对打印机进行一次彻底的清洁。

框架

打印机的框架是一些爱好者经常忽视的部分，尤其是当框架结构没有出现松脱情况并且各个紧固件都固定良好的时候。这种情况部分是由于框架的结构所导致的。

如果框架是开放式结构的，比如 RepRap Prusa 系列衍生型号，打印机的活动零部件都暴露在框架外部，这样在清洁打印机的时候很容易忽略掉框架零部件。如果框架是像 MakerBot 或者 Ultimaker 这样的封闭结构，即打印机的活动零部件都位于外壳的内部，那么在清洁打印机的时候可能就会顺便清洁一下框架。

另一个因素则是组成框架零部件的材料以及它的表面处理方式。磨砂喷漆表面和未抛光的木质表面更耐脏，玻璃、抛光过的金属、树脂以及亮光喷漆表面则更容易显脏。亮光和抛光表面上也更容易沾染上指纹和皮肤表面的油渍。你需要用一块干燥的软布来擦拭清洁金属表面上的指纹和污渍。

但是无论如何，你还是需要及时清洁打印机上堆积的灰尘。如果你的打印机框架是整体框架结构或者封闭式的，那么只需要用干除尘布擦掉堆积的灰尘即可。我发现家用的除尘掸子或除尘手套能够有效清洁绝大多数的打印表面。如果你的打印机是开放式结构的，那么可以用吸尘器来清洁灰尘，或者用压缩空气吹掉堆积的灰尘。

■注意：如果你准备使用除尘掸子，那么注意不要用它们清洁电路部分！一些除尘设备可能会在清洁过程中产生静电，因而可能会损伤电路元件。此时清洁电路最好是使用罐装空气。

如果你的吸尘器上带有除尘刷，可以使用它来进行清洁，但是在裸露的电路和接口周围需要注意你的动作。同样你还需要避免在清洁过程中将轴机构上的润滑油脂清洁掉。记住清洁打印机的目的是清除掉堆积的灰尘，而不是将它变得可食用。[①]

如果你的打印机上配备了树脂面板或者其他的透明面板，那么你可以用软棉布或无绒布

---

① 除非你准备用巧克力进行打印，而只要配备正确的挤出机和热端，这是可以实现的。

沾少量的水清洁面板上的指纹和其他污渍。注意如果使用清洁剂，要挑选不会对树脂造成损伤的清洁剂，不过依然注意最好将清洁剂喷在布上而不是直接喷在树脂面板上。这样能够防止喷洒过程中不小心污染打印机的其他部分。

■提示：除非经销商推荐过，否则不要在打印机的框架零部件上使用任何液体清洁剂。

电路

打印机上的电路同样需要清洁堆积的灰尘和碎屑。如果电路板上的灰尘和碎屑堆积过多，那么可能会导致电路在工作过程中出现过热现象。电路板上的热量过多可能会使电路出现故障。虽然灰尘的量要很大才有可能导致某些零部件受损，但这并不是你将它放置不管的理由。

同时清洁电路并不会像清洁框架那样轻松。电路是十分敏感的打印机零部件，并且现有的大部分除尘设备都是通过静电来吸附灰尘。因此通通都不能用来清洁电路，你的唯一选择就是用压缩空气来吹掉电路板上堆积的灰尘。

我通常会用罐装的压缩空气进行清洁。它能够在短时间内释放出一股十分强劲的气流，有效清除电路表面的灰尘和小杂物。需要注意的是，一部分压缩空气品牌会在产品中添加某些化学物质。这些物质一般不会对电路产生危害，但是在用它们清洁之前最好检查一下添加物的特性。

如果电路板上有压缩空气吹不动的、较大体积的杂物，你可以用防静电镊子将它们清洁干净。

电路密封盒能够有效防止电路板上堆积灰尘。如果你希望将电路封闭起来，注意使用一个通风较好或者是能够通过风扇对电路进行散热的盒子。

炫酷的设备

如果你觉得空气压缩机不够实用（比如够不到打印机里的某些角落或者觉得它噪声太大），那么罐装空气就是你在不触碰电路的情况下进行清洁的唯一选择了。如果你使用罐装空气来清洁打印机或其他设备中的电路，并且清洁频率比较高（或者需要清洁的设备数量比较多），那么一罐罐装空气可能很快就会用完。由于罐装空气本身也比较昂贵，因此你可能需要花费大量的预算在储备一系列罐装空气上。

下面介绍的是另一种可选方案。Canless Air System 公司推出过一款名叫 O2 Hurricane 的设备。它的大小差不多与一罐中等容量的罐装空气相同，能够在不接电源的情况下利用微型涡轮产生一股强劲的气流。更换新电池之后设备的使用时间大约有 15 分钟，并且充电速度也很快。不过它在工作时发出的噪声比罐装空气要稍大一点，但是相对来说会更加环保一些，因为你不会产生大量的废弃罐子。

和罐装空气不同，你可以将 O2 Hurricane 的喷嘴伸到几乎任何位置，并且它不会意外喷出某些罐装空气中可能包含的水蒸气或其他化学物质。同时设备产生的气流也没有罐装空气产生的气流强，但是已经足够胜任周期性的除尘操作了。对于积尘比较严重的设备，罐装空气可能是更好的选择。但是由于我习惯了周期性地清洁各种设备上的灰尘，因此稍低的功率对我来说并不是什么问题。

O2 Hurricane 的价格在 80～100 美元之间，如果你对于压缩空气的需求量很大，那么通过使用它来回收成本的时间并不会很久。

打印区域

打印区域内经过长时间使用之后会堆积大量的丝材碎屑（以及灰尘）。在使用打印机的过程中，挤出机挤出的多余打印丝材（在开始和结束打印的时候）都需要被废弃并清除掉，而它们就堆积在打印区域内。如果你在打印过程中用到了底座、外沿、裙边，甚至是 ABS 黏着剂，那么都有可能会产生断裂的小碎片，而这些碎屑都会堆积在打印区域内。

虽然这些碎屑并不会立刻对你的打印机造成影响，但是你最好经常花点儿时间来清洁一下打印区域。我会在每天使用完打印机之后用吸尘器清洁一遍。如果你只是偶尔使用打印机，那么清洁的频率不用这么高。我推荐可以在每次更换打印基板或清洁打印基板的同时清洁一下打印区域，或者是每周进行一次清洁。

清洁打印区域的最佳方法是用一个小吸尘器来清洁掉所有的碎屑。我会在吸尘器上装一个长条的扁形吸头，这样能够清洁到打印基板底部的位置。如果你的打印基板能够随着 Z 轴上下运动，那么你可以将它抬升一点方便用吸尘器清洁它的底部。

■ 注意：在使用吸尘器的时候需要注意。一些吸尘器在工作过程中会产生静电，因此可能会损坏电路。也正是这个原因，一些人更倾向于用罐装空气或者压缩机来清洁打印区域内的碎屑。

你还需要用吸尘器清洁打印机外部周边的区域以及工作台周边的地面，因为正如我前面介绍过的，丝材碎屑可能会对宠物造成危害。

丝杆和光杆

大部分打印机的轴机构采用光杆和配套的线性或者滑动轴承构成。这些光杆通常都会进行一定程度的润滑。一些轴上则会采用丝杆来驱动支架或轴机构。在某些情况下，打印机的丝杆上也会涂抹润滑油脂。

　　光杆和丝杆是你的打印机中清洁优先级最高的零部件之一。这是由于它们的表面通常带有一层润滑油脂，因此很容易积累灰尘和杂物。图 10-1 里是一个变脏的光杆，图中变脏的位置位于轴运动的最小值位置。

　　你需要保持光杆的清洁，不能有任何灰尘和杂物存在，不过这需要你经常对它进行清洁。如果你的打印机设计中的丝杆是暴露在外的，那么你需要至少每周检查一次它的清洁状况。如果你的打印机设计中的丝杆位于封闭的外壳内部，那么清洁的频率可以适当降低一些。这种情况下，你可以在每次清洁或者更换打印基板的时候进行一次清洁。

　　保持光杆的清洁能够防止堆积的灰尘对轴承上的密封圈造成损伤。实际上，有些轴承的密封圈自身就具有防尘作用。

　　清洁光杆的时候，你可以先用无绒布擦拭光杆清除掉两端堆积的灰尘和杂物。图 10-2 里展示了光杆的末端堆积的杂物，注意图中用红圈标注的位置。同时图中还展示了如何用布来擦拭光杆上的杂物。

 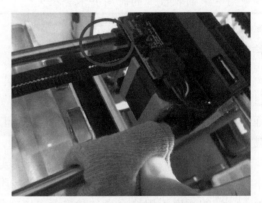

图 10-1　光杆上积累的灰尘　　　　　　　图 10-2　轴末端堆积的杂物

　　图 10-2 中展示的是水平光杆上的杂物，垂直光杆上虽然不一定会堆积大量的杂物，但是依然需要进行清洁。注意检查轴下方的部分是否干净，如果你的打印机能够移动轴的位置，那么最好是一并进行清洁。

　　接下来需要清洁光杆的其他部分，将布重新折叠一下，用干净的部分环绕着光杆。然后用布前后移动擦拭光杆的其他部分，你可以参照图 10-3 和图 10-4 来进行清洁。

　　注意在移动布的时候，需要朝着远离轴支架的方向移动。先清洁光杆的一部分，然后将轴支架移动过来，再清洁另一部分。

　　清洁丝杆会更复杂一些，尤其是经过润滑的丝杆。我推荐对于这类丝杆，你只在需要的时候进行清洁即可，即当油脂的润滑作用变差或者累积了大量灰尘的情况下再进行清洁。这时你也许需要用镊子先清除掉大块的灰尘（油脂可能会让其结块）。如果你的丝杆暴露在空气中，那么可能会更容易变脏。

但是，如果你的丝杆是铁制的（包括螺母）并且进行了润滑的话，就比如大部分 RepRap 打印机的丝杆，那么丝杆可能在使用几个小时之后就开始变脏。丝杆的色泽会开始变暗，并且表面的润滑油脂会被污染。虽然有些人可能认为这并不是什么大问题，但我更喜欢保持打印机的清洁。

要清洁丝杆时，你可以用无绒布沾少量的、与丝杆上相同种类的润滑油脂进行擦拭，同时最好是找一副旧手套防止油脂沾到自己的手上。查阅打印机的使用说明来确定使用的润滑油脂种类。图 10-4 里是一块沾了润滑油的布，注意量并不需要很多。

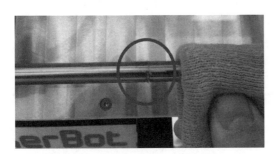

图 10-3　用布清洁光杆上的杂物

图 10-4　用于擦拭丝杆的沾了润滑油的布

■**备注**：你也可以将丝杆拆下来进行清洁。此时你可以将丝杆固定在电钻里，然后缓慢地转动来清洁凹槽内的杂物。不过这样做时需要小心不要损伤丝杆。将丝杆装回之后还需要重新校准 Z 轴并调平打印床。在这样清洁的时候可以使用更多的油脂，因为不用担心油脂沾到塑料零部件上，只需要在装回丝杆之前清除掉多余的油脂即可。

准备好之后，你需要将轴机构移动到最大值或者最小值位置。清洁丝杆有两种方法：1）断开打印机的电源，然后用布包裹住丝杆，清洁完毕之后用手慢慢地移动轴机构（这样会使丝杆开始旋转，布就能够清洁掉丝杆上堆积的杂物了；或者是 2）给打印机通电，然后用布包裹住丝杆，通过打印机控制软件或者液晶屏菜单控制轴朝远离布的方向运动。图 10-5 里是清洁丝杆时正确的包裹布的位置。注意图中裹布的位置位于轴机构的下方，布会随着轴的转动而运动。

如果你准备采用第二种方法，即在打印机通电的情况下清洁丝杆，那么需要注意避免阻碍轴机构

图 10-5　清洁丝杆

的运动。虽然轴机构看上去很小，但是步进电机的功率已经足够让你受伤了。因此你需要控

制轴机构朝着远离手的方向运动。这种方法的优点是更加迅速，但是需要你在操作过程中格外注意，并且需要具备丰富的控制打印机的经验。

■**注意**：无论是手动还是自动移动轴的时候，一定要让轴朝着远离手的方向运动。

清洁完丝杆之后，注意一定要按照下一节里介绍的方法对它重新进行润滑。

滑轨怎么办?

如果你的打印机使用的是滑轨而不是光杆，那么对于清洁杂物的需求就更高了。和其他带有防尘密封圈的轴承不一样，滑轨并没有任何防止灰尘堆积的手段。

灰尘的堆积可能不会影响滑轨的正常工作，但是滑轨中的丝材碎屑却会。如果有小片的塑料掉进了滑轨中，那么可能导致支架零部件在经过碎屑时出现振荡，从而导致轴机构出现暂时性的位移。如果碎屑的体积太大，那么甚至可能会导致轴机构停止或者脱轨。

因此你需要经常性地清洁滑轨，最好是每次进行打印之前都检查一下它们的状态，并且发现碎屑之后就及时进行清洁。

润滑活动零部件

所有的 3D 打印机中都存在需要润滑的金属或者其他材质的零部件。一些需要在表面涂抹润滑脂，一部分需要使用润滑油，而还有一部分零部件的结构能够在内部储存少量的润滑物质。比如一些螺丝和丝杆上就需要涂抹润滑脂，而没有密封圈的轴承通常使用润滑油，而带有密封圈的轴承则在内部进行润滑。一部分轴承在制造过程中会预先添加润滑油脂。在这里通常需要做的是对光杆、轴承、丝杆和螺母进行润滑。

丝杆和螺栓通常需要用合成润滑脂（比如 PTFE）、锂润滑脂或者类似的润滑脂进行润滑。在前面的内容里也介绍过，你并不需要频繁地更换丝杆和螺纹上的润滑脂。实际上一些厂商推荐的润滑脂使用寿命可以达到 50 个小时或者更长，我推荐你每经过 25 个小时的打印就检查一次润滑脂的状态，最长可以在 100 个小时的打印之后再更换润滑脂。

要更换润滑脂，首先你需要按照我们之前介绍的步骤清洁零部件表面的旧油脂，然后用一次性手套涂抹新的润滑脂。用你的手指沾取少量的润滑脂将其均匀地涂抹在螺纹上，稍稍用力保证涂抹的润滑脂能够黏附在螺纹内部。注意每次只润滑 30~40mm 长的螺纹即可，不用每次都润滑整个丝杆，少量的润滑脂就能够支持丝杆正常运行很长时间。

我通常会将轴机构移动到最大值位置，然后润滑支架下方的一段螺纹。接着控制轴机构在整个丝杆上来回运动几次，这样能够保证润滑脂均匀地分布在整根丝杆上。最后清洁掉最小值位置附近多余的润滑脂。图 10-6 里正在向 MakerBot Replicator 2 打印机的丝杆上涂抹润滑脂。

而根据你使用的轴承的类型，光杆上可能也需要进行润滑。如果只是轴承需要润滑，那么可以直接将润滑物质加入轴承中。你可以参考打印机的使用说明进行操作。新型的打印机

中通常采用自润滑轴承。不过我依然推荐你按照前面介绍的方法定期对光杆进行清洁。图
10-7 里是一个未密封的推力轴承，这个轴承上需要你涂抹润滑脂并且每经过 25 个小时的使
用就应当检查润滑物质的状态。

图 10-6　在丝杆上涂抹润滑脂

图 10-7　未密封的轴承

推力轴承是什么？

在 3D 打印机中，大部分轴承的作用是固定和支撑与轴垂直的零部件。推力轴承则
是用来支撑与轴平行的负载零部件。因此，推力轴承通常会在杆子的末端通过安装盘进
行使用。

另一方面，如果轴承是自润滑类型的，那么只需要在光杆上涂抹少量的轻润滑油即可。
润滑油的量只需要保证杆子的表面是潮湿的即可。大部分打印机上使用的轴承都属于这种类
型，因此我将介绍一种用来润滑光杆的方法。

首先拿一块无绒布沾极少量的经销商推荐种类的润滑油，我通常会采用轻机油。通常只
需要图 10-8 里所展示的那么多的量就足够了。和清洁的时候不一样，我们需要在布上粘上足
够的油来保证光杆上能够均匀分布足够的润滑油。

在布上沾完油之后，将沾油的部分包裹在光杆上，然后握紧布前后运动。这跟清洁光杆
时的手法是一样的，但是这次我们所用的布上带有更多油，因此它会转移到光杆上并随着我
们的运动均匀分布在光杆上。图 10-9 里展示的是进行这一步时的情景。

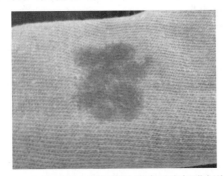

图 10-8　在无绒布上沾润滑油用来对光杆进行润滑

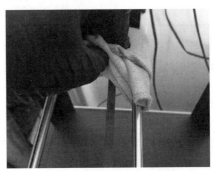

图 10-9　对光杆进行润滑

　　轴支架的两侧都需要进行润滑。如果轴上采用了多根支撑杆，那么需要对它们全部进行润滑，注意检查布上是否堆积了灰尘。如果布上会堆积灰尘，那么你需要重新折叠并持续擦拭直到不再出现更多灰尘为止。下一步控制轴机构在整根光杆的范围内来回运动几次，最后用布擦除轴两端上多余的油。

　　记住，如果你使用的轴承不需要进行润滑，那么你只需要在光杆上涂抹极少量的润滑油即可。此时你应当在光杆上观察不到多余的润滑油，但是摸上去却能感觉到。如果你发现打印基板或者打印机的其他零部件上有油渍，那么说明光杆上使用的润滑油过量了，需要及时清理。

　　光杆的润滑频率取决于你对它的清洁频率，即每次清洁完毕之后应当重新进行一次润滑。如果打印机的光杆不需要经常进行清洁，那么我推荐每隔50个小时对其重新进行一次清洁润滑。

　　■提示：如果你的打印机采用的是滑轨，那么滑轨上的导轮也许同样需要进行润滑。如果导轮是密封轴承，那么也许根本不需要进行润滑。最好是查阅打印机的使用说明确定一下。

　　此外还有一个零部件可能需要进行润滑。采用同步带进行传动的打印机中通常会在传动结构中使用一个或多个惰轮。这些惰轮同样需要进行润滑，比如MakerBot Replicator 1、2、2X中用于X轴上的惰轮就需要周期性地进行润滑。MakerBot建议使用与润滑丝杆所用的相同润滑脂（PTFE润滑脂）对其进行润滑。涂抹的时候可以用镊子刮取少量的润滑脂，然后涂到惰轮轴上，再将惰轮前后移动几次使润滑脂均匀地分布在轴上。图10-10里展示了惰轮的位置。

图10-10　在惰轮上涂抹润滑脂
（MakerBot Replicator 1、2、2X）

　　如果你的惰轮需要润滑（查阅使用说明确定），我推荐按照清洁和润滑丝杆的频率对惰轮进行清洁和润滑，即每隔25个小时检查惰轮的润滑状态，至少每隔100个小时进行一次润滑和重新润滑。

我的打印机怎么办？

　　这一章里介绍的细节和步骤都是各品牌之间通用的。[①]虽然你可以参照介绍的内容来对自己的打印机进行维护，但是最好是查阅一下使用说明里关于维护操作的内容。一些商家会为维护提供线上技术支持，其中还包括一些十分优秀的指导文章和视频，里面包括了关于如何进行润滑以及应当使用何种润滑物质的细节介绍。如果你在厂家的网站上（或者使用说明里）找不到相关信息，那么可以尝试联系厂家来获取相关的技术支持。

---

　　① 至少是绝大多数。

更换磨损的零部件

你需要在发现零部件磨损之后及时进行更换。在前面的章节中我们也介绍过，周期性地检查能够帮助你及时发现磨损的零部件。当发现零部件出现磨损之后，应当尽快地进行更换。持续使用带有磨损零部件的打印机可能会导致打印质量问题。打印机中一部分最容易磨损的零部件包括：

- 打印基板的表面处理材料
- 塑料材质的齿轮、齿轮组（通过 3D 打印或者其他方式制作的）
- 风扇
- 同步带
- 轴承

首先，表面处理材料上的磨损是最经常出现的，并且我们在前面已经介绍过了如何检查和更换打印表面。同样我们也介绍过如何观察齿轮上的磨损，回忆一下齿轮磨损通常表现为齿轮凹槽内堆积的灰尘和被磨损的齿。我们将会在下一节里介绍如何打印备用的齿轮。

风扇是我的储备里最薄弱的一环。我曾经碰见许多电路零部件和一系列制作精良的齿轮由于风扇停转而出现故障。风扇上出现的故障通常表现为运行过程中的噪声，比如高频的啸叫声、风扇卡顿，或者是起转时很缓慢。当你碰见这些状况时，就需要尽快更换出现故障的风扇了。不过幸运的是，3D 打印机中使用的风扇主要用在两个部分上：挤出机和电路，因此通常很容易就可以检查到和进行更换。

同步带同样也是需要更换的、可能出现磨损的零部件，但是它们的磨损速度相对与齿轮来说要慢得多。回忆前面介绍过的同步带磨损时可能会出现拉伸，并最终导致同步带上的齿和齿轮之间的匹配出错。在少数情况下，同步带上的齿可能会出现打滑或者断裂。不过实际上同步带的磨损很少出现，通常只有在打印机使用了几百甚至几千个小时之后，才有可能会碰上由同步带磨损导致的问题。不过我曾经就碰上过一次这样的问题。

轴承同样也会出现磨损，但是和同步带一样出现的频率很低。当轴承出现磨损的时候，可能会产生噪声（通常是由于缺乏润滑导致）、缝隙增大、粘滞甚至断裂等状况。虽然这些情况相比于同步带磨损更少见，但是如果你经常使用打印机并且不注意对轴承进行润滑的话（或者是轴承自身存在故障的话），那么轴承是可能出现故障的。你需要每隔 100 个小时检查一次轴承的状态是否正常。

前面我们已经介绍过了你需要定期进行的一些维护操作，在开始介绍修复性的操作之前，我希望介绍一下你应当储备哪些备用零部件来应付零部件出现磨损或者断裂的情况。

备用零部件

准备充足的备用零部件是保证你的打印机长期正常运行的关键。备用零部件是许多

RepRap使用说明和博客都在介绍和讨论的主题，但是它们通常只着眼于维护RepRap打印机所需要的塑料零部件。不幸的是，有一些商家在使用说明里基本不会提到备用零部件的相关内容，但是如果你打算长时间使用打印机的话，有一些备用零部件却是必须的。幸运的是，一些商家会出售某些常用的备件，比如Ultimaker和Wanhao都能够提供十分优秀的备件服务。

Ultimaker在网站上提供了丰富的备件清单供你挑选，包括风扇、同步带、齿轮和挤出机零部件，基本上囊括了维护打印机运行所需的全部零部件。

Wanhao销售的打印机和MakerBot打印机很类似。Wanhao在网站上同样提供了完整的备件清单，其中还包括一部分模压零部件，比如X轴末端零部件等。

不要因为商家不出售任何备件就认为永远不需要维修你的打印机。即使是每周的工作时间只有几个小时的打印机，也会碰到需要更换零部件的状况。而打印机的使用寿命主要取决于各个零部件的质量、进行预防性维护的频率，以及可能损伤零部件的意外事件的发生频率。[①]

在我的3D打印机使用经验中，曾经遇到过一些打印机在初始的10～20个小时之内就出现故障。有一次，一台打印机中的全新零部件在使用1个小时之后就出现了故障。不过需要说明的是，我在许多磨损零部件完全失效之前就进行了更换。防止磨损零部件出现故障的要点就是尽早进行更换，而不是等它出现故障再更换。

你需要储备的主要是两类零部件。首先包括一系列你可以自己打印制作的备件，这些备件主要是用于RepRap打印机，因为它们通常主要采用3D打印制作的零部件组装而成。其次你还需要储备其他的电路和硬件零部件。

我会在后面的内容中介绍某些特定的备件，相应的清单是根据我使用RepRap、MakerBot和其他消费级打印机的经验总结出来的。而根据你使用的打印机型号不同，所需要准备的备件清单也会有所不同。但是你可以根据我介绍的这些备件来挑选合适的备件清单。

不过在挑选所需的备件过程中一定要谨慎，一不小心的话，你准备的零部件可能会足够另外再组装一台打印机了。比如上一次我准备组装一台RepRap打印机，在我的零部件储备里就翻出了除了打印基板以外的全部所需零部件。不过在手头上多储备一些备件以防万一总是更好的。

■ 提示：我推荐你可以给购买备件设定一个预算上限。有时候某些备件的成本可能会很高。比如MakerBot Replicator的电路板就很昂贵并且（很幸运的）很少出现故障。另外，如果你的打印机是商业用途的，那么最好是准备好备用机器防止打印机出现长时间的故障。

打印备件

正如我前面介绍过的，打印备件通常用于RepRap打印机的维护。但是某些消费级或者专业级的打印机里同样会使用通过3D打印制作的零部件，比如你可以打印全新的 Mk7

---

① 即不同的打印机的使用寿命之间可能会有很大的差别。

Stepstruder 挤出机底座和用于 MakerBot Replicator 1、2、2X 打印机的空转轮臂。

打印制作自己打印机的备件的过程十分有趣。你可以将打印一系列备用零部件作为打印机校准完毕之后的第一批打印任务。你不仅能够通过打印这些零部件学习如何最佳地使用打印机，同时还能够获得足够的备用零部件来保证你的打印机正常运作。实际上你可能会过于沉迷，最后得到的零部件也许足够组装一台全新的打印机了。不过这也是 RepRap 打印机最初的设计目标之一。

不过一般你并不需要打印所有的零部件，只需要准备那些很容易磨损或者破损的零部件即可。我会在后面的内容中列出一份介绍这类零部件的清单。

推荐备件清单

在这一节里，我将会介绍一系列推荐你准备的备件。如果你的预算充足，那么应当尽可能地将这些备件都准备齐全。但在预算有限的情况下，你可以考虑先挑选合适的备件来源，这样当你需要备件的时候，就可以快速购买。另外，如果你准备将打印机用作商业用途，承受不了等待备件的宕机时间的话，那么最好是在预算范围内准备好一整套备件供维护使用。

打印零部件

下面列出的是你应当准备的、可以通过 3D 打印制作的备件。其中一部分适用于绝大多数的打印机，但是也有一部分仅适用于 RepRap 打印机。花点儿时间将清单里列出的备件和你的打印机上使用的零部件进行对比，来确认哪些零部件可以通过打印制造，哪些备件必须从商家采购。

- 挤出机齿轮：这些零部件打印起来可能十分困难，因为不能够出现任何翘边或者畸变等打印质量问题。因此，打印齿轮的过程也可以极大地提升你的包括解决翘边问题在内的打印技巧
- 挤出机惰轮固定件：如果你使用的是配备了 Greg's Wade 铰接挤出机的 RepRap 打印机，那么惰轮固定件（也叫惰轮舱门）很可能会在使用一段时间之后由于压力而出现损坏。其他的挤出机结构上可能不会出现这样的问题，但是和齿轮一样，打印完整的挤出机机体同样能够锻炼你的打印技巧并对打印机进行进一步的优化。由于一些挤出机上的惰轮固定件很容易损坏，因此最好多准备一些方便替换
- 限位开关支架：限位开关支架会经常承受很大的外力。大部分限位开关支架都很单薄，因此很难发挥作用。如果你的打印机在各个轴上使用的是相同的限位开关支架，那么只需要打印一个备用即可；不同的话，那么最好打印一组支架备用
- X 轴末端支架：RepRap Prusa i2 打印机上的 X 轴末段支架经常会由于轻微的形变就出现破损现象（比如当热端碰撞到打印床的时候）。如果你使用的是 Prusa i2 打印机，那么最好准备几个 X 轴末端支架备用

- 管夹具：这些是 RepRap 打印机上最为脆弱的零部件。打印机正常工作时产生的振动就可能导致它们出现破损，尤其是当固定它们的时候拧得过紧的话。我推荐你可以从打印这些零部件开始，尝试着打印 4 个夹具作为备件使用。大部分夹具打印起来都很快

- 同步带压板：一些旧型号的打印机中使用的同步带压板很容易出现松动的现象。因此通常我们会将压板拧得稍紧一些，不过这也使压板更容易出现破损。如果你的压板经常由于拧得过紧而出现损坏，那么最好是多准备几套或者是找找看有没有改进版的压板可以替换

- 其他：我还会额外打印一些其他容易损坏的零部件备用。如果碰到某个零部件损坏的话，修好之后就可以多打印几个备用

采购备件

下面列出的是如果你希望保证打印机长期运行时需要进行采购的一些备件。同样，并不是所有的打印机中需要的备件都是这些，但是你可以从中挑选与你自己的打印机配套的一些备件。

- 风扇：前面介绍过，风扇很容易出现损耗。除非你的打印机使用的风扇品质相当好，不然你迟早要对它进行更换

- 同步带：同步带通常很少出现损耗。但是我推荐你准备一套全新的备用，防止现有的同步带怎么调整都没法正确校准的情况。通常一套同步带可以进行 100 或者更多个小时的打印而不用进行任何调节，之后可能同步带会突然出现无法调节和修复的故障，因此你需要准备好一套，在同步带开始需要经常调节（或者是断裂）的情况下进行更换

- 喷嘴：热端的喷嘴同样也是很多人需要购买的配件，这样当喷嘴被堵塞之后就可以及时进行更换。在前面我们介绍过，在后续内容中还会介绍到，即使是被严重堵塞的喷嘴也可以清洁干净。但是准备至少一个备用零部件[①]能够帮助你在碰到冷拉法解决不了的喷嘴堵塞的时候保证打印机的正常运行

- 步进电机：这也是一类很少出现损耗的备件。如果你希望储备一套完整的备件，那么步进电机应当是采购的目标之一。除非打印机上各个轴使用的步进电机规格不一致，通常你只需要一个备用的步进电机即可（通常情况是这样，但是我也见过一些打印机里的步进电机规格不一致）

- 限位开关：限位开关实际上就是简单的开关，因此使用寿命通常很长。但是如果限位开关被轴机构碰撞的话，那么也很容易受损。鉴于这种情况有可能会出现，我推荐你准备几个限位开关备用

---

① 一些资深的爱好者通常会储备各种不同尺寸的喷嘴。这样能够让你试验各种不同的打印参数组合，包括挤出速率、层高等。

- 电路板：消费级和专业级的打印机通常都会配备专用的控制电路板，同时价格也十分昂贵。如果你的打印机使用的是大众一点的解决方案（RAMPS、Rambo 等），并且需要经常使用打印机的话，那么最好还是采购一些备件以防宕机时间过长
- 打印基板：你需要考虑采购不同材质的打印基板进行轮替使用，比如当你需要清洁打印基板或者打印不同材质的丝材的时候

如果你不能直接从打印机的经销商那里采购到相应的备件，那么在购买的时候一定要注意确保相关的零部件能够在你的打印机上使用。如果有什么不确定的地方，一定要将新的零部件与打印机上原有的零部件进行对比。如果新的零部件有一些不同的话（比如品牌），那么我会先将新的零部件装在打印机上进行测试，在确定打印机能够兼容这个新零部件之后再将原先的零部件替换。

另一个需要考虑的因素则是备件的花费。一些备件可能十分昂贵，比如 MakerBot 打印机中的控制电路板，但是 RepRap 打印机中使用的控制电路板则相对比较廉价。你需要权衡各项备件的价格、重要性以及购买的便捷度来确定最终是否需要购买相应的备件。

介绍完了保证打印机长期使用所需的备件之后，接下来我们将会介绍一些常见和不常见的修复性维护操作。

固件怎么办？

此外还有一项预防性维护我们没有介绍——升级固件。有时候打印机制造商会定期放出新版本的固件，其中可能会修复某些打印质量问题或者提升打印机的性能表现。但是大部分厂家提供新固件的频率并不是很高。过去几年固件升级的频率要高得多，但是现在新固件推出的频率已经很低了。

通常将固件升级到最新版本是一个很好的做法，但是我个人只有在特别重要的固件升级出现的时候才会去变更固件。你可以查阅厂家的技术支持网页来寻找关于固件升级的更多细节，最好是详细地阅读升级说明文档之后再决定是否要升级。

如果你拥有的是 RepRap 打印机，那么使用什么版本的固件基本取决于你的喜好。但是挑选固件的原则是相同的：不要在没有任何需求的情况下去升级固件。如果你发现打印机的最新版本的固件能够提供某些你想要的功能，那么可以升级；否则的话最好是保持原样。比如当你发现固件里添加了自动调平功能的时候，就可以考虑升级了。

修复性维护

这一节里我们将会介绍一系列修复性维护措施（维修操作）来帮助你保证打印机的正常运行。我尝试过增强这一段内容的通用性，但是其中仍然有一部分例子仅适用于特定的打印机或者零部件。但是你可以将这些例子作为参考来总结出针对相似问题的修复方案。

> **■注意：** 在维修你的打印机时，一定要注意首先将它断电并断开它和计算机之间的连接。如果不是在诊断相关问题的话，在维修过程中并不需要电力就可以完成打印机的拆卸。

同时我还推荐你在进行维修之前先移除打印机上的操作面板、封闭面板、罩子、风扇或其他的配件，让你能够更好地接触打印机的各个零部件。如果设计允许的话你还可以考虑将打印基板也拆下来，尤其是当它采用玻璃或者其他容易被刮花或弄破的材质的情况下。你很可能会不小心将尖锐的工具或零部件掉落在打印基板上。即使是使用了廉价的表面处理材料的情况下，打印基板自身也可能会很脆弱。

> **■提示：** 在任何需要对打印机零部件进行操作的时候，一定要移除打印基板防止操作过程中掉落的工具或者零部件对它造成损伤。

在前面的章节里介绍过，你可以考虑将维修过程中需要用到的工具都准备齐，然后放在打印机旁边。同时尽量将打印机摆放在一个能够方便够到各个零部件的位置。我通常会用一个老式的打字机支架和一块放在上面的木板来充当工作台，这样不仅能够旋转打印机的方向，同时还能够自由移动打印机的位置方便我进行不同阶段的维修。

打字机支架是什么?

在几十年前，打字机就像是现在的笔记本计算机一样。当时有特殊设计的桌子能够将打字机收纳在特制的抽屉里，通常有从桌面上弹出和普通的抽屉两种形式。

有一些桌子还能够折叠起来，放在某些大办公桌底下。桌子腿上装着万向轮，能够进行锁定。支架通常是金属材质的，并且能够稳定支撑十分沉重的打字机。右面的图里就是一个十分常见的老式打字机支架。

这种打字机支架同样能够充当优秀的打印机支架。你可以在旧货店和在线拍卖网站里找到这样的支架。如果你不需要它的古董外观，可以考虑买一个锈得比较厉害的，然后自己重新打磨和喷漆。图片里的支架就是一个重新处理过的支架，看起来就跟全新的一样。

在这里介绍的维护性操作或者说维修操作的形式可能有很多种：从轴运动结构里移除障碍物、清洁堵塞的热端、替换磨损或破损的零部件，以及更换像是打印表面和过滤器这样的耗材等。接下来我们将会详细介绍如何进行这些修复性的操作。

疏通堵塞的喷嘴

有一次我在使用 3D 打印机时候，短时间内就遇见了各种不同的挤出故障，几乎没有办法正常地完成一个打印品。我们在前面的章节里介绍过可能导致挤出故障的各种原因。回忆一下其中与障碍物相关的原因：打印丝材无法离开喷嘴、打印丝材压力过高，或者喷嘴上堵塞了杂物等。在最后一种情况下，如果杂物的体积大于喷嘴开口的尺寸，那么就有可能完全堵塞喷嘴。而在这一节里我们将要介绍的就是如何解决这类问题。

如果你碰见了这样的问题，并且前面介绍过的冷拉法没有作用，那么你需要将喷嘴从打印机上拆卸下来进行彻底的清洗。清洗的方法有很多种。在这里我们介绍一种最为可靠的方法，但是在使用它的时候依然需要你集中注意力。

首先你需要一副隔热手套、拆卸喷嘴所需的工具、用于固定喷嘴的钳子或尖嘴钳、罐装空气、丁烷喷灯、用于放置喷嘴的金属三脚架或其他耐热支架、两个不同尺寸的钻头——一个与打印机的喷嘴开口尺寸相同、另一个与打印丝材室尺寸（直径为 1.75mm 或者 3mm）相同。清洁的步骤如下，后面将会详细地对每一步进行介绍。

1．拆卸喷嘴。

2．将喷灯放在工作台上，清理掉周围的可燃性液体或材料。

3．用钳子或者金属钳夹住喷嘴。

4．点燃喷灯将其调至中等温度。

5．将喷嘴放在喷灯的火焰中进行加热。注意加热时间不能超过几秒，避免烧毁喷嘴上的塑料零部件。

6．经过 10～20s 之后，将喷嘴从火焰上移开，然后用较大的钻头清洁打印丝材进口处熔化的丝材。持续用钻头进行清洁直到喷嘴完全冷却。

7．重新加热喷嘴并重复第 6 步，直到无法带出更多的丝材为止。

8．让喷嘴冷却，然后用小号的钻头清洁喷嘴的开口处。

9．接着重新加热喷嘴，然后用压缩空气从喷嘴开口处吹入，清洁残留的丝材碎屑。

10．如果喷嘴打印的是 ABS 材料，那么可以将喷嘴浸泡在丙酮里来彻底清除残留的丝材痕迹。

■**注意**：使用钻头的时候不能搭配使用电钻。我们只需要用钻头来清理塑料，而并不需要改变喷嘴的内部结构。钻头只是用来清理喷嘴里残留的丝材，而并不是移除金属材料的。在进行相关的操作之前最好找一个磨损严重的喷嘴进行适当的练习。

拆卸喷嘴的时候，需要你断开加热单元、温度传感器、电路之间的接线等。一些热端上没有配备可拆除的喷嘴（比如 Prusa 打印机上的喷嘴就是固定在挤出机上的），这样就需要你将整个热端拆下来。其他的喷嘴可能需要你将热端的结构拆开才能够接触到核心零部件，并且通常是一体式的。查询打印机的使用说明来确定热端的构造以及如何正确地拆除喷嘴。

将喷嘴放在火焰中进行加热时，注意前后移动喷嘴保证整体被均匀地加热。我习惯夹住喷嘴的底部，然后让喷灯的火焰主要加热喷嘴的上半部分。这样打印丝材熔化起来会很快。加热过程中喷嘴的开口位置可能会有少量的丝材漏出，这是正常现象。图 10-11 里展示了如何对喷嘴进行加热。

■**注意：** 在使用喷灯的时候最好戴上隔热手套。防护眼镜也是推荐的装备，同时最好在旁边准备好灭火器防止操作出现失误。[①]

接下来，使用和喷嘴里的丝材室尺寸相同的钻头去黏附喷嘴里熔化的丝材，然后将它们带出喷嘴。不要搭配电钻来进行这一步。这一步和冷拉法很类似，但是在这里我们使用的是冷却的钻头来移除熔化的丝材。图 10-12 里展示了尺寸合适的钻头以及应当如何使用它。你需要一只手使用钻头来移除打印丝材，同时另一只手继续用钳子夹住喷嘴。

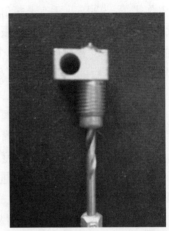

图 10-11　将喷嘴放在火焰中　　　图 10-12　如何使用合适尺寸的钻头来移除塑料

■**注意：** 在握持加热后的喷嘴时需要格外小心。喷嘴和固定喷嘴的工具此时的温度都十分高。同时注意这一步不能够使用电钻或其他驱动器，只能用手来操作钻头。

记住你需要用一只手来握住夹住了喷嘴的钳子，另一只手来操作钻头。移除了一定量的塑料之后，将喷嘴放在安全的隔热表面上（比如金属三脚架）来让钻头冷却，然后清除钻头上残留的塑料。之后重新加热喷嘴来移除更多的塑料，重复进行几次操作直到钻头上不会黏附塑料打印丝材为止。

■**注意：** 这里的目的是为了移除塑料，而不是改变喷嘴的内部构造。因此在钻头上用力的时候要轻，如果发现有金属碎屑，说明用力太大了。

当打印丝材室里没有残留塑料之后，就可以用小号的钻头来清洁喷嘴开口里的塑料。这一步需要你耐心地进行操作，并且需要挑选尺寸合适的钻头。注意钻头的尺寸一定不能超过喷嘴的开口尺寸。图 10-13 里是一个尺寸合适的钻头以及操作时的正确朝向。

注意在这里不能用太大的力。钻头本身就很细，因此很容易断裂。注意你需要清除喷嘴里的丝材，同时注意不能改变开口的尺寸（不过在喷嘴由于热端和打印基板的碰撞而出现形

---

① 比如一不小心点着了工作台的时候。

变的情况下你需要重新对它进行塑形）。如果你对这一步没有自信，不用担心，只需要用更小一号的钻头先尝试清除喷嘴里的塑料，然后再换回正确尺寸的钻头来进行收尾。

进行到这一步的时候，喷嘴上的杂物应当已经清理干净了。你需要将喷嘴对着光，观察开口处是否能够有光透过。如果不能的话，你需要重复用钻头去进行清理，直到喷嘴被疏通为止。

接着重新将喷嘴加热，这一次加热 20～30s 的时间，然后将喷嘴的进口朝向工作台（最好是水泥或金属的表面，或者是金属制的垃圾桶等）或者是其他能够承载熔化塑料的安全表面。接着用压缩空气朝着喷嘴的开口喷气，尽量让喷出的气流直接从开口进入（和挤出丝材时的方向相反）。这样能够移除剩下的较大的塑料碎屑，比如从钻头上掉落下来的碎片。

■**注意：** 吹气的方向一定要远离自己的身体，熔化的丝材可能会烧伤你的皮肤。

完成这一步之后，喷嘴应当被彻底疏通了。接下来可以用金属线刷清洁残留的小片塑料碎屑，然后就可以将喷嘴重新安装回热端。

如果你采用 ABS 丝材进行打印，或者是堵塞之前最后使用的丝材是 ABS 材质，那么可以考虑将喷嘴浸泡在丙酮里 1 个小时。这样能够彻底清除所有残留的塑料碎屑。图 10-14 里是浸泡在丙酮里的喷嘴，注意丙酮的使用量要能够彻底浸没喷嘴。同样丙酮需要放置在玻璃等能够耐丙酮腐蚀的容器里。

图 10-13　尺寸合适的钻头以及
清洁喷嘴开口的正确朝向

图 10-14　将喷嘴浸泡在丙酮里
（仅适用于 ABS 丝材）

效果很棒吧？如你所见，清洁的步骤并不复杂。如果你担心自己无法恰当地执行这些步骤，更换一个全新的喷嘴同样能够解决问题。更换喷嘴花费的预算通常要比更换整个热端少很多（前提是它能够单独拆卸下来），但是喷嘴的价格并不便宜。

我推荐你可以做两手准备，购买备用喷嘴的同时也可以尝试清洁被堵塞的喷嘴。如果不小心用钻头弄坏了喷嘴或出现了其他操作失误，就当是积累经验并且也不会影响打印机的正常运行。

■提示：在你熟练掌握清洁的方法之前，不要在唯一的喷嘴上进行尝试！

替换破损或者磨损的塑料零部件

如果你的打印机是采用打印制作的零部件组装起来的，那么在使用过程中某些零部件可能会破损或者磨损。对于 RepRap 打印机，管夹、同步带夹和限位开关支架是最容易出现破损的零部件。

有时候你可以直接对破损的零部件进行修复，比如对于 ABS 零部件你可以通过胶水直接进行修补。但是如果零部件由于过紧或者过松出现破损，并不一定能够通过修补进行修复。因为这样的破损可能是由于打印机自身的运动导致的。这时候修补并不是最佳的解决方案，最好是将破损零部件直接替换成新的零部件。如果零部件是由于压力出现破损，或者是破损无法修复的情况下，也需要及时进行更换。

■提示：你可以利用基于丙酮制作的胶水来修补 ABS 材质的零部件，而对于 PLA 材质的零部件同样能够用基于二氯甲烷制作的胶水进行修复。

当零部件磨损到不能再拧紧、出现振荡或者是不能正常发挥作用的时候，你需要及时进行更换。比如 Greg's Wade 铰接挤出机上的惰轮固定件（舱门）的锚点就会随着不断使用而被磨平。发生这个问题的时候，挤出机可能无法向打印丝材施加大小合适的压力，因此可能会导致打印无法正常进行。

如果你没有备用零部件，不过打印机暂时能够正常运行，或者能够通过胶水、扎线带或是胶带来暂时固定住破损零部件的话，[①]也许能够在这种情况下紧急打印一个新的备件出来。

替换相应零部件的过程则各不相同。根据零部件的位置以及框架结构的设计，你可能只需要拧下旧零部件然后换上新的就行。如果零部件是某个主要零部件的子零部件，那么你可能要花费更大的力气来进行拆卸和安装。比如当你需要更换 Prusa i2 打印机中的某个零部件时，可能需要拆除框架结构的一部分才能够到对应的零部件。

更换丝杆框架的零部件

使用丝杆的打印机经常会使用打印制作的零部件来连接各个零部件。比如 Prusa i2 打印机里用塑料零部件来连接丝杆的末端（中间也会使用少量的塑料零部件）。不幸的是，如果某个塑料零部件出现损坏的话，可能会花费你大量的时间来更换它。尤其是一些装在丝杆中央位置的零部件，比如同步带压板、Z 轴夹具、惰轮固定件和 Y 轴电机固定件等。

为了更换这些零部件或者框架上的零部件，首先你需要松开丝杆两端的固定螺母，让你能够将零部件从丝杆上取下来。比如在更换 Y 轴光杆的管夹时，你首先需要松开光杆上的全

---

① 虽然这么说，但是尽量不要在 3D 打印机上用胶带来打补丁！太恐怖了！

部螺母，然后将丝杆旋转取出（向左或者向右，根据距哪端更近决定）。下面的图片里展示的
是同步带夹的位置。向下的箭头所指的是需要拧松的螺丝，向上的箭头所指的是两个管夹的位置。

从图中可以看出，你需要移除的紧固件有很多，总共有 10 个螺母。但是你并不需要将它们全部取下来。只需要将它们拧松，就可以将丝杆从管夹上旋转取出。比如当你需要替换左管夹时，可以将丝杆朝右旋转取出。不过取出丝杆的过程会比较烦琐，因为你转丝杆的同时需要注意各个螺母的位置（你可以用少量的蓝色美纹纸胶带固定某些螺母），但是更换丝杆上的零部件只有这一种方法。

在更换磨损或者破损的零部件时，我会将替换下来的零部件保留着，这样当下一次同一个零部件出现故障的时候，通过对比就可以确定导致故障的原因是否相同。这不仅能够帮助你诊断出问题的来源，同样还能够从磨损的零部件里总结出规律。即如果你的挤出机齿轮经常出现磨损，那么可以试着观察各个齿轮之间的磨损情况是否存在近似之处来寻找导致磨损的来源，包括固定螺栓弯曲、固定得太紧或者是齿轮之间未对齐等原因。

在拆卸打印机来移除某些零部件的时候，注意整理并保存好各种不同的螺栓，尽量摆放在远离工具的位置，这样就能够减少你在工作时不小心将它们碰掉的概率。如果你发现螺栓的种类和长度各不相同，那么最好是用一个表格记录下各个螺栓的尺寸以及对应的安装位置。我在处理一些小型电器的时候发现这个方法很有效，比如拆解手机、平板计算机、笔记本计算机的时候。养成这个良好的习惯能够帮助你避免在组装时装错螺丝。

螺栓的长度很重要

一名专业的欧洲汽车维修技师曾经教导我养成在螺栓上标记它们的安装位置的习惯。这对于许多高端的跑车和摩托车，尤其是欧洲跑车来说十分重要。他向我和几个朋友展示了在一台发动机上弄错了几个螺栓的位置之后会发生什么。这里装的螺栓仅比原先的螺栓长了5mm。如果你没有发现这个错误，依然将螺栓装上去并拧紧的话，螺栓会从底部穿出，戳破一个很薄的发动机内壳，内壳会掉落在油底壳里。无需多言，这会导致发动机出现缓慢、烦人的漏油现象，同时主要问题还是那片漂浮在齿轮箱和活塞旁边的金属片，它很可能会导致十分严重的后果。

但是，仅仅更换零部件还远不能完成修复的目标。在更换零部件之前，你需要检查打印机的状况，看看是什么原因导致了零部件出现损坏或者磨损。了解导致损坏的原因能够帮助你在未来避免出现类似的状况。比如 Greg's Wade 铰接挤出机在丝材压力较大时就可能会更快出现磨损现象。因此将丝材上的压力降到能够维持正常挤出的最低水平能够让惰轮舱门的使用时间大大增长。

我同样会将修复过程记录在工程日志中，记录的结构与我们在第七章里介绍过的结构很类似。你需要记录下零部件的种类、材质，以及是否由于意外事件导致故障（比如轴机构发生碰撞），还有进行修复的时间等信息。如果能够对零部件进行拍照的话那就更好了，最好是将零部件装好和拆除之后的状况都进行拍照记录。在笔记本的最前面我会记录下每张照片拍摄的时间和内容，这样方便我后续进行查询。同时我还会用蓝色美纹纸胶带在笔记本上充当书签，用来标记针对各个零部件的记录位置。最后我会将自己发现的情况写成一个目录，这样方便我在未来发现相同故障的时候快速进行查询。

修复破损的 ABS 零部件

采用 ABS 材质打印零部件的优点之一是最终得到的零部件修复起来很方便。实际上你只需要使用丙酮就可以轻松地将两个 ABS 材质的零部件粘连在一起。将两个零部件浸泡到少量的丙酮里（浸润的厚度为 1~2mm）持续 15s，然后将需要粘连的面用力按压在一起，等到几分钟之后丙酮自然挥发，两个零部件就被牢牢地粘在了一起。根据接口尺寸的大小，你需要将零部件放置几个小时等待接口硬化。我通常习惯将零部件放置一晚上保证硬化完成。

当 ABS 零部件出现破损时，通常会影响零部件上的多个丝材层。导致这种情况的原因包括剪切力、压力过大、紧固件拧得过紧或者是掉落。图 10-15 里是一个 Prusa i3 打印机上的零部件。它原先是 Z 轴电机的固定件，由于剪切力的影响而出现了断裂。出现断裂的时候我正在拆卸 X 轴机构并且一不小心手滑了。注意观察零部件刚好在丝材层上发生了断裂，甚至还有一部分依然粘连在一起。

由于零部件上仍然有一部分粘连在一起，因此你不能将它浸泡在丙酮里。你可以用刷子在断裂面上涂抹适量的丙酮，但是丙酮可能会到处流动，并且使零部件的其他位置出现脱色。这时候你可以先在丙酮中溶解少量的 ABS 塑料，再将丙酮涂抹在零部件上，这时的丙酮就不容易流动了。但是通过涂抹丙酮修复的接口强度并不如浸泡黏合的接口强度好，由于这个零部件需要用来固定步进电机，因此我们需要让它尽可能保持原有的强度。

图 10-15　断裂的 ABS 零部件

不过幸运的是，你还有备用方法。你可以使用黏合 ABS 塑料管的 ABS 胶水。最常用的 ABS 管道胶水通常会带有颜色，比如紫色。这样能够帮助管道工直接观察到哪些部位是通过胶水固定在一起的。当然，你也可以买到透明的 ABS 管道胶水。图 10-16 里是一罐透明的 ABS 管道胶水，你可以在家用百货商店或者五金店里买到这样的产品。

使用 ABS 管道胶水的优点很多。首先胶水很黏稠，并且用美工刀或木质搅拌棒涂抹起来很简单。这种胶水的特性确保了涂抹之后不会像纯丙酮一样在物体的表面四处流动。其次，胶水干燥起来很快，比等待丙酮干燥所需要的时间要少得多。最后，胶水能够在零部件之间形成十分牢固的黏结。由于这些优点，我偏向于使用 ABS 管道胶水来修复 ABS 零部件或者组装多个 ABS 零部件。图 10-17 里是经过修复并重新安装之后的电机固定件。

图 10-16　透明的 ABS 管道胶水

图 10-17　修复后的 ABS 零部件

注意在图 10-17 中你可以很清晰地观察到胶水形成的连接。在修复这个零部件时我比较匆忙，因此最后没有处理零部件上的接缝。无论你采用丙酮还是 ABS 管道胶水对零部件进行修复，最后残留的接缝只需要用砂纸进行打磨或涂抹少量的丙酮就可以消除。这样能够让接缝变得不是那么明显。如果你希望保持打印机的美观，那么就需要注意进行这样的操作。

更换挤出机齿轮

通过打印的齿轮驱动的挤出机很容易出现磨损，因此需要定期检查齿轮的状态并及时更换。齿轮的材质对它的使用寿命有极大的影响。PLA 材质的齿轮通常能够支撑比 ABS 材质的齿轮更长的时间。

齿轮的磨损过程通常很慢，会在齿间慢慢地积累磨出的粉尘。粉尘本身并不是大问题（不过最好是隔段时间就及时清理掉），但是粉尘堆积的程度能够从侧面反映出齿轮的磨损状况。如果你发现了异常多的粉尘，那么最好是检查一下齿轮的磨损情况。

一种检查方法是将它与新齿轮进行对比。如果你发现齿轮上有齿已经被磨平或者出现断裂，那么需要及时更换。在前面的章节里也介绍过，如果齿轮之间的咬合出现了缝隙，那么也应当及时进行更换。图 10-18 里是一个齿轮驱动的挤出机的近视图。

图 10-18　Greg's Wade 铰接挤出机中的传动齿轮（Prusa i3 打印机）

■提示：如果你的打印机里使用的是 ABS 材质的齿轮，那么最好及时打印 PLA 材质的替换零部件。在我的使用经验里，PLA 齿轮更加耐损耗，并且不容易受到意外的损伤。同时你可以对它们进行轻微的润滑来减小齿轮间的摩擦力。

注意步进电机的固定螺栓（其中一个藏在大齿轮的背后）。这些螺栓都固定在一个椭圆形的支架上，通过调节螺栓，你能够调节步进电机轴和大齿轮轴之间的距离。这样就能够实现挤出机中齿轮配合的调节。其他的挤出机里可能也会提供类似的调节结构，尤其是那些 Greg's Wade 挤出机的衍生设计。

■备注：如果你准备替换打印机上原有的齿轮，那么注意数清楚不同齿轮上的具体齿数是多少。如果齿数发生了变化，那么齿轮组的齿轮比也会发生变化，因此会影响挤出机的正常工作流程。当然你也可以使用不同齿轮比的齿轮组，但是需要注意修改固件中对应的参数保证互相匹配。参照第五章里的内容来对固件中的齿轮比进行修改。

在一般的齿轮传动的挤出机中替换齿轮时，首先需要卸载打印丝材。这样能够让你更加自由地转动齿轮，只需考虑步进电机所带来的阻力即可。按照打印机使用说明里介绍的方法将丝材卸除，通常需要先加热热端，然后控制挤出机步进电机反向转动将丝材拉出。

卸载打印丝材之后，你就可以开始拧松固定齿轮的螺栓了。移除齿轮最简单的方法是先拆卸步进电机。实际上齿轮组中的小齿轮就固定在步进电机上。拆除步进电机之后，就可以很轻松地拧开步进电机上的紧定螺丝然后将小齿轮拆下来。接下来拧松固定大齿轮的螺母，就可以取下大齿轮了。安装新齿轮的步骤保持与拆卸的步骤相反即可。

如果你的挤出机能够调节步进电机的固定位置，那么注意安装完齿轮之后需要将步进电机调节至两个齿轮之间咬合良好的位置，即齿轮的齿和另一个齿轮的齿缝之间不能存在缝隙。要检查齿轮的咬合，只需要将齿轮朝着两个方向进行转动，观察齿轮组的运行情况即可。如果齿轮之间存在间隙的话，只需要将步进电机的固定位置朝着大齿轮的方向调节即可。

更换同步带

回忆之前我们介绍过打印机中使用的同步带上带有齿或者凹槽，这样能使驱动齿轮连续地带动同步带进行转动。如果同步带出现磨损或者断齿，那么同步带在运行时可能会打滑并导致轴移问题。如果你在检查打印机的时候发现同步带出现了磨损（或者断裂）的情况，那么应当及时进行更换。更换同步带的步骤根据所使用的同步带类型会有所不同。

一些打印机上会将同步带的末端固定在轴支架上，另一部分则采用封闭的同步带（这种同步带正常情况下不会有断开的部分）。大部分 RepRap 和近似的打印机都会采用两端固定的开放式同步带（比如 Prusa i3 打印机中的 X 轴同步带）。MakerBot 和其他商业打印机上则通常使用封闭同步带。一些打印机会使用不带压板的封闭同步带。你可以通过查阅打印机的使用说明或商家的网站来学习如何更换同步带。

■**备注**：同步带通常十分耐磨。根据打印机的使用频率不同，你也许能够使用很久而不需要更换同步带。但是你需要周期性地调节同步带上的张力，不过需要更换同步带的情况通常只出现在那些每个月使用几百个小时的打印机上。为了保证说明的全面性，接下来我们将会简单介绍如何更换同步带。[①]

更换开口同步带

开口同步带更换起来轻松一些。通常你只需要松开自动或手动的张紧器结构，拧松两端的固定螺母，然后将同步带取出即可。在安装新同步带时，只需要将它穿过驱动齿轮和惰轮，然后将一端固定住即可。在固定另一端之前，注意将同步带尽可能地拉紧。如果同步带上的松紧度不够，同时松紧调节装置位于最大设定位置的情况下，你应当先把同步带取下来，然后将松紧调节装置调至最小设定位置，再重新拉紧同步带并固定。

更换封闭同步带

封闭同步带替换起来要麻烦一些。这是由于你需要拆卸部分（或者全部）的轴机构才能够将同步带取下来。

如果轴机构能够直接在打印机上进行拆卸，那么过程也没有那么复杂；但是如果你需要将轴机构从打印机上完整地拆卸下来，那么需要做好长时间操作的准备。你需要准备好充足的时间并进行详细的记录（假设你的使用说明里没有介绍相关的步骤），这样能够帮助你重新组装好整个轴机构。

我将用 MakerBot 打印机中的封闭同步带作为例子来说明如何对同步带进行更换。其他的打印机中更换同步带的步骤都很类似。而由于各个打印机中轴机构的不同，你需要参考打印机的使用说明、线上技术支持文章或者社区里的经验介绍来确定更换打印机同步带的具体步骤。

X 轴同步带

图 10-19 里展示了 MakerBot Replicator 2/2X 打印机中的 X 轴封闭同步带。图片是从上方拍摄的。同时这里的同步带结构配置与 MakerBot Replicator 1 和 Dual 打印机中相同。

图 10-19 中箭头所指的就是同步带的位置。注意同步带和 X 轴是平行的。图片右侧是 X 轴的步进电机，左侧则是惰轮。步进电机被安装在侧壁上的开槽孔里，并且能够调节同步带的松紧。虽然调节的幅度并不大，只有 4mm，不过应付一般程度的磨损足够了。

要调节同步带松紧时，只需要松开步进电机的固定螺栓，将电机朝右移动（按照前方视角来说），然后重新拧紧螺栓即可。这个过程可能需要经过几次练习才能够熟练。我发现在进行这项操作的时候，你可以站在打印机的右侧，用左手将打印机朝向你推，然后用右手来拧紧第一个固定螺栓。固定了第一个螺栓之后，你就可以腾出手来将所有的螺栓都固定在步进电机上。

---

① 这是由于有一次当我想要更换同步带的时候，在使用说明上却根本找不到相关的内容。

Y 轴同步带

一些打印机会在某些轴上使用多条同步带。比如 MakerBot Replicator 1、2 和 2X 就在 Y 轴上使用了 3 条同步带；打印机的两侧各有一根同步带，还有一根较小的同步带位于打印机的右后侧。Ultimaker 打印机的 X 轴和 Y 轴上都采用了类似的配置。

在 MakerBot Replicator 1 上，较小的那根同步带连接在步进电机上，它直接驱动打印机后侧的一根中间轴，轴的两侧通过惰轮使两侧的同步带按照相同方向转动。在打印机的前方还有另外一根中间轴。图 10-20 里展示了 MakerBot Replicator Dual 中左侧的 Y 轴同步带。

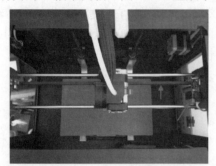

图 10-19　X 轴同步带
（MakerBot Replicator 2/2X）

图 10-20　左侧的 Y 轴同步带
（MakerBot Replicator Dual）

图 10-20 里箭头所指的是同步带的位置。注意图片左侧的中间轴。这是打印机前方的中间轴，图中并没有展示打印机后方连接了惰轮的中间轴。

图 10-21 里展示了 MakerBot Replicator Dual 打印机中右侧的 Y 轴同步带。

注意图 10-21 中同样用箭头标注了同步带的位置。仔细观察图片上方的中央位置，你会看到一个金属环。这就是一个同步带张紧器，许多 MakerBot Replicator 打印机和早期的 3D 打印机设计中都采用了相同的装置。新型号中不再配备同步带张紧器。图片左侧的箭头指示的是驱动 Y 轴的步进电机。

你可以在图 10-22 中看到关于驱动同步带的更多细节。

图 10-21　右侧的 Y 轴同步带
（MakerBot Replicator Dual）

图 10-22　Y 轴传动同步带
（MakerBot Replicator Dual）

注意图 10-22 中步进电机被安装在打印机的侧面上。4 个固定螺栓的通孔上都开了槽，这样就能够调节驱动同步带的松紧。同样这种设计使你能够轻松地拆卸步进电机，然后松开封闭同步带的一侧。图 10-23 里展示了打印机的外侧以及步进电机上的 4 个固定螺栓。

步进电机的固定件在 MakerBot Replicator 2/2X 里进行了一定的修改。步进电机不再是直接固定在打印机的框架上，而是固定在一个支架上，然后再将支架固定在打印机的后侧框架上。图 10-24 里展示了 MakerBot Replicator 2/2X 打印机上的 Y 轴步进电机的固定方式。

图 10-23　Y 轴驱动同步带的调整结构
（MakerBot Replicator Dual）

图 10-24　Y 轴驱动同步带的调整结构
（MakerBot Replicator 2/2X）

这种结构依然允许你轻松地调节同步带的松紧，并且只需要拧松两个螺栓而不是 4 个螺栓。

如果你认为这个例子过于复杂，那么你的想法是正确的。这也许是你可能会碰到的最复杂的轴同步带传动结构。我曾经碰到过少量的打印机上使用了 4 根同步带，但概念是相同的——通过中间轴来将步进电机固定在一个比较远的位置，或者是像 MakerBot 一样放在轴的下方。

要更换 MakerBot Replicator 1 打印机里的 Y 轴后同步带，首先你需要松开或者拆除 Y 轴步进电机，然后将 X 轴滑架两侧的同步带取下。只需要将同步带朝着你的方向拉出来即可。两侧各有一个夹子固定住了同步带。接下来你需要拆除中间轴，首先松开各个轴的惰轮上的紧定螺丝，然后移除轴两侧的盖子，接着将轴滑出打印机。注意在滑动中间轴的过程中要接住惰轮，一旦中间轴移除之后它们会直接向下掉落。接下来就可以移除同步带了。虽然看上去很轻松，但是这个过程并不简单，并且需要你进行大量的操作。图 10-25 里展示了中间轴在打印机前方的位置。在打印机后方对应的位置上应当同样有一个盖子，松开紧固件和盖子之后，你可以从这两个通孔的位置将中间轴滑出打印机。

在 MakerBot Replicator 2/2X 中相应的步骤则有些

图 10-25　Y 轴机构的中间轴
（MakerBot Replicator 1）

轻微的不同。这些打印机里使用了一根中间轴，位于打印机的前方。后方依然安装了惰轮，但是它们分别安装在嵌入打印机里的一根单独的轴上。图 10-26 里展示的是 Y 轴上的右侧惰轮，左侧对应的位置还有另一个惰轮。

要拆除惰轮，你可以用一个非金属工具插进惰轮后方的缝隙里，小心地用力将它撬出来。只需要稍微用点力就可以轻松地将惰轮撬出来。

相似地，打印机前方的中间轴也可以用相同的方式拆除。图 10-27 里展示的是中间轴的固定方式。

图 10-26　Y 轴惰轮
（MakerBot Replicator 2/2X）

图 10-27　Y 轴机构的中间轴
（MakerBot Replicator 2/2X）

拆除惰轮和中间轴之后，你就可以更换同步带，然后按照相反的顺序重新组装打印机了。

同步带张紧器

更换同步带的最后一步是调节正确的松紧度。如果你的打印机上配备了自动或者可调节的张紧器，那么注意在调节安装同步带的松紧时将调节装置调到最松的设定位置。比如 Prusa i3 打印机上就配备了一个通过螺栓来调节 Y 轴同步带松紧的张紧器。

当你更换同步带的时候，你需要将螺栓完全拧松，然后将新安装的同步带尽可能地拉紧，最后再用张紧器来设定合适的松紧度。回忆一下合适松紧的同步带应当能够保证同步带不会从驱动轮上掉落，同时在同步带的中央位置应当有大概 1.5cm 的晃动。

修复 MakerBot Replicator 2/2X 的线缆

MakerBot Replicator 2 和 2X 上的 X 轴步进电机和限位开关的接线都很容易损坏，因为固定的方式很容易在接线上产生受力点。一些人曾经反馈过在使用 100 个小时之后就遇到了接线断裂的问题，不过绝大多数人的反馈都是在 250 个小时左右开始发现相关的故障。

幸运的是，这个问题能够轻松地进行修复，并且修复方式也有很多种。MakerBot 网站上介绍了拆除原来的固定销，然后用扎线带重新固定导线来消除受力点的修复方法。

我更喜欢另一个由 Home Zillions 提供的方法，用一块铝板替换固定销。下面的图片里展示了 MakerBot Replicator 2 里替换之后的铝板。

完成改装之后，接线能够更加自由地移动。图片里的下半部分是改装完成之后的 X 轴步进电机（版权归 Home Zillions 所有）。在网上不定期有这样的零部件出售，你需要搜索"用于 MakerBot 的 X 轴步进电机挡板"。

挡板的安装过程十分简单，只需要拧掉一个螺丝就可以将固定销拆卸下来。接着只需要将挡板放上去，然后用一并提供的稍长一点的螺丝固定住即可。如果你拥有 MakerBot Replicator2/2X 打印机，那么记住优先进行这项改进工作。

轴承、衬套和杆

轴承和衬套通常是金属材质的，[①]并且使用寿命很长。3D 打印机中通常会用到多种轴承和衬套。轴承通常是套在轴上的，并且内部设计让它能够自由旋转。衬套则通常是实心零部件，同样也是套在杆子或者滑轨上的。图 10-28 里展示了好几个打印机中可能会用到的轴承和衬套，此外还可能会用到类似设计的塑料轴承和衬套。

图 10-28　轴承和衬套

这些轴承的尺寸各不相同，包括内径、外径和长度（垂直于轴向或者内径方向的长度）。对于环形轴承，宽度代表的就是外径；对于线性轴承和衬套，宽度代表的是长度。表 10-1 里列出了图 10-28 中的各个轴承的相关参数。注意 F 是一个注油黄铜衬套。

表 10-1　　　　　　　　　　　一些 3D 打印机中常见的轴承

物体编号	种类	内径	外径	长度	是否密封
A	623ZZ	3mm	10mm	4mm	是
B	624ZZ	4mm	13mm	5mm	是
C	625ZZ	5mm	16mm	5mm	是
D	608ZZ	7mm	22mm	17mm	是
E	LM9UU	8mm	15mm	24mm	是
F	普通衬套	8mm	17mm	15mm	否

■备注：一些商家会用宽度来表示外径，用厚度来表示长度。

———————————

① 一些人曾经尝试过用 PLA 丝材来打印轴承和衬套。

更换轴承和衬套

　　你的打印机里的轴承通常质量都很好，并且能够很好地应付日常的打印需求。比如 RepRap 打印机里使用的最常见的环形密封轴承（比如 608ZZ）也被用于滑板上。很明显滑板上所承受的重量比 3D 打印机工作时承受的重量要大得多。除非你碰见了带有缺陷的轴承，或者是轴承缺乏润滑的情况，否则通常并不需要对轴承进行更换。但是，如果你的打印机开始出现"吱吱""咔哒"或者其他金属碰撞的噪声，那么表示可能有轴承出现了故障。

　　更换轴承或者衬套的步骤比较复杂。你需要将打印机的轴机构完全拆卸开才能够将轴承取下来，而这可能还需要你先拆卸打印机的外部面板。根据打印机框架结构的不同，你也许还需要将打印机的轴机构从打印机上拆卸下来才能够完全地拆解开。不过有时候可能步骤会简单许多，只需要拆卸少量的零部件就可以取下轴承了。

更换光杆

　　打印机里的光杆同样应当采用质量优良的金属制作而成。一些廉价套件里可能会用较软的金属来制作光杆（比如铝或者软钢），因此不适合长期使用。这些光杆会随着使用逐渐磨损，并且最终可能会导致故障。不过也有可能一开始光杆的表面就不够平整（光杆需要严格保持直径一致）。最优秀的光杆需要采用不锈钢这样的高质量材料进行制作。因此只要你使用的光杆不是那么廉价，通常不会碰上需要更换的问题。

　　如果你在光杆上发现了凹槽、划痕或者其他表面损伤问题，那么你需要测试这些损伤是否会导致粘滞现象或者改变光杆的直径。判断的一种方法是找一个合适尺寸的轴承或者衬套，然后将它套在光杆上滑动，如果滑动过程中出现粘滞或者感觉特别松的话（少量的缝隙是正常情况，但是轴承需要保持稳定不能出现振动），那么就需要更换光杆。如果碰见这样的问题，我推荐你更换一组质量更好的光杆以及轴承、衬套配件。如果轴承和光杆上都出现了严重的磨损，那么打印质量可能会受到严重影响。

　　更换光杆的过程与更换受影响的轴上的轴承的过程很相似，即你可能需要拆除一部分的框架，然后将轴机构完整地拆卸出来才能够对光杆进行更换。比如当你希望更换 Prusa i2 和 i3 打印机上 Z 轴的光杆时，这些光杆的固定件很容易就能拆下来；但是 X 轴上光杆充当了传动结构的一部分，因此你需要将整个轴从打印机上拆下来或者暂停 X 轴的运动才能够对 Z 轴的光杆进行更换。同时在进行更换的时候需要注意一次更换一边的光杆。

　　■**备注**：如果你更换了任何轴上的轴承或者光杆，最好在完成之后重新对轴进行校准，不仅需要对轴进行精密的调整，可能还需要重新对打印床进行调平。

更换过滤器

　　在 3D 打印机上通常有 3 处需要用到过滤器：1）在封闭结构里进行排烟；2）引入气流

用于冷却电路；3）移除打印丝材进入挤出机时携带的灰尘和杂物。我们会详细介绍如何更换这 3 处的过滤器。同时你需要查阅使用说明来确定具体的方法和步骤。

排烟过滤器通常会在过滤器打印丝材内部填充木炭，或者用木炭板包住过滤器打印丝材。这类过滤器通常能够使用很长时间，[①]并且一般不需要更换。但是如果你发现烟雾变得很浓，或者是闻到了之前没有闻到过的异味时，那么可以考虑更换排烟过滤器来看看情况是否得到改善。

电路板上使用的过滤器通常是海绵或者编织打印丝材质，主要是为了吸附灰尘。它们通常装在风扇的进风口上。发现过滤器上堆积了大量灰尘之后，就应当考虑更换过滤器了。你也可以将过滤器拆下来，然后用吸尘器对它进行清洁。一部分过滤器也可以通过水洗进行清洁。你需要咨询经销商来确定过滤器是否能够水洗。

有时候会在打印机的丝材上包裹一个装置来清洁灰尘和杂物，这在严格意义上并不算是过滤器。这些清洁器（有时候被叫成过滤器）可以采用多种材质进行制作。当打印丝材经过海绵的时候，清洁器可能会由于摩擦力而出现损伤。不过通常情况下海绵只会变脏，并且由于它的表面积较小，因此需要更经常地进行更换。图 10-29 里是一个替换下来的清洁器的内部状况。清洁器里的海绵只用了 30 个小时。

图 10-29　使用过的丝材清洁海绵

这个丝材清洁器采用清洁海绵装在一个打印的柱状外壳里制成。海绵需要先沿着径向切开一半，然后包裹在丝材上，接着塞进外壳里。我喜欢使用这种设计是因为它几乎适用于任何打印机。

注意，图 10-29 里的海绵里同样有少量的杂物，主要是吸附的灰尘和其他小颗粒杂物。如果没有这个清洁器的话，那么这些灰尘和杂物将会进入热端当中。海绵上吸附的任何一个杂物颗粒都可能会导致挤出故障。因此这些杂物也是清洁器有效的证明。[②]如果你还没有在打印机上配备一个的话，我推荐你尽快尝试打印一个。

---

① 我的一台经常使用的排烟装置在购买的时候就赠送了一个备用的过滤器，但是用到现在我依然不需要更换它。

② 我曾经读到过一些评论说丝材清洁器根本没有作用。但是这里证明了它们绝不是毫无作用。

如果你的打印机已经配备了丝材清洁器，我推荐你每使用 10 个小时就检查一下它的状态，并且在每次更换打印丝材或者使用 25 个小时之后进行更换。

总　　结

维护 3D 打印机并不是一项十分困难的任务。它并不需要你更换任何液体、垫圈或者其他内部零部件，不像柴油发动机那样烦人。[①]只要你注意观察在这一章和上一章里介绍的可能由零部件磨损导致的症状并且及时进行维护，那么一定能够保证打印机处于良好的工作状态。

这一章主要介绍了与 3D 打印机相关的预防性和修复性维护操作。预防性维护是那些用来防止零部件磨损并最终故障的维护操作，通常包括保持打印机清洁、金属零部件的润滑以及整体的调节正确等操作。修复性维护则是在打印机出现故障的时候对相关的零部件进行修复。修复性维护通常包括对磨损或破损的零部件进行更换。

我推荐你在长期使用打印机之前仔细阅读这一章和上一章的内容。如果你已经使用打印机超过 25 个小时，花点儿时间来仔细阅读这些内容能够帮助你更好地进行打印机的检查、调整和修复。

下一章将会介绍我最喜欢对 3D 打印机进行的操作：通过升级来提升 3D 打印机的稳定性和打印质量。我将会介绍一系列实用的升级选项，以及一些我推荐的必备零部件。我将会按照必要性来对升级选项进行排列，同时还会按照使用的打印机种类进行分类。

---

① 我的一个机械师朋友曾经将某个品牌的柴油发动机描述为"由魔鬼设计的"，因为它所需的维护操作十分困难，维护频率也很高，同时花费也相当昂贵。

第十一章

3D 打印机的升级和改进

对于 3D 打印机，你可以通过多种方式来对它进行升级。你可以通过升级来提升打印质量、改进实用性和易维护性，或者是仅仅添加一些新功能，例如改进垂直方向上丝材层的对齐（从而使物体的侧面更加平滑）、添加一个液晶屏来实现无计算机打印，或者添加自动调平（调高）和调平探头功能。

在你开始进行升级之前，你需要对打印机进行全面的校准操作，相关内容在第四章中已经介绍过。我必须要再次强调这一点，你需要在对打印机进行任何改动之前完成完整的校准。这是因为虽然有些升级项目能够提升打印质量（或者是解决某些问题），但是大部分升级项对打印机的校准问题毫无帮助，甚至还可能使相关的状况进一步恶化。

■提示：在开始提升打印质量相关的升级之前一定要记住完成一次全面的校准，否则升级可能会给你带来令人沮丧的结果。

枯燥的训诫就到此为止，升级 3D 打印机是一件很令人兴奋的事！实际上这也是我最喜欢 3D 打印机的一点，我可以一直去寻找更好更新的固定件、支架或者传动结构来提升 3D 打印机的性能表现。

而最适合升级的平台要算是各种 RepRap 打印机的衍生型号了。大部分套件里提供的都是原始、基础的打印机，通常除了打印之外并不会提供其他过多的功能。一般在套件里你可能见不到像风扇、照明或者 Z 轴高度微调器这样简单的升级配件。虽然有些商家在销售套件的时候会提供这些升级选项，但它们并不是包括在套件内容中的一部分。

对于 3D 打印机的升级通常可以分为 3 类：添加一些次要功能的配件；改进现有的零部件来提升打印质量；添加全新的配件来提升打印质量、实用性、易维护性和可靠性。

在这一章里，我们将会分别介绍这 3 类升级，以及一些大部分打印机之间通用的功能，并且介绍几个针对特定打印机的升级实例。如果你拥有或者准备购买这些打印机的其中之一，这一章将会成为你将打印机性能提升到一个新高度的指南针。

有些时候，对打印机进行的升级也能够大大提升它的使用寿命。比如我曾经购买过一台二手的 MakerBot Replicator 1 Dual 打印机，之前的拥有者对它进行了不少升级。而它和一台全新的（并且是新型号的）MakerBot Replicator 2X 打印机使用起来几乎没有什么差别，同时打印机本身和升级配件所花费的预算不到新型号打印机的一半，这多棒啊！我相信只要有缜密的计划和节俭的精神，你也能够完成这样的壮举。

升级的类别

我习惯将对打印机进行的升级根据它们的功能和目标来分类，而类别也可以体现出它们的重要性和对你的价值（从升级中你能够得到什么）。

对于打印质量、实用性以及易维护性影响最小的升级包括对打印机的外观和次要功能进行的升级，我通常将这一类称为"装饰配件"，虽然它们通常都具备一定的实用性，但是大部分只是为了展示而已。下一类升级则能够带来一些更加实用的功能，因为它们的设计目的是为了直接或者间接地提升打印质量。我将这类升级称为"性能升级"。最后一类升级通常会给打印机带来全新的功能，同时显著地提升实用性、易维护性或者可靠性，我通常将它们称为"功能升级"。

装饰配件

装饰配件（Farkle①）通常给打印机带来的是崭新的外观或实用的小配件，它通常对于原有的功能并不关键，并且带来的视觉效果上的变化通常比对于功能的提升要更加明显。比如在摩托车的车头上装上 GPS 设备、指南针、几个杯架以及大量的 LED 灯条就是"装饰配件"，因此它们偶尔会显得比较多余。但是一些装饰配件却能够给你带来意想不到的效果。

外观美化

装饰配件升级中最常见的选项就是对打印机的框架和外壳进行美化。一些爱好者，尤其是那些采用木质框架打印机的爱好者，会在框架上喷漆或者是画上纹理来装饰一下打印机。这样的升级通常只会影响打印机的外观，并不会对打印机的功能带来任何的影响。不过需要说明的是对木质框架进行喷漆有时候能够降低环境湿度对它的稳定性的影响。

实际上，我就曾经对一台 Prusa Mendel i2 打印机的框架（丝杆）进行过喷漆。我将所有的丝杆都喷成了黑色，然后再配上黑色的塑料框架零部件。最后打印机的外观看上去很不错，但是对于打印性能确实是没有丝毫的影响。

---

① 虽然我很不喜欢混成词，但是唯独这个单词我无法割舍（Function"功能"和 Sparkle"装饰"的混合词）。

■ **注意**：如果你决定要对打印机的木质框架喷漆、涂画或添加装饰性的外包装，那么注意在挑选材料的时候避免那些会导致木头形变、破损或发霉的材料。木质零部件的变化可能会导致重新校准都无法修复的对齐问题。我曾经尝试过对一个用薄木板做成的小盒子进行喷漆，等到喷漆干燥之后却发现盖子再也没法严丝合缝地盖上去了。为什么呢？因为木板受到喷漆的影响出现了细微的形变。框架零部件上如果出现形变的话可能带来十分严重的后果。

同时，一些 3D 打印机经销商会将打印机的颜色也作为出厂选择的一部分，或者是提供一系列不同配色的面板供你挑选。这也都算是升级选项的一种。在后面的内容中，你可以自己尝试用彩色的面板去替换 MakerBot Replicator 2/2X 上的原始面板，最终得到绿色、黄色、红色、蓝色等不同颜色的打印机。

LED 照明

在我的一些 RepRap 打印机上，我都加装了 LED 灯环。我这样做的原因是它们被摆放在办公室或者工作间里的一些照明比较差的位置。LED 照明可以让我更好地观察打印状况，以及底层丝材在打印表面上的黏附状况。虽然 LED 灯环有时候有一定的实用性，但是大部分时候都只是外观配件，因为在打印过程中你不需要一直点亮它。打印机自己并不需要照明来确定该往哪儿走！图 11-1 里是一个 LED 灯环。

图 11-1 展示的可能不是很清楚，其实我加装的灯环亮度很高。图 11-2 则是在较暗环境下 LED 灯环的工作状况。

图 11-1 Prusa i2 打印机上的 LED 灯环

图 11-2 Prusa i2 打印机上的 LED 灯环（较暗环境下）

要不要美化？

是否要对打印机进行美化？这完全取决于你自己。如果你认为 3D 打印机代表的仅仅是普通、智慧的机器，那么你可能不会想着要对它的外观进行过多的美化。但是，如果你希望看见的不仅仅是拼装在一起的机械零部件，那么你的内心深处肯定有着对它进行美化的冲动。

这些升级都很有趣并且实用，但是大多数人还是希望花精力在打印机的打印质量和使用体验上。

性能升级

用来提升打印机性能的升级通常是爱好者最关注的，同时也是选择余地最宽泛的。你也许认为这些升级配件只和最终的打印质量有关，但是实际上远不止如此。在这个类别里还包括那些提升打印机的质量和使用体验的升级选项。换句话说，它不仅影响打印机的打印质量，还影响打印机的工作方式以及你的使用方式，甚至可以简化你的使用过程。

打印丝材管理系统

打印丝材管理是 Thingiverse 上种类最多的升级配件类别，并且有趣的设计也很多。那么打印丝材管理究竟是什么？回忆一下我们前面在介绍使用 3D 打印机的时候，提到过一个潜在的问题就是需要确保打印丝材能够流畅地装载到挤出机里，这样挤出机就不用花大力气从打印丝材卷上拉扯打印丝材了，从而避免打印丝材卷转动可能导致的压力变化而引发挤出不足或者是挤出不均现象。在极端情况下，它甚至可以导致挤出机出现轻微的位移，从而导致层高不一致。

图 11-3　Prusa Mendal i2 上的丝材管理系统

因此我们需要一个能够让打印丝材卷不需要很大摩擦力就可以自由转动（摩擦力只需要防止打印丝材卷散开即可），并且带有引导结构保证打印丝材不会缠在打印机的其他零部件上的装置。图 11-3 里展示的就是我用在全部 Prusa Mendal i2 和其他类似结构的打印机上的丝材管理系统。

注意打印丝材卷被固定在挤出机的上方，并且在打印机的后侧。固定件由 5 根丝杆、一些 Y 轴管夹以及一些其他的零部件组成。同时我还使用了一个引导装置保证打印丝材在从打印丝材卷上扯出时和打印机的中央位置对齐。打印丝材卷通过两个锥体固定在 608ZZ 轴承上。最棒的是，这个装置是我自己从 Thingiverse 上发现的各种配件组合设计而成的。

如果你正想着"我的打印机正需要一个这样的装置！"这是对的，这样的想法和态度能够帮助你将打印机的性能发挥到极致。我很享受寻找各种不同的设计并将它们打印出来的过程，尤其是当它们能够帮助我改进打印机的时候。你也可以这样来慢慢升级打印机，只需要在网上搜索"<打印机品牌>打印丝材使用指南"或者是"<打印机品牌>丝材卷支架"，里面填上你自己的打印机型号（比如 Prusa i3），就可以得到许多实用的升级思路。你也许能够从中获得灵感，像我一样自己组装一个实用的装置！

这个升级配件中所用到的全部零部件都是在 Thingiverse 上找到的现成设计。同时在

Thingiverse 上有一些相似的解决方案,实际上其中有一个零部件采用的就是一个相似的设计。表 11-1 列出了这个装置里用到的全部零部件。

表 11-1   Prusa i2 打印丝材管理系统

零部件	数量	来源
300mm 或者更长的丝杆(8mm 直径)	5	五金店、家用百货、备件
与丝杆配套的螺母(8mm 直径)	12~16	五金店、家用百货、备件
用于固定管夹的螺栓(M3-25)	4	五金店、家用百货、备件
用于固定管夹的螺母(M3)	4	五金店、家用百货、备件
608ZZ 轴承	4	3D 打印配件供货商或在线购买
丝材卷支架锥体	2	Thingiverse 网站,设计 21850
拧紧式 Y 轴管夹	4	Thingiverse 网站,设计 35678
万向管夹支架	4 套	Thingiverse 网站,设计 30328
丝材卷支架杆固定件	2	Thingiverse 网站,设计 67271
宽打印丝材引导件	1	Thingiverse 网站,设计 62386

出于简捷性考虑,我不再详细介绍装置的组装过程,但是其实并不复杂。你只需要参照图 11-3 里的装置例子,然后仔细阅读表 11-1 里的各个打印零部件相关的使用说明就可以轻松地完成组装过程。整个升级过程中花费时间最长的应该算是打印支架锥体了。

隔热可加热打印床

另一个常见的性能升级是对可加热打印床进行隔热处理。这有时能够修复一些电源功率过小或者是出现其他电源故障的打印机中可加热打印床无法保持恒定温度的故障。这类故障通常表现为打印床在工作过程中出现温度变化(可能由自身或环境因素导致),而这可能会导致某些打印质量问题。对可加热打印床进行隔热处理能够帮助打印机减少预热所需的时间。这类问题通常是由于可加热打印床中的加热单元效率赶不上环境的冷却速度导致的。

可加热打印床的隔热处理可以通过多种方法进行。一些爱好者会使用像是瓦楞纸、玻璃打印丝材或海绵这样的材料来进行隔热处理。而我经过试验之后发现一种有效的材料来自于汽车行业,叫作隔热布,如图 11-4 所示。

它通常被用来包裹住汽车的排气管(发动机中通过一系列舱室将废气排除的部分被称为排气歧管)。这种材料的一面是金属箔,另一面则是隔热材料,通过编织让材料具有较高的强度。你可以在 thermotec 官网上查阅这种材料的更多信息。

注意图中我剪掉了隔热布的一角,实际上 4 个角都被我剪掉了。这是为了方便将隔热布装在打印床的下方而不影响打印床的 4 个调高螺栓。你可能同样需要对隔热布进行修剪来避开打印床的调节螺栓或固定件。图 11-5 里是一块为 Prusa i3 进行了修剪的隔热布。

图 11-4　隔热布

图 11-5　用于可加热打印床的隔热布（Prusa i3）

如果你的打印基板是可拆卸的，那么你可以按照它来剪切隔热布的形状。要固定隔热布，只需要先将打印床拆下来，然后将隔热布金属箔的那面朝向 Y 轴面板。接着将打印床压在隔热布上，最后将打印基板固定在打印床顶部即可。图 11-6 里展示了 Prusa Mendel i2 打印机上固定好的一块隔热布。

此外还有许多升级配件能够帮助你提升打印质量或者是打印机的质量和使用体验。在你获得了理想的打印质量之后，就可以开始考虑在打印机上添加一些新功能了。

图 11-6　隔热处理后的可加热打印床（Prusa Mendel i2）

功能升级

最后一类升级通常包括那些能够给你的打印机提供新功能或特性的升级选项。和装饰配件不同，装饰配件带来的功能通常并不关键（但是很实用），而功能升级能够直接提升打印机的性能或者是拓展打印机的能力。

比如在打印机上添加摄像头能够让你远程监控打印过程或者是将打印过程记录下来做成小视频，甚至还可以在网络上实时直播。很明显这是一项能够提升打印机的娱乐价值和实用性的功能，因为你可以将它放在其他的房间里，然后从客厅监控打印进行得怎么样了。

在前一章里我们介绍过，3D 打印机的功能清单很长，而通常打印机并不具备全部的功能。你可以根据自己的需要给打印机添加一些功能。比如你的打印机还没有配备液晶屏，那么自己添加一个液晶屏就可以让你在没有计算机的情况下也可以使用打印机。相似地，如果你的打印机没有配备 Z 轴高度微调器，那么你可以自己添加一个来简化校准的过程。接下来我将会介绍一系列十分实用的功能。

液晶屏

我组装和使用的第一台 3D 打印机并没有配备任何的显示功能。当然电路板上有几个 LED 指示灯，我还自己添加了一个小蜂鸣器，不过这就是全部了。当时我也想过添加一个反馈显示系统，并在网上找了几个用七段数码管来显示轴位置和电源电压的实例，不过它所需要的工作量实在太大了。

同时反馈系统的用途并不是很大，因为一般你需要连接计算机来进行打印，而大部分打印机控制软件都可以显示目前的轴位置、温度等信息。即使是添加了 SD 卡读卡器之后，我仍然需要通过打印机控制软件从 SD 卡上读取文件进行打印。

显示面板不仅能够用来显示打印机的状态信息，实际上，现在大部分显示面板都采用液晶屏，也叫 LCD 面板。这些面板通过固件进行控制，能够在显示反馈信息的同时用作控制打印机的载体，实现包括复位轴、设定热端温度、启动风扇，甚至开始打印 SD 卡上的文件等操作。图 11-7 里展示的是安装在 Prusa Mendel i2 打印机上的液晶屏。

图 11-7 里的面板是一个典型的点阵液晶屏，能够显示 4 行、每行 20 个字符（通称为 4×20 点阵字符液晶屏）。注意图中的一些特殊字符看上去跟图像一样，但这些仅仅是由固件定义的简单字符。液晶屏有很大一部分都只能够显示字符。

当然还有图形液晶屏让你能够更加自由地控制它的显示内容。[①]图形液晶屏的选择余地相对来说要小很多，并且通常价格也会更加昂贵。检测固件里的相关内容或咨询经销商来确定如何加装图形液晶屏。图 11-8 里展示了一个装在 Prusa i3 上的图形液晶屏。

图 11-7 液晶屏（Prusa Mendel i2）

图 11-8 图形液晶屏（Prusa i3）

从图中可以看出，液晶屏上最多支持同时显示 3 个挤出机、1 个可加热打印床和 1 个风扇的实时状态。同时屏幕中还显示了轴的位置和 SD 卡的状态（储存容量使用的百分比）。

如果你的打印机没有配备液晶屏，首先你可以咨询经销商是否提供相关的附加套件。比如 Printrbot 就为打印机产品线提供了独立的液晶屏附加套件。套件里包括液晶屏、接线和支架，如图 11-9 所示。

图 11-9 Printrbot 液晶屏套件
（图片由 Printrbot 网站提供）

如果你拥有的是一台 RepRap 打印机，那么可以选择的液晶屏种类就很多了——无论是字

---

① 各花入各眼，有的人却不是很喜欢图形液晶屏。我个人很喜欢它，因为它显示的信息更加直观。

符还是图形液晶屏。挑选液晶屏的时候需要注意它是否能够和你的控制电路相匹配。比如你使用的是 RAMPS 控制电路，那么最好挑选一个接口能够与 RAMPS 扩展板相匹配的液晶屏。为了激活液晶屏，你需要修改固件的 Configuration.h 文件中的相关#define 代码与液晶屏型号相匹配。代码列表 11-1 里是 Marlin 固件代码的一部分，其中列出了所有支持的液晶屏型号。你只需要将与使用的液晶屏型号对应的那一行取消注释，然后编译并上传固件即可。

代码列表 11-1 Marlin 固件支持的液晶屏

```
...
//支持的液晶屏和 SD 卡读卡器型号
//#define ULTRA_LCD
//#define DOGLCD
//#define SDSUPPORT
//#define SDSLOW
//#define ENCODER_PULSES_PER_STEP 1
//#define ENCODER_STEPS_PER_MENU_ITEM 5
//#define ULTIMAKERCONTROLLER
//#define ULTIPANEL
//#define LCD_FEEDBACK_FREQUENCY_HZ 1000
//#define LCD_FEEDBACK_FREQUENCY_DURATION_MS 100

// 带图形控制器和 SD 卡功能的 MaKr 面板
//#define MAKRPANEL

// RepRapDiscount 智能控制电路（白色电路板）
//#define REPRAP_DISCOUNT_SMART_CONTROLLER

// G3D 液晶屏/SD 卡控制电路(蓝色电路板)
//#define G3D_PANEL

// RepRapDiscount 全图形智能控制电路（正方形白色电路板）
//
//==>记住在 ARDUINO 的库文件夹（library）中安装 U8glib
//#define REPRAP_DISCOUNT_FULL_GRAPHIC_SMART_CONTROLLER
...
```

■提示：如果你对固件进行修改之后用 M500 指令将改动储存到了 ROM 当中，你可以通过 M503 指令来进行修改，注意指令的参数需要写全。升级固件之后通常需要你重新执行一次这样的操作。

大部分新型号的打印机都将液晶屏作为了标配功能。比如新推出的 MakerBot 打印机中只有一款没有配备液晶屏，而最新的 MakerBot Replicator Desktop 配备了图形液晶屏。

Z 轴高度微调器

如果你的打印机的限位开关固定件和其他 RepRap 打印机一样都是被定死的，或者在打印床上没有配备任何调节装置，那么你的校准操作将会十分烦琐。除非你的打印机在购买时就完成了校准并且不会受到环境因素的影响，否则你将很难避免对它进行校准。

这里的烦琐主要指设定 Z 轴高度或者是调节打印底层丝材时的喷嘴高度所需的操作。回忆一下我们之前介绍这些操作的时候，提到过它们对底层丝材在打印表面上的黏附情况十分关键，并且是获得一个质量优秀的打印品的基础。图 11-10 里是我自己经常使用的一个效果十分优秀的装置（Thingiverse 网站，设计 16380）。

图中方框里的零部件是限位开关。注意它被固定在一个带有旋钮并且弹簧被压紧的机械臂上。旋钮控制的螺栓上加装了一个尼龙自锁螺母。这使你可以通过轻轻地旋转旋钮来调节限位开关的高度。

而在没有配备这类装置的打印机上，如果你需要调节被固定的限位开关的位置，你需要先松开一个或者多个夹子，然后很小心地将限位开关向上或向下移动，固定之后再测试喷嘴的高度是否合适。但是通过加装 Z 轴高度微调器，你可以以将这个过程变得简单很多。

图 11-10　Z 轴高度微调器（Prusa Mendel i2）

这听起来和调平是不是很相似？实际上这也是调平过程中的一部分，但是在调平过程中，我们实际上是在调节打印床的 X 轴和 Y 轴来控制打印床的高度。Z 轴高度只是最后结果的一部分，但是假如你的打印床已经是平的又如何呢？这时候如果你需要调节 Z 轴高度——那么是不是还要回头去调节每个打印床高度调节装置呢？这会让操作变得过于复杂，直接调节 Z 轴限位开关的位置不是更好吗？

也许你正在想为什么要调节 Z 轴高度。这个问题的答案很简单，并且很直观。通常根据打印时使用的材料以及打印表面的材质不同，你可能需要更低的 Z 轴高度设定来帮助丝材黏附在打印表面上。我推荐最好是在保证丝材黏附良好的情况下将 Z 轴设定得尽可能高，但是有时候你需要降低 Z 轴高度来轻微地挤压打印丝材使其黏附（从而避免翘边问题）。

另一个可能需要 Z 轴微调器的原因是某些打印机的打印基板会出现不平现象。如果打印基板的不平程度太高，那么打印质量肯定会受到影响；而如果面板仅仅是轻微的凹陷或凸起（一般品质的玻璃当中这种情况很常见），调平打印床之后很可能使中央区域出现过低或者过高的现象，从而影响打印质量。这时候 Z 轴高度微调器就能够发挥作用了，它能够帮助我在中央区域进行打印的时候适当地调节 Z 轴高度。当然最好的解决方案还是更换一块平整的打印基板，但是如果你不想更换或者原来的打印基板很有价值的话，那么 Z 轴高度微调器就可以帮助你在一定程度上解决问题了。

如果你在 Thingiverse 上进行搜索，那么将会找到许多实用的 Z 轴高度微调器设计。只需要搜索"Z 轴高度<打印机型号>"就行了。你会看到许多不同结构的微调器设计，可以根据它的固定位置是否最适合你的打印机设计来进行挑选。比如适用于 RepRap 打印机的 Z 轴高度微调器有很多，但是有一部分仅仅适用于某些衍生型号，并且有一部分可能会与你的其他升级配件冲突。但是由于这些配件通常很小，并且花不了多少时间来打印，你可以尝试着多打印几个不同的设计，然后从中挑选一个最喜欢的安装到打印机上。

■提示：挑选微调器的时候最好挑选调节结构处于压紧或者是采用自锁螺母结构的，因为这样可以防止微调器在正常打印过程中变松。我最初使用的一个配件就经常会在 3～4 次打印之后出现松动问题，这使我需要花费更大的精力去维护它。

升级你的打印机：从头开始

我希望现在你已经提起了对升级打印机的热情，并且准备好了去探寻这无穷的可能性。我自己很享受摆弄我的打印机以及将它们变得更好的过程（有时候升级的幅度相当大）。但是在一开始的时候你需要稍微克制一下自己，尽量避免一次性下载和打印一大堆零部件，或者是订购某些十分昂贵的现成零部件，最好是等到你弄清楚了自己想要什么以及如何最高效地达成目标再来投入更多的金钱和精力。换句话说，你需要从制定计划开始。[①]

没有一个良好的计划可能会使你得到的结果不如预期，浪费大量的时间和金钱，并且更容易遭遇失败和受到挫折。比如你发现市场上新推出了一款功能强大的热端，这时候最好是等到有人测评过或者有使用报告出现之后再决定要不要购买，不然的话你可能最终得到的就是一个摆设。是的，我曾经犯过这样的错误，不过我相信有很多人都这样做过。

事前研究：找准升级配件

在前面的内容里，我们介绍了如何在 Thingiverse 上搜索实用的设计和灵感来帮助你有效地升级和增强打印机。而根据你的打印机面市的时间长短，你也许能够直接找到别人设计出来的有效解决方案。我推荐你从尝试这些现成的、检验过的升级配件开始，然后逐渐尝试自己来构思和设计打印机的升级配件。这样能够节省你大量的时间（避免多次失败），并且也许能给你带来对相关的配件进行改进或者将它用在其他更适合的地方的灵感。

搜寻升级和增强配件的时候最好在搜索框里带上你的打印机型号（比如 Prusa i3、Printrbot Simple、MakerBot Replicator 等）。我通常会将打印机的型号作为第一次搜索的目标，这时候

[①] 不幸的是，我的一些升级计划最后都成为了无用功。而期望越小，通常带来的失望也越小。因此在开始升级之前，你需要通过研究来合理设定自己的期望。

你能够得到大量匹配的结果。如果你不确定想要升级哪个方面的内容，那么可以浏览搜索结果之中有哪些自己感兴趣的配件。

另一方面，如果你已经明确了想要升级哪个方面，那么就可以将它和打印机型号一起输入到搜索框里。最好使用简短的名词进行搜索而不是大段的描述，即为了让结果尽可能丰富，你需要学会省略一切不需要的单词。比如在寻找适合 Prusa i3 的可调节底座时，可以直接搜索"Prusa i3 底座"。

如果你没有找到需要的结果，那么可以尝试着用其他关键字进行搜索。比如在使用"Prsua i3 底座"搜索时没有想要的结果，那么可以尝试换用"Prusa i3 可调节底座"进行搜索。我经常会搜索几个不同的关键字，然后在海量的结果里寻找自己中意的设计。有时候一些设计的名称也许会很奇怪，因此很难搜索到。

一旦找到了你中意的设计之后，你可以进入设计的页面，然后仔细阅读它的详细信息。尤其需要注意页面中关于配件的安装说明、小贴士或硬件要求等内容。我通常会避免使用那些说明信息很简略或者没有说明信息的设计，尤其是那些构造复杂、零部件极多的设计。比如，我曾经找到过一个适用于 Prusa i3 的、很美观的双挤出机设计，但是它自身的组成零部件太多，并且没有配备组装指南和零部件清单。不要将你的精力浪费在猜测别人的半成品该如何完成上。

在前面我介绍了自己利用一些备件和从 Thingiverse 上找到的零部件设计的丝材管理系统。在你开始使用网上找到的设计之前，记住一定要检查相关物体的授权许可是否允许你自由使用。不过幸运的是，Thingiverse 上大部分的设计都没有太多限制。

确定授权许可

在使用物体之前，你需要检查相关的授权许可是否允许你按照希望的方式进行使用。在大部分许可协议中，你通常能够免费下载和打印设计，甚至可以对它做出轻微的修改，但是你不能声明这项设计是你原创的或者归你所有。

更重要的是，你不能够以牟利为目的使用从互联网上下载的设计。设计的创造者拥有设计的版权，并且大多数情况下，虽然设计能够免费供你使用，但是对于成品的使用却有着严格的限制。大部分设计会禁止你将打印成品进行出售，因此最好是在下载设计之前检查一下授权许可。

设定目标和期望

在找到一个（或者多个）中意的升级配件之后，接下来你需要设定自己的期望和目标。你需要弄清楚升级的目的和原因。除非你进行的是升级装饰配件，不然还需要弄明白升级可能会对你的打印机造成什么影响。而考虑清楚这些问题之后，你就对最终的结果有一个明确的期望了。

这个过程适用于你在网络上找到的绝大多数的升级配件。经销商出售的升级套件通常都经过检测并确保能够获得预期的效果，但是社区里共享的设计有时候则不是那么可靠（不过绝大多数还是很可靠的）。你不会希望在找到一个看上去很优秀的设计，但是尝试着打印和安装之后却发现它并不能够达到预期的效果，甚至还可能会弄坏你的打印机。

因此你需要仔细研究所选择的升级配件，尤其是要注意其他人在使用之后做出的评价。关于某项设计的质量或者实用度的一项实用评价指标就是有多少人曾经使用或者下载过。

找到了相关信息之后，你需要将它们汇总起来确定这项升级能给你带来怎样的效果。如果升级是为了提升打印质量，那么你需要确定它能够将打印质量改进到什么程度。同时我需要提醒你不要将所有的期望都寄托在升级上，它并不能够解决你的各种问题。实际上，只有极少数的升级能够帮助你缓解某些严重的问题。

检查校准状况

在进行完升级之后，一定要检查一下打印机的校准是否正确。大部分情况下你只需要确定各个零部件是否都处在正确的位置上以及某些零部件是否互相对齐。比如你拆卸了一部分框架来安装某些升级配件，那么在完成之后你需要确定框架上是否发生形变以及组装是否正确。

最后你需要通过打印一个结构简单的物体和一个结构稍微复杂的物体来验证对打印机的升级是否成功。因为在升级过程中打印机可能会在你没注意到的地方发生能够影响打印质量的、不显眼的细微变化。虽然这类问题通常都与升级配件无关，但是升级过程中依然可能会引发某些故障。

比如当我在第一台 Prusa i3 打印机上尝试安装 Z 轴高度微调器时，我就不小心移动了 Z 轴限位开关的位置。而在升级完成之后第一次对轴进行复位的时候，Z 轴没法正确地停下来，因为我用在限位开关上的柱塞和限位开关安装臂之间存在着一个小于 1mm 的缝隙，但是这依然足够引发打印头与打印床之间的碰撞了。这让我很不高兴，但幸运的是最终的结果并不严重，我断电的速度够快，避免了轴机构和打印基板受到进一步的损伤。

■提示：如果你对轴的机械结构、限位开关或者是框架结构做出了修改，那么在完成之后第一次进行复位时最好把手放在电源上。一旦注意到任何出现状况的征兆——噪声、停不下来的轴等，立刻将电源断开，然后检查是哪里的调整出现了问题。你还可以手动按下限位开关来紧急停止轴机构的运动。

不要同时进行多项升级

你需要尽量避免同时对打印机的多个零部件进行升级。这样通常会导致你的生活变得无比艰难。更准确地说，如果你尝试着同时升级多个打印机零部件，那么很可能会导致打印机出现故障或者需要重新校准，而这时候要排查是哪里的升级导致了相关的问题或者是重新校准什么零部件将会耗费你大量的精力。

因此你最好是每次只针对一项零部件进行升级，同时尽量将安装和校准都做到最好，然后验证打印机的打印质量之后再开始后续的升级。

通用升级：开始你的第一项升级

如果你已经下定决心要开始升级打印机了，那很好！那么应当从何处开始呢？我推荐你从一些结构简单的小零部件开始，这样既能够获得乐趣和满足感，同时也不会影响打印机的打印质量。因此我将会介绍一些适用于各类不同型号打印机的升级选项，这些内容都很适合作为你的第一个升级选择。而在后面我将会详细介绍各个升级选项。

- 照明：让你能够更清晰地观察打印状况
- 风扇：适用于打印 PLA 丝材时帮助物体冷却，以及冷却电路
- 可调节底座：能够在不平整（或者倾斜）的工作台表面上提升打印机的稳定度

照明系统

前面我介绍过加装在 Prusa Mendel i2 打印机上的一个 LED 灯环。它可以照亮喷嘴下方和周围的区域，使你可以更好地观察打印进行的状况以及打印丝材的黏附是否出现问题。如果你准备加装和我一样的照明灯环，那么你只需要一个 12V、60mm 直径的 LED 灯环（汽车照明当中很常见）以及相应的固定件。Thingiverse 上有许多现成的配件。我挑选的是一个固定在 X 轴滑架上的支架（设计 219419）。你可以从网页上下载.scad 文件，然后进行修改来匹配你自己打印机上的 X 轴滑架。

不过你也可以将 LED 固定在框架上达到相同的效果，通过打印机的电源来供电。我推荐你在 Thingiverse 上多搜索一些适用于你的打印机的 LED 固定件和开关的固定件。和其他升级配件一样，你通常能够找到许多结果。

此外照明系统还有多种可选的形式。比如 MakerBot 打印机中采用 LED 照明将整个打印区域都照亮了。虽然 LED 的亮度并不是很高（除非你在很暗的环境下进行打印），但是它可以起到指示灯的作用，比如当挤出机预热的时候将 LED 变成红色。你也可以自己实现类似的效果，不过需要对固件进行一定的修改。因此最好是积累了一定的经验之后再来进行这样的升级。

而添加照明系统最方便的一点就是它不会影响打印机的打印质量。你可以随意对照明系统进行修改、尝试，而不用担心影响打印机的正常工作。

可调节底座

如果你用来放置打印机的工作台或桌子的表面不平整，那么可以考虑在打印机上添加一组可调节底座。你可能在一些家具和其他电器上见过类似的装置。它们通常由丝杆、螺母和

与表面（地面）接触的宽盘底座组成。转动调节器可以将底盘升高或降低，从而改变设备的高度。你还可以通过转动调节器来调节设备是否水平（和调平打印床不一样，并且两者没有必然联系）。图 11-11 里展示了我装在 MakerBot Replicator 2 上的一组可调节底座，同样来自于 Thingiverse（设计 232984）。

这些底座打印起来通常很快，并且经过修改之后几乎可以适用于你的备件清单里任意一组螺栓和螺母（我用的是在宜家买的家具组装完之后剩下来的螺栓），它们并不会影响打印机的打印性能。你只需要打印出 4 个底座，拆除原装的底座，然后装上调节器和底座即可。完成之后你就可以将原先垫在打印机一角底下的折叠过的纸丢掉了。

风扇

回忆一下前面我们介绍风扇的用途主要是用来冷却零部件（电路、步进电机等）、挤出后的丝材，以及在打印过程中保证零部件的冷却均匀，从而避免翘边和开裂现象。大部分打印机，尤其是通过套件组装的打印机，通常不会配备电路散热风扇。不过采用 PLA 丝材打印的打印机通常都会配备打印床冷却风扇。如果你的打印机设计时没有考虑到这点，你可以自己加装冷却风扇。

幸运的是，Thingiverse 上有许多现成的风扇固定件，无论是用来给电路还是挤出机进行散热。图 11-12 里展示了固定在 Prusa Mendel i2 上的一个风扇，它由一个从网上购买的 40mm 风扇、经过修改之后的 X 轴滑架固定件，以及一个锥形的导风罩组成（设计 26650，关键词 40mm Fan Duct for Lulzbot Prusa）。

图 11-11　可调节底座
（MakerBot Replicator 2/2X）

图 11-12　固定的打印床
冷却风扇（Prusa Mendel i2）

安装打印床冷却风扇的方式取决于你使用的固定件和导风锥设计。注意在图 11-12 里锥体刚好被固定在我的 LED 灯环下方。如果我采用的导风锥是另外的设计，那么可能就没法这样安装了。在组装固定之前记住检查相关的零部件之间是否存在装配问题。不过幸运的是，固定件和导风锥打印起来都很快捷，因此你可以随时根据自己的需要来打印新的设计。要给风扇供电，你可以将它直接连接到电路的电源上。一般我们只需要将它连接到合适的电源接口上（12V），通常还会添加一个可以手动控制它的开关。不过还有一个更好的方式来对它进行控制。

大部分控制电路板上都会提供打印床冷却风扇的接口。实际上 RAMPS 扩展板上就有接口可以用来连接风扇。这种方式可以通过固件里的代码来设置风扇的转速，而不是像传统接法那样让风扇一直保持满速运转。一般你只要启动切片软件设定中的自动冷却选项，切片软件就会根据打印的进度来自动控制风扇的转速了。这个选项允许切片软件使用风扇来自动对打印过程进行优化。

如果你准备采用 PLA 丝材进行打印却发现没有配备冷却风扇的话，那么你可以自己动手来打印合适的固定件和导风锥，然后购买一个合适的风扇并将它固定在打印机上，最后再将风扇接在 RAMPS 电路板上。你不会后悔进行这项升级的，因为它展示了如何通过升级来极大地改进打印质量。添加一个冷却风扇也许就能够让可能会失败的 PLA 打印体验变成功。

如何挑选升级？

起初介绍的两项通用升级看上去都改进了打印机的性能，但是实际上都只能算是装饰配件。如果你的打印机确实放置在不平整的表面上，那么可调节底座也许不完全算是一个装饰配件，但是归根究底它们实现的功能也不会直接提升打印质量。而最后一项通用升级则不是装饰配件，因为它能够提升打印机的可靠性和在打印 PLA 丝材时的表现，虽然提升的幅度有限。

如果你准备从一个简单的零部件开始着手，那么可以考虑升级可调节底座。即使是对于老旧的 Prusa Mendel i2 打印机，你也能够找到许多实用的解决方案，并且从中学习到许多宝贵的经验。如果你希望更多的挑战性，并且觉得有能力处理打印机的接线，那么可以选择升级照明系统。如果你希望提升打印机的打印质量，尤其是在无风扇的环境下打印 PLA 丝材时，那么最好是打印一个风扇固定件在打印机上加装冷却风扇。

无论你准备从哪里开始尝试升级打印机（或者是将它们都装上），确保按照我们之前介绍的制定计划、执行计划、检验，然后进行另一项升级的顺序进行。如果你已经准备好了给打印机进行升级和添加更多的功能，那么后面的内容将会向你介绍如何对一些比较流行的 3D 打印机进行升级。我不可能列出所有的型号和品牌，但是你可以参考我介绍的内容来对自己的打印机进行类似的升级。

针对特定打印机的升级选项

这一节中我们将会介绍如何对一些常见的 3D 打印机进行大量的升级和修改。大部分升级过程中用到的硬件都可以在全世界范围内轻松找到，并且有一部分你可以自己打印制作。我推荐你在开始动手前先完整地阅读这一节的内容，因为其中有一部分升级选项是重复的。通过观察这些升级选项在不同打印机上的应用方式能够帮助你思考如何将它们移植到自己的打印机上。这一节里将主要用下面列出的打印机作为实例，同时我还会简单列出它们各自进行了哪些升级。

- Printrbot Simple：改进了 X 轴和 Y 轴机构、调平探头、液晶屏，让这台入门级的 3D 打印机成功变身成了一台中级 3D 打印机
- Prusa Mendel i2：从装饰配件到功能升级，进行了大量的升级让打印机的功能发挥到极致
- Prusa i3：一些关键性的改进，包括调平探头，根据最新的 Prusa 设计进行了修改
- MakerBot Replicator 1 Dual：对旧型号的打印机进行了一部分翻新
- MakerBot Replicator 2/2X：作为一个 MakerBot 爱好者进行了十分强大的升级

Printrbot Simple 打印机

Printrbot Simple 是一台十分优秀的入门级打印机。无论你准备购买它的套件还是一台成品打印机，Printrbot Simple 都能够很好地带领你进入 3D 打印的世界。考虑它的价格，你也没法通过它获得什么先进的功能，比如液晶屏和可加热打印床；这些功能通常会显著提升 3D 打印机的价格。Printrbot 同样还简化了绝大多数的零部件，这样能够进一步减少打印机的花费。但是这也使一些早期型号的 Simple 打印机中的某些零部件的安装和维护有些困难，比如早期型号中的 X 轴和 Y 轴的线驱动结构就经常被诟病。

■ **备注**：这一节里介绍的是旧式木质框架的型号。

但是你可以自己来改进这些零部件，甚至是尝试添加一些更加昂贵的打印机里才具备的新功能。下面这个清单里列出了我对自己的 Printrbot Simple 打印机进行的升级。我在每项升级后面列出了它们的来源。你可以尝试着在图 11-13 里分辨一下各项升级所在的位置。我希望你能够自己去查阅详细的内容，然后决定是否要对自己的打印机进行相应的升级。我将会在后面的内容里介绍哪些升级我认为对于 Printrbot Simple 来说是必备的。

- 液晶屏：printrbot 网站
- 板载液晶固定件：[①]Thingiverse 网站，设计 193955
- 金属挤出机和打印床：printrbot 网站
- X 轴同步带传动结构：Thingiverse 网站，设计 194686
- Y 轴同步带传动结构：Thingiverse 网站，设计 194586
- 调平探头（自动调平功能）：printrbot 网站
- 调平探头固定件：Thingiverse 网站，设计 323442
- 带丝材卷支架的塔结构套件：printrbot 网站
- 电源改进：Thingiverse 网站，设计 383877

如果你将所有的升级都完成了，你的打印机将会从入门级变成一台功能强大的中级 3D

---

① 你可以清晰地从图中看到它对木质框架的增强。

打印机。它虽然依然无法和一些十分复杂（并且昂贵）的型号相媲美，但是能够获得相当不
错的效果。因此，如果你希望从 Printrbot Simple 里获得更多的
回报，那么可以考虑对它进行一些升级。图 11-13 里展示的是
经过我深度改造之后的 Printrbot Simple 打印机。

升级同步带传动结构

除了液晶屏之外，X 轴和 Y 轴上的线缆和砂轮应当是你最
优先考虑升级的零部件。这主要是由于原始结构中的线缆有时
候很难保持张紧状态。如果你将它拉得过紧，线缆可能会出现
拉伸；如果过松，又会影响轴运动并导致打印质量问题。而更
严重的是，我发现每经过 3～4 次打印使用之后就需要重新去
拉紧线缆（即使是打印体积很小的打印品）。

图 11-13　经过升级后的 Printrbot
Simple 打印机

而如何升级 X 轴和 Y 轴的结构取决于你拥有的 Printrbot
Simple 的型号。Printrbot 经常会对 Simple 打印机的设计进行修改，而目前来看木质框架版本的
Simple 打印机已经算是比较老旧的了。如果你的 Simple 打印机的生产日期是 2014 年 2 月之前，
那么你可以从 Thingiverse 上下载这两个轴机构的升级配件（设计 194686 中是 X 轴升级配件，
设计 194586 中是 Y 轴升级配件）。图 11-13 里使用的就是这两个升级配件。而如果你的 Printrbot
Simple 打印机是新型的，那么你可以采用 Printrbot 自己提供的特制升级套件。

无论你准备升级成何种类型的同步带传动结构，都需要在确保打印机的校准完成并且能
够保证稳定的打印质量之后再进行升级。接下来我将会介绍详细的安装过程。

旧型号的 Simple 打印机

Thingiverse 上提供的升级配件适用于许多旧型号的 Simple 打印机。虽然安装过程比较复
杂，并且需要你拆卸一部分的打印机，但是大部分爱好者应当能够自主完成这个升级过程。
如果你是组装 3D 打印机的新手，那么最好是在开始安装之前仔细研究一下 Thingiverse 上的
介绍文档，这样你才能够清楚地了解应当如何进行接下来的步骤。我在这里会尽量详细地介
绍安装过程，但是依然比不上与它们配套的说明文档。

这里你唯一需要购买的零部件是一对 16 齿 GT2 同步带轮（它应当和齿轮一样是带齿
的）以及长度合适的 GT2 同步带。我推荐可以在 RepRap 打印机配件供应商那里购买 GT2
同步带和同步带轮套件，通常你都能够以合适的价格买到所需的零部件。此外你还需要 4
个 608ZZ 轴承，同样你也可以在 RepRap 打印机的配件里找到它们。此外你需要的只是一
些扎线带和几个 M3 螺栓了。你可以查阅 Thingiverse 上的零部件清单来确定需要怎样的
螺栓。

你可以自己打印升级配件中的绝大多数零部件。对于 X 轴，你需要打印至少 5 个零部件；
而对于 Y 轴，你需要打印至少 6 个零部件。如果你使用原版的 Printrbot Simple 打印机进行打

印，那么整个打印过程至少会花费你几个小时，但是相信我，最后的结果是值得的。

在完成了所有升级配件的打印之后，你需要将它们安装到打印机上。Y 轴的安装过程比较直观。你只需将原先的线缆和砂轮拆除，剪断 Y 轴上的扎线带，拧松 Y 轴电机的固定螺栓，然后再装上新的同步带驱动轮。你需要根据升级配件里的示意图来确定驱动轮安装方向。接下来你需要安装同步带从动轮以及重新组装 Y 轴的结构。最后你需要装上轴承，拧紧螺栓，然后固定住同步带的两端。注意将后方的同步带多绕一圈作为张紧调节器。你唯一有可能碰到的问题是需要对驱动轮的安装通孔进行修整，但是我的 Simple 打印机上并没有碰到这样的问题（生产日期为 2014 年 1 月）。

安装 X 轴的过程会稍复杂一些，因为你需要拆卸打印机几乎一半的零部件来安装新的零部件。你需要完整地替换掉 X 轴电机的固定件，而这需要你将整个打印机底部的面板都拆下来。如果你在操作过程中足够小心，没有将打印机过度倾斜的话，那么也许螺母槽的螺母不会掉下来太多。如果有螺母掉下来，你可以在拧螺栓的时候用蓝色美纹纸胶带将它们固定在螺母槽里。

最后一步需要你重新对 X 轴和 Y 轴的每毫米所需步数进行校准。幸运的是你不需要重新上传固件就可以修改相关的参数。首先你需要使用 M503 指令读出现有的参数配置，注意返回信息中的 M92 指令的位置以及后续的参数值。你只需要改变 X 轴和 Y 轴的相关参数。接下来在 M92 指令里填入新的参数，然后用 M500 指令对 ROM 进行覆写。接着用 M501 指令来确认改动是否生效。代码列表 11-2 里列出了这些指令的脚本，其中省略了一些无关紧要的信息。

代码列表 11-2　设定步每毫米值

```
< 8:34:42 PM: echo:Steps per unit:
< 8:34:42 PM: echo: M92 X84.40 Y84.40 Z2020.00 E96.00
...
< 8:36:47 PM: echo:Settings Stored
< 8:36:49 PM: echo:Stored settings retrieved
< 8:36:49 PM: echo:Steps per unit:
< 8:36:49 PM: echo: M92 X80.00 Y80.00 Z2020.00 E96.00
...
```

注意 X 轴和 Y 轴上的原始参数值为 84.40 和 84.40。如果你采用的是 16 齿 GT2 同步带轮，那么你需要将它们都改成 80.00，如同我在代码里进行的修改一样。回忆之前我们介绍过如何使用在线 Prusa 计算器进行计算。如果你采用的是其他种类的同步轮，可以通过计算器计算出相应的参数值。

总的来说，这项升级是很有意义的，不过通常需要花费你 1～2 个小时才能够完成整个升级安装的过程。

新型 Simple 打印机

如果你的 Printrbot Simple 打印机的型号比较新，那么可以购买 Printrbot 官方的同步带传动升级套件。套件里提供了一个全新的框架结构，它经过特殊设计来匹配对 *X* 轴和 *Y* 轴传动结果做出的修改。除了必需的同步带轮、轴承和同步带之外，套件里还包括一个用于 *Y* 轴的、更高规格的步进电机。

由于大部分框架结构是全新的，因此你需要将原先的框架结构整个都拆卸开。因此安装过程可能需要一个下午或者更长的时间来完成。这里的工作量确实很大，因此我推荐那些没有自己组装过 Simple 打印机的人在开始尝试升级之前先仔细阅读安装说明的内容。

> ■提示：升级套件里没有专门的安装说明，你可以用套件版本打印机的组装说明作为参考。

和前面一样，你也需要重新设置两个轴的每毫米所需步数。你可以用和代码列表 11-2 里相同的指令进行设置。

液晶屏和板上安装

你很难否定液晶屏给打印机带来的便捷性，因为它可以让你不用连接计算机就尽情地使用 3D 打印机的各项功能。而刚刚接触 3D 打印的爱好者们通常不喜欢选择 Printrbot Simple 打印机，可能就是由于它没有配备液晶屏。不过幸运的是，液晶屏加装起来很简单。

Printrbot 公司自己就提供一套价格十分合理的液晶屏升级套件。套件里提供的是零部件，不过组装过程很简单，通常只需要几分钟的时间。套件里包括一个液晶屏以及一个独立的支架（但是液晶屏上没有配备 SD 卡读卡器，而 RepRap 打印机的升级套件中通常会配备）。

组装好支架之后，你只需要断开打印机的电源，然后将液晶屏的排线插到正确的位置即可。再次给打印机通电时，你就能够看到液晶屏上显示用来控制打印机的各项菜单了。它的支架同样很实用，你可以将它摆放在任何合适的位置，而不用定死在框架上。

不过，如果你不喜欢这样的升级方式（我就不喜欢），并且将框架结构改造成了塔式结构的话，你可以自己打印一个能够固定在塔结构的把手位置的支架。这个新支架需要你打印 3 个零部件来重复使用液晶屏套件里提供的零部件（参照 Thingiverse 网站提供的设计 193955 来学习如何打印和组装支架）。图 11-13 里使用的就是这种经过修改之后的支架设计。

调平探头和安装（打印床自动调平）

3D 打印机社区中最热门的一项升级就是自动调平功能。[①]Printrbot 官方提供了这项功能的升级套件，内容包括一个特制的、固定在 *Z* 轴上的电感传感器。传感器需要配合金属打印床使用。因此在进行这项升级之前，你首先需要升级成金属打印床。

> ■提示：要在 Simple 打印机上使用自动调平功能，金属打印床是必需的。

---

① 前面也介绍过，这项功能应当被称为自动调高，因为最终并不一定会将打印床调节至水平——即与重力垂直的方向。同时这项功能更多的是通过软件来进行补偿，而不是物理上改变打印床的设置。

　　调平探头可以通过几种不同的方式安装在喷嘴的固定件上。你可以在 Thingiverse 上搜索适用于 Simple 打印机的固定件，我的打印机是一台 2014 年的早期型号，找到的固定件工作十分良好（设计 323442）。它能够将调平探头固定在挤出机的左侧。安装过程十分简单，只需要从挤出机上拧松几个螺栓就可以将探头固定上去。图 11-13 中也展示了安装在我的打印机上的调平探头。

　　如果选定了固定件之后，记住一定要严格按照页面上的安装指南进行安装。在开始动手之前最好是将所有的说明都仔细阅读一遍。Printrbot 还提供了一个视频来说明如何进行校准，你可以上网查找，我推荐你可以参照视频的内容来阅读下面介绍的内容。

　　探头上需要接线，你可以用它替换掉原先 Z 轴限位开关上的接线。要校准调平探头，首先给打印机通电，然后将 Z 轴降到喷嘴的尖端和打印基板刚好互相接触到的位置。将调平探头调节至刚好触发，你可以根据探头上的 LED 指示灯来判断探头是否被触发。

　　下一步需要做的是装载由 Printrbot 提供的最新固件。不过在这之前，你需要检查 Y 轴限位开关的位置。如果它被固定在框架的前方，那么固件不需要修改就可以直接装载。你可以在调平探头的产品页面找到最新版固件的链接。如果你使用的是 Mac 计算机，那么可以在 printrbottalk 网站上下载一个固件自动更新程序。

　　如果你的 Simple 打印机上的 Y 轴限位开关装在框架的后方，那么步骤就会稍微复杂一些。首先你需要下载 Marlin 固件的 Printrbot 分支中的最新版固件，然后对源文件进行配置和编译。你需要在 Arduino IDE 中安装一个特殊的库文件才能够编译用于 Printrboard 控制电路的固件。

　　如果你使用的是 Mac 计算机，那么可以从 printrbottalk 网站上下载到打包好的 Arduino IDE 程序。

　　此外你还可以在 printrbot 网站提供的 Printrbot-Firmware.pdf 里找到更多关于如何下载、编译和装载固件的教程。

　　如果你的 Y 轴限位开关装在框架的后方，那么必须对固件进行一定的修改。这是因为在最新版固件中默认会将 Y 轴复位至最大值位置（因为限位开关安装在 Y 轴的最大值位置），而旧型 Simple 打印机中可能会将 Y 轴限位开关装在最小值位置。

　　在安装新版固件之前，你可以通过打印机控制软件发送一条 M503 指令，然后将打印机返回的信息复制保留下来。这些参数可以在重新装载固件之后通过 M92 指令重新写入 ROM 之中。[①]

　　对于某些人来说，这听上去可能很复杂。但是实际上修改的过程并不繁重。你只需要修改 Configuration.h 文件中的一行代码就够了。找到文件中下列代码的位置，并修改成如下所示的内容。你可以在 github 网站上找到 Marlin 固件的下载。单击下载压缩包（Download Zip）按钮就可以下载固件的源代码。

```
#define Y_HOME_DIR -1
```

---

　　① 当然你也可以在编译之前修改固件中的相关参数，参照第四章介绍的内容来对 Marlin 固件进行配置。

■提示：你可以复习第四章里介绍的关于 Marlin 固件和 Arduino IDE 的内容。

修改完代码并且重新编译之后，接下来可以将固件上传到打印机中。参照前面介绍的内容中关于各个不同的计算机平台的上传步骤来上传固件。通常来说，你需要在 Printrboard 上装一个跳线帽，给打印机通电，将.hex 文件（编译完成后产生的文件）复制到引导程序软件（bootloader）中，然后按照操作说明进行上传。上传完毕后，你需要断开打印机的电源，移除跳线帽，然后重新启动打印机。

最后，你需要 M92、M500、M501 指令来重新设置打印机的各项参数。这和 X 轴、Y 轴升级时的过程是一样的。参照代码列表 11-2 来进行相关操作。注意你也可以在固件中事先设定好这些参数，但通过打印机控制软件来设置更加方便一些。

此外你还需要通过 M212 指令设定调平探头的偏移量。首先你需要测量探头和喷嘴之间的距离是多少。如果探头装在喷嘴的左侧，那么 X 轴的偏移量设定为 0，只需要测量 Y 轴上二者之间的距离即可。如果探头装在喷嘴的后方，那么设置的参数应当为正值。如果探头装在喷嘴的前方，那么设置的参数应当为负值。而对于 Z 轴的参数，你需要经过试验来寻找正确的参数。你可以从-0.9 开始慢慢调节出合适的参数。

举例来说，图 11-13 中的探头装在挤出机的左侧，并且在 Y 轴上和喷嘴有 10mm 的距离。因此你需要通过下列指令设定偏移量并储存到 ROM 中，最后读出一遍确认修改是否生效。

```
M212 X0 Y10 Z-0.9
M500
M501
```

要使用这项新功能，你需要首先在切片软件中对 X 轴和 Y 轴进行复位，然后通过指令来启动自动调平功能。打开切片软件，找到打印前自定义 G-code 指令，然后将内容修改成如下所示。这两条指令会将 X 轴和 Y 轴复位，然后通过调平探头的读数来校准打印床的偏移量。这样就能够防止打印床不平（高度不一致）导致打印质量问题。

```
G28 X0 Y0
G29
```

接下来则是真正有意思的部分。使用打印机控制软件通过新的 G-code 指令来打印一个小物体，不过注意把手放在电源上随时准备好断电。仔细观察打印机的运行情况，如果发现喷嘴有挤压打印床的征兆，立刻断电然后用 M212 指令将 Z 轴的偏移量设置成一个更低的值。如果喷嘴和打印床发生碰撞，你可以将它设定成-2.0 然后重新尝试打印。

当你得到一个保证喷嘴和打印床不会发生碰撞的偏移量之后，通过 M212 指令在偏移量上添加 0.2 的值来保证底层丝材的黏附良好。你需要进行多次尝试才能够得到最好的打印质量。设置完成之后不要忘记用 M500 指令将参数写入 ROM 当中。最后接近完成的时候，你可以每次改变 0.1 的值来对探头的位置进行微调。

这实际上就是一个试错的过程，最终你可以消除调平探头上的偏移量并且保证底层丝材的黏附良好。同时记住重新对物体进行切片才能够使用新设定的打印前 G-code 指令。

电源

Pirntrbot Simple 原厂配备的电源模块有一些脆弱。虽然我不知道具体的故障率是多少，但是社区中经常有 Simple 打印机的电源出现故障的反馈。如果你不幸遇到了这样的问题，并且超出了保修期的话，那么向 Printrbot 官方购买维修零部件会花费你不少的金钱。

不过你也可以自己尝试制作一个电源！当我的 Printrbot Simple 打印机的电源坏掉的时候，我联系了 Printrbot 的技术支持人员，询问了应当更换什么规格的电源比较合适。他们给我的建议是满足 12V/20A 的电源就足够 Printrbot Simple 打印机正常工作了。

因此我自己设计了一个常见的供 12V/20A LED 电源使用的外壳，并且上传到了 Thingiverse 上（设计 383877）。这种电源很常见，在大多数网上电子商店里都可以买到，亚马逊里就有许多这样的产品。图 11-14 里展示的是最终完成后的电源。

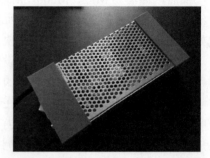

图 11-14　为 Printrbot Simple 制作的电源模块

其他内容

在这里我并没有介绍如何加装可加热打印床，不过你可以自己尝试安装一个。实际上，如果你已经改装了金属打印床（或者购买的是全金属材质的 Printrbot Simple 打印机），那么打印床上就已经配备了用于安装可加热打印床的安装孔。但是在这里我没有介绍它是因为可加热打印床并不是一项必备的升级，并且 Simple 打印机的打印容积本身已经很小，同时还需要兼顾电路散热风扇的安装。大部分人可能只会使用 PLA 丝材进行打印，而即使在没有可加热打印床的情况下，Printrbot 打印机同样能够提供很优秀的打印质量。

如果你希望在 Printrbot Simple 打印机上加装一个可加热打印床，那么你还需要升级电源模块，因为默认电源不足以支持打印床的加热单元正常工作。如果你按照我前面介绍的那样升级电源，那么获得的功率就足够支持可加热打印床正常工作了。

但是在这个过程中你需要注意一个问题。你需要在 Printrboard 控制电路板上通过一个继电器来控制可加热打印床的工作状态，这样能够避免直接通过 Printrboard 给加热单元供电。虽然有些人成功地尝试过通过 Printrboard 来给可加热打印床供电，但是我推荐最好是通过继电器或者 MOSFET 来确保电路的安全。你还需要修改固件来限制电路的开关速度。如果你对于升级可加热打印床很感兴趣的话，在动手之前最好在网络上搜索一个详尽的解决方案。

此外还可以考虑给打印机加装一个质量良好的丝材卷支架。我前面介绍的塔形结构套件并不是必须的，不过你最好是想个办法固定住打印丝材卷让打印丝材能够流畅地装载到挤出机里。你可以到 Thingiverse 上搜索相关的升级选项。

新型的 Simple 打印机

　　Printrbot 相较于其他 3D 打印机品牌来说规模并不大，但是这也给了它们一项巨大的优势：它们可以更快地向市场推出自己的产品，比如 Printrbot Simple 打印机。Printrbot 现在正在销售一款全金属材质版本的 Simple 打印机，并且升级了通过同步带传动的 X 轴和 Y 轴机构。不过当然，新型号也会更加昂贵一些。如果你准备购买 Printrbot Simple 打印机，那么一定要注意检查 Printrbot 公司的网站看看是否有新产品推出。

Prusa Mendel i2 打印机

　　Prusa Mendel i2 打印机对于那些希望更加深入探寻开源 3D 打印机世界的人来说是一个很不错的选择，尤其是那些希望自己动手组装打印机的人。而由于这个型号的 RepRap 打印机已经推出几年了，因此你可以在许多商家那里找到各种零部件和升级套件。

　　它同样很适合那些喜欢尝试不同的升级选项以及探索最新 3D 打印机技术的爱好者们，即那些经常摆弄打印机和扩充自己的配件库的爱好者们。我自己就是一个这样的人，因为我的绝大多数打印机都经过了深度的改造和升级。

Prusa Mendel i2 打印机是否过时了？

　　你也许认为 Prusa Mendel i2 打印机的设计看上去有些过于陈旧，不值得考虑。但是，如果你仔细观察我在下面介绍的升级选项，会发现对这台打印机你可以改进很多零部件并且尝试添加许多新功能。升级虽然不会让打印机变得比新型打印机更加优秀，但由于它的花费相对较低（可以在线上购物网站里找到许多价格合理的二手套件）以及 Thingiverse 上关于它的升级设计也较多，因此如果你希望购买一台能够不断升级和折腾的打印机，并且不是很在意绝对完美的打印质量的话，Prusa Mendel i2 绝对是一个十分优秀的选择。

　　但是购买 Prusa Mendel i2 打印机套件有一点不好就是大部分套件里只提供进行 3D 打印所必需的基础功能。和 Printrbot Simple 一样，它们通常也不会配备像是液晶屏、Z 轴高度微调器，甚至可调节限位开关等改进功能。一些套件里甚至不会提供电源模块和玻璃打印基板，不过大部分套件都会提供可加热打印床。这意味着如果你购买了这类型号打印机的套件，在组装完成之后你可能立刻就会想对它进行各种升级和改进。

　　幸运的是，由于 Prusa Mendel i2 打印机已经推出好几年了，因此你可以在网络上找到几百项实用的、针对打印机各个方面进行的升级设计。同时许多最近出现的新功能都可以适配到这个型号的打印机上。如果你在 Thingiverse 上进行搜索，你会发现可用的升级选项包括改进特定零部件（比如 Z 轴机构的改进）、添加新功能（比如打印床自动调平），以及许多常见功能的升级（比如液晶屏）。

实际上，我在自己的 Prusa Mendel i2 打印机上进行的升级绝大多数来自于 Thingiverse 和一些销售 RepRap 零配件的供应商。下面列出了我对它进行的数不清的升级和改进。在后续内容中我将会详细介绍一些我推荐所有 Prusa Mendel i2 打印机的拥有者都必须进行的升级。图 11-15 里展示的是安装所有这些升级套件之后打印机的外观，试试看能不能在图里找到那些改进过的零部件。

图 11-15　经过深度改造的 Prusa Mendel i2 打印机

- 可调节底座：Thingiverse 网站，设计 249932
- 打印床调节器
- 硼硅酸玻璃打印基板：线上购物网站
- 隔热打印床：线上购物网站
- Z 轴改进：用相同外径的推力轴承替换了 608ZZ 轴承
- 零部件开关固定件：Thingiverse 网站，设计 381392
- RAMPS 电路板散热风扇：Thingiverse 网站，设计 30331
- 电源端子：线上购物网站。可以用常见的限位开关固定夹固定
- 液晶屏：线上购物网站。支架来自于 Thingiverse 网站，设计 84535
- RAMPS 固定支架：Thingiverse 网站，设计 17912
- 电源插孔支架和开关：Thingiverse 网站，设计 26105
- Y 轴同步带夹改进：Thingiverse 网站，设计 91370
- 板上电源支架：Thingiverse 网站，设计 57520
- Z 轴高度微调器：Thingiverse 网站，设计 16380
- 打印床冷却风扇：Thingiverse 网站，设计 26650
- LED 灯环：汽车用品店，Thingiverse 网站，设计 219419
- 丝材卷支架和引导装置：（参照前面介绍的内容）
- Y 轴同步带张紧器：Thingiverse 网站，设计 74209
- 丝材清洁器：Thingiverse 网站，设计 16483

这台打印机的确进行了不少的升级，并且在我的全部打印机中算是改造最多的之一了。除了介绍的这些升级之外，我还进行了许多不明显的微调。

下面我将会介绍一些我认为十分重要和能够将 Prusa Mendel i2 变成一个优秀、稳定的 3D 打印平台的升级选项。虽然我认为这些都是必备的升级，但是我将会按照升级的难易度依次介绍它们。你可以按照我介绍的顺序来循序渐进地尝试对打印机进行升级。其中有一部分升级在前面已经介绍过了，但是在这里我依然会进行介绍，方便那些希望针对 Prusa Mendel i2 进行升级的读者查阅。

液晶屏

在前面我们已经介绍过关于液晶屏的方方面面的内容。回忆前面我们介绍过液晶屏让你能

够在不连接计算机的情况下使用打印机。图 11-16 里
展示了装在框架的顶部右侧的液晶屏，它被固定在 Z
轴电机的右前方。我选择这个位置是因为它更适合右
撇子进行操作，如果你是左撇子的话，那么可以将它
固定到对称的位置上。①

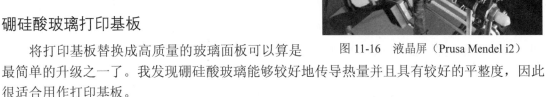

图 11-16　液晶屏（Prusa Mendel i2）

硼硅酸玻璃打印基板

　　将打印基板替换成高质量的玻璃面板可以算是
最简单的升级之一了。我发现硼硅酸玻璃能够较好地传导热量并且具有较好的平整度，因此
很适合用作打印基板。

　　一些 3D 打印爱好者也尝试过用镜面玻璃来充当打印基板，同样也取得了比较好的效果。
打印基板最重要的一点就是要保证平整度。如果你准备采用镜面玻璃，那么需要注意观察上
面是否存在凹凸不平的位置。你只要确保镜面玻璃上没有涂抹反射涂层的那面平整即可。不要
默认所有镜面玻璃都是平的，并且在用作打印基板时，反射涂层可能会无法承受许多次的加
热然后再冷却的循环。

　　和许多爱好者一样，我也会用五金店里能买到的一般玻璃来充当打印基板。但是一般情
况下这类玻璃的平整度都不足以用在 3D 打印机上。通常这类玻璃或多或少都会有一部分不
是那么平整，我曾经遇到过一块中央区域比边缘低了 0.05mm 的玻璃。把它反过来之后中央
区域又比边缘高了 0.08mm，因此这些玻璃的厚度也经常会存在不均匀的状况。

　　而正是像这类的问题会导致打印床的调平出现问题，将调节 Z 轴高度变成一场噩梦，同
时很有可能会导致出现翘边和其他打印质量问题的打印品。解决这些问题的唯一方法是在你
的 X 轴上装一个千分表来测量打印基板的 4 个角、中央，以及一些其他点的高度。一块优秀
的打印基板应当在各处测量结果之间的差距不会超过 0.01~0.02mm。

　　如果你在打印床上使用的是一块低品质的玻璃打印基板，那么最好是考虑更换成硼硅酸
玻璃。你可以在一些线上的 3D 打印机用品商店以及线上购物网站里找到相关的产品。挑选
的时候注意玻璃的尺寸需要和打印床相匹配，因为硼硅酸玻璃很难进行切割。安装过程十分
简单，只需要将旧玻璃拆下来换上新玻璃就够了。注意如果刚刚进行过打印的话，在安装之
前先要让打印床充分冷却。

丝材卷支架和引导装置

　　在前面我们已经详细介绍过了丝材卷支架和引导装置。我认为每个打印机都应当安装一
个连体式或者独立的丝材卷支架。前面我们介绍过这个装置是为了减少打印丝材在装载时受
到的摩擦力，从而防止挤出机里的丝材出现不均匀的状况。即如果打印丝材卷经常停止转动

---

　　① 我自己是右撇子，但我妻子是左撇子。因此我经常坐在她的右侧。我们家里大部分照明开关对于我
　　　来说都很难操作。物体摆放的位置以及它们的朝向对于操作便捷性有很大的影响。

的话，它会导致挤出机挤出的丝材不足，从而导致打印质量问题。

如果你准备升级我前面详细介绍过的装置，那么安装过程十分简单。但是注意，如果你想用夹钳来固定打印丝材卷的话，那么你可能需要将一部分框架拆开来才能够将夹钳安装在合适的位置。同时我也很推荐你用夹钳来牢牢地固定住打印丝材卷。

打印床冷却风扇

回忆之前我们介绍过冷却风扇是为了让气流流经 PLA 丝材周围来帮助打印品均匀地冷却，从而避免丝材层之间的黏附出现问题。在前面与风扇相关的章节里我介绍了如何安装冷却风扇。实际上图 11-12 里展示的就是安装在这台打印机上的冷却风扇。

> ■**备注：**一些热端上需要加装一个朝着热端顶部的散热风扇，但是这个风扇并不会朝着打印区域内引导气流。因此为了区分，我们通常将这个风扇称为挤出机散热风扇。它应当被配置成在打印过程中持续运作，并且不能像打印床冷却风扇那样被固件所控制。

如果你准备使用 PLA 丝材进行打印，那么需要在打印机上加装打印床冷却风扇。挑选一个合适的风扇将会是一个不小的挑战。只有很少数早期型号的 Prusa Mendel i2 打印机的 X 轴滑架在设计时考虑了加装风扇的问题。因此你可能还需要另外寻找用来固定风扇的固定件（就和我之前介绍过的那个一样），通常会将风扇固定在现成的同步带压板螺栓上。

安装风扇的过程并不复杂，唯一需要注意的问题是你需要将风扇的接线与热端、挤出机步进电机和热敏电阻的接线都摆放在相同的位置。如果你已经将现有的接线用扎线带固定起来了，那么你可能需要拆开线束来重新进行走线。注意在走线过程中避免导线与活动零部件发生接触。同时记住我们还要将打印床冷却风扇连接到电路板上。

Z 轴高度微调器

这也是我们之前介绍的通用升级中的一项。对于 Prusa Mendel i2 打印机来说，这绝对是必备的升级选项。你会发现它能够帮助你更加轻松地调节底层丝材的黏附状况，尤其是在木质打印床上进行打印的时候。

微调器的安装过程则需要根据设计进行确定。如果你采用的微调器和我一样，那么你需要首先松开 Z 轴左侧的光杆，然后将微调器套在杆上。注意在操作过程中不要影响丝杆的位置，因为如果碰到的话就需要在完成之后重新对 Z 轴进行校准。图 11-10 里展示了微调器的结构和安装位置。

Y 轴同步带张紧器

Prusa Mendel i2 打印机上的 Y 轴同步带相比于其他打印机更容易出现打滑的问题。这主要与用来固定同步带末端的压板有关。我推荐尽快将它升级成更加牢固的压板，挑选压板时注意表面上的凹槽和同步带齿相匹配。图 11-17 中展示了装好之后的同步带张紧器。

注意图中安装在调节旋钮左侧的开关。这两个开关分别控制着 LED 灯环和 RAMPS 电路板的散热风扇。用来固定开关的零部件在 Thingiverse 上已经找不到了（原因不明），不过你依然可以找到一些类似的设计。如果你需要一个这样的固定件，那么我推荐你可以尝试从头开始自己设计一个。它的设计难度并不高，同时制作过程也不是很复杂。你可以将它作为设计更加复杂的物体之前的一个小练习，或者是采用之前我们介绍过的固定件。

在挑选同步带张紧器时，我通常更喜欢那些不需要拆卸框架就能够安装的设计。我使用的张紧器能够直接安装在现有的 Y 轴惰轮轴承上，并且安装过程十分简单。唯一需要注意的问题是同步带的压板。我发现需要将它完全松开才能够将张紧器固定在丝杆上。而这需要我将打印基板拆下来，这个过程虽然不复杂，但是却很耗费时间，并且需要你在组装完成之后重新对打印床进行调平。因此，如果你准备使用相同的升级方案，我推荐你可以顺便更换同步带的压板。

打印床调节器

即使你不打算加装 Z 轴高度微调器，你仍然需要对打印床进行一项升级才能够进行调平。大部分套件会通过一些螺栓将可加热打印床固定在面板或者 Y 轴的副架上，但是有少部分套件，比如我购买的，就没有提供任何调节装置。因此当你需要调平打印床时，需要用垫板或垫片来抬升打印床上不平整的部分。这样不仅需要花费你大量的精力来拆卸螺栓和插入垫片，而且最终得到的结果不会很精准，因为垫片的厚度是不一致的，从而导致打印床可能会出现不平的现象。我们需要更加精确地调节打印床的某一边或者某个角的高度。

通过固定的螺栓来调节打印床有许多现成的例子。大部分人会在螺栓和可加热打印床之间添加一个弹簧，然后再在另一面用锁紧螺母进行固定。螺栓可以从上方或下方穿入打印床上的安装孔，但是无论怎样安装都需要你使用两样工具来调节特定螺栓的松紧。此外还有一种方式是将螺栓穿过 Y 轴的底板，然后在顶部用锁紧螺母进行固定。这样能够减少调节时需要用到的工具。

但是，如果不需要工具就能够调节螺栓的松紧那不是更好吗？我决定对这种固定方式进行一些改进，去掉螺栓上的弹簧，将螺栓穿过 Y 轴的底板，然后在螺栓上穿入一个螺母。接下来用一个拨轮固定住放置在打印床下方的另一个螺母，最后再在顶部用一个螺形螺母固定住。图 11-18 中展示了我的安装方式，我在所有的 RepRap 打印机上采用的都是这种固定方式。

图 11-17　Y 轴同步带张紧器（Prusa Mendel i2）

图 11-18　打印床调节器（Prusa Mendel i2）

你可以使用任意规格的紧固件。在这里我使用是一个#6（美制六号）螺栓和两个#6 螺母。顶部使用的螺形螺母是一个黄铜材质的#6 螺形螺母。这些零部件在大部分五金店里都可以买到。由于 Y 轴的底板是铝制的，我只需要用钻头对原先的 M3 通孔进行扩孔即可。拨轮可以在 Thingiverse 上找到，并且有许多相似的设计。你可以在 Thingiverse 上找到一个尺寸合适的设计。

■ **备注**：使用弹簧结构有一点好处是它能够在喷嘴和打印床发生碰撞的时候起到一定的缓冲作用。这对于刚刚接触 3D 打印机的爱好者来说可能更有用一些，因为他们更容易碰见意外出现的 Z 轴运动。

安装打印床调节器可能需要你将打印床完整地拆卸下来，甚至还可能需要拆卸整个 Y 轴的底板。但是为了让调平打印床变得更加轻松，这些辛苦都是值得的。如果你采用的是像我一样的免工具安装方式，那么调平打印床将会变得十分方便快捷，并且更重要的是你能够保证喷嘴在打印床的 4 个角上都保持相同的高度。

改进 Z 轴机构

在前面的章节里我们介绍过 Prusa i2 打印机的 Z 轴会出现振动问题。回忆之前我们介绍过 Z 轴的振动主要表现为打印品的侧面上的波纹。图 11-19 里展示了两个不同的 3D 打印机制作的柱体，一台有 Z 轴振动问题，另一台则针对 Z 轴机构进行了改进。

注意图中上方的物体，这是打印机在改进 Z 轴机构之前打印得到的。此时打印机中的 Z 轴的丝杆在两端上都是固定住的。注意图中不平的表面，这个面是物体的侧面。这些不平使物体的侧面呈现波纹状，相比于下面的高质量打印品更像是褶边而不是一个柱体。

现在让我们观察下方的环，这是改进 Z 轴机构之后得到的打印品。注意表面上已经几乎没有凹凸不平的部分。如果你仔细观察，依然可以看到十分细微的波纹（但是甚至没法测量，只有通过放大镜才能够观察到）。完成了对 Z 轴机构的改进之后，打印机的打印质量才能够回归到正常水平。

当我第一次碰见这个问题时，我尝试了好几种不同的临时修复措施，其中包括在步进电机上加装一个弹性联轴器。它显著改善了 Z 轴的振动状况，但是并没有完全解决这一问题。同时我还尝试过更换一根几乎完全笔直的丝杆。但是在询问了好几家五金店之后，发现这几乎不可能。要想得到十分精密的丝杆，你需要联系制造商自己定做，而这也意味着将会花费你大量的金钱。

到最后，我进行的各种尝试都没有从根本上解决这个问题，并且对于症状也没起到什么作用。但是当我读到理查德・卡梅隆（Richard Cameron）的文章"在基于挤出技术的 3D 打印中 Z 轴机构的分类（"Taxonomy of Z axis artifacts in extrusion-based 3d printing," RepRap Magazine[①]）之后，我意识到了这个问题的症结所在。实际上这个问题是由原装套件中关于 Z

---

① 2013 年 2 月号，第一期。

轴丝杆的固定件升级导致的，它将 Z 轴两端完全固定住了。因此使任何细微的弯折、扭曲或者其他形变都会传导到 X 轴上，从而导致物体侧面上的波纹状不平。

那么应当怎样修复这个问题呢？只需要将轴的一端变得灵活即可！我将丝杆的底部固定件进行了更换，让它能够在小范围内进行位移。这使得丝杆上的细微变化不会传导到 X 轴上。图 11-20 里展示了原先的 Z 轴底部的固定件，以及我添加了一个推力轴承之后的固定件。

图 11-19　改进 Z 轴机构的效果

图 11-20　Z 轴底部的固定件

图 11-20 中左侧是原版的 Z 轴底部的固定件，使用的是 608 轴承。它的内径是 8mm。一般会在轴承的顶部叠加使用两个螺母或者单个锁紧螺母来进行固定。大部分 Prusa Mendel i2 的组装说明都推荐你将螺母拧紧，这样能够让轴承承载绝大多数轴机构的重量。一些打印机的组装说明还推荐在步进电机的固定件上使用弹性联轴器。这能够在一定程度上缓解症状，但是由于 Z 轴底部依然是固定死的，并且通常情况下 Z 轴运动的范围都是在下半部分，因此任何形变都很容易传导到 X 轴上。虽然顶部有一定的柔性，但是依然不足以补偿丝杆的弯曲和螺纹异常可能造成的影响。此外，608 轴承上的负载和它的设计承载方向是互相垂直的，因此这个轴承并不适用于这里的应用场合。

图 11-20 中右侧的固定件则通过更换一个 10mm 内径的推力轴承来修复这一问题。图中没有展示出轴承上的垫圈，在安装时需要将垫圈装在轴承的内圈上，然后再放上一片 8mm 的推力垫圈。接着用两个螺母将 X 轴的一半负载固定在 X 轴上。这样安装完成之后，Z 轴的丝杆能够在推力轴承内自由地运动。最后我还会用一个柔性的联轴器来固定住步进电机，这样能够将振动问题造成的影响降到最低。图 11-21 里展示了完成改进之后的结构。

图 11-21　改进后的 Z 轴机构

我需要再次说明，这样改进的目的是为了让丝杆能够在底部有一定的自由度，从而避免将形变传导到 X 轴上。图 11-19 里下方展示的柱体就是由图 11-21 里改进过的打印机打印出的，你可以看出改进之后确实大大减轻了 Z 轴振动对打印质量造成的影响。

但是安装这项升级需要花费你几个小时的时间，因为你需要将框架底部的丝杆完全拆卸下来才能够取下 Z 轴的底部固定件。此外，你还需要将打印机底部中央的横梁拆卸下来。

如果你在框架上还安装了其他的配件，它们同样会让你的拆卸工作变得更加艰难。回头去看看图 11-15 里的打印机。我需要拆除一大堆东西才能够把 Z 轴底部的固定件拆下来，但是最后的效果证明这项升级绝对是值得的。

Prusa i3 打印机

Prusa i3 打印机是 Prusa 版本的 RepRap 打印机之中的最新型号。Prusa i3 相较于之前的设计进行了多项改进，主要包括大大减小了 Z 轴振动的影响、减少了塑料零部件的使用数量，以及提升了框架的稳定性，[①]此外打印机组装起来也更加轻松。由于它推出的时间相当近，大部分 RepRap 经销商都会提供相关的零配件和升级套件。

和 Prusa Mendel i2 套件一样，大部分 Prusa i3 套件都提供了 3D 打印所需的基础功能。因此，你通常能够在套件里找到可调节打印床和 Z 轴高度微调器。但和 Prusa Mendel i2 不同的是，网络上你能找到的升级选项并不是很多。这是由于 Prusa i3 打印机面市的时间不是很长。

不过你可以在网络上找到主要塑料零部件的一些衍生设计。最原始的设计来自于 Jose Prusa，但是现在网络上有许多可用的衍生设计。但是我更喜欢使用原生设计，只有在必须的时候才使用一些经过修改的零部件，并且如果你没有使用过原生设计的话，又怎么能够知道改进的零部件对打印质量提升了多少呢？这同样也适用于各种不同的升级选项。你不能只因为它们标着"最新""最强"就不经思考地下载并且尝试将它们安装在你的打印机上。正如我们前面介绍过的 Prusa Mendel i2 打印机上 Z 轴的底部固定件，最新的并不一定意味着是最好的。

但是这也不意味着 Prusa i3 打印机没有可选的升级配件。实际上，现在已经有许多升级配件出现在网络上，并且每周都有新的升级配件被设计出来。我对自己的 Prusa i3 打印机进行了许多不同的升级和改进，其中一部分是我自己设计的。图 11-22 里展示的是我最近改造完成的一台 Prusa i3 打印机。

一部分升级配件直接替换掉了原有的零部件，但是大部分升级套件都是对现有零部件进行的改进。下面列出了我对 Prusa i3 打印机进行的升级和改进，最终的成果就是图 11-22 里的打印机。在这里我将会列出这些升级的相关内容，其中一部分实际上与 Prusa Mendel i2 打印机里采用的升级配件相同。

图 11-22　Prusa i3 打印机

- 打印床调节器：Thingiverse 网站，设计 16428
- *Z* 轴高度微调器：（参照前面介绍的内容）
- 硼硅酸玻璃打印基板：线上零售网站

---

① 但是在采用铝材版本的打印机中，如果 Y 轴顶部安装了很沉重的丝材卷，很可能会导致 Z 轴出现弯曲。因此，如果你打算在顶部固定打印丝材卷的话，注意在框架结构上加装一些支架。

- 隔热打印床：线上零售网站
- RAMPS 散热风扇：Thingiverse 网站，设计 30331
- 图形液晶屏：线上零售网站。固定支架来自于 Thingiverse 网站，设计 287633
- 电源固定支架和外壳：Thingiverse 网站，设计 396650
- 调平探头的滑撬：Thingiverse 网站，设计 396692
- 继电器支架：Thingiverse 网站，设计 396653
- 限位开关固定件：Thingiverse 网站，设计 82519 和 Thingiverse 网站，设计 82631
- 丝材卷支架和引导装置：（参照前面介绍的内容）
- 移位的 USB 接口：Thingiverse 网站，设计 237016
- 丝材清洁器：Thingiverse 网站，设计 16483
- 打印丝材引导器：Thingiverse 网站，设计 287608
- *Y* 轴线缆的扭力消除装置：Thingiverse 网站，设计 200704
- *Z* 轴的弹性联轴器：线上零售网站。挑选 5mm 连 5mm 的联轴器①

由于 Prusa i3 打印机是最新型的 Prusa 版本的 RepRap 打印机，我将会在后续的内容里介绍这里面的一部分升级选项。同时我依然会按照从易到难的顺序介绍一些必备的升级配件。

图 11-22 里打印机上配备的液晶屏是 RepRapDiscount 推出的一款图形液晶屏产品。这块液晶屏相较于点阵液晶屏来说尺寸要大得多，因此显示的内容读起来也更加轻松。它同时还支持显示低分辨率的图像，比如风扇、可加热打印床和挤出机的图标。我将液晶屏装在框架的左上角，这样能够让我更加轻松地操作液晶屏，尤其是当打印机被放在一个较矮的工作台上的时候。图 11-23 里展示了液晶屏的固定件（照片是从打印机的后侧拍摄的）。你可以在 Thingiverse 网站，设计 287633 上找到这个固定件。

我习惯尽量让打印机上的导线和电路保持整洁。在我刚刚接触组装 3D 打印机的时候，它的外置电源就很让我恼火。起初我购买的套件里使用的是一个体积巨大带着金属外壳的 ATX 电源，不管什么时候它都在工作台面上碍我的眼。从那时起，我在组装其他打印机的时候就会尝试着将电源固定在打印机上。一些型号的打印机上没法这样做——因为框架上的空间不够固定一个电源(比如 Printrbot Simple 打印机)。而在 Prusa i3 上看上去空间也很小，但是我

图 11-23　图形液晶屏的固定件（Prusa i3）

最终还是找到了一种能够将电源固定在右侧框架上的解决方案。图 11-24 里就是我使用的解决方案（Thingiverse 网站，设计 396650）。

对于打印机的控制电路也一样，我也很不喜欢将电路单独放置在打印机外的设计。不过

① 大部分 Prusa Mendel i2 打印机使用的是 8mm 连 5mm 的弹性联轴器。因此在购买的时候需要注意联轴器的规格是否能够用在 Prusa i3 打印机上。

幸运的是，Prusa i3 在设计时就给电路提供了安装位置（虽然有一部分设计里只留出了空间而并没有钻安装孔）。你只需要将 Arduino 或者其他的控制电路固定到框架上就可以了。如果你希望像我一样给 RAMPS 电路板添加散热风扇的话，那么在处理大量的接线的时候一定要注意。图 11-25 里展示了完成后带有散热风扇的电路（Thingiverse 网站，设计 30331）。

图 11-24　电源固定支架和外壳（Prusa i3）　　图 11-25　RAMPS 散热风扇（Prusa i3）

这些都只能算是有趣的次要升级，接下来让我们了解一些必备的升级选项。

■**备注**：在这里有一些必备的升级选项在之前 Prusa Mendel i2 的章节里已经进行了介绍。其中包括打印床调节器、硼硅酸玻璃面板以及液晶屏。为了保持内容的简洁性，在这里我将不再重复进行介绍。如果你对这些升级项很感兴趣的话，可以参考前面提供的 Thingiverse 链接。

Y 轴线缆扭力消除装置

3D 打印机上的 *X* 轴和 *Y* 轴机构上的连接导线在打印过程中会经常出现弯折。我们在前面介绍过，长期持续的弯折很可能会导致导线出现断裂从而使得零部件出现故障。大部分可加热打印床的加热面板的接线位置都在面板的前侧，同时加热面板的控制开关则位于接线的下方。因此在连接可加热打印床的时候通常会将导线从 *Y* 轴的前方接入，然后经过轴运动轨迹的下方连接到 RAMPS 电路板上。但是这样走线会使导线无法固定住，很容易在 *Y* 轴运动的过程中缠在 *Y* 轴上。并且由于导线在走线过程中需要弯折接近 180°，导线上承受的扭力也更大。

你可以通过将打印床旋转 180°，让接线位置位于后方来解决这一问题。这使你可以将导线经过打印机的后方进行走线，从而避开打印机上的各种障碍物，但是旋转打印床会使加热面板上的说明文字移位。如果你是像我一样的人，就会希望打印机不仅功能保持正常，同时它的外观也需要保持完美。不过这样并不能彻底消除导线上的受力点，导线的弯折程度会有一定程度的减轻，但是仍然可能导致导线断裂。

我在 Thingiverse 上找到了一个设计十分精妙的扭力消除装置（设计 200704），它能够让你在打印床下方的 Y 轴底板和加热面板之间进行走线。由于我对可加热打印床进行了隔热处理，导线不会受到加热面板工作时产生的热量的影响。如果你没有进行隔热处理，那么可以尝试着将导线穿过 Y 轴底板的下方，然后用扎线带将它固定在底板上。

这个零部件只需要通过扎线带就可以固定在 Y 轴底板上，同时它上面还留出了用扎线带固定导线需要的通孔。图 11-26 里展示了装在打印机上的扭力消除装置，注意观察图中我们是如何用扎线带固定扭力消除装置的。

安装过程很简单，除了拆卸原来导线之外，其余的部分都不需要你对打印机的结构进行拆解。我推荐你将它固定在框架的后侧，这样能够留出较多的空间供线束走线，同时还能够防止导线悬浮在打印机的后侧。如果你的打印机套件里没有配备这样的配件，那么在长期使用打印机之前最好是自己尝试着进行这样的升级。

弹性联轴器

弹性联轴器对于 Prusa i3 来说是一个很有用的小配件。大部分套件里都采用一小段套管和扎线带将 Z 轴电机和丝杆连接起来。这种方式是有效的，但是它并不能够给 Z 轴提供像我采用的方法这样的自由度。幸运的是，你可以很轻松地找到经过切割制作能够提供和弹簧一样柔韧性的铝制联轴器。图 11-27 里展示的是我使用的联轴器。

图 11-26　Y 轴扭力消除装置（Prusa i3）　　　　图 11-27　Z 轴上的弹性联轴器（Prusa i3）

你可以在线上的 RepRap 经销商那里购买到联轴器。你只需要将旧的联轴器拆下来，将 X 轴抬升过电机的位置，然后装上新的联轴器即可。如果操作过程中足够小心的话，你甚至不需要重新对打印床进行调平，但是我推荐你在安装完成之后检查一下打印床是否平整。

移位的 USB 接口

将电路板装在框架的背部可以让它们更少受到你在使用打印机时挥舞的手臂和工具的干扰。但是这样安装电路板也会使插拔 USB 线缆变得更加困难。如果你需要经常移动打印机的位置或者插拔 USB 线缆，那么这样安装电路板会给你带来很大的困扰。

因此，我自己设计了一个零部件来将 USB 接口的位置移动到打印机的前方。我使用了一根一端为 B 型 USB 接口公头，另一端为 B 型 USB 接口母头的 USB 接口延长线。对我来说，一根 30cm 长的延长线就足够了，但是我推荐你购买一根 50cm 长的延长线来留出一定的余量。图 11-28 里展示的是安装完成后的零部件。

　　安装过程很简单，但是在安装夹具时需要你将 Y 轴移动到尽可能靠后的位置或者将打印床拆卸下来。我设计的固定件需要从 Y 轴丝杆的一端套上去。如果你很难将它套在丝杆上，那么你可能需要将 Y 轴的丝杆尽可能地向后拧来留出足够的空间。如果在安装过程中将 Y 轴或者是打印床拆卸下来了，那么在组装之后记住重新对打印床进行调平。

丝材卷支架和打印丝材引导装置

　　一个好的丝材管理系统对于流畅、均匀的挤出效果来说是十分关键的。打印丝材卷在转动过程中如果出现摩擦力过大或停滞的现象，导致的后果可能十分严重，之前我们介绍过这类问题可能会导致挤出不均匀以及打印质量问题。在极端情况下，打印丝材上的压力过大甚至有可能导致挤出故障。

　　打印丝材管理系统的组件包括一个优秀的丝材卷支架、一个或几个打印丝材引导装置防止打印丝材在装载过程中碰到活动零部件，以及一个丝材清洁器。我为这台 Prusa i3 打印机设计的丝材卷支架主要用到了固定在铝制框架上的丝杆（Thingiverse 网站，设计 396669）。图 11-29 里展示出了用作支架的两根丝杆、我自己的框架固定件，以及能够调节角度的丝杆夹具（Thingiverse 网站，设计 30328）。

图 11-28　移位后的 USB 接口（Prusa i3）

图 11-29　打印丝材管理系统（Prusa i3）

　　固定打印丝材卷的零部件和 Prusa Mendel i2 中使用的锥体是一样的，但是经过了一定的修改，移除了一些多余的材料。我同样还设计了一个很宽的丝材引导装置，保证打印丝材从打印丝材卷上送出之后位于打印区域的中央（Thingiverse 网站，设计 287608）。它带有一定的角度，让打印丝材能够自由地从打印丝材卷上拉出，并且方便固定在框架的顶部。而丝材清洁器和我在其他所有打印机上使用的是相同的设计。

这项升级的安装过程并不复杂，不过需要你先将支撑的丝杆部分组装完成。同时需要注意的是这里使用的丝杆并不是标准长度的丝杆（比如 30cm 长）。顶部的丝杆可以是 30cm 长的标准丝杆，但是用来安装打印丝材卷固定锥体的丝杆需要至少 40cm 长。同样根据顶部横向丝杆长度不同，你需要对竖直的丝杆进行一定程度的修剪。因此这项升级可能相比于之前介绍的内容要更加困难一些。如果你自己没有切割丝杆的能力，那么可以用木销钉尝试着模拟整个结构，然后测量出具体的参数之后找五金店来帮你切割丝杆（或者是找一个有锯子并且有空闲的朋友）。

用于自动调平的调平探头

另一项必备的升级则是十分流行并且不断被 3D 打印爱好者们改进的配件：自动调平（更准确的说是调平探头）。我在前面介绍 Printrbot Simple 相关的内容时介绍过一个类似的装置。

而对于 Prusa i3 打印机来说可用的调平探头就有很多了。大部分解决方案里都会使用舵机和限位开关，在需要探测的时候将探头转下来，之后在开始打印的时候将探头收回。但是我并不喜欢这种设计，原因有二：首先大部分舵机固定的位置都会影响你安装风扇和照明设备，并且很容易让 X 轴滑架显得过于臃肿；其次你需要使用质量很好的舵机，并且很容易在控制电路板上引发噪声（RAMPS 电路版）。[①]我测试的大部分电机都会在运作过程中发出烦人的"咔哒"声或者是在长时间的打印过程里让探头出现轻微地掉落。出于这些原因，我觉得应该有更好的办法。图 11-30 里展示的是我的解决方案。

图 11-30　通过滑撬
固定的调平探头（Prusa i3）

注意在这里 X 轴的光杆上多出了一个活动零部件，它是一个装有电磁铁和 Z 轴高度微调器的滑撬。我理想中的解决方案是要能够在没有工作的时候将限位开关收起来。这个滑撬就可以实现这一点。当调平探头工作的时候，固件首先将 X 轴进行复位，然后将 X 轴滑架移动到最大值位置。到达之后，滑撬上的电磁铁将会启动，然后吸附在滑架上的金属片上。之后滑架运动的时候会将滑撬拖动到需要探测的位置（打印基板的 4 个角和中央）。当探测完成之后，X 轴滑架会再次回到最大值位置，然后电磁铁将会断电。这样就能够让探头远离打印区域。图 11-31 里是滑撬的近照，图中安装在滑撬中央的圆形物体就是电磁铁。

电磁铁和舵机一样通过固件进行控制。此时管脚上的高低电平就能够一并控制电磁铁是否通电产生磁性。但由于电磁铁需要的工作电压为 12V，而不是 RAMPS 电路提供的 3～5V 电压，所以需要额外在舵机的管脚上连接一个 12V 继电器来控制电磁铁。图 11-32 里展示了装在框架背后的继电器，它的固定件也可以在 Thingiverse 上找到（设计 396653）。

---

① 我尝试过用好几种不同的 Arduino 和 RAMPS 电路板来控制舵机，甚至还包括一些噪声抑制电路。噪声抑制功能能够在一定程度上减轻舵机发出的噪声，但是离我的预期还是有一段不小的距离。

图 11-31 调平探头的滑撬

图 11-32 用于控制电磁铁的 12V 继电器

对这个装置进行接线时需要你在舵机控制管脚和继电器、12V 电源和继电器，以及电磁铁和继电器之间进行连线。继电器电路设计时需要能够通过逻辑电平信号激活，即能够接受3～5V、最大电流为 40mA 的信号。你还需要在探头的限位开关和 RAMPS 电路板之间进行连线。如图 11-30 所示，我将导线从框架的右侧穿过，防止与活动零部件发生缠结。图 11-33里展示了这一部分装置的接线示意图。

图中为了方便说明直接在继电器和 Arduino 电路板之间画了一条连线。但在你实际连接继电器和 RAMPS 电路板的时候，你需要用到的是在 RAMPS 底部复位接口旁边的舵机接口，如图 11-34 所示。

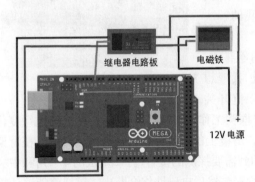

图 11-33 电磁铁和继电器的接线示意图

图 11-34 舵机接口（RAMPS）

这个零部件中的所有零部件都可以在 Thingiverse 上找到（设计 396692）。滑撬在设计时已经考虑到了安装问题，因此你只需要直接下载并打印即可。这里唯一没有介绍到的是可打印的 LM8UU 轴承，Thingiverse 上也有许多直接能够使用的示例。我修改了其中的一个设计来保证它与滑撬相匹配，并且一起上传到了 Thingiverse 上的.stl 文件里。

你还可以在页面上找到一个装置运作时的视频，同时页面里还介绍了如何修改固件来激活电磁铁和滑撬。代码经常会进行修改和改进，因此你需要经常查看 Thingiverse 的页面来寻找最新的代码。

你可以通过两种不同的方法来修改固件。你可以修改自己的 Marlin 固件中的相关代码或者直接使用我修改过的 Marlin 固件。我会在下面分别介绍如何进行这两种操作，推荐你详细阅读下面介绍的内容来充分理解应当如何对固件进行修改。

修改现有的固件

修改你自己的固件可以节省你从头开始改正其他配置需要花费的时间。你只需要将控制滑撬的代码添加到固件中即可。在固件中你需要给 Configuration.h 文件添加两行定义代码，并且对 Marlin_main.cpp 文件进行几处修改。下面这两行代码需要添加到 Configuration.h 文件中。

```
#define Z_PROBE_SLED
#define SLED_DOCKING_OFFSET 5
```

在这里我们定义了滑撬的变量名称以及 X 轴需要超出最大值多少才能够吸附上滑撬。这个参数需要根据打印机的具体情况进行确定，因此你需要首先将 X 轴移动到最大值位置，然后测量此时 X 轴滑架和滑撬之间还有多少空间。滑撬停放的位置只需要保证当 Z 轴位于最小值时不会与打印床发生碰撞即可。

你可以在 Thingiverse 的页面上找到对于代码文件的修改，通常会以差别文件（.diff）或者补丁的形式提供。要使用差别文件（或者补丁），你需要使用 Marlin 文件夹中的补丁命令行。同时在打补丁之前记住检查是否使用的是最新版的 Marlin 固件。

使用修改过的 Marlin 固件

直接使用我修改过的 Marlin 固件可能更适合那些刚刚组装完一台新打印机或者没有尝试过修改 Marlin 固件的爱好者们。如果你不熟悉如何修改固件，也可以下载经过修改的固件，然后将自己的配置文件复制过来进行使用。

为了方便大家使用，我自己创建了 Marlin 固件的一个分支，这样你就不用自己对源代码进行修改了。你可以在 github 网站上下载到经过修改后的固件代码。

安装滑撬和接线

安装这项升级的过程并不简单，不仅仅是由于你需要对固件进行修改，在安装过程中你还需要将 Z 轴和 X 轴的一部分拆下来。至少你需要将光杆和丝杆从框架右侧的零部件上取下来，然后将 X 轴右侧的末端零部件拆下来。要达成这一目的，你需要将 X 轴的同步带先拆下来。之后你才能够将滑撬套在 X 轴的光杆上，然后将所有零部件组装起来。

接线同样会给你带来一些困扰，因为你需要额外连接一个继电器。不过只要你能够保证按照图 11-33 里的内容进行接线，那么电路的正常运行不会出现问题。如果你使用的继电器管脚和我这里介绍的定义不一致，那么你可能需要自己研究原理图并对接线进行一定修改来适配你选择的硬件型号。

在安装完硬件，并且完成所有接线和升级了固件之后，你就可以享受自动调平给你带来的便利了。不仅如此，由于这个滑撬上还配备了微调 Z 轴高度的装置，你还可以对所需的 Z 轴高度进行一定程度的微调，而不需要对固件进行修改或者是用 G-code 对 ROM 中的参数进行修改，很棒对吗？

MakerBot Replicator 1 Dual 打印机

MakerBot Replicator 1 Dual 是一款十分优秀的 3D 打印机。虽然它相比于最新款的 MakerBot Replicator 2X 显得有些陈旧（MakerBot 产品线中仅有的两款双挤出机打印机产品），但是对于那些想要尝试用双挤出机进行 3D 打印或者用 ABS 丝材进行打印的人来说依然是不错的选择。MakerBot Replicator 1 Dual 打印机在设计的时候就针对 ABS 丝材进行了优化，并且没有配备 PLA 打印所需的冷却风扇。

虽然我对于 Replicator 1 Dual 打印机进行的升级和改造要比之前介绍的几款打印机都少，但是这都是些对于提升 ABS 打印质量十分重要的升级，并且它们的花费并不大。如果你希望获得 Replicator 2X 一样的功能（比如封闭的外壳和升级过的挤出机结构）但是预算不足，那么可以购买一台较新的二手 Replicator 1 Dual 打印机并通过升级来实现相同的功能。实际上，经过我自己升级的 Replicator 1 Dual 打印机相较于刚刚拆封的 Replicator 2X 打印机来说，它能够打印出质量更加优秀的物体。图 11-35 里展示的就是我自己升级过的 Replicator 1 Dual 打印机。

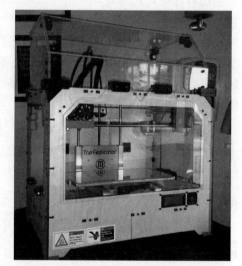

图 11-35　经过改造的
MakerBot Replicator 1 Dual 打印机

下方列出了这台打印机上已经安装了的升级配件。在后面的内容中我将按照安装的复杂程度顺序来介绍一些必备的升级选项。

- 改进的可加热打印床：bctechnologicalsolutions 网站
- MakerBot Replicator 挤出机/打印丝材驱动结构升级：在 eBay 上搜索一名叫 cred8t 的卖家
- 铝制双挤出机滑架：Carl Raffle 网站
- 改进过的铝制支架：bctechnologicalsolutions 网站
- 全封闭外壳：顶部（Thingiverse 网站，设计 26063，关键词 Makerbot Replicator Enclosure）、窗板（Thingiverse 网站，设计 30311，关键词 Replicator windows）

- 可调节底座：Thingiverse 网站，设计 249914

品牌聚焦：BC Technological Solutions

BC Technological Solutions 公司，也称为 BottleWorks 公司，为 MakerBot Replicator 1、2 和 2X 打印机推出了两种关键的升级套件。它们为 Replicator 1 和 2X 提供备用的可加热打印床，以及为 Replicator 2 提供可加热打印床的升级套件。此外它们还提供最优秀的打印床固定支架备用件。支架采用实心铝材切削而成，并且能够消除原厂支架可能出现的振动和倾斜问题。这两项升级对于每一台 MakerBot Replicator 1、2 和 2X 打印机来说都十分重要。

图 11-36 里展示了几项升级的近景图，我会在后面的内容里介绍这幅图中的相关内容。

MakerBot Replicator 挤出机/打印丝材驱动结构升级

Replicator 1 打印机上的挤出机采用的是老式的 Delrin 柱塞结构。这种结构因为维护困难和使用寿命较短而臭名昭著。网络上有可以通过 3D 打印制作的替代结构，它们能够取得更好的打印效果，但是解决这个问题的最佳方式还是将挤出机升级成全铝制柱塞结构，如图 11-37 所示。

图 11-36　升级后的 Replicator 2 零部件

图 11-37　Replicator 1 Dual 上升级后的挤出机

升级套件中包括一块背板、弹簧、带有轴承的控制杆以及两个螺栓。图 11-38 里展示了组装完成并且固定在步进电机上的零部件。这个版本适用于 Replicator 2 打印机，用于 Replicator 1 的版本也很类似。

安装过程十分简单。首先你需要将旧挤出机中的丝材卸除，断开步进电机上的接线（注意操作过程中不要反向转动步进电机!），然后移除固定住风扇和步进电机的螺栓。进行这些操作之前最好用毛巾盖住打印床，防止有零部件或者工具掉落。

图 11-38　铝制挤出机结构细节

将步进电机从打印机上拆卸下来，然后将底板和支架按照图 11-38 所示安装到步进电机上。安装过程中最困难的一步是你需要按住挤出机的控制杆来压缩弹簧，这样才能够将左侧的螺栓固定住。完成这些零部件的安装之后，你就可以重新组装挤出机并装载打印丝材，并且不需要进行其他的调节。

　　如果你在使用原厂 Delrin 的柱塞挤出机遇到问题，或者是升级了打印版本的挤出机（结构和全铝制版本也很近似），那么全铝制的挤出机绝对是值得你投资的升级之一。我可以保证有很多打印 ABS 丝材时经常出现的挤出故障都能够通过进行这项升级来解决。

升级可加热打印床

　　原厂的可加热打印床的加热效率已经足够你打印任何材质的丝材了，但是在设计上却有一点儿小缺陷：打印基板是固定住、无法拆卸的。这使你很难撕下或者替换使用过的 Kapton 胶带。不过幸运的是已经有了现成的解决方案！BC 科技公司提供的可加热打印床替换套件不仅能够提供可拆卸的打印基板，同时还能提高加热效率。图 11-35 里装在打印机上的就是改进过的打印床。

　　改进过的打印床相比于原厂零部件要稍长一些，你需要修改固件中的配置才能够使用这些多出来的打印区域。不过我个人在使用过程中没有发现对固件进行修改的必要性，此外商家还推荐将打印床的工作温度保持低于 100℃。我将打印床的工作温度设定为 90℃，得到的打印效果很不错，但是这个温度比起原厂打印床的工作温度来说要低一些。因此，如果你准备进行这项升级的话，记住在 MakerWare 中重新设定打印床的默认工作温度。

　　可拆卸的打印基板能够给你带来极大的便利性。你可以购买备用的打印基板，然后在没有装载打印机的情况下用喷水法在打印表面上粘贴 Kapton 胶带。因此，如果你的 Replicator 1 Dual 打印机的使用频率高到需要经常更换表面的 Kapton 胶带的话，①这项升级绝对是值得的。

　　此外，改进过的打印床也将四点式调平装置升级成了 Replicator 2/2X 上采用的三点式调平装置。你需要在打印床的支架之间的木板上钻一个孔来安装新的调平螺栓，BC 科技公司提供了一个很简洁的模板来帮助你钻孔（当然是通过 3D 打印制作的）。

　　安装过程并不复杂，不过你需要放倒打印机来对电路进行修改。你需要将电路板的外壳拆下来，然后将可加热打印床的接线拔下来。拆除原厂的打印床需要你先卸下打印床的调节螺栓，并且断开加热单元与控制电路的接线。升级套件里会提供详细的安装说明，只需要多点耐心，你应当能够在 1 个小时之内完成这项升级的安装过程。同时注意，一般在安装完成之后需要重新对打印床进行调平。

　　第一次使用新的三点式调平装置来调平打印床时可能会有些不适应，因为打印机的菜单内容和操作指南没有进行对应的变更。不过你依然只需要按照菜单的内容进行操作，并且将调节左后和右后调节螺栓的步骤用于调节后方唯一的调节螺栓即可，经过几次尝试之后相信你很快就能适应了。

AluCarriage 铝制双挤出机滑架

　　MakerBot 打印机原厂的 X 轴滑架采用注塑成型工艺制作。它能够在打印 ABS（以及 PLA）

---

① 我曾经遇到过有些人使用的 Kapton 胶带从来没更换过。

打印丝材的情况下提供良好的打印质量，但是如果你希望采用熔点更高的丝材进行打印，比如尼龙，那么滑架可能会由于长时间的高温加热而出现变形、熔化等问题。如果你希望采用高温丝材进行打印，那么需要将原厂的滑架更换成采用更耐高温的材料制作的滑架。Carl Raffle 提供了针对 MakerBot 打印机的一系列铝制升级套件，其中就包括一个 X 轴滑架（后面的品牌聚焦里有介绍）。

Carl 将他的升级产品称为 AluCarriage，用数控机床对铝材进行切削制作而成，能够直接替换原厂的滑架零部件。和其他 Carl 提供的产品一样，AluCarriage 的质量十分优秀，并且十分注重细节。我购买过好几套他提供的产品。除了安装简单和让你能够采用高温丝材进行打印之外，它还像是一件艺术品。Carl 提供几种不同颜色的 AluCarriage 升级套件，我通常喜欢选择红色，装在打印机上的效果真的很棒。

同时 AluCarriage 有适用于单挤出机和双挤出机的两种版本，因此它可以用在你的 MakerBot Replicator 1 Single、Replicator 1 Dual、Replicator 2 或者 Replicator 2X 打印机上。图 11-39 里展示的是我用在 Replicator 1 Dual 和 Replicator 2X 上的双挤出机版本的滑架。

注意图中滑架后方的螺栓，它的顶部是一个特制的夹具（当然也是 3D 打印制作的），可用来帮助你固定步进电机和热端的接线。

图 11-39　AluCarriage 铝制滑架
（图片由 Carl Raffle 提供）

升级套件里包含了所有必需的零部件（比如固定螺栓）。你只需要少量的 Loctite 密封胶或其他用于螺丝的黏着剂来固定住用于固定轴承的小螺丝。此外，你在使用打印机过程中用到的日常工具就应当能够完成安装过程了。产品的网页上提供了详细的安装指南。

安装滑架之前，你需要先拆下步进电机和热端，并将原先顶板上的接线断开。拆除热端时，你只需要移除将热端固定在滑架上的两个螺栓即可，螺栓应当位于热端的两侧。说明文档里有着详细的图片来指导你如何进行拆卸。

将挤出机拆下来之后，你需要松开 X 轴的同步带。首先松开 X 轴步进电机上的固定螺栓，然后将步进电机朝着中央移动。接下来你需要取下 X 轴上的同步带压板，然后将滑架从轴承上取下来。现在你可以将新的滑架装在轴承上，然后用固定螺丝将滑架和轴承固定住。

注意在拧止动螺丝时不要将其拧得过紧，影响到轴承的正常工作。你很容易就会将止动螺丝拧到与轴承互相冲突，因此需要十分小心。最后用 Loctite 密封胶将螺丝固定住，你可以将滑架前后移动来测试轴承上的压力是否足够。此时滑架应当能够在光杆上自由滑动，不会感受到较大的摩擦力。如果出现粘滞现象，那么说明止动螺丝拧得过紧或者轴承与滑架的相对位置不正确（查看 AluCarriage 的下方，上面应当有针对每个轴承的槽位）。

在将滑架固定到轴承上之后，你需要用套件里提供的压板和螺栓固定住 X 轴的同步带。最后将挤出机重新装载到滑架上，并用夹具固定住接线。在完成安装之后你需要重新对打印床进行调平，因为 AluCarriage 相比于原厂滑架来说要稍短一些。

■提示：对于 Replicator 1 Dual 打印机，你可能需要省略掉顶板上的一个较长的固定螺栓（固定 PTFE 软管的位置）。这是由于 AluCarriage 上只有一个通孔能够用来安装止动螺丝。

升级之后你可能需要重新调节 Z 轴限位开关的位置，因为新的调平装置可能无法将打印床调节到合适的高度，即当你将调平螺栓完全拧松至弹簧完全松开的情况下。正常情况下弹簧上需要一定的压力来保证调节螺栓不会松脱。如果出现这样的情况，你需要松开 Z 轴限位开关上的固定螺栓（通常位于背板的中央位置），然后将限位开关向上稍微移动一点。将它朝上移动①不超过 1mm 的距离，重新拧紧所有的打印床调平螺栓，然后对所有轴进行复位之后测量此时的 Z 轴高度。如果打印床高度仍然不够，再次松开限位开关并将它朝上移动 1mm，并再次复位进行检查。重复这一过程直到喷嘴和打印床之间的距离在所有调平螺栓都拧紧的情况下能够保持 2～3mm 的距离。当达到这样的效果之后，就可以重新对打印床进行调平了。

升级铝制支架：Replicator 1

MakerBot Replicator 1、2 和 2X 上原厂的 Z 轴支架经常被用户所诟病。和 X 轴滑架一样，原厂零部件也是通过注塑成型制作的。但是由于支架上有一个 90°（左右）的弯折，结合它的材质、长度、打印过程中的副作用（尤其是在使用可加热打印床的时候）以及打印机的快速运动等，支架上可能会出现轻微的形变，更糟糕的是可能会产生影响打印质量的谐振。

幸运的是，这个问题可以轻松解决。BC Technological Solutions 公司提供全铝制的打印床支架升级套件，采用数控机床整体切削制成。它能够直接替换掉原厂的支架，并且配备了所需的全部零部件。图 11-30 里是安装了升级过后的铝制支架，图 11-40 里更加详细的展示了支架的外观。

升级套件里提供了详细、便捷的安装说明。BC 公司同样还给支架适配了新的轴承，这样你就不需要自己安装轴承了，但对应的轴承托可能需要自己安装。同时你也不需要什么特殊的工具，使用打印机时用到的工具通常就足够了。

图 11-40 适用于 Replicator 1 的铝制打印床支架
（图片由 BC Technological Solutions 提供）

安装过程中比较复杂的步骤是你需要放倒打印机来拆除电路板的外壳。这个步骤并不困难，但是需要你事先固定好所有可能松脱的零部件（比如打印丝材卷、丝材卷支架、玻璃面板等）。你还需要将加热打印床拆卸下来。

剩下的拆卸步骤包括移除 Z 轴的黄铜螺母、光杆的罩子和光杆自身。过程并不简单，但是你应当可以轻松地完成。我推荐你最好是留出两个小时的空闲时间来完成这项升级的安装过程。组装完成之后，你需要重新对打印床进行调平。

---

① 由于 MakerBot 打印机中 Z 轴控制的是打印床，将限位开关朝上移动意味着复位之后打印床和喷嘴之间的距离会缩短，而将限位开关朝下移动会使复位之后打印床远离喷嘴。

铝制支架是一项十分重要的升级，不过各个零部件的高品质也导致它的价格比较高。但是，由于它能够解决原厂支架可能导致的一系列问题，我认为进行这项升级是值得的。实际上我觉得这项升级对于所有的 MakerBot Replicator 1、2 和 2X 打印机来说都应当是最优先进行的升级。

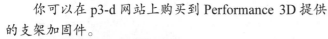

其他可选的支架升级选项

由于替换 Z 轴支架的花费和难度都比较高，在这里我们将会介绍其他两种可以考虑的解决方案。Home Zillions 提供一个可以固定在原厂支架上的铝制加固支架。你可以在许多在线购物网站里找到这个产品。Performance 3D 同样提供类似的产品，并且相较于 Home Zillion 的产品更加优秀。它同样也需要装在现有的支架上。右侧的图片里就是 Replicator 2 打印机支架上安装的加固支架，这些支架也可以用在 Replicator 1 打印机上。

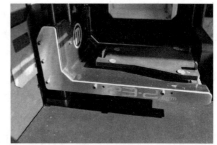

你可以在 p3-d 网站上购买到 Performance 3D 提供的支架加固件。

封闭外壳

最后一项能够将 Replicator 1 Dual 升级成与 Replicator 2X 近似的升级配件是一个全封闭的外壳。Replicator 2X 打印机出厂时就配备了顶罩和前方、左右两侧的窗口面板。给 Replicator 1 Dual 打印机升级封闭外壳不仅能够让它具备和 Replicator 2X 一样的功能，还能够帮助预防翘边或者其他类似的由气流或环境温度变化导致的打印质量问题。图 11-34 里就是加装了封闭外壳之后的打印机。

我将这项升级放在最后是因为它需要你自己来规划、切割和钻孔亚克力树脂面板。如果你没有切割和处理这种材料的经验，这项升级对于你来说将会是一项挑战。如果你没有信心能够自己完成亚克力树脂面板的切割，我推荐你可以找朋友来帮助你，或者直接在网络上购买切割完了的亚克力树脂面板。我曾经见到过几个不同的商家出售成套的亚克力树脂面板，其中有一部分和这里需要用到的面板很类似，并且功能上也基本相同。但不幸的是这类产品并不常见，因此你可能需要经常检查购物网站或者某些商家的网站。

只要你能够完成零部件的切割和钻孔，顶罩的组装实际上并不复杂。打印用来支撑顶罩的零部件可能需要花费几个小时的时间（大约有 6～10 个零部件，具体的时间根据打印速度有所不同），但是组装和安装顶罩的过程十分直接、简单。

窗口面板的切割同样十分困难。我通常会使用顶罩套件里的前窗口面板和带有铰链的侧窗面板。不过这需要我自己用树脂薄板来切割成两块窗口面板。铰链和闩锁打印起来十分简单、快捷，并且安装过程也很简单。我建议你可以用少量的强力胶将铰链和闩锁固定在亚克力树脂面板上。

组装完成外壳之后，你应当能够直观地感受到它对打印机的提升。首先也是最重要的，打印机的温度控制应当会变得更加平稳，打印 ABS 丝材时的气味也会一定程度上减少，并且在打印大型物体或者带有凸起部分的物体时打印质量也会有一定程度的提升。而正是这些原因，全封闭的外壳对于 Replicator 1 Dual 打印机来说是一项十分重要和必备的升级。

MakerBot Replicator 2（和 2X）

MakerBot Replicator 2（和 2X）打印机的推出对于专业级 3D 打印机来说是一个里程碑。它们相比于 Replicator 1 打印机有显著的提升，包括一个更加牢固的钢制框架、升级过的打印床系统，以及一系列细微的改进。这些升级和改进使 Replicator 2 打印机成为了对曾经拥有过 Replicator 1 打印机和其他希望获得一台质量优秀的 3D 打印机的人来说十分优秀的选择。Replicator 2 是 MakerBot 打印机产品线中的第四代产品。

我拥有一台 MakerBot Replicator 2 打印机，并且进行了深度的改进。图 11-41 里是我自己的 Replicator 2 打印机。是的，这并不是一台 Replicator 2X 打印机！而是经过我改装带有全封闭外壳的 Replicator 2 打印机。

虽然 MakerBot 已经发布了第五代的 3D 打印机产品，在复杂度和功能上都有不小的提升，但是 Replicator 2 打印机依然是一个十分实用的 3D 打印平台。如果你想要节省一些预算的话，可以在网上找到许多出售的二手 MakerBot Replicator 2 打印机，其中一部分的使用时间实际上并不是很久。你节省下来的预算可以用来给 Replicator 2 添加一系列不同的升级，让它能够实现比最新型号更优秀的打印质量。现在让我们来了解一下如何同时节省预算和提升 Replicator 2 的性能。

图 11-41　深度改造过的
MakerBot Replicator 2 打印机

另外，如果你很希望在打印机上配备最新的功能，比如打印过程的实时监控视频以及网络打印功能，那么最好还是考虑最新的第五代型号。不过对于我来说这些功能显得有些不够实用（也许网络打印功能并不算）。但是如果你希望得到这些功能的话，可以考虑从 MakerBot 购买最新型的打印机。

不过，如果你像我一样对于最新的花哨功能不感兴趣，下面将会介绍一系列对于 MakerBot Replicator 2 打印机来说十分关键的升级。通过这些升级，你可以获得与最新型的打印机不相上下的性能。

■**备注**：除了挤出机和全封闭外壳之外，这里介绍的升级配件都同时适用于 Replicator 2 和 2X 打印机。

这里介绍的升级选项对于 Replicator 2 打印机来说可以算是十分深入了，因为我在这台打

印机上花的精力很多。我几乎将除了加热单元之外的全部零部件都进行了升级，并且加热单元也有可选的升级配件。由于进行的升级太多，在这里我将会主要介绍一些比较有趣的升级选项，然后再按照安装的难易程度来介绍一些必备的升级配件。图 11-41 里已经展示了绝大多数的升级配件，在后续的介绍过程中我也会提到这张图。

- 改进的打印床：各个线上经销商
- 改进的挤出机结构：Karas Kustoms 网站
- AluCarriage 单挤出机铝制滑架：Carl Raffle 网站
- 铝制支架升级：bctechnologicalsolutions 网站
- 铝制 X 轴末端零部件：Carl Raffle 网站
- 丝材卷支架：Thingiverse 网站，设计 119016
- 全封闭外壳：（顶罩和侧面板）Additive Solutions 公司网站
- X 轴轴承惰轮：在 eBay 上搜索 "3d Printer X-End Idler Kit"（3d 打印机 X 轴末端惰轮）和卖家 "almws6"。你可能需要经常查看是否有商品出售，因为卖家生产销售的数量有限。你可以通过 eBay 的消息系统询问卖家是否有升级套件出售
- 可调节底座：Thingiverse 网站，设计 232984

品牌聚焦：Carl Raffle

Carl Raffle 出售一系列自制的 MakerBot 打印机(Replicator 1、2 和 2X)的升级套件产品，零部件通常由数控机床切削制作而成。Carl 提供全新的滑架、X 轴末端、加热模块等一系列升级套件。你可以在许多线上的 3D 打印论坛里看见有人提到他的产品。我曾经尝试过他的多项产品，它们的质量都十分优秀。升级过后的零部件不仅比替换下来的原厂零部件更加优秀，而且能够给你带来外观上的享受。它们就像是你的 MakerBot 皇冠上闪耀的钻石。因此，如果你希望给 MakerBot 打印机升级一些高质量的配件，你可以到 Carl 的网站上去浏览和订购。他支持向全世界大部分地区发货，价格相当合理，速度也很快捷（当然具体要根据你所在的地区决定）。你不会失望的。

MakerBot Replicator 2/2X 打印机上可用的一项最有趣的升级要算是 X 轴末端了。Carl Raffle 提供通过数控机床切削制作的 X 轴末端配件，并有多种颜色可供选择。图 11-42 里是一个已经装上 X 轴末端零部件的近景图。

图 11-42　铝制 X 轴末端
（MakerBot Replicator 2）

这个零部件看上去很棒，并且工作效果也比原厂的零部件要好。但是它带来的效果并没有挤出机或者打印床支架升级所带来的效果那样明显。这个零部件能够减少 X 轴末端上的振荡，即当 X 轴滑架改变方向时在 X 轴末端上引发的轻微振动所导致的谐振。虽然这项升级带来的提升很细微，但是如

果你希望在 MakerBot Replicator 2/2X 打印机上获得最佳的打印质量的话，你需要考虑进行这项升级。

图中还展示了替换过的 X 轴末端惰轮以及装在上面的小轴承。这项升级能够让你不再需要对 X 轴末端的惰轮进行润滑。如果你经常使用打印机并且经常需要进行预防性维护，那么这项升级能够节省你很多的工作。你可以在许多在线购物网站上找到这样的产品。

这些都是一些比较少见和趣味性较强的升级选项，接下来让我们一起了解一些对于 MakerBot Replicator 2 和 2X 打印机来说更加重要和必备的升级选项。

升级打印床

MakerBot Replicator 2 打印机默认提供的是一块亚克力树脂材质的打印基板。虽然打印基板的厚度足够，并且在 LED 照明里看上去效果也不错，但是有很多使用者反馈在打印过程中遇到了问题。一些人说他们的打印基板并不是完全平整的，还有一部分则说亚克力面板在使用一段时间后会出现形变。

不平整面板的极端情况是那些整体就是凹形或者凸形的面板。毋庸置疑，这样的面板会让调平打印床变得十分困难。你也许能够将面板调节至接近水平的状况，但是凹陷或者凸起的区域依然会导致底层丝材出现过度压缩（凸起部分）或者翘边（凹陷部分）等问题。相比之下打印基板在使用一段时间后出现形变的情况要少很多，但是一旦出现，你依然会遇到调平打印床、底层丝材压缩或者翘边等问题。

幸运的是，解决这些问题的方法很简单。MakerBot Replicator 2 的打印床升级套件有很多。大部分都采用玻璃打印基板。这些产品中有的使用普通、廉价的玻璃面板，平整度相对较好（但是并不能保证完全平整），但是非常沉重（比原厂打印基板要重得多）；也有的使用高质量的平整度非常好的玻璃。

此外也有铝制的打印基板，而相比于玻璃面板我更倾向于使用铝制面板。eBay 商家 cre8it就提供采用航空级铝材制作的、能够保证极致平整[①]的铝制打印床。铝制面板能够直接替换掉亚克力树脂面板，因此安装过程很简单——只需要将旧的打印基板拆下来换上新的打印基板就行了！图 11-43 里展示了更换后的打印基板。

他出售的面板有两种版本：一种是两面都可以用来打印的实心铝板，另一种是切削掉一面上多余材料的轻量版本。轻量版本的重量要小得多，因此如果你的打印机上的 Z 轴步进电机比

图 11-43　铝制打印基板
（MakerBot Replicator 2）

较弱或者是发现 Z 轴经常出现缓慢下坠的话，你可以考虑换用轻量版本的打印基板。一些拥

---

① 有一些不一致，但微不足道。我测量我的打印床只有 0.0025mm 的差异。

有者在更换较重的玻璃面板之后也遇到过这样的问题。面板在出厂时通常是黑色并带有涂层，能够配合蓝色美纹纸胶带实现较好的打印效果。

其他可选的打印基板

Performance 3D 提供了一款十分平整的玻璃面板替换产品，相较于铝制面板也是一个不错的选择。这款产品采用较薄的高质量玻璃制成，通过转接器固定在原厂的玻璃面板固定件上。我曾经测试过这款产品，发现它在重量、耐用性和可用性上都与铝制面板不相上下。下方的图就是 Performance 3D 的这款产品（图片由 p3-d 网站提供）。

注意图中玻璃面板被放在一个转接器上。玻璃面板上有两道刻痕来帮助你对齐转接器。如果你正在挑选替换的打印床，并且更加倾向于使用玻璃面板，或者希望选择一个稍微廉价一点的解决方案的话，你可以到 Performance 3D 的网站上了解更多相关的信息。

此外需要说明的是你可以在 MakerBot 的网站上找到许多很不错的升级套件产品。我使用它们的低阻力喷嘴获得的效果十分不错，并且加固支架也是同类产品中最优秀的。

无论你更喜欢铝制面板还是高质量的玻璃面板，如果打印机上的原厂面板不平整，你都应当尽快考虑进行更换。升级虽然不会解决你的所有打印质量问题，但是它能够让你的打印机更加稳定，并且设置起来更加轻松。

全封闭外壳

除了双挤出机和可加热打印床（以及升级过的电源模块）之外，MakerBot Replicator 2 和 2X 打印机之间最大的区别就要算是 2X 打印机自带的全封闭外壳了。Replicator 2 打印机出厂时并没有提供全封闭外壳，但是给它加装一个能够大大改善它的打印性能。

实际上我在尝试给 Replicator 2 加装全封闭的外壳之后发现，它不仅能够改善翘边问题、提升打印丝材整体的黏附状况、防止较宽的桥接区域出现下垂现象，此外还可以在打印机工作时使用房间里的电风扇或者将打印机放在中央空调的通风口旁边而不用担心气流带来的冷却影响。那么应当如何给 Replicator 2 添加全封闭的外壳呢？

你可以联系 MakerBot 订购 Replicator 2X 上的原厂顶罩和面板。MakerBot 会向你出售这些零部件，但是它们的售价比较昂贵，并且订购之后可能需要过一段时间才能够收到零部件。我曾经从 MakerBot 订购过框架和面板零部件，购物体验十分良好。如果你决定这样购买升级套件的话，我建议你在联系他们的时候说明自己急需替换的零部件。不要指望单击一个链接就可以直接购买到零部件，这样购买的零部件不会被归类到损耗或者维护零部件当中，因此你需要进行订购。

不过市面上有很棒的替代品。你可以从 Additive Solutions 公司购买到一整套升级面板，包括透明的侧窗和正面可活动的面板、安装面板所需的铰链，以及一个可拆卸的顶罩。eBay 上经常有这些产品出售，只需要搜索"MakerBot Replicator 2 Panels"或者"MakerBot Replicator 2 Hood"。他们提供的产品质量十分优秀，我甚至觉得比 Replicator 2X 上原装的面板质量要更好一些，并且前面板是向右开的（更方便我自己使用），而且顶罩抬起来丝毫不费力，不需要工具和拆卸其他零部件就可以轻松拆卸下来——因为它是用夹子固定在框架上的。顶罩的质量十分优秀，并且有充足的空间给打印丝材管和线束摆放。图 11-41 里展示了安装之后的全封闭外壳和顶罩。

面板采用亚克力树脂制作，并且提供多种颜色。我通常喜欢黑色面板，但蓝色和黄色的面板看上去也很不错（不过这完全取决于你的喜好）。顶罩采用单片 Vivak 塑料制成，能够完美地装在打印机的顶部。图 11-44 里更加详细地展示了面板的质量。

图 11-44　用于 MakerBot Replicator 2 的亚克力树脂面板（图片由 Additive Solutions 提供）

安装面板之前你需要先拆除原本的左侧、右侧和前侧面板。接下来需要按照产品的安装说明来组装面板。所有面板上都贴有保护性薄膜，因此安装过程中最耗时的一步可能就是将这些薄膜撕下来。

侧面板需要通过 4 个螺栓固定在打印机上。上螺栓的时候最好将螺栓的头部（六角形）放置在打印机的内侧，这样能够避免在用扎线带处理 X 轴滑架上的接线的受力点问题时与螺栓发生冲突。[①]前面板在固定之前需要先组装好门结构和把手，并在门和面板上都固定好磁铁。磁铁需要用速干胶固定住，同时我建议你在使用的时候尽量小心一点。

顶罩的安装过程需要花费更长的时间，因为你需要自己打印铰链和把手的固定件。这可能需要花费几个小时的时间，因此如果你准备购买零部件并等待到货就立刻进行升级的话，

———————
① 你能猜到我是怎么知道的吗？

最好是提前打印好安装顶罩所需要的各项零部件。我通常采用中等的精密度来打印这些零部件，但是我认为较低的精密度——比如 0.3mm 的层高，以及更快的打印速度得到的效果也许会更好。这些零部件的外观并不重要，因为通常铰链都很大，并且装上去之后你也看不见它们（它们通常固定在打印机的背后）。

打印完所需的零部件之后，接下来的步骤可能需要一定的技巧。你需要在面板上钻出用来固定把手和铰链的通孔。我推荐先将铰链和夹子组装好，将顶罩固定在打印机上之后再将铰链固定住。然后就可以用马克笔来标出铰链需要的通孔位置。接着就可以将顶罩取下来进行钻孔了，挑选一个稍大于 3mm 的钻头能够帮助你微调铰链的固定位置。你可以用蓝色美纹纸胶带将把手的底座固定在顶罩上来确定安装孔的位置，同样用马克笔做标记。钻孔的尺寸最好是稍大于套件中提供的螺栓尺寸。

安装过程需要花费一些时间，如果还要安装顶罩的话，则需要花费更多的精力。但是升级之后打印大型物体的时候，全封闭外壳带来的提升也是立竿见影的。除了需要花费你较多的精力之外，我觉得这项升级对于任何 MakerBot Replicator 2 拥有者来说都是必备的。

AluCarriage 单挤出机滑架

Replicator 2 上的 X 轴滑架的升级套件和 Replicator 1 的升级套件基本相同，不过你需要购买的是单挤出机版本而不是双挤出机版本。参照前面的 "Alu Carriage 双挤出机滑架" 一节来了解这项升级的详细内容。图 11-45 里展示的是 AluCarriage 滑架的单挤出机版本。

图 11-45　AluCarriage 单挤出机滑架（图片由 Carl Raffle 提供）

■**备注**：如果你准备对 Replicator 2X 打印机进行升级，那么需要购买和 Replicator 1 Dual 打印机一样的双挤出机版本的滑架。

回忆之前我们介绍过这项升级让你能够打印高温丝材，而不用担心滑架在长期高温加热的情况下出现形变和熔化现象。安装过程需要你先拆卸挤出机、步进电机、风扇、散热片和加热片。你需要松开 X 轴步进电机来取下 X 轴的同步带。

升级挤出机

升级挤出机对于 Replicator 2 打印机和 Replicator 1 Dual 打印机是相同的，只不过你需要的只是一组挤出机结构。当然如果你准备升级的是 Replicator 2X 打印机，那么所需要的零部件就和升级 Replicator 1 Dual 打印机相同了。参照前面的 "MakerBot Replicator 挤出机/打印丝材驱动结构升级" 里的内容来详细了解这项升级的各个内容。

回忆之前我们介绍过这项升级能够提升打印丝材的挤出质量，减少挤出故障出现的概率并提升打印品的质量。安装过程需要首先卸载打印丝材，然后移除步进电机、风扇和散热片。移除旧的挤出机结构之后（即 Delrin 柱塞结构），你就可以装上新挤出机并重新组装其余零部件了。整个升级需要的时间应当在一个小时左右。

升级铝制支架：Replicator 2/2X

和挤出机升级一样，铝制支架的升级过程也和 Replicator 1 打印机相同。但是支架的设计有所不同，因此在购买升级套件的时候需要注意不要买错了。参照 "升级铝制支架：Replicator 1" 里的内容来详细了解这项升级相关的内容。

回忆之前我们介绍过支架能够减少打印过程中的振动，并且不会像原厂支架那样出现形变。但是在 Replicator 2/2X 打印机上安装这项升级需要花费更多的时间，因为和 Replicator 1 打印机不一样，Replicator 2/2X 打印机上的光杆被固定成了一个完整的组件，需要完整地拆卸下来。因此安装升级套件需要花费你更多的时间。但是升级套件里提供的安装说明十分详细，能够很好地帮助你完成全部的流程。留出 3～4 个小时的时间来完成这项升级，同时在重新组装完成打印机之后不要忘了对打印床进行调平。

总　　结

拥有一台 3D 打印机能给你带来很多乐趣。无论是打印小礼品、用于修复家电或汽车的小零部件，还是仅仅享受摆弄打印机的过程，一台优秀的 3D 打印机都不会令你失望。但是，如果你希望进一步地挖掘打印机的性能，或者是希望用更少的预算来获得一些全新的功能，那么升级 3D 打印机也同样会给你带来大量的乐趣。

这一章里介绍了各种各样可选的升级，以及如何优化你的升级体验的经验之谈。我还详细介绍了一些流行的打印机型号上一些可选的升级选项。即使你拥有的打印机没有在这里列出，详细阅读这些内容都可以帮助你归纳出有哪些升级适用于你自己的打印机。

下一章是本书最后一部分的开篇。接下来的两章我们将会介绍一系列帮助你超越打印测

第四部分

■ ■ ■

精 进 技 艺

现在你已经对于 3D 打印机十分熟悉了，是时候将你的技能用来帮助他人了，即向社区贡献你的知识。这一部分里将向你介绍如何用 OpenSCAD 自行设计模型、通过现有的物体组合创造新的设计、对打印品进行处理精加工来提升它的美观度，以及如何将你的设计分享给其他人使用。最后，我将会介绍一系列针对现实中可能出现的问题如何通过 3D 打印来进行解决，希望这些例子能够带给你创造的灵感。

第十二章

■ ■ ■

学会处理物体

看着你的 3D 打印机从零开始打印完成物体是一个很酷的过程。但是当你自己设计出了修复某个问题的零部件或者某种你可以日常用到的小物件，3D 打印带给你的体验还会变得更加美好。实际上 3D 打印的内容远远不止下载和打印各种不同的物体。虽然 Thingiverse 大部分现成的设计都可以在下载之后不经过修改就直接打印出来使用，但是有些时候你需要的物件也许需要将通孔移位或者对尺寸进行细微地修改。

与此同时，虽然大部分打印出来的物体都可以直接使用，但是有些物体需要你进行修剪、扩孔等一系列后续的处理操作。如果你设计的物体是用于装饰，那么可能还需要保证它的表面完美光滑，或者至少看不出打印过程中的叠层。你还可以对物体进行上漆来改变它的颜色，因为你的丝材储备里可能没有需要的颜色，或者是使用的丝材着色上出现了问题。

在这一章里我将会介绍所有这些内容。首先让我们从一个关于如何自己设计一个物体的简短教程开始（过程十分简单），接着我将会介绍如何对现有的设计进行修改以及如何组合多个零部件构成新的物体，最后我将会介绍一系列精加工方法来帮助你完善打印出的物体。

设 计 模 型

如果你到现在还没有尝试过使用 Thingiverse 的话，那绝对是你的损失。你可以在上面找到成千上万个可以直接下载和打印的物体。如果你曾经使用过 Thingiverse 或者类似的网站，那么你也许已经尝试过打印一些由其他人设计出的物体。但是有时候在 Thingiverse 上怎么找也找不到最合适的设计，你也许能够找到十分近似的物体，不过总有些地方不对劲——可能是长度太长，或者是通孔的尺寸或位置不对。

那么如果能自己设计模型或者修改其他人上传的设计是不是更棒呢？答案也很简单，你当然可以这样做！但是你用来设计模型的 CAD 软件以及下载的文件格式也会决定你是否能够这样做。如果你了解如何使用 CAD 软件来设计模型，那么你应当已经掌握了如何创造最适合自己的物体。

　　但是如果你没有使用特定的 CAD 软件的经验，那么应当怎么办？幸运的是，你不是唯一遇见这样问题的人。许多 3D 打印的爱好者们都没有深入学习过 CAD 软件，但是他们依然能够在 Thingiverse 上分享许多自己设计的物体，究竟是怎么做到的呢？他们使用的是一个更加简单、方便的模型设计软件——OpenSCAD。

　　回忆在之前我们介绍过 OpenSCAD 采用和编程软件一样的环境来编辑脚本，并且通过编译相应的脚本来渲染出物体的形状。但是不要因为它看上去像编程软件就失去信心，实际使用过程中并不需要你对于计算机科学有深入的了解。[1]实际上在 OpenSCAD 中设计模型只需要你能够逐步设想出物体的结构和外观就够了，即你可以通过函数（形状原语和控制命令）来创造一个由多个部分组成的物体。

　　现在让我们来简单学习一下如何使用OpenSCAD。下面的教程不会让你瞬间成为OpenSCAD大师，但是它能够帮助你开始在 OpenSCAD 中尝试设计一些简单的物体。我将会从最基础的知识开始介绍。我希望你可以自己下载一个 OpenSCAD 并自己试验一下教程里介绍的代码。

OpenSCAD 简易教程

　　OpenSCAD 对于那些希望自己设计模型，但是没有时间来掌握一款复杂 CAD 软件的人来说是一个十分优秀的选择。OpenSCAD 中用到的函数数量相对较少，同时你可以使用一系列函数来按照编程的方式完成物体的设计。你最终得到的是代码文件（纯文本文件），相比于绝大多数 CAD 软件生成的二进制设计文件要小得多。我曾经见过一些十分流行的 CAD 软件生成容量十分庞大的设计文件。也许，OpenSCAD 最优秀的特性要算是开源了，一群爱好者们负责维护和继续发展它。

　　你也许在浏览 Thingiverse 之后会被通过 OpenSCAD 设计出的物体数量所震惊。我随便搜索了一下，就发现了超过 3000 个与.scad[2]相关的结果——这还只是名称当中存在相关的结果！因此在 Thingiverse 上有许多现成的例子。通过 OpenSCAD（或者简称 SCAD）储存的文件后缀名通常为.scad。

　　在开始之前，先让我们学习一个使用 OpecSCAD 过程中必须要精通的概念：坐标系。

坐标系

　　自己设计模型时最大的挑战之一就是时刻保持对物体在坐标系中朝向的感觉。我们在设计模型的过程中使用的是三维坐标系。OpenSCAD 的渲染窗口中用箭头或图例来表示当前各个轴的方向，如图 12-1 所示。

　　当你进行物体的渲染（编译代码）时，你可以在 OpenSCAD 的右侧窗口里看到最终渲染的结果。在默认坐标系中，X 轴是左右向的，Y 轴是前后向的，Z 轴是上下向的。你可以对物

---

[1] 你不需要了解十六进制、内存地址的使用方法，或者其他类似的复杂内容。你只需要学会逐步解决问题就行了，接着往下看吧。

[2] 其中甚至还包括一套完整的 d20 骰子。

体进行旋转和缩放来仔细观察各个面。坐标系的箭头会随着你旋转物体一起旋转，因此你随时都可以参考坐标系箭头来确认物体的朝向。

但是有时候你可能会碰见不知道应当修改或者设定函数中的哪些参数的情况。幸运的是，大部分函数中的参数都需要标注出 X、Y、Z 轴。只要你记住这一点，就不会弄错需要修改哪里的参数了。就算是出现了错误，对代码进行编译之后错误应当会变得很明显。假设你需要一个宽度为 20mm（X 轴）、长度为 10mm（Y 轴）、高度为 40mm（Z 轴）的物体，但是不小心将 X 轴和 Y 轴的参数弄反了，经过编译之后你可以很清楚地发现物体的长度是 20mm、宽度是 10mm。

■备注：OpenSCAD 中所有的测量参数都是没有单位的，但是当你将模型导出到 STL 文件时，软件会默认所有参数的单位都是 mm。

由于你需要编辑的仅仅是一系列代码，因此需要做的只是修正参数并重新进行编译。我建议你可以通过尝试 cube() 函数的不同参数设置来看看各个轴的方向。之前我们介绍过 cube() 函数是基础的函数之一，它的参数需要在中括号里按照坐标轴顺序排列。下面就是一个正确地使用 cube() 函数的例子。

```
cube([20,10,40]);
```

我曾经展示过如何通过这一行简单的代码来创建一个简单的立方体。下面将会介绍如何用两个简单形状的物体组合成一个新的物体。图 12-2 里展示了 OpenSCAD 运行的界面，左侧为代码面板，右侧是物体的预览界面，右下角则是反馈信息窗口。

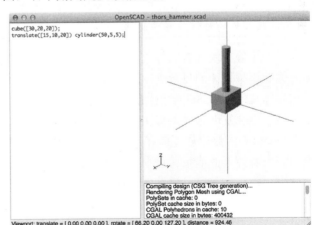

图 12-1　OpenSCAD 中的坐标系箭头　　　　图 12-2　OpenSCAD 中的物体

我们设计的是一个最简单的锤子，一个大方块构成了锤头，一个圆柱体构成了锤柄。仔细观察图中的代码。在这里我通过函数分别创建了锤头和锤柄（把手），其中你可能暂时还不熟悉的函数是 translate()。这是变形函数中的一条，它让你可以改变物体创建时的参考点。创建物体时默认的参考点都是坐标系中央的[0,0,0]，如果没有使用这条 translate() 命令，那么锤柄摆放的位置将会出现错误。

这里对 translate()函数的应用还说明了你可以将控制函数和形状定义结合起来,即起始点的移动是针对紧随而来的下一条函数(或者是定义的形状)生效。注意代码中的 cylinder()函数,它是另外一个基础形状定义函数,也需要 3 个参数。参数按照顺序分别表示圆柱体的高度、底部半径和顶部半径。仔细想想,你可以通过设定参数来创建一个锥体。

有一项不常用的功能是你可以给函数中的参数指定变量名称,比如我可以用下面的代码来定义锥体。

```
translate([15,10,20]) cylinder(r1=5,h=50,r2=5);
```

注意在代码中我打乱了参数的顺序,这是因为我给各个参数都赋予了对应的变量名称。如果你没有给参数赋予名称,那么注意一定要按照默认的排序来给它们赋值。

同时注意代码中在一个或多个函数的末尾用分号来标注结束。有一部分函数的末尾不需要添加分号,但是这些通常都是代码块或者是模块(后面也会介绍到)。

那么你怎样才能了解到有哪些函数可以使用,以及如何正确定义函数中的参数呢?OpenSCAD 的网站上提供了一系列十分优秀的介绍文档,你应当花点儿时间来仔细研究一下。在这个教程里我们介绍的内容十分有限,其实 OpenSCAD 所能够实现的功能相当丰富,它能够使用的默认函数包括 2D 图形、3D 形状、布尔运算以及其他许多图形处理函数。

■提示:OpenSCAD 的网站上有一个页面里给出了全部主要的默认函数。我推荐你可以将它打印出来,在工作的时候放在旁边方便参考。

除了产生像方块或者圆柱这样的简单几何图形之外,你还需要掌握几个关键的函数才能够提升你的模型设计的复杂度。这些关键函数包括布尔运算函数 difference()和 union(),它们是构造实体几何学(CSG)造型函数。当你熟练掌握了 cube()、cylinder()、difference()和 union()函数之后,你会发现自己能够实现的模型设计大大增多。

difference()函数让你能够在某个形状中减去其他的形状。即你可以首先创建一个形状,然后用它去剪掉其他形状和它重叠的部分。比如当你希望设计一个电路支架柱时,你需要创建一段中空管子,它可以被看作是从一个较大的圆柱中央剪掉一个较小的圆柱得到的。假设我们需要的支架柱高度为 10mm,固定螺栓采用 3mm 的直径,那么你可以通过下列代码实现它的设计。

```
m3_diameter = 3.75;
difference() {
  cylinder(10,4,4);
  cylinder(10,m3_diameter/2,m3_diameter/2);
}
```

这段代码比较复杂，让我们来一步步学习它的作用。第一行代码定义了一个变量，你可以通过这种方式来储存一个数值，这样方便在多个地方使用它。在这里我在变量中储存了支架内径所需要的数值，同时注意我将它的值设定为稍大于 3mm，这样能够给后续的修改留出一定余量。

接下来的一行代码就是 difference() 函数。注意我们在函数的末尾使用了一对大括号来定义函数当中的代码块。difference() 函数运行的时候会先分别生成代码中定义的物体，然后再用前面的物体减去后面的物体，即你可以用一个物体减去多个物体。比如当你需要一个带有多个通孔的物体时，你就可以用 difference() 函数来构造这个物体，实现一次性挖出多个通孔（当然定义都需要在大括号范围内）。

回忆之前我们介绍过 cylinder() 函数需要 3 个参数，按照顺序分别表示高度、底部半径和顶部半径。在 difference() 函数中的第二行代码里，我定义的圆柱高度不变，但是需要通过简单的除法将螺栓的直径转化成半径。这也说明你可以在定义参数的时候使用数学表达式。

■**备注**：在通过 cylinder() 定义圆柱的时候你可以只配备两个参数 r 和 d，这种情况下 r 将会同时表示顶部和底部的半径 r1 和 r2。

现在要创建物体，我们需要对代码进行编译。单击设计菜单（Design）里的编译选项（Compile）。经过短暂的停滞之后（采用多个函数定义复杂物体编译起来花费的时间要更久一点，不过通常情况下编译过程都很快）代码编译就完成了。图 12-3 里展示了对之前一段代码进行编译后的情况。对物体进行编译之后，注意观察预览界面中的图形。里面的圆柱十分粗糙，中央挖去的通孔看上去更像是六边柱而不是圆柱。

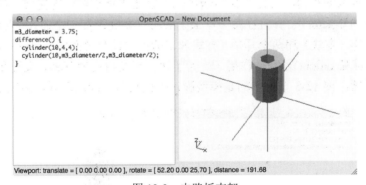

图 12-3　电路板支架

你可以通过一个特殊的变量 $fn=n 来修复这个问题，它让你能够指定渲染过程中使用的分面（或者碎片）的数量。你可以在定义形状的函数中添加这个变量来使渲染之后的图形变得更加光滑。在后面的代码中，我就在定义圆柱的时候添加了这项参数，从图中可以看出渲染出来的物体显得光滑多了。我通常会将参数设置成 32 或者 64，得到的效果就很不错了。

你还可以通过添加 $fa 参数来控制渲染分面的角度，添加 $fs 参数来控制分面的尺寸，在默认情况下 OpenSCAD 会自己决定渲染时使用的分面参数。

不过你需要注意，如果定义的分面数量越多，物体编译所花费的时间也会越长。这对于小型物体来说可能并不是什么问题，但是对于体积较大的复杂物体来说就可能会导致一些问题了。图 12-4 里展示了改进过的代码以及渲染出的物体效果。注意在图中可以看出通孔现在看上去像是一个圆柱了。

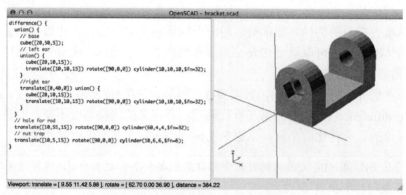

图 12-4　经过分面平滑处理之后的电路板支架

如果你需要设计一个由几个不同部分组成的物体，但是需要从几个部分当中剪掉相同的形状时应该怎么办呢？比如当你希望在一个物体上的不同部分上开一个尺寸相同的通孔应该怎么做呢？difference()函数会将第一个定义的形状作为基础，我们需要做的就是想办法将几个形状组合起来供 difference()函数进行修剪。这时候我们需要用到的就是 union()函数了。

要观察这个函数的作用，首先让我们回忆一下第九章里介绍过的托架。这个托架带有两个从底座上凸出的耳朵部分，并且在两个耳朵上的同一高度都有一个通孔。要构造这个托架，我们需要一个底座（方块）和两个耳朵（方块和顶部的圆柱组合而成）。然后需要从物体当中修剪出通孔，这就是 union()函数的作用了。为了让代码变得更加有趣，我还在左侧的耳朵上添加了一个螺母槽。图 12-5 里展示的是模型设计的代码以及经过编译、渲染之后的物体。

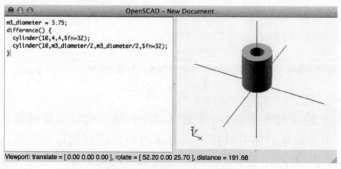

图 12-5　复杂物体：支架

■ **备注**：图中的通孔和螺母槽并不是实际大小的，它们都被放大了来让你能够看清楚设计的细节。

这个例子当中最有趣的一部分是如何仅使用两种简单的形状来构成这个物体：方块和圆柱。即使你不熟悉其他各种形状，你也可以尝试着通过这两种形状来构造各种各样不同的物体。

但是这个例子也比之前介绍的例子要复杂得多，不过这里的代码中有一部分是可选的。注意代码中 union() 函数的使用。我通过两个 union() 函数分别构造了两个耳朵，希望借此展示如何实现对函数的嵌套使用。嵌套表示将一个函数放置在其他函数的运行部分中进行使用。

再次阅读代码。注意有一部分代码以两个斜杠（//）开头，这些行上的代码都是注释。你可以用注释来标注出代码中比较重要的部分。你还可以用/*和*/符号来进行一大段（多行）的注释。从示例中的代码可以看到，我用注释标明了物体当中几个部分的创建代码。这些注释能够在你需要对物体进行修改的时候更轻松地找到需要修改的位置。比如当你希望对通孔进行扩张的时候，如果一开始就进行了标注找起来就更快了。

■**提示**：养成给代码添加注释的好习惯，这样也能够帮助其他人读懂你的代码。有的时候你很容易就会忽略掉这一点，但即使是十分简略的注释都好过完全没有注释。

在例子中我还使用了另一个全新的函数。这也是你需要学习的关键函数之一，通常情况下它被用来改变物体的朝向，比如当你希望让某个圆柱体按照 Y 轴方向摆放而不是 Z 轴方向摆放的时候。rotate() 函数是另一个图形处理函数，它允许你将定义过的形状旋转至任意角度。你需要给函数配备一个坐标轴参数[X,Y,Z]在这个例子当中，我希望让托架上杆子的安装方向为 Y 轴。因此我通过 rotate[90,0,0]将圆柱在 X 轴方向转动了 90°。你可以将这个操作看作是沿着某个轴旋转而不是在轴上的转动。因此将物体沿着 X 轴旋转会将圆柱变成水平上与 Y 轴平行的方向。rotate() 函数和 translate() 函数的作用范围一样，它能够影响的也是紧跟着的下一个定义的形状。

前面我们介绍过 difference() 函数是一个 CSG 造型函数，它能够从物体上移除用来构造通孔和螺母槽的圆柱体。如果你仔细观察用来构造螺母槽的 translate() 函数，你会发现我将起点定义在了 55mm 的位置，同时圆柱本身的长度有 60mm，这样能够让圆柱同时穿过两个耳朵，因此只需要一次性移除就够了。有时候当你在使用 difference() 函数的时候如果将起点放在了物体上被减掉的位置，OpenSCAD 渲染的时候可能不会将通孔渲染出来。这时候你可以将起点移动到物体外的位置，并将圆柱长度也相应增长来避免这一情况。

现在注意在代码中设计螺母槽的部分。我同样使用的是 cylinder() 函数，但是在最后将$fn定义为 6。这样能够生成一个完美的六边形柱体用来固定螺母。由于这一部分同样被从通过union() 函数构建的物体当中移除了，在右侧的渲染图像中也可以观察到。回忆一下 difference() 函数能够在第一个定义的形状当中减去后续定义的形状，而在这里我用了 union() 函数将底座和耳朵部分结合起来充当了一个完整的形状。

最后注意代码中的缩进排列。你应当通过缩进排列来提升代码的可读性。我通常会使用两个空格符来充当一个缩进，你也可以用制表符（Tab）来充当缩进符。只需要记住养成缩进的良好习惯就够了。这个问题对于许多程序员来说更像是一种怪癖，并且在社区中经常会引发争论。就我个人而言，不使用缩进会使代码显得不是那么美观，并且看上去有些业余。这不是我们想要的效果。

在下一节里，我将会介绍一个新的范例。不过这次设计的物体是你能够直接使用或者当作小礼物送出去的东西。如果你还没有尝试过进行 3D 打印，那么绝对应当试试打印这个物体。我将会向你展示如何生成供打印使用的.stl 文件。你还会学到如何构思物体以及将多个部分组合形成最终的物体。

范例：设计一个线轴

现在是时候将我们学到的知识应用到实践中了。首先让我们从一个日常家用的小物件开始。如果你有认识人经常做针线活儿的话，那么这个物件也很适合当作小礼物。在这里我们将要设计的是一个线轴。和打印丝材卷的卷盘很类似，线轴通常被用来收纳缝纫机上使用的线。有时候你需要用到额外的线轴在缝纫机上装线或者是将线团转移到另一台机器上。首先让我们来认识一下这个物体的结构。

线轴具备一些特定的形状特征。首先它的中央有一个通孔，用来将线轴固定在缝纫机的固定杆上；其次它的边沿上存在斜面；第三它的两端都有一个小缝隙用来固定线的末端。

了解了这些形状特征之后，我们就可以用 6 个圆柱来构造一个线轴了。轴的顶部和底部分别用一个圆柱来构成边沿部分，同时顶部和底部再各用一个圆柱构成边沿的斜面部分，中央使用一个圆柱构成主体。最后，我们需要在形成的物体中央挖去一个圆柱来形成通孔，并在边沿上通过一个方块来制造缝隙。代码列表 12-1 里列出了构造一个线轴的全部代码。

代码列表 12-1　定义一个线轴的代码

```
difference() {
  union() {
    //底部
    cylinder(2,15,15,$fn=64);
    translate([0,0,2]) cylinder(2,15,12,$fn=64);
    //中央
    translate([0,0,4]) cylinder(32,12,12,$fn=64);
    //顶部
    translate([0,0,36]) cylinder(2,12,15,$fn=64);
    translate([0,0,38]) cylinder(2,15,15,$fn=64);
  }
  //通孔
  cylinder(40,3,3,$fn=64);
  //缝隙
  translate([12,0,0]) cube([3,0.25,40]);
}
```

注意在这里我们使用到的仍然只是一些基础函数，包括 cube()、cylinder()、translate()、difference()和 union()函数。在函数定义当中我还使用了设定分面的特殊参数。记住你需要对代码进行编译之后才能够通过文件菜单（File）中的导出选项（Export）中的导出为 STL（Export as STL）功能生成.stl 文件。

在这里设计模型的思路与之前一样，都是先构建一个完整的物体，然后在上面移除掉某些部分。从底部的圆柱体开始，首先确定线轴的最大外径（30mm），然后在它上面放置（通过 translate()函数）一个底部直径相等但顶部直径稍小的圆柱来确定线轴的深度（3mm）。这就是代码列表 12-1 里的第一个 translate()函数后面紧跟着的圆柱定义，它实际上生成了一个较矮的锥体。接下来就可以在上面添加用作中央部分的圆柱，以及顶部的锥体和圆柱来完成整个线轴。最后，我需要从线轴上切割出中央的通孔以及边沿上的缝隙。

你是否认真阅读了这段代码？让我们来思考一个问题：这个线轴的高度是多少？你需要将各个部分的高度加在一起才能够确定。[①]如果你在定义各个物体的时候都使用了变量，是不是就能更方便地确定相关的数值了呢？同时采用了变量的话，以这个线轴为蓝本来制作另一个不同尺寸的线轴是不是就更加轻松了呢？这个过程通常被称为将物体参数化，即将物体的关键值都设定成变量，这样通过修改变量的值就可以轻松创建出不同尺寸的同种物体。Thingiverse 上有许多优秀的设计都提供参数化的 OpenSCAD 代码设计文件。

将设计参数化：让代码具备适配性

如果你希望将自己的设计分享给许多人使用，或者希望快速地重新修改物体的尺寸而不用从头阅读代码并单独去修改一个个参数的话（通常这一过程十分枯燥，并且很容易出现错误），你需要学会使用变量来代表代码中重复的数值以及影响物体尺寸的相关参数值。

现在让我们来看看将代码中的相关数值都变成参数之后是怎么样的，代码列表 12-2 里展示了经过修改之后的代码。我在代码的开头列出了所有需要用到的变量，并且分别对它们进行了赋值。你可以尝试对这段代码进行编译之后看看线卷会变得多大。

代码列表 12-2　使用变量设计的参数化代码

```
diameter=30;
height=40;
depth=3;
hole_radius=6;
radius = diameter/2;
center_height = height-8;
difference() {
  union() {
    // 底部
    cylinder(2,radius,radius,$fn=64);
    translate([0,0,2]) cylinder(2,radius,radius-depth,$fn=64);
    // 中央
    translate([0,0,4]) cylinder(center_height,radius-depth,radius-depth,$fn=64);
    // 顶部
    translate([0,0,height-4]) cylinder(2,radius-depth,radius,$fn=64);
    translate([0,0,height-2]) cylinder(2,radius,radius,$fn=64);
  }
```

① 高度为 2+2+36+2+2=44mm。

379

```
    // 通孔
    cylinder(height,hole_radius/2,hole_radius/2,$fn=64);
    // 缝隙
    translate([(diameter/2)-depth,0,0]) cube([depth,0.25,height]);
}
```

现在代码看上去整洁多了，但你还可以用一个新的语法来让修改设计变得更加简单。你可以将整段代码封装成一个模块（就像是自己定义一个函数或者形状）。这里我们需要用到module 指令，并且给模块命名和定义相关的参数。定义模块之后，你可以在代码中随时通过名称来调用这些模块，只需要提供相关参数的数值就行了——就和使用其他函数一样。代码列表 12-3 里列出了经过改进之后的代码。

代码列表 12-3　改进后的参数化代码

```
module thread_spool(diameter=30,height=40,depth=3,hole_radius=3) {
    radius = diameter/2;
    center_height = height-8;
    difference() {
        union() {
            // 底部
            cylinder(2,radius,radius,$fn=64);
            translate([0,0,2]) cylinder(2,radius,radius-depth,$fn=64);
            // 中央
            translate([0,0,4]) cylinder(height-8,radius-depth,radius-depth,$fn=64);
            // 顶部
            translate([0,0,height-4]) cylinder(2,radius-depth,radius,$fn=64);
            translate([0,0,height-2]) cylinder(2,radius,radius,$fn=64);
        }
        // 通孔
        cylinder(height,hole_radius,hole_radius,$fn=64);
        // 缝隙
        translate([(diameter/2)-depth,0,0]) cube([depth,0.25,height]);
    }
}

thread_spool(30,40,3);
```

注意在代码中最后调用模块时，我提供的参数并不完整，实际上我只提供了希望改动的参数。在模块内创建的变量对模块外的代码是不可见的。因此如果你创建了第二个模块，同样不能够获取内部定义的变量。这被称为变量的作用域，不过你只需要记住将那些希望使用到的变量都放在模块的定义中就够了。

注意在调用模块的时候我只需要使用模块的名称就够了。这样你可以创建一系列定义模块的.scad 文件供你重复使用。实际上你下载到的大部分模块文件（有时也称为库文件）都可以在其他代码中进行重复使用。要调用模块，你需要将代码文件和模块文件放在同一个目录内，然后在代码中通过 use 指令来导入模块文件（或者是在通过 use 指令导入时附上模块文件的路径），代码如下所示。

```
use <thread_spool.scad>;
thread_spool(30,40,4);
```

use 指令需要模块文件名作为参数才能正常导入。导入之后你就可以在代码中调用模块的定义，比如这个模块文件的名称为 thread_spool.scad，但是模块定义函数为 thread_spool(x,y,z)。这个结构能够帮助你使用多个不同的物体进行综合设计。

给代码添加说明文档

上一节里我们介绍了如何创建一个参数化的设计。但是它的代码里还缺少详尽的说明。虽然在这里通过参数的名称你能够判断出它是什么以及如何使用，但是有的时候参数名称并不具备这样的功能，因为有的人喜欢用简单的字母或者不同语言（克里奥尔语、克林贡语等）中的单词给变量命名。

为了让代码能够更好地被其他人所理解和使用，我们通常会在文档的开头部分通过注释来说明设计的目的以及各个变量的作用。你还可以考虑在注释中添加你的联系信息来帮助可能遇到问题的使用者。这不仅能够说明是谁设计了这段代码、设计的原因，同样还能直接帮助其他人理解你的代码的作用而不用通过阅读代码来进行猜测。代码列表 12-4 里列出了添加详细说明并且改进后的参数化代码。

代码列表 12-4　完整版的线轴设计代码

```
/*
    模块名称:thread_spool

    模块描述: 这个模块设计了一个用来缠线的线轴。线轴的边沿带有斜面，这样绕线能够集中在中央
的圆柱体上。模块的参数定义如下:

    diameter    线轴的外径
    height      包括斜面在内线轴的整体高度
    depth       斜面的深度。 内部圆柱直径=外径-深度×2
    hole_radius    中央通孔的半径

    设计时间:2014-07-27
    设计者:  Charles Bell
*/
module thread_spool(diameter=30,height=40,depth=3,hole_radius=3) {
    radius = diameter/2;
    center_height = height-8;
    difference() {
        union() {
            // 底部
            cylinder(2,radius,radius,$fn=64);
            translate([0,0,2]) cylinder(2,radius,radius-depth,$fn=64);
            // 中央
```

```
        translate([0,0,4]) cylinder(height-8,radius-depth,radius-depth,$fn=64);
        // 顶部
        translate([0,0,height-4]) cylinder(2,radius-depth,radius,$fn=64);
        translate([0,0,height-2]) cylinder(2,radius,radius,$fn=64);
    }
    // 通孔
    cylinder(height,hole_radius,hole_radius,$fn=64);
    // 缝隙
    translate([(diameter/2)-depth,0,0]) cube([depth,0.25,height]);
    }
}
thread_spool(30,40,4);
```

现在代码看起来是不是舒服多了？你需要养成给代码添加说明的好习惯，它不会花你多少工夫，并且能够让你的代码看起来更加专业。

更多教程

如果你希望更加深入地学习 OpenSCAD，你可以在 OpenSCAD 官网里找到许多教程文章和视频。你可以找到大量的示例代码来帮助你学习一些特殊的函数或者是构建复杂物体的技巧。

修 改 设 计

你也许没法在 Thingiverse 上找到完全符合你的需求的设计。实际上你通常会发现有些设计与你的需求很近似，但是存在朝向不对、通孔位置不对，或者是缺少了某个零部件这样的问题。无论原因是什么，大部分时候你都可以通过对设计进行修正来得到符合自己需求的物体。尤其当作者提供的是 OpenSCAD 创建的代码文件时，修改起来十分方便。当然你同样可以修改.stl 文件中的物体，但是能够修改的范围受到了一定的限制，不过仍然算是一种满足自己需求的强大方法。接下来我将会分别介绍如何对两种不同的文件进行修改。

修改 OpenSCAD 文件

在前面我们介绍过如何在其他文件中调用现成的 OpenSCAD 模块。如果你能够在网上找到现成的模块文件，那么你就可以轻松地在自己的文件中使用这些模块。有时候你找到的文件里可能定义了多个不同的模块，但是不用担心，你依然可以通过相同的方式来使用这些模块——用 use 指令导入模块文件，然后通过名称调用这些模块。

但是有时候你找到的代码可能不会完全符合你的需求，因此你需要根据自己的需求来修改相应的代码。如果代码里带有详细的说明，那么修改过程相对来说会简单很多。对设计进行修改只需要你更改对应的代码并重新编译就行了。但是，由于实际使用当中代码的结构各不相同，展示一个具体的实例可能并不会给你带来多少帮助，因此在这里我将会介绍在修改其他人设计的代码时一些实用的窍门和建议。

- 确定代码运行的必要条件。一些代码可能会用到你没有的库文件或其他源文件。如果在下载代码的地方找不到这些文件，你可能要自己尝试着去搜索和下载这些关联文件

- 标注出自己修改的部分。如果你需要修改某些代码，最好将原先的代码注释掉而不是直接删除。我一般习惯将代码复制之后，在其中一行代码的前面添加注释符号"//"。这样如果修改出错的话我可以及时将物体恢复到原先的状态

- 不要整体复制代码。你应当尽量避免复制多个模块文件进行修改。最好是在一个文件中进行修改和注释代码而不是将它们复制之后再另行修改。如果同一个文件存在多个经过细微修改的版本，很容易会在使用过程中弄错

- 分享你的修改。虽然大部分设计的许可协议里都允许你自由地对设计进行修改和使用，但是有些许可协议会要求你将修改之后的设计分享出来供大家使用。即使许可协议中没有提到这一点，如果你修改出了一个有趣的衍生型号或者是进行了某些改进，那么也应当将它共享出来为大家提供方便

下一节中我们将会介绍用 OpenSCAD 进行一种特殊的修改：用现成的.stl 文件来构成新的物体。

混搭物体

现在假设我们希望为 MakerBot Replicator 2 设计一个可调节底座，你可以在 Thingiverse 上找到许多能够替换原厂底座的设计，但是（假设）其中没有一个是高度可调的。[①]

因此我们需要在现有的替换底座上添加一个调节装置来将它变成一个可调节高度的底座，这样我们的 MakerBot Replicator 2 打印机就可以在不平整或非水平的表面上正常工作了。我设计了一个这样的物体，首先从一个现成的设计开始（Thingiverse 网站，设计 219127），将设计文件下载并导入到 OpenSCAD 中，然后给它添加新的部分。你还需要下载模型文件并将它放在和你的修改代码文件相同的目录内（Machine_feet_for_the_Replicator_2_and_2X.stl）。否则当你编译代码的时候将无法正常导入物体的模型。图 12-6 里展示了在 OpenSCAD 中编译之后的物体效果。

图 12-6　可调节底座（MakerBot Replicator 2）

观察图 12-6 你会发现我在原先的底座上添加了一个方块，并且在底部挖空了一定区域用来摆放螺母。左侧的大圆柱是一个垫片，可以用来固定穿过新零部件的螺栓。听上去很不错，不是吗？

---

① 这个例子的成果分享在 Thingiverse 网站，设计 232984 中。

现在让我们来看看它的设计代码，代码列表 12-5 里列出了构建这些物体的 OpenSCAD 代码。

代码列表 12-5　MakerBot Replicator 2 可调节底座

```
// 这段代码设计了用于 MakerBot Replicator 2 和 2X 打印机的可调节底座。
// 它需要通过 M8 螺栓和螺母将底座和其他零部件固定在一起
//
// 说明:
//
// 我们将会把原先的底座和后来设计的可调节零部件组合在一起:
// 1)首先下载 .stl 文件并将其放置在和这个代码文件相同的目录内。
// 2)进行编译,保存代码文件并且打印 4 套底座。
// 3)每个底座在打印完成之后,你需要用刀具修整内部的通孔。
//    这样能够避免在打印过程中启用支撑材料。
// 4)在使用底座的时候,你可以将螺栓用黏合剂或者是加热之后
//    再穿入通孔中进行固定(加热之后可以更轻松的将周围的塑料挤向螺栓)。
// 5)最后将底座固定在可调节部分上。
// 6)小心地拆下 Replicator2 上的原厂底座,然后将新的底座换上去。
//    现在就可以调平打印机了。
//
//  享受胜利的果实吧!

import("Machine_feet_for_the_Replicator_2_and_2X.stl");

module foot(shaft=8.6, nut_dia=15.2, nut_h=7.1) {
  difference() {
    union() {
      cylinder(6,25,25);
      cylinder(10,13,13);
      cylinder(12,(nut_dia/2)+1,(nut_dia/2)+1);
    }
    translate([0,0,3]) cylinder(nut_h+3,nut_dia/2,nut_dia/2,$fn=6);
  }
}

module adjustable_base(shaft=8.6, nut_dia=15.2, nut_h=7.1, nut_flat=13.2) {
  difference() {
    // 底座
    cube([20,20,20]);
    // 中轴通孔
    translate([10,10,-1]) cylinder(25,shaft/2,shaft/2);
    // 螺母槽
    translate([10,10,2]) cylinder(nut_h,nut_dia/2,nut_dia/2,$fn=6);
    translate([0,3.3,2]) cube([nut_flat,nut_flat,nut_h]);
    // 用于组合的斜面
    translate([20,-2.75,0]) rotate([0,0,45]) cube([4,4,25]);
  }
```

```
  // 支撑部分（打印完后切除）
  difference() {
    translate([10,10,2]) cylinder(nut_h,(shaft/2)+.25,(shaft/2)+.25);
    translate([10,10,-1]) cylinder(25,shaft/2,shaft/2);
  }
}

translate([2.5,22.5,0]) rotate([0,0,-90]) adjustable_base();
translate([0,-30,0]) foot();
```

你需要通过 import 指令来重新使用已经编译导出的.stl 文件。注意在代码的开头我就导入了.stl 格式的模型文件，然后设计并且摆放了新的物体，使它们能够组合在一起。当你进行编译并导出新的.stl 文件时，两个物体就会叠加在一起形成新的零部件了。

同时还要注意代码的开头我进行了详细的说明，包括必需文件（原始的备用底座），以及如何使用经过修改后的底座的使用说明。花点时间来详细阅读这段代码，学习我是如何通过少量函数就构成了两个十分复杂的物体的。我需要再次强调，你并不需要十分高深的知识和漫长的学习过程就能够在 OpenSCAD 里实现几乎所有物体的设计。

现在我们已经学会了如何创建物体，接下来让我们了解在完成打印之后能够进行的操作，并且学习一些让打印品变得更加精美的方法。

打印后的修饰处理

你打印出的大部分物体只需要进行简单地清理之后就可以使用了。进一步来说，如果你需要设计一个通过 3D 打印制作的物体，那么在设计过程中应当尽量减少制成材料、桥接部分，以及其他复杂结构的使用。Thingiverse 上的大部分设计都遵循这个原则，但是仍然有一些特例。如果某个设计在介绍信息里没有详细对打印设置进行说明的话，你可以尝试着询问设计者应当采用何种设置进行打印。

如果你打印的物体带有支撑材料、裙边或者是底座，那么在打印完成之后就需要进行一定的修整了，不过通常你只需要将不需要的部分剪掉就可以了。但是修剪过后的物体看上去可能不是那么美观，通常我们都希望物体的垂直表面上能够保持光滑（而不是看上去像是堆叠在一起的丝材层）。你也许还希望将物体的颜色变更一下，或者是尝试将几个不同的零部件组装起来构成一个新的物体。

这一节里将会向你介绍如何对打印品进行精加工。首先我们会介绍一些关键的准备步骤，接着将介绍如何对物体进行上漆以及对多个打印模型进行组装。最后我们将会以一种能够将 ABS 物体的表面变得光滑和平整的方法做结尾。

准备才是关键

你可以咨询周边精通喷漆、上色或者其他精加工方式的人，问问他们获得一个完美的表面效果最重要的是什么，他们通常会告诉你准备工作对于处理是否成功最为重要。同时他们还会告诉你在操作过程中需要保持耐心和专注，并且学会积累经验。

对打印品进行精加工的过程和对木材或者其他材料进行精加工并没有什么不同。我们都需要首先对物体进行简单的清理，清除掉表面上的杂物、用砂纸进行打磨，并且在物体的表面上进行预处理。接下来让我们以上漆为例来了解应当如何对打印品进行准备工作。

清理

首先你需要对打印出来的物体进行清理。你需要移除物体上残留的底座、裙边和支撑材料。我通常会先尝试用手将多余的部分掰下来，这样就能够防止在使用刀具或者其他工具切割大片塑料的时候不小心伤到物体自身。移除了大片塑料之后，接下来就可以用刀具将残留的细微部分小心地切割掉。注意在切割的时候不要伤到物体的其他部分。

> ■提示：对 ABS 塑料进行修剪要比对 PLA 塑料进行修剪简单一些。因此，如果你需要打印带有大量支撑结构的复杂物体，最好是选择 ABS 丝材，这样方便你在完成打印之后进行清理。

如果物体上的空腔部分打印了支撑材料的话，清洁起来可能会比较困难一些。有时候你很难将狭小空间里的支撑材料清洁干净。我通常会使用一把比较窄的尖嘴钳来清理这类的支撑材料，这样不仅能够更加轻松地够到支撑材料，尖嘴钳还能够帮助我夹紧和扭曲塑料来尝试着将它从物体上掰下来。同时拥有一套带有不同形状刀头的刀具也能够帮助你清理这类支撑材料。你可以使用不同形状的刀头来清理一些很难够到的区域。

注意将物体上多余的结球、拉丝以及其他形式出现的多余打印丝材都清洁干净。你还需要检查各个通孔的尺寸是否正确。我经常会碰见需要自己手动扩孔的情况。有时候这些通孔的尺寸差别并不是很大（差别太大意味着你的打印机可能存在校准问题），但是我发现使用尺寸合适的钻头对通孔进行处理能够移除内部多余的丝材，从而使物体组装起来更加轻松。就算没有多余的丝材，用钻头对通孔进行扩孔也能够将它的尺寸和形状变得更为标准；如果通孔的内部原先存在轻微形变的话，用钻头进行扩孔能够修复这些轻微的形变，从而使物体依旧可以使用。

> ■提示：如果空腔内的残余打印丝材过多卡住了钻头，你可以尝试着反向转动钻头来防止钻头和物体咬死。这个方法在对半通孔进行扩孔的时候也很有用。同时注意在使用钻头扩孔之前需要将物体牢牢地固定住，如果准备用电钻进行扩孔，最好不要用手去尝试固定物体。[①]扩孔过程中任何轻微的滑动都可能将你的物体变得一团糟。

一些设计者会在模型当中自己设计支撑材料，而这也是一种十分实用的方法。我通常也会自己给物体的关键部位设计一些支撑平板，而不是让切片软件自动生成大量杂乱的支撑薄板。这样不仅能够让物体的打印变得更加方便和快捷，同样还能够让物体的清理工作变得更加简单。

---

① 不要重蹈我的覆辙。

现在让我们再次用之前的托架当作例子。假设现在我们希望在垂直的状态下将它打印出来，这样能够减少丝材层之间的剪切力对它的稳定性的影响（这样丝材层的排布方向与负载力的方向互相垂直）。这样打印时会遇到的问题是顶部的耳朵部分处于悬空状态，因此需要用到支撑材料。如果将螺母槽放在底部进行打印，又需要进行桥接；而如果启用支撑材料选项，又会在螺母槽内部出现支撑材料，使打印和清理变得更加困难。

为了避免这一系列问题，我决定将螺母槽放置在顶部，然后在耳朵部分之间添加两个很细的支撑圆柱体，这样能够将使用的支撑材料降到最少（从而使得打印速度尽可能加快）。图12-7里展示了添加了支撑圆柱之后的模型设计。在这里我不再介绍如何添加支撑圆柱，你可以将这一步当作练习题，不过我可以给你一个提示：其中一个的尺寸需要和通孔直径保持一致，另一个需要和耳朵上的弯曲部分的直径保持一致。

如果还不够的话，那就再给你一个提示。你需要用到 difference() 函数来制作一个薄壁的圆柱体，厚度大约只有 0.25mm。图12-8 里展示了经过修改之后物体的截面图。

 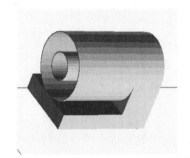

图 12-7　添加了支撑结构的支架　　　图 12-8　自制支撑结构的细节（截面）

注意观察图中的薄壁圆柱体。两个圆柱体之间的间距只有几毫米，因此对于大部分打印机来说都不是问题。如果碰见打印过程中出现了打印丝材下垂的现象，你可以通过在中央再添加一个圆柱体来进行修正。但是无论如何，从物体上切下两个很薄的圆柱体要比清理切片软件生成的支撑材料方便、快捷得多。赶快自己动手试试吧！

■提示：你可以在模型商店里找到学习如何进行精加工的资料。通常它们都会出售一些如何制作模型的书籍，你可以挑选那些主要介绍塑料模型和修饰处理的书。其中介绍的方法都能够适用于 3D 打印制作出的物体。

打磨

清理了物体表面的杂物之后，接下来你需要对它进行打磨。如果跳过这一步直接给物体喷涂表面处理材料，那么很容易出现切片、印痕以及粗糙等问题。而且上漆之后你的物体看上去和上漆之前并没有什么不同，只是覆盖了一层漆而已。我们不希望得到这样的效果。

这里我们需要做的是让物体的表面为上漆做好准备，即让它尽可能平整。打磨的程度，即最终表面的平整度，取决于最终你希望让物体呈现怎样的外观。如果你希望让物体能够呈现亮光效果，那么就需要将表面打磨得越平整越好。而如果希望得到亚光效果，那么表面上残留少量的不平整部分也不会造成什么影响。此外，一些表面处理方式，比如某些涂料，能够很好地遮盖住打磨的痕迹以及其他的瑕疵部分。

打磨时能够采用的方法有很多，而使用何种方法取决于你需要打磨的物体的材质。对于经过精密校准的打印机打印出来的物体，你不需要用到很粗的砂纸来清除掉大量的塑料。你通常可以先用 120 目的砂纸打磨较大块的瑕疵部分，打磨过程中应当在两个方向上分别持续打磨几秒钟后交替。

我用压缩空气来清洁打磨过程中产生的碎屑（粉尘），然后观察表面的状况。你也可以用湿布来清洁物体表面，但是在开始进一步打磨或者进行表面处理之前你需要让物体静置干燥。如果发现有不平整的部分，那么应当继续打磨过程。但是注意不要打磨掉过多的材料！

清除掉很明显的不平整部分之后，你可以更换 320 目的砂纸，让物体的表面看上去更加光滑。这一步也能够清除掉之前用较粗的砂纸打磨时留下的划痕。打磨之后再次用压缩空气或者湿布清洁表面上残留的碎屑。

■注意：打磨过程中产生的粉尘如果被吸入，可能会对人体造成损伤或者刺激性影响。因此在打磨时你需要戴好面罩和防护眼镜。为了避免工作区域中积累大量粉尘，在完成对物体的精加工后应当尽快用吸尘器对工作区域进行清洁。

进行完这一步之后，你的物体看上去可能缺乏光泽，塑料打印丝材也可能发生了脱色。不过不用担心。如果你使用清漆对物体进行表面处理的话，大部分涂料中的化学物质都能够修复塑料上的颜色。

此外你还需要注意清洁物体的凹槽或者通孔里残留的粉尘。如果在没有清理的情况下就对凹槽进行喷漆，那么在组装的时候可能会出现问题，导致你不得不重新清洁一遍，并且还会损坏你费尽功夫弄好的表面处理。

表面处理

简单来说，表面处理是在打印品上覆盖涂层的步骤，使用的材料通常包括涂料、清漆等。不过你也可以通过某些化学物质来对打印品进行处理。进行表面处理的方式有很多，下面列出了一些常见的方法，以及在使用这些方法过程中的一些小窍门。

- 涂料：你可以在 ABS 或者 PLA 材料的表面涂抹丙烯酸漆，效果十分不错
- 透明涂层：只使用丙烯清漆，你可以让物体表面呈现亚光、半光泽或者亮光的状态
- 化学处理：对于 ABS 塑料，你可以加热物体之后在表面涂抹一层薄薄的丙酮来消除打磨对塑料颜色的影响。注意物体加热的温度不能超过 50℃。你可以让物体自然干燥之后，再涂抹一层丙酮将表面从半光泽变成亮光的状态。你还可以通过丙酮蒸汽浴来对打印品进行精加工，这样处理甚至不需要或者只需要轻微的打磨处理（参照后面的"丙酮蒸汽浴"一节）

■提示：在冷却状态的 ABS 材质物体上涂抹丙酮会让物体的表面变得朦胧。而加热温度过高则会使物体表面软化，并且由于丙酮处于沸腾状态，可能会在表面上产生气泡。在掌握这项技术之前，你可以用一些废弃的打印品来进行尝试。

上漆

一些网站和文章里在介绍给物体上漆的时候，讲述的内容更像是一个恐怖故事，而不是确实有效的参考资料。一些文章会告诉你不能对打印品进行上漆，因为涂料会熔化塑料、在表面上产生气泡，或者是导致物体表面变得惨不忍睹。如果你使用的涂料不对的话，那么的确会发生化学物质将 ABS 或 PLA 塑料溶解或者是破坏的问题，但是使用丙烯涂料并不存在这种问题。

你可以在 ABS 或 PLA 材质的物体上用丙烯涂料进行上漆，它可以使用各种颜色甚至是控制物体表面光泽效果的透明涂料。因此如果你不喜欢打印丝材的颜色，或者是某个零部件和你的整体风格不匹配的话，试着对它进行上漆吧！这两种方式我都尝试过，结果都很理想。实际上只要多花点儿时间来给打印品上几层薄漆，最后得到的效果都很不错。

■提示：如果你打算对打印品进行上漆，那么就不用担心原先打印时使用打印丝材的颜色是怎样的。你可以使用备用的丝材里存量最多的丝材，而将自己最喜欢的丝材留给其他不打算进行喷漆的打印品使用。

你可以通过刷子或者喷漆罐来完成上漆。不过需要注意检查喷漆罐里使用的推进剂种类，有少部分的推进剂可能会对 ABS 或者 PLA 塑料有腐蚀性，但是这些推进剂通常都出现在工业涂料或者是一些不注重环保的品牌当中。只需要避开它们就够了。

你还可以使用水性涂料，但是我在使用它们的时候得到的效果没有丙烯涂料那么好。你需要用溶剂（即涂料稀释剂）来对上漆过程中使用的刷子进行清洁，并且在清洁之后应当放置在通风良好的区域内等待刷子自然干燥，再存放起来。

如果你准备使用喷漆罐，那么注意穿戴好面具、手套和工作服，防止涂料粘在衣服和皮肤上。相信我，一旦粘上去想洗干净可不是那么容易。

在你开始喷漆之前，你还需要进行一些准备工作。首先你需要找到一个干净、没有气流影响并且不担心弄脏的工作区域。喷漆很容易将你的工作间弄得一团糟。你可以考虑用桌布、旧床单或者大块的硬纸板垫在物体底下来防止喷洒得到处都是。

你还应当在物体的底部摆放金属丝编成的镂空的架子防止涂料和摆放物体的平面发生粘连。这是由于涂料在干燥之后很容易粘在纸板上，如果你没有准备好支架，将物体拆下来的时候很容易就会破坏物体表面的喷漆。对于布来说也是一样，涂料在干燥之后很可能就会让物体变成布的一部分。你可以通过使用支架避免这种情况。有时候我也会用细木条将物体的底部垫空，不过有现成的支架的话那当然更好了。

为了让你的喷漆效果达到最佳，你需要分几次对物体进行喷涂，同时每次喷涂的涂料厚度不要太厚，并且在进行下一次喷涂之前先让物体静置干燥一个小时。如果喷漆罐上有如何进行表面处理的使用说明，那么也可以尝试着按照使用说明的步骤来做。而如果商家推荐使用某种底漆的话，那么你可以先喷涂底漆，等到底漆完全干燥之后再进行后续的喷漆。

当我进行喷漆的时候，我发现最有效的方法是在稍微远离物体的位置就开始喷漆，然后慢慢地将喷漆罐朝向物体移动，等到物体表面被覆盖满之后就停止喷漆。你只需要对物体的两侧分别进行两次这样的喷涂就够了。尽量避免尝试在一次喷涂过程中将物体的表面都覆盖住，这很可能会导致喷漆出现流动，而流动造成的瑕疵修复起来相当麻烦。[①]同样地，不要为每个犄角旮旯的地方都去补上喷漆，我们进行多层喷漆就是为了覆盖住这些地方。等到物体干燥之后，你可以将它重新摆放来进行喷漆，这样通常都能够覆盖到之前没有喷上漆的位置。你需要重复这样的喷涂过程，直到喷漆覆盖了物体的整个表面为止。

> ■提示：最好是多层、少量地进行喷漆。不要盲目地认为一层喷漆就够，虽然有些产品上会声称"一层喷漆就足够了"。

如果你希望物体表面呈现亮光，那么你可以在喷漆完成之后用 500 目的砂纸进行轻微地打磨。注意打磨只能够在完全干燥的物体上进行，并且不要用力过猛。只需要轻轻地摩擦物体表面就够了。最后记住清理干净物体上的粉尘，然后再在表面喷涂一层薄薄的涂料。重复这一过程直到得到满意的效果为止。

> ■提示：如果你准备上漆的物体需要用胶水进行组装的话，你需要用蓝色美纹纸胶带先将需要涂抹胶水的区域遮盖起来。这样就能防止涂料影响胶水的黏附。

总的来说，只要你能够多花些时间和精力，你会发现上漆会给你的打印品来带绝佳的效果。但上漆确实是一件需要花费时间、精力和经验的工作。

ABS 丙酮蒸汽浴

在处理 ABS 打印品的时候，如果你希望获得光滑、带亮光、没有打印痕迹（比如堆叠起来的丝材层）的表面，那么我最推荐的方法就是丙酮蒸汽浴。首先我们需要将丙酮加热直到它开始蒸发，然后将 ABS 材质的打印品放置在蒸汽当中。这样丙酮蒸汽就会开始溶解物体的外层表面，使塑料融合在一起，这就相当于对物体的表面覆盖了一层粉末涂层。当物体上光之后，粉末会聚集在一起，形成一层外壳。

但是使用这项方法依然有一些注意事项。回忆之前我们介绍过丙酮是可燃性物质，并且它的气味对于某些人来说可能具备刺激性。因此在进行这项操作的时候需要格外小心。虽然并不会发生爆炸，但是如果丙酮附近存在明火源的话依然有可能导致着火。我希望你十分小

---

① 你应该知道我是怎么知道的了吧？

心地对待这项操作过程，尤其是要注意操作过程中避免明火出现在工作区域内。[①]

■**注意**：丙酮是可燃的，并且吸入后具有毒性！你需要在通风良好的区域进行蒸汽浴操作，最好是在户外环境中。不要将加热单元放在明火、电火花或者其他火源边上。虽然丙酮蒸汽比空气要重，但是你依然有可能会在不注意的情况下吸入它，从而可能对你的身体造成损伤。因此在接触丙酮蒸汽的时候最好是佩戴带有过滤功能的面具，同时在工作区域内准备好灭火器。

好消息是这个方法并不需要某些十分专业、昂贵的仪器。你只需要一个使用过的电加热的锅、一些 Kapton 胶带以及丙酮就够了。我使用的是一个 Presto 多功能烹饪锅，如图 12-9 所示。注意挑选一个带有炸篮和透明锅盖的锅具。你可以在线上购物网站上找到许多这样的产品，有的时候在二手商店里也会发现适用的产品。二手产品只要内部的涂层没有损伤，并且带有炸篮和透明盖子就完全可以使用。因此你并不需要在上面花费太多预算。我购买的这个锅子没有超过 20 美元，并且包装完好。如果是线状的炸篮也可以，但是在使用 Kapton 胶带密封的时候可能会困难一点。

图 12-9　使用 Presto 多功能烹饪锅来充当丙酮蒸汽容器

效果怎样？

你也许正在好奇这个方法的效果如何。我之前介绍过它能够让物体表面变得更加光滑，但是光滑程度如何呢？让我们来观看一组对比图片。图 12-10 里是进行蒸汽浴之前的物体。

从图 12-10 中可以看出，打印品十分粗糙，并且明显能够看出丝材层的痕迹。图 12-11 中则是经过处理后的物体。

图 12-10　处理之前

图 12-11　处理之后

从图 12-11 中可以看出，经过处理后的物体呈现了完美的亮光表面，并且这还是没有经

---

① 包括明火、煤气炉，甚至是在毛毯上的宠物等。

过打磨的效果！只需要轻微地打磨就可以让表面显得更加明亮，而且你不需要使用那些十分细腻的砂纸。只需要使用中等目数的砂纸轻轻打磨就够了。

准备工作

图 12-12　用 Kapton 胶带对炸篮进行密封

当然我们需要先进行一些准备工作。首先你需要将炸篮的底部和侧面上大约 30mm 的范围都用 Kapton 胶带密封起来。这样能够防止物体粘连在炸篮上，不过更重要的是它能够防止丙酮在加热时溅到物体上。图 12-12 里展示的是经过密封处理之后的炸篮。

> ■**注意**：在这里使用过之后，这个炸篮就永远不能用来处理食物了。将它妥善存放起来并贴上警告标签防止他人误用。

为了让处理的效果达到最佳，你可以在炸篮的底部用小支架撑着，让丙酮不要接触到炸篮。在图中你也可以看到，我在炸篮的底部加装了几个螺栓。我使用的是黄铜螺纹接头，你也可以使用其他金属材质的类似物体。你需要确保它能够支撑住炸篮，同时保证炸篮不会影响锅盖的密封性就够了。

接下来你需要找到一个没有火源并且通风良好的区域。如果你准备在室内进行这项操作，那么可能有一个无法解决的问题就是结束时释放出来的丙酮蒸汽。最好是在一个十分宽阔或者是连通室外的区域进行这项操作（比如门廊或者开放式的车库），当然最好还是在室外进行。你需要给电锅通电，因此可能会需要用到线比较长的插座或者延长线。最后，确定在工作区域内准备好了灭火器，并且最好找一个人陪着你防止意外情况出现。[①]

蒸汽浴的流程

流程十分简单。我们只需要在锅子里导入少量丙酮，放入我们的打印品，然后开始加热就行了。我们并不需要很高的温度，并且加热时间也不需要多久——通常只需要加热一分钟就足够了。如果物体表面的光泽不如预期，你可以尝试重复加热来产生新的丙酮蒸汽。下面列出了具体的流程。

1. 对物体稍微进行一下打磨，移除表面上较为明显的不平整区域。

2. 将电锅放在通风良好的区域，将炸篮取出来。

3. 在锅内倒入 60～90mL 的丙酮。

4. 将物体放在用 Kapton 胶带密封后的炸篮里。如果锅盖的中央有把手，那么锅盖反面的螺栓上可能会聚集丙酮蒸汽，并且滴落在物体上。因此这时你应当将物体和炸篮都

图 12-13　将物体放在炸篮里

---

① 虽然听上去很可怕，但是实际上并不危险，只需要保持警惕和专心就够了。

避免摆放在中央位置，如图 12-13 所示。

　　5．将炸篮放进锅里并盖上盖子。

　　6．给锅通电，并将加热温度设置到 148～163℃之间。

　　7．等待 60～90s，或者是等到听不到丙酮溶液沸腾的声音为止。关闭电锅并拔掉插头。注意加热过程一定不能超过 90s。

　　■**注意**：在加热过程中你需要注意观察锅里的状况。如果有什么不对劲的话，立刻断开电锅的电源。

　　8．等待一个小时之后再拿开锅盖，并且让锅内的蒸汽自然发散掉。

　　9．再等一个小时让物体稍微硬化之后观察物体的状况。

　　10．重复第 2～8 步直到获得满意的表面效果。

　　当你对表面的效果满意之后，将物体静置在炸篮中放置一夜，等到完全硬化之后再尝试将物体从篮子里取出来或者进行其他处理。在丙酮完全挥发之前，物体的表面呈柔软状态，如果触摸的话很容易留下指纹的痕迹。

　　■**备注**：根据物体尺寸的不同，表面恢复硬化状态可能需要超过一个小时的时间。同时在物体静置过夜完全硬化之前（即丙酮完全挥发掉之前）不要尝试着用手去触摸它。

　　在加入丙酮时，所需要的量并不是很多，通常只需要几十毫升的丙酮就足够了。最终的效果和使用的丙酮量之间并没有直接的联系。你只需要让丙酮覆盖住锅底部的 1/3 就足够了。

　　在加热时，注意加热温度不能超过 163℃。由于起始状态下锅子是冷却的（室温），因此我们很容易将它加热过度。加热过程中的头 30s 实际上是电锅的升温过程，不过对于我们来说这并没有什么影响，因为丙酮只需要保持这个温度 30～60s 就足够变成蒸汽了。

　　当达到指定温度之后，你会看到透明的锅盖上开始起雾。这是正常现象，不用担心；这并不是有东西着火产生的烟雾，而是丙酮蒸汽在锅盖上凝结产生的。但是，如果你发现锅盖上出现了丙酮液滴，那么说明使用的丙酮量太多了。如果丙酮液滴不小心掉落在物体上，很可能会使整个操作前功尽弃。因此你需要持续观察操作进行的过程，如果出现类似的情况应当立即终止。要进行终止操作，只需要立刻断开电源并拿起锅盖。让丙酮蒸汽自然发散掉，之后擦干净盖子重新开始进行操作。

清理

　　蒸汽浴对于我们在炸篮上使用的 Kapton 胶带的黏性有很大的腐蚀性，因此会很快导致 Kapton 胶带无法黏附在炸篮上。我个人在使用时发现经过 3～4 次蒸汽浴之后就需要更换炸篮上的 Kapton 胶带。同时如果物体在蒸汽当中摆放的时间太久，它也很可能会粘在 Kapton 胶带上，在移除的时候也可能会出现损伤。

　　完成蒸汽浴之后唯一需要进行的清理工作是注意让电锅和炸篮完全冷却之后再存放起来。如果锅子里还残留了少量的丙酮，你可以将它倒回原来的容器里（注意要等到锅子冷却之后）或者让它自然挥发掉。如果在完成 2 个小时之后锅子里仍然有残留的丙酮，那么说明这次你使用的丙酮量过多了，下一次添加丙酮的量可以减少 15mL。

注意将你的锅子存放在其他人不会意外接触到并且拿来烹饪食物的地方。换句话说，不要放在厨房里！你可以将它放在车库、工作间或储藏间里。

组装多个部分组成的物体

如果你打印出来的物体分成了多个部分，比如雕塑、模型套件或者由于打印容积不够而分成几块的零部件，那么在对打印品进行精加工的时候需要格外小心。你需要确保零部件之间能够正常装配起来，同时在进行表面处理的时候也需要小心。这一节里将会介绍一些关于对多部分物体进行精加工的窍门。

分割物体来适配打印容积

如果你找到一个想要打印的物体，但是它的体积超出了你的打印机的打印容积（它的尺寸超出了轴的运动范围），那么你可以将它分割成几个部分进行打印。对物体进行分割有几种不同的方式，但是要分别介绍它们会使本书过于臃肿。一种快速对物体进行分割的方式是将设计导入到 OpenSCAD 中，然后用 difference() 函数将物体和一个方块进行差分，再将割出来的部分重新摆放在打印平面上就可以了。你可以根据实际的需要来进行多次分割，最后得到的就是能够组装在一起的多个部分了。

注意在零部件上需要互相连接的部分不能进行任何表面处理（比如上漆）。如果准备通过胶水来黏合多个部分，胶水可能无法很好的黏附在表面处理材料上。同时在进行表面处理之前，你需要先检查各个零部件之间是否能够正常装配在一起。我通常会在打磨过程中测试零部件之间的装配情况，这样如果发现问题可以直接打磨掉多余的部分。并且如果不小心打磨过度或者是弄错了某个部分的话，也不会影响表面处理材料（这样不会将上好的漆重新又磨花掉）。

有时你也可以在进行表面处理之前先将各个部分组装起来。如果各个零部件上的连接处不会呈现在组装完成之后的物体表面上，那么你可以先进行组装，然后再上漆。

如果你采用 ABS 丝材进行打印，那么你可以将少量的 ABS 塑料碎屑溶解在丙酮里制作胶水，这种胶水需要用刀具来涂抹（就像用泥刀来涂抹水泥一样）。当黏合之后并且丙酮挥发之后，只需要轻微地打磨，黏合部分就几乎看不出来了。

如果你采用 PLA 丝材进行打印，你也可以使用塑料制成的环氧胶水来黏合各个零部件。但是这个方法的效果并不是很好，并且黏合之后的胶水痕迹很难打磨成与物体的其他部分保持一致的质感。因此在上漆之后黏合部分可能会变得比较明显。同时在使用环氧胶水的时候需要小心，因为有一部分环氧胶水会熔化或者弱化 PLA 塑料的结构。因此最好是用一些废弃的 PLA 零部件来测试某种胶水的效果是否适用。

同时通过打磨和修剪也可以改善各个零部件之间的装配情况，你需要让它们组装得尽可能紧。零部件之间的接缝越小，最后进行表面处理时你就越可能不需要对它进行遮盖处理。

最后，我希望教给你一种在塑料零部件上使用金属紧固件时十分实用的方法。更准确地说，这个方法能够帮助你在螺母槽、通孔和其他为装配设计的部分进行清理和准备时节省大量时间。首先如果你准备在零部件上设计螺母槽，需要注意确保它的形状、尺寸和你准备采用的螺母保持一致。通常我们会将它的尺寸设计得较小一些，然后通过这里介绍的方法进行处理。但是如果螺母槽的尺寸过大就很难补救了，它可能会导致螺母无法被正常固定在螺母槽里，甚至在使用过程中还可能会转动导致塑料滑丝。

在塑料零部件上装配螺母和螺栓（六角型）之前可以先对螺母或者螺栓用喷灯进行加热，然后直接将加热后的紧固件装入塑料零部件当中。这样能够很好地解决开孔较小的状况，并且能够让塑料牢牢地咬合在螺栓或者螺母上。我经常使用这种方法来节省修整那些微小的 M3 通孔的时间。

总　结

在打印过几个不同的物体并且熟悉了打印机的设置和校准之后，你也许会开始思考 3D 打印机还能够做哪些事。而事实上你能做的有很多！对于 3D 打印制作的物体你可以进行的处理有很多，从打磨到抛光，再到进行上漆这样的表面处理，甚至还包括将多个部分组装成一个完整的物体。

这一章里介绍了一系列关于对打印品进行精加工的技巧和窍门。通过对打印品的精加工，你可以将它变得更加美观，而不仅仅是堆叠在一起的丝材层。

下一章我们将会帮助你将视野拓宽到工作间之外，希望这能够给你的 3D 打印之旅画上一个完美的句号。我们将会介绍如何将你的设计分享给世界各处的人们，并且介绍一些使用 3D 打印来解决生活问题的例子。

第十三章

更上一层楼

作为一个爱好者来说，精通 3D 打印是一项十分了不起的成就，不过我相信到目前为止你应当已经达成了这个目标，现在是时候将你的爱好提升到一个全新的高度了。3D 打印社区正在不断发展，同时又有一些不变的准则。其中最显著的一点就是成员之间的分享了，即你应当将自己学习的经验和通过他人的知识所获得的成果都共享出来。

实际上，RepRap 计划最初就是由 3D 打印社区创建和推动的，而这一计划的最初目的就是让 3D 打印变得更加开放。因此我希望你能够逐渐培养与他人分享你的设计的责任心和愿望。

此外，当你在开始学习如何将 3D 打印机应用到解决实际问题上的过程中，也会发现眼前的世界越来越宽广。你会发现通过 3D 打印可以制作除了哨子、手链以及小雕塑之外的许多东西（虽然这些东西打印出来依旧很酷）。

这一章将会带你走向更宽广的 3D 打印世界，我将会提供关于如何向 3D 打印社区贡献自己的 3D 模型设计的建议和指导，此外还会帮助你尝试着通过 3D 打印来解决一些实际的问题。最后我还会介绍 RepRap 计划的一个十分有趣的目标：复制一台新的打印机。

贡献 3D 模型设计

随着越来越多的人接触到 3D 打印这项业余爱好，共享精神也变得越来越普及。这并不是意外。3D 打印运动的许多推动者都是开源精神的拥护者。而这个精神不仅仅适用于软件和硬件设计，还包括其他知识产品，包括 3D 打印的模型（Thingiverse 上的"物体"）。

许多人认为设计出来的物体（模型）都应当在平等的条件下供给他人自由使用和修改。比如当你修改了其他人的某个设计之后，你不仅应当共享出修改之后的设计，还应当将原作者的贡献也记录下来。在某些情况下，这可能只意味着列出原作者的名称，但是有时候你需要将改进后的设计发给原作者。只要你遵循了设计的许可协议中的内容，共享行为是鼓励和平等的。

■备注：我在介绍过程中使用的模型、物体和设计都指的是同样的东西：3D 打印的设计文档。在具体含义上这些名词可能会有所区别，但是在这里并不是我们主要讨论的内容。

但是根据模型的设计过程，在共享的内容上可能会有所限制。比如当某个模型是采用某个专利 CAD 程序设计时，可能就不能将它共享出来。虽然是你自己设计了这个物体，但是你实际上并未拥有相关的文件格式和软件的版权。也许你可以将文件共享给其他同样拥有相同软件的人使用，但是修改文件格式来将设计用于其他的 CAD 软件可能是不允许的。

共享设计还意味着将它放在其他人可以找到的地方，你也许准备将它们免费共享出来，又或者是希望通过设计获取一定的利益。不过幸运的是，现在有网站可以帮助你轻松解决这类的问题。

看见你的设计被其他人喜欢、使用和制造出来的感觉是无与伦比的。Thingiverse[①]上提供一项功能让你能够在其他人的设计页面当中展示你制作的实际物体，并且能够上传一张物体的图片。虽然这项功能很少有人使用，但是对于设计者来说这项功能具备极其重要的反馈意义，因为它能够证明确实有人在使用他的设计。如果你曾经下载并制作过其他人的设计，并且对得到的结果很满意的话，你可以到 Thingiverse 上去上传一张图片来感谢一下作者。

下一节里我们将会着重介绍如何将你的设计分享出去——无论是收费还是免费。

共享的方式

你也许会好奇为什么有人会无私地将自己的劳动成果拱手让人。虽然开源社区期望你能够分享出自己的设计，但是这条规则并不绝对。实际上有一部分人会收取一定的费用提供自己的设计，但是绝大多数爱好者都会免费地将自己的设计共享出来。接下来我将会分别介绍这两种形式的共享。

出售你的设计

你可以通过出售自己的设计来获取一定的利益。这样做并不是错误的，并且现在有许多人都会选择这样的方式。甚至还有成熟的网站来帮助你出售自己的设计。

比如 MakerBot 公司就提供一个名叫 Ditgital Store 的线上设计商城，你可以在上面购买现成的设计，然后下载和打印。价格相对来说还是比较便宜的，并且在上面出售的设计都十分优秀。到目前为止，网站上已经有了比较丰富的产品库（大部分都是玩具），并且每周都有全新的设计加入。

如果你也决定这样做，那么还有一些其他可能对你有用的网站。RedPah 是一个让人们上传设计的共享网站（和 Thingiverse 很相像），不过在这里你可以设定一个其他人在使用你的设计时需要缴纳的费用。和 Digital Store 一样，大部分设计都很廉价，也有一部分免费的设计存在。在使用这个网站时你可以先查看用户的免费设计质量如何，再决定是否

---

① Thingiverse 的创始者在命名的时候所想的是"设计的宇宙"，因此它的核心功能就是让人们能够分享自己的设计。

要购买自己需要的设计。你可以通过这样的方式来评估设计的质量以及是否符合你的需求，从而决定是否需要购买某个设计者提供的产品。如果你想要在 RedPah 上上传自己的设计，只需要注册一个账号并同意用户许可协议即可。如果你希望出售自己的设计，那么还可能需要设置支付方式。RedPah 会从你的销售额中抽取一定比例的提成（这也是网站的盈利方式）。

> ■提示：出售你的设计通常都意味着你需要向上传设计的平台支付一定比例的费用。当然你也可以在自己的网站上出售自己的设计，但是相比于专业平台，个人网站的市场曝光度就要差得多了。

此外还有一个叫作 Shapeways 的网站可以供你上传和出售自己的设计。但是和 RedPah 不一样，Shapeways 同时还提供 3D 打印服务。他们拥有一系列工业打印机，能够使用从塑料到先进的金属粉末混合物等一系列材料进行 3D 打印。实际上在你上传自己的设计之后，其他人可能最终得到的是通过钢、镍甚至是某些稀有金属制作出来的打印品，这多棒啊！

而最棒的一点是，你可以在网站的目录里找到许多令人兴奋的设计——从很小的戒指到较大的实用物体或者是艺术品。我曾经找到过一些十分感兴趣的设计。不过这个网站上设计的价格相对于其他需要你自己下载和打印的网站来说就要高得多了。并且你也可以想象到，在这里出售设计需要支付的费用也比像 RedPah 这样的网站上高得多。但是如果你原先采用塑料设计了某个物体，却希望重新打印一个铝材版本的话，Shapeways 绝对能够满足你的需求。

无私奉献

正如我之前介绍过的，将你的设计无偿地贡献出来在 3D 打印社区中更为常见。我已经介绍过 Thingiverse 这个免费设计的藏宝库了，但是实际上这样的共享网站还有很多。下面我将会列出 Thingiverse 的一些同类网站，它们大部分都是类似的共享平台网站，但是有一些能够提供十分独特的功能。在介绍它们的同时我还会简单介绍它们能够提供的功能。如果你希望寻找某些 Thingiverse 提供不了的功能，那么其中可能会有适合你的网站。

- Bld3r：由社区维护面向 3D 打印爱好者的一个网站。以论坛的形式让成员能够投票选出最优秀的设计，并且能够针对各个设计的品质进行评分。主要由成员推动内容发展
- Yeggi：寻找 3D 打印设计的搜索引擎。如果有特定的设计符合你的描述，那么 Yeggi 就能够帮助你找到它
- Repables：一个 3D 打印文件共享平台
- YouMagine：线上 3D 打印社区，并且附带了共享平台、博客，以及论坛。主要由社区推动内容发展，并且由 Ultimaker 公司负责维护
- Cuboyo：一个 3D 打印文件共享平台

此外还有许多类似的网站存在和不断出现。只有时间才能够甄别谁的生命力最顽强或者

是发展到和 Thingiverse 一样受欢迎。如果某个网站不是由 3D 打印社区创建和资助的话，那么背后通常会有某个 3D 打印公司的影子，比如说 Treasure Island 和 123D's Gallery。大部分由公司资助设立的网站都会偏向于宣传自家的品牌，因此如果你正在使用这样的网站，那么在阅读相关内容的时候一定要注意甄别其中的倾向性。[①]

但是无论你选择使用哪个网站（这个选择也只取决于你自己），在分享自己的设计时都需要注意一些问题。接下来我们将会介绍你需要遵守的一些礼仪或者准则。

分享礼仪

无论你是否相信，在你决定进入 3D 打印社区或相关的社区时，都有一系列规则需要你遵守。其中一些是明文规定的，还有一些则是约定俗成的。下面我将会介绍一些在社区里分享你的设计、灵感和建议时需要遵循的一些规则。

保证设计的原创性

没有人喜欢抄袭者。小时候你肯定碰到过抄你作业的人，当你发现"月度最佳设计"上展示的是归在别人名下但是由你设计并分享出来的模型时，你的心情一定不会很好。

因此你需要学会自己完成设计并保证设计出来的物体是原创的。你不需要刻意地修改设计来避免和其他人的设计过于近似，但是至少在分享之前应当尝试搜索一下是否已经有近似的设计存在。

在少数情况下你可能会发现自己的设计与另外的设计几乎一模一样，但只要你是独立地完成了设计，那么分享出来就不会有什么问题。实际上我也遇见过好几次这样的情况，我和其他设计者的反应都是"伟大的思想总是不谋而合，不是吗？"我需要强调的是这并不是一件错误的事，只要你们能够达成共识并且在许可协议上没有问题即可。

如果出现了其他和你完全相同的设计，但是在许可协议上却有所不同，那么你就需要自己去和那个设计者谈一谈了。当设计牵扯到商业授权的时候这种情况比较常见，不过由于大部分 3D 打印分享平台上都是免费共享的，因此这种情况比较少见。

让我们来看另外的一个例子。如果许多为树莓派电路设计的外壳在尺寸上基本相同、开口的位置相同，甚至是组合方式也相同（比如说都采用卡扣），这是否意味着其中只有一个原创，而其他的都是抄袭呢？不，当然不是。我想要表达的绝不是这么简单的定义。

我所介绍的设计的独特性体现在这些外壳设计当中，应当使你可以将它们通过某些特点区分开来，比如它们的打印方式（比如在打印基板上的朝向）、是否由多个零部件组成、是否带有通风口等。即使是所有这些设计都同时出现在平台上，它们之间依然会有细微的差别。而更重要的是，这些设计都出自于个人自己的思考和辛苦工作，即没有人将其他人的现成设计拿过来就声称是原创的。

---

① 这也是为什么有人不喜欢像 Thingiverse 和 Autodesk 123D 这样的网站。

同时，在其他人的现有设计基础上经过修改衍生出新版本是被允许和鼓励的。假设现在你准备设计一种全新的树莓派的外壳，在搜索时发现有一个外壳设计十分符合你的需求，但是却希望在上面添加底座来适配你的工作台面。这时候你就不需要从零开始，而可以直接下载原有的设计来根据自己的需求进行修改。

而当你准备分享自己的设计时，你需要对自己的设计进行说明，并且给予原设计者应有的功劳，即你应当明确地说明自己的设计是在某某设计的基础上改进得来的。你还需要附上原始设计的相关链接，以及说明进行了哪些修改。当然这一切都是在原设计的许可协议中允许的前提下进行的（Thingiverse 上大部分设计都允许你进行这样的分享行为）。

检查许可协议

在上一章里我提到过设计的许可协议中关于下载和打印的相关内容。回忆一下大部分平台都需要你明确规定自己的设计能够被用于哪些用途。这样平台才能够帮助你管理你的设计，并将它推广给符合你的需求的人群。

正如我之前介绍过的，在使用某个设计之前，你需要检查它的许可协议。如果你准备对设计进行修改，那么更应当关注许可协议中的相关内容。绝大多数许可协议中都允许你自己使用这项设计并允许你对设计进行修改。

但是一些许可协议在修改过后设计的所有权上的规定则有所不同。一些开源许可协议，比如 GPL，允许对设计进行修改，但是如果你准备对修改后的设计进行分发的话，需要你将修改的内容提交给原作者（创建设计或者分发许可的个人或组织）。即为了个人用途的话，你可以自由对设计进行修改，但是如果你准备将修改分享出来，那么就需要将修改的内容提交给原作者。

我只碰到过几次这样的情况，但是涉及的设计都是设计者为了某个商业产品设计的原型。许可协议和设计的说明都表示她正在为了改进设计寻求帮助，并且最终的设计不会免费公开。因此碰见这种情况的时候需要小心，你花费的精力最终可能成为他人获利的工具，而对你来说却没有任何收获。

> ■提示：当你对某个许可协议有疑问的时候，可以尝试着联系原作者直接询问相关的注意事项。

由于大部分设计的许可协议都允许分享和自由修改，因此通常并不用特别担心。但是我依然推荐你在使用其他人的设计之前仔细检查一下相关的许可协议。

注意设计是否恰当

有些异想天开的人偶尔会用 3D 打印制作一些不适宜的东西。但无论你自己的想法是怎样，你都要学会为他人着想。这并不意味着你需要摒弃自己的想法，但是你需要思考它是否可能会冒犯到某些人，并且应当尽力减少这种可能存在的冒犯。

更详细地说，不要将这样可能带有冒犯性的设计上传到公开的分享平台上。你可以上传某些推广特定的主题、思想的设计（假设没有版权侵犯因素的话），但是不要上传任何看上去就具备明显的冒犯性或者可能对他人造成伤害的设计。

比如你准备在学校中向孩子们介绍 3D 设计和 3D 打印背后所用到的科学技术，那么就不应当使用任何对家长来说看上去就很不合适的设计，比如那些包含冒犯性言语、成人内容以及诽谤性内容的设计。

你还应当检查所用平台的用户使用协议来决定是否上传某个设计。注意协议中关于某些设计是否适合上传的相关内容，比如在 Thingiverse 上，你就不能够上传任何和枪械相关的设计。

此外你还需要从另一个方面进行考虑。你应当尽量避免上传那些本身违法或者可能导致违法行为的设计。当然由于 3D 打印社区遍布全球，要全面地考虑这个问题十分困难。但是大部分网站都会根据使用语言来区分相关的设计是否被当地法律所允许，并且一部分用户协议中允许网站在发现某项不合适的设计时将它撤下或删除。

比如我曾经就搜索到过带有明显成人内容的某项设计，但是其他人下载和打印它并不会受到法律问题的困扰，不过对于青少年来说显得有些太成人化了（至少在我看来是这样）。于是我决定看看网站会对这类内容做些什么。我自己并没有进行举报之类的操作，只是等着。但是当我第二天再去访问同一个设计的时候，发现它已经被删除了，并且指向它的链接也全部失效了。

因此在你上传设计之前，确保你已经详细阅读了网站的用户使用协议，并且了解了有哪些设计是不适合上传公开的。大部分时候，偶尔的误解并不会给你带来麻烦，但是如果你持续上传一些不合适的设计，那么网站可能会有工作人员联系你或者是限制你的账户权限。而这正是我在这一节开头就希望说明的：注意尊重他人的想法，尤其是网站的主要用户群。如果你对于网站的理念不认可，那么可以去另外寻找分享的平台。

说明你的设计

我用来区分某项设计的质量是否精良的一个重要因素就是它的说明是否详细，即设计者在网站上对于自己设计的介绍是否详细。如果我发现了某个看上去很诱人的设计，但是发现设计者对它的说明只有寥寥数语，并且没有配备任何使用说明，甚至连一张实际成品图都没有的话，那么我会尽量避免使用这样的设计。

因此你应当尽可能详细地对自己的设计进行说明。当然也不需要长篇大论，只需要提供足够的信息说明设计的目的、应用场合，以及介绍如何对它进行打印和修改（如果你将它进行了参数化）。

当然如果你正在对某项设计进行优化，或者是准备最终发布之前继续进行修改的话，这又要另外处理了。这种情况下，你应当给设计加上一段说明表示它还没有最终完成或依然是试验性的等。如果你使用的网站上提供这样的功能，那么也可以使用它来进行说明。这样其他人就能知道你提供的设计还是半成品。这样做的原因之一就是你可以从其他人那里得到使用的反馈。我曾经就有几个这样的设计，最终得到的结果却各不相同。大部分情况下，人们喜欢这项设计但是并不会评论，即使是评论的时候通常也不会给出有效的修改建议。

我还推荐你在说明里附上自己的联系方式，这样当其他人遇到问题的时候可以及时联系你。大部分网站上都有站内联系功能可以供用户之间交流使用，但是你也可以在说明里提供其他形式的联系信息（比如电子邮箱）。当然最好不要附上自己的家庭住址或联系电话（千万不要这样做），不过通常电子邮箱地址就可以帮助社区里的绝大多数人联系到你了，比如我曾经看到过有人附上 IRC 地址、电子邮箱地址，甚至还包括一个工作联系电话。通常我并不会提供这么多的信息，只会提供电子邮箱地址，这样足够我和那些喜欢我的设计的人交流了。有时候会有人向我咨询一些问题，还有时候——至少有一回，他们能够给我的设计提供改进的意见。并且能够有人和你一起讨论 3D 打印是多棒的一件事啊！

做一个友善的人

假设你碰见了一个不仅质量很差并且还可能（在你看来）设计思路出现了错误的设计，你是否应当立刻在下面评论，并且用俏皮话来摧毁设计者的自尊心呢？不，当然不是。

我通常（大部分时候）会忽略掉这个设计，为什么非要将缺陷指出来而让事情变得更糟呢？我曾经发现社区中的大部分人（有少部分例外）都会和我做一样的事，忽略掉这样的设计并且不去评论它。回忆之前我们介绍过判断某个设计的质量时一个重要标准就是有多少人使用过它，通常情况下网站会提供这样的一个统计数字。如果没有人喜欢这个设计，甚至是没人下载过这个设计的话，你就永远不会在"月度最佳设计"的榜单上看到它的身影。

另外，如果你觉得一定要评论的话，最好是私下和设计者联系，并且尽量提出一些建设性的意见。你评论的目的应当是帮助设计者改进他的设计，而不是质疑他的智商（或者是自尊心）。

当我对某些奇怪或者有缺陷的设计进行评论时（这种情况十分少见），通常我会将想要说的话按照提问的形式表达出来。提问通常不会让人显得过于弱势，而在选词恰当的情况下，它也不会显得过于冒犯。

比如，我可能会评论："你是否发现将它用在运动的汽车上时可能会出现断裂问题呢？"这样就能够提醒设计者是否测试过在某些特定情况下设计的稳定性问题。这就是对于一个设计提出的优秀、具有建设性的意见，并且形式上也很高明。我相信只要你能够仔细思考一下想要陈述的内容，你一定能够找到帮助其他人改进设计的更加优雅的方式。

范例：在 Thingiverse 上传一个设计

现在让我们通过在 Thingiverse 上上传一个设计来详细了解一下这个过程。在这个例子中，我准备上传的是为 Prusa i3 设计的千分表支架。它让你能够在调平打印床的过程中使用千分表来测量喷嘴和打印床之间的距离。它被设计成能够夹在 X 轴的光杆上，并且能够牢牢地固定住千分表。图 13-1 里展示了设计的物体。在下面的内容中我将会详细介绍如何上传它的设计文件。

准备好设计文件

我选择使用 OpenSCAD 来创建这个模型（物体），此外根据我使用千分表的经验，我还希望使用者能够自由修改千分表固定孔的尺寸，因为千分表上使用的轴的尺寸各不相同。此外，千分表还需要牢牢地固定在支架上，这样当底部接触到打印床时产生的压力不会将千分表从支架里顶出来。因此我希望将整个设计做成一个模块，并且将通孔的直径设置成参数。

图 13-1　Prusa i3 上的千分表

■**备注**：这个设计已经上传到了 Thingiverse 上（设计 232979）。

我还需要在设计文档中提供相关的注释来说明它的设计目的以及使用方法。而在最后，我还决定加上介绍如何使用千分表来对打印床进行调平的相关内容。代码列表 13-1 里列出的是我在设计文件顶部添加的注释中的一部分。

代码列表 13-1　Prusa i3 千分表支架的注释

```
// 用于 Prusa i3 的千分表支架

// 这个设计是为了让你能够在调平（调高）打印床
// 过程中使用普通的千分表。

// 备注

// 设计中唯一需要修改的参数是支架上通孔的
// 直径。支架上通孔的尺寸应当保持和千分表
// 紧密结合，这样才能够防止它在和打印床接触
// 的时候从支架里松脱。如果通孔尺寸太小，你
// 可以卷起一片砂纸来尝试对它进行扩孔。如果
// 误差过大，你还可以修改参数之后重新对物体
// 进行编译和打印。

// 使用说明

// 要使用这个支架，先要将挤出机移动到 X 轴的中央
// （别用手！），接着将千分表固定到支架上，
// 然后将支架夹在挤出机左侧的 X 轴光杆上。将
// 支架的顶部固定住，再将底部轻轻按压在下方
// 光杆上。

// 将 Z 轴移动至（别用手！）千分表的尖端
// 刚好接触到打印床的位置，然后将它继续向下
// 移动零点几毫米，这样能够让千分表的运动
```

```
// 范围更广。

// 要调平打印床的时候，将千分表移动到打印床
// 的最左侧，然后对 Y 轴进行复位（别用手！）。
// 这样千分表对准的应当就是你的打印床上的
// [0,0,0]位置（复位点）。记录下此时的读数
// （我通常会将千分表的读数调节至 0），同时
// 注意此时打印床上的调节螺栓应当处于中等位置。

// 接下来将 Y 轴（别用手！）移动到最大值位置，
// 然后将打印床高度调节至千分表的读数为 0 或者是
// 接近你原先记录下的数值。现在你知道为什么在开始时
// 要将千分表的读数调节为 0 了吧！

// 接下来，将千分表移动到 X 轴的另一侧，注意动作要轻，
// 避免改变千分表在支架中的位置或者是支架在 X 轴上的高度。
// 对 X/Y 轴的最大值位置同样分别进行调节。

// 最后将 Y 轴移动到 0（别用手），同样测量并调节最后一个角的高度。

...

// 设计者: Charles Bell

// 享受吧！
```

你可以看到注释十分长，但是你会发现我清楚地介绍了设计的目的、使用说明，甚至还详细介绍了它的用法。你不需要做到这么详细，但是需要尽可能地包含其他人使用你的设计时所需的全部信息。你的注释越完整，其他人才越有可能喜欢并且自己尝试制作一个。

下一步则是生成设计的.stl 文件，回忆一下我们需要在 OpenSCAD 中进行编译才能够导出各种不同的图形文件格式。编译完成之后我们可以通过单击文件（File）菜单中的导出选项（Export）中的导出为 STL 文件（Export as STL）选项。图 13-2 里展示了经过渲染之后的物体。

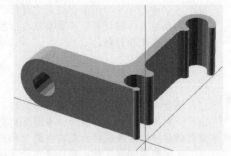

到这一步，你应当已经获得了能够上传的一系列文件。在这个例子中，我们得到了 OpenSCAD 的代码文件（dial_gauge_mount.scad）和生成的.stl 文件（dial_gauge_mount.stl）。

图 13-2　编译过的物体

选择许可协议

当准备好需要上传的文件之后，你需要考虑自己希望遵循何种许可协议。我通常会选择 Creative Commons-Attributions-Share Alike 许可协议（知识共享许可协议-署名-相同方式共

享）。图 13-3 里列出了 Thingiverse 上可选的一系列许可协议。

确保挑选一个最符合你的想法的许可协议。我选择的协议允许任何人自由使用和修改我的设计。

■**提示**：如果你不确定是否要使用某个特定的许可协议，你应当在选择它之前搜索并阅读它的具体内容。比如知识共享许可协议（Creative Commons Licenses）（最常见的选择）可以在 Creative Commons 官方网站上找到。

创建页面

如果你还没有 Thingiverse 账号，那么暂时还没法上传设计。注册之后，你可以登录到 Thingiverse 上然后单击创建（Create）菜单中的上传设计（Upload a Thing）开始创建你的设计页面！这会打开一个引导页面，里面有一些内容需要你填充。总的来说分为 3 步：1）上传文件；2）提供设计细节；3）发布设计。

第一个页面上你会看到上传设计文件的提示，包括 OpenSCAD 和完成设计之后创建的.stl文件。你可以将它们直接用鼠标单击并且拖到页面当中，上传过程会自动开始。图 13-4 里展示了这个页面的截图。

图 13-3　可选的许可协议

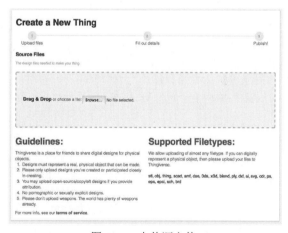

图 13-4　上传源文件

注意底部左侧内容里介绍了上传设计所需要遵循的规则。你应当仔细阅读这些内容并且遵循相关的规定。而在创建这个设计时，就代表你已经同意了相关的使用条款，而使用条款的详细内容你可以单击底部的链接进行查看。底部右侧的内容则介绍的是支持的各种文件类型。

当设计文件上传完成之后，你会发现页面开始扩充，并且出现让你上传设计的实物图片（极力推荐你上传一张）的区域，还可以填写设计的名称和介绍、选择设计的类别以及许可协议，并且可选是否填写使用说明。我推荐你将使用说明也写上。此外还有一个选项框让你选择这个设计是否是半成品。最后你可以添加自己觉得合适的各种标签。对于我上传的这个设计，我选择了添加千分表（dial_gauge）、支架（mount）和 Prusa_i3 标签。你可以挑选任何自己觉得合适的标签。

在页面的最下方你可以添加设计时参考的其他设计的链接，它可能是你下载并且用在设计中的某个零部件，或者是当作原型进行修改和改进的某个设计。无论是何种情况，你都需要将它们的来源链接在这里列出来。如果你没有参考任何物体就完成了设计，那你也可以将它留空，但是这仅仅适用于那些真正独特的想法和设计。

比如你为 RepRap 打印机设计了一个新的 X 轴末端零部件，即使是你自己做梦时梦见这个零部件的结构，但是实际问题是 X 轴末端零部件是有原型存在的。实际上已经有许多衍生设计出现了，因此你应当在其中挑选一个和你的设计最为接近的并将它列在里面。你还应当在设计的介绍里说明这一点，你可以使用"受到×× 启发"来表明这不是在某个设计的基础上直接修改得到的，但是将功劳留给灵感来源一部分是一个很有品味的行为。

你还应当填写一个能够直接表明设计内容的名字。注意不要给它添加过多的像"神奇、最棒、超级"这类的形容词。这并不能表示你的设计内容，并且很可能伤害到其他人的观感。你应当尽量填写一个简洁的名称，并尝试用关键词来完整介绍你的设计。我填写的是"Prusa i3 Dial Gauge"(Prusa i3 千分表支架)，简洁、准确。

为了让你了解我对于介绍和使用说明的最低要求，下面列出的是我在创建这项设计时填写的内容。

介绍
这是一个用于 Prusa i3 X轴上的千分表支架。查看.scad 文件里的相关内容来学习如何将它的尺寸修改成适合你自己的千分表。

更新：添加了一个更低的版本，适用于热端较高的打印机。

使用说明

将支架打印出来并将千分表固定住。当你需要使用它的时候，只需要将支架固定在 X 轴的光杆上。将支架的顶部夹在光杆上，然后转动支架将底部也固定住。

参照.scad 文件中的注释来详细了解如何使用千分表对打印床进行调平。

■备注：支架上通孔的直径为 9.75mm。如果你需要更大的通孔尺寸，你可以对.scad 文件进行修改来增大通孔尺寸。

你可以看出，我填写的内容十分简洁，但是却包含了使用者需要的全部信息。注意在介绍如何使用千分表的时候，我介绍的是让使用者去查询.scad 代码文件。我认为会搜寻千分表支架的人应当都了解如何使用千分表了，因此在这里我就省略了那些冗长的介绍文字。

当你填写了全部信息，并且选项也都选择完毕之后，你可以单击保存草稿（Save Draft）按钮来保存相关内容供以后修改（比如希望添加更多照片的时候），或者是单击发布（Publish）按钮来发布这项设计。图 13-5 里展示了发布之后的设计页面。

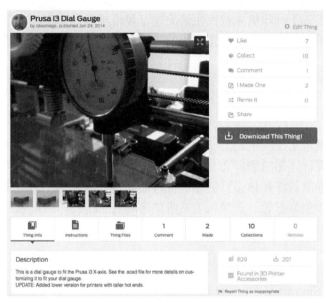

图 13-5　千分表支架的页面

注意，在图中你可以看到访问者能够看到你填写的介绍、使用说明以及上传的文件，甚至还可以给设计进行评论。这个页面上没有展示的是别人访问和下载的次数。到目前为止，已经有 96 个人看过这项设计，并且有 30 个人下载了这项设计。它并不是 Thingiverse 上最受欢迎的设计，但是至少有几十个人很喜欢它并且下载了它！

监控反馈

当你发布了设计之后，作为一个合格的社区成员你要做的还有很多。你需要周期性地检查是否有新的评论出现，并且对使用者的提问进行回复。当你登录上 Thingiverse 账号之后，网站顶部会出现一个带有标签的信息栏。如果有人喜欢你的设计、进行了评论、制作了一个实物、修改了新的衍生版本的话，你都会在信息栏里看到提示。

注意每隔几天或者至少是每周来检查是否有新的评论出现，并且最好是对它们进行回复。对我来说，我每天都会检查 Thingiverse，因此如果你评论了我的设计，我通常会在 24 小时之内给出回复。这算是一条约定俗成的规则，因此尽量回复每一条有意义的评论——尤其是当有人在评论里向你提问的时候。

如何来实际应用 3D 打印机

和其他介绍 3D 打印的书籍不一样，我将讨论如何来实际应用 3D 打印机的内容留到了最后。我不是很喜欢将这些内容放在最前面进行介绍的书籍，它们让我感觉像是在故事的开头就透露了结局。在这一节里，我将会向你介绍通过 3D 打印机能够打印出的一些物体，并且鼓励你思考如何使用 3D 打印机来解决生活问题。我希望通过观察我在自己家中尝试的一些例子，能够向你传授这样的思想。首先让我们从 RepRap 打印机最初的设计目的开始——制造一台新的打印机。①

复制一台新的打印机

我的 3D 打印机最重要的用途之一就是用来打印组装其他打印机时所需的零部件。这也是 RepRap 打印机设计之初的宗旨之一，打印一台新的打印机（有时也称为复制）是一件充满乐趣的过程。当你准备好各种必要的零部件时能够得到满足感，而组装完成打印机之后又有全新的满足感。即使你不想过于深入地钻研如何组装 3D 打印机这项业余爱好，我推荐你都应当至少尝试组装一台 3D 打印机，从这个过程中你一定能够学到很多。

图 13-6　Smartrap 打印机
（图片由 smartfriendz 网站提供）

在这一节里我将会介绍一种截然不同的 3D 打印机设计，它被称为 Smartrap，由 Smartfriendz 公司设计。图 13-6 里是一台组装完成之后的 Smartrap 打印机。

我挑选这个型号的打印机作为例子是因为它的塑料零部件体积都相对较小，并且采用 PLA 丝材进行打印的话，根据你的打印机的进给速率不同，总共的打印时间在 8~12 个小时之间。同样它的组装过程也比一些流行的 Prusa 打印机要更加简单，只需要几把螺丝刀和一个内六角扳手就足够了。

Smartrap 是什么？

Smartrap 是一种以简捷性为重点设计的 RepRap 衍生 3D 打印机。它没有庞大的框架结构零部件、复杂的轴机构以及全封闭的外壳。而实际上，塑料零部件被螺栓固定在一块充当底座的木板上而不是另外设计的框架结构上。因此打印机的框架实际上是由固定在一起的零部件组成的，甚至还包括步进电机——有 3 个步进电机被固定在底座上。它在某个方面和 Printrbot Simple 打印机很像。

而我对于 Smartrap 最喜欢的一点则是它的疯狂科学家产物一般的外观——电路板裸露地装在玻璃打印基板的下方，接线遍布整个打印机。总的来说，这是一台看上去很酷的打印机。

但是关于它最棒的优点还是商家提供的全面售后服务，以及塑料零部件的打印文件在网络上是开源分享的。而正是由于它的各种优点，你会发现越来越多的人开始尝试使用这种 3D 打印机，并且成立社区来为它设计新的功能和升级套件。比如 Thingiverse 上就出现了越来越

① 为什么不让每个家庭都拥有一台 3D 打印机呢？

多的设计。

Smartfriendz 提供了一个网站来销售组装好的打印机、完整的套件以及备用零部件。虽然 Smartfriendz 只是一家业余 3D 打印机制造商，但是它们的网站上提供了详尽的说明文档，并且有一个论坛供使用者互相交流经验、打印文件和使用视频等。因此从各个方面来说，Smartfriendz 跟一家消费级的 3D 打印供应商来说没有多大的差别。它们可以算是 RepRap 打印机品牌中的佼佼者了。

打印塑料零部件

Smartrap 上使用的塑料零部件可以在 Thingiverse 上找到（设计 177256，关键词 Smartrap）。你可以在上面找到 4 个源文件，包括一个零部件清单和 3 个包含各种塑料零部件的.stl 文件。

3 个.stl 文件中包含分组后的塑料零部件，它们被摆放在符合普通的 RepRap 打印机的打印基板大小的范围内。准确来说，它们可以直接在 Smartrap 的打印基板上进行打印。你需要做的只是下载.stl 文件，进行切片，然后打印就够了。图 13-7 里展示了一套完整的塑料零部件。

注意图 13-7 中包含 27 个需要打印的零部件。但是由于它们的体积都不大，因此将它们分成 3 组进行打印对于大多数 3D 打印爱好者来说应该都不成问题。比如每一组零部件的.stl 文件都可以轻松地放在 MakerBot Replicator 2 的打印基板上，并且只需要 2～3 个小时就可以完成全部打印。

图 13-7　Smartrap 打印机上用到的塑料零部件
（图片由 smartfriendz 网站提供）

不过如果你想的话，也可以将各个零部件单独分开来进行打印。你只需要将.stl 文件导入到切片软件中，然后将各个零部件分开并单独保存就可以了。使用 Slic3r 你可以轻松完成这项操作。如果有人希望这样做的话，可以自己尝试着去摸索如何进行操作。

我推荐你采用较低的分辨率来打印这些零部件，通常 0.3mm 的层高和 20% 的填充率就足够了。这样能够让你在几个小时的时间内完成一组零部件的打印，这样你就可以在一个周末里打印完成全部的零部件了，还能够节省出足够的时间来看看喜欢的比赛。①

如果你准备分批次打印这些塑料零部件，比如在极少数的空闲时间进行打印，那么我推荐你等到打印完成了全部塑料零部件之后再来购买其他零部件和电路元件。

不要忘了你需要对打印出的零部件进行清理才能够将它们组装在一起，包括清洁支撑材料和对通孔进行扩孔。

购买其他零部件和电路元件

正如我之前介绍过的，你可以从 Smartfriendz 购买全部的硬件和电路套件。但是你并不

---

① 当然这是在你没有碰到任何打印故障，并且没有人意外踢掉打印机电源的前提下。

需要这样做。如果你有组装其他 RepRap 打印机剩下的硬件，那么当然可以用在 Smartrap 上。实际上，Samrtrap 中使用的大部分零部件都和其他的 RepRap 衍生型号打印机相同。

比如你需要 4 个 NEMA 17 步进电机（Prusa i3 上则需要 5 个）、一些光杆和丝杆、线性轴承、同步带以及各种尺寸的螺栓。参照设计文件里的零部件清单来确定具体所需的零部件。而对于控制电路，大部分人都会选择 RAMPS 和一个十分常见的热端型号搭配使用。

因此，如果你需要自己购买所需的零部件的话，那么你需要零部件清单以及周围能够提供这些零部件的商家列表。不过你也可以从 smartfriendz 网站上购买你所需要的任何零部件。

组装

在这里我将不会详细地介绍如何组装 Smartrap 打印机，希望你能够自己去访问 Smartfriendz 网站并下载它们提供的组装指南，这份指南由开源 RepRap 社区制作。你会发现它的内容十分详尽，并且简单易懂。你还可以参照本书第三章里关于组装 3D 打印机所介绍的一系列技巧。

总的来说，组装过程并不困难，需要的工具也不多，并且不会花费你很多时间。如果你碰见了问题，可以尝试到 Smartfriendz 网站上寻找合适的帮助内容。

现在你已经简单了解了如何通过 3D 打印来复制一台 3D 打印机，只要你能够完成打印塑料零部件的工作，那么复制一台全新的 3D 打印机对你来说肯定不是什么难事。

实际家用解决方案

你是否碰到家里的某个物件坏了的情况？比如某个家具上的把手松脱或者开裂了，如果这时候能够用自己打印出的零部件更换它那是多棒的一件事？只要你有足够的创造性，并且能够熟练使用 CAD 软件和你的 3D 打印机，那么你几乎可以打印出各种不同的东西。

也许你已经有了通过塑料制作零部件的构思，但是暂时还没有足够的工具或者信息来实现你的构思。现在随着你对打印机的功能和性能的理解越来越深，并且学会了如何对打印品进行处理的各种方法，正是实现你的构思的最好时机。

3D 打印的花费如何？

你也许正在思考通过 3D 打印制作某个替换零部件和在商店里直接购买一个之间的花费差距是多少。但是这个问题的答案的影响因素有很多，如果你排除在 3D 打印上花费的时间和精力，而仅仅关注塑料所花费的金钱的话，那么你可能会被自己打印零部件并不会节省多少钱这个事实所震惊。

举例来说，假设一个普通的小型家具零部件的售价是 4 美元。①现在如果你准备打印相同的零部件，最终的重量为 90g（这已经是很多塑料了）。假设我们所使用的丝材卷售价为 45

---

① 虽然这听上去像是随口说出的一个数字，但是我在家装店里购买各种不同的物件的时候发现，如果将我的购物车里东西的数量乘以 4，最后得到的数字和最终的价格十分接近。很奇妙，对吗？

美元（平均价格），通常能够提供 900g 的丝材。只需要简单计算一下就可以知道每 10g 打印丝材需要的花费是 0.5 美元。这样打印一个零部件所需要的花费就是 4.5 美元，已经很接近零部件的售价了。而如果你加上制造零部件所花费的时间，对比直接从商店里购买零部件所花费的时间，自己打印零部件看上去可能就不是那么划算了。

但是，如果你考虑到在观察零部件打印出来的过程中获得的惊喜，以及实现自己构思所带来的喜悦，那么自己打印零部件的行为就变得无可比拟了，尤其是当你打印出来的物体没法在任何商店里买到的时候（我们之后将要介绍的门铰链就是这样）。想象一下当别人询问你是怎么获得这个零部件的时候，你可以回答："我自己打印出来的。"

在这里我将不再列出各种具体的建议和所有必需的信息，而准备提供一些我为自己家通过 3D 打印解决问题的实例。通过我提供的内容，我希望你能够发挥自己的创造力，而不是仅仅遵循现有的实例来尝试设计和打印（当然你也可以尝试我介绍的这些例子）。

我将会从设计一些实际能够使用的物体的技巧开始。这是由于解决实际问题的过程并不仅仅是测量某个零部件的尺寸、设计一个相同尺寸的模型，然后打印和安装这么简单。通常情况下，你需要进行微调才能够得到最终有效的零部件。实际上在打印某些关键零部件时经常需要制作一些样品，才能够得到最终有效的成品。比如当我担心零部件上的某个部分会出现尺寸不对或者是某个通孔的大小问题时，那么应当怎样避免这些问题的出现呢？我可以用 3D 打印机来制作一个零部件的原型。[①]接下来我要介绍的是与原型设计有关的一些技巧。

原型设计技巧

当你准备制作的东西不是某种装饰性物体而是需要安装在其他物件上的零部件，尤其是需要通过螺栓或者某种结构固定住的零部件时，你需要对它进行十分精确的测量、再次测量和再三测量。[②]想象一下，当你设计并且打印完成了一个十分复杂的零部件之后，却发现通孔的位置或者尺寸出现了轻微的差错，这可能是由于测量错误或者是 OpenSCAD 中代码文件的错误导致的。我可以肯定在花了好几个小时打印出一个零部件之后，却发现在设计的时候就出现了错误是一件多么令人失望和沮丧的事。如果事先打印出零部件上需要固定的部分来测试是否合适是不是更好呢？

这就是原型设计的一种——在进行完整地打印之前先通过样品（或者测试部分）来检查零部件的装配是否正常，这样就可以根据结果来调节零部件的设计同时还能够避免打印出失败的零部件。这不仅仅意味着你可以更快地完成测试部分的打印，还意味着你最终得到的成品一定是可以正常进行装配和使用的。

当需要测试的部分位于物体底部时，我可以在打印出最底部的丝材层之后终止打印，这样得到的就是测试部分了。但是，如果需要测试的部分在顶部或者其他位置上呢？

---

① 这也是 3D 打印机在工业上最早的用途之一。
② 在木工行业里有个说法：多次测量，一次切割。

现在就是用到万能的 OpenSCAD 的时候了。即使你只拥有一个 .stl 文件，你也可以用 OpenSCAD 来切割掉物体，留下需要测试的部分来进行打印。你甚至可以用它来将物体分成多个部分，分别进行打印和测试。

这里我们需要用到的就是 difference() 函数了。回忆一下之前我们介绍过它可以帮助我们在现有的物体上剪切（擦除）掉与其他一个或多个物体重叠的部分。让我们通过一个例子来学习如何使用它。

现在，假设我们需要测试将物体固定在一块木头上的通孔和凹槽是否合适。这时候我们不需要将整个物体都打印出来，而是可以通过 difference()函数将物体上不需要的部分切除或者屏蔽掉。图 13-8 里展示的代码执行的就是这个功能（为了简洁性省略了代码的注释）。我们在本章的后续内容中还会见到这个例子。

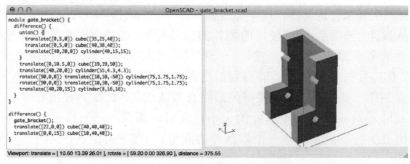

图 13-8　通过剪切来进行原型设计

注意在代码中我利用两个方块剪切掉了一大部分的物体。剩下的就是需要测试的一小部分了，这样打印起来更加方便快捷，并且依然能够测试通孔的位置以及凹槽的深度和宽度是否能够完成物体的装配工作。如果需要对这些部位进行调整，那么我可以直接在代码中进行修改、编译和导出，然后重新打印出原型部分再次进行测试。

■**备注**：你还可以使用 intersect()函数来获得相同的效果。查阅 OpenSCAD 提供的说明文档来学习如何使用这个函数。

另一项在原型设计时十分有用的技巧则是对切片软件的参数进行修改，降低填充比例和丝材层的宽度。这样能够节省你大量的丝材，并且由于原型零部件的强度通常不是我们需要考虑的主要问题——因为它并不会被实际用在安装上！因此我们不需要将它的打印质量设置得很好，给它添加额外的外壳层数（更厚的垂直和水平外壁），或者尝试给它填充更多的丝材。我推荐你可以采用 0.3mm 的层高，不超过两层的外壳，10%的填充比例以及尽可能快的打印速度。同时打印出来的零部件的外观并不重要，我们只需要用它来测试装配和零部件之间的校准是否合适。

和你所想的一样，用来打印的丝材是什么颜色当然也不重要，因此你可以使用储备量最多的丝材，而将打印最终成品的丝材节省下来。

> ■**备注**：一些打印机在较高的打印速度和较高的层高设定时打印出来的物体质量可能会十分差。因此你需要根据具体情况来考虑使用何种设定，因为它可能会导致打印出来的原型上出现形变或错位，使用来装配的部分受到影响。在这种情况下，如果出现的质量问题过于严重，那么你可能需要对零部件进行一定程度的清理和修剪。

我发现这个方法在你需要打印一些独特的零部件、备用零部件或者是需要组装起来的某些零部件时十分实用。正如我之前介绍过的，你可以使用相同的方法将某个零部件分成许多个部分。

衣橱配件

使用 3D 打印来制作衣橱里的配件，还有浴室里用到的配件，包括架子、挂衣钩和衣架等，都是十分常见的做法。Thingiverse 上就有许多与此相关的设计。如果你希望从一些体积更小、更加简单的物体开始尝试设计和打印，那么我推荐你可以尝试从这里开始。

比如我的妻子喜欢将她的包都挂在挂衣杆上，这样就能够节省出衣橱里表面上的空间用来存放其他的衣服了。①挂衣杆很容易买到（并且我还自己制作过它的固定支架），但是我们真正需要的是大量 S 形的挂衣钩。在 Thingiverse 上我找到过十几种不同的设计，但是没有一种的尺寸和厚度符合我的需求（皮包十分重）。因此我决定自己来设计一个，代码列表 13-2 里展示的就是我的解决方案。

代码列表 13-2　S 形挂衣钩的设计代码

```
// S形挂衣钩

// 这个文件设计了一个能够挂东西的S形钩子。
// 你可以将它用来悬挂花盆、同步带、袋子、钱包等。

// 说明
// 只需要对代码进行编译、导出和打印就行了！如果你希望
// 修改钩子的尺寸，那么可以用下面的参数进行调整。

// 直径参数决定了环形的外径。
// 厚度决定了钩子的高度以及环形截面的宽度。

// 设计者: Charles Bell

// 享受吧！
module s_hook(diameter=40,thickness=5) {
  radius=diameter/2;
  difference() {
    cylinder(thickness,radius,radius,$fn=64);
    cylinder(thickness,radius-thickness,radius-thickness,$fn=64);
```

---

① 她的包的数量上并不算多，但是占据的空间相当大！

```
      translate([0,-radius,0]) cube([radius,radius,thickness]);
    }
    translate([0,thickness-diameter,0]) difference() {
      cylinder(thickness,radius,radius,$fn=64);
      cylinder(thickness,radius-thickness,radius-thickness,$fn=64);
      translate([-radius,0,0]) cube([radius,radius,thickness]);
    }
  }

  s_hook();
```

　　要获取这个设计的样品很简单，只需要在打印了几层之后终止打印过程就行了。这样得到的样品就可以用来测试是否能够正常挂在挂衣杆上了。图 13-9 里展示了完成后在实际使用中的钩子。

　　注意图中央的白色挂衣钩。这是我在百货商店买到的金属钩子，两个一组花了 2 美元。而我打印的旁边这些钩子平均下来每个钩子的成本只有 0.2 美元不到。如果你对于这些钩子的耐用性依然怀有疑问的话，大可不必。我是在 2013 年上半年用 ABS 丝材打印的这些钩子，两年过去了它们依然能够牢固地挂住沉重的挎包。

　　如果你正在挑选能够自己设计和打印的小物件，那么可以从衣橱和浴室开始，看看有没有什么东西是可以通过钩子、小容器或者其他收纳装置整理一下的。

图 13-9　衣橱里的 S 形挂衣钩

机械零部件

　　3D 打印机的另一个实用场合则是打印一些机械零部件。它可能是你需要固定在墙上、门上或天花板上的某个东西，或者是一个全新的门把手、夹子或其他类似的杂项零部件。

　　举例来说，有时候你可以使用 3D 打印来打印某个损坏零部件的替换品。我曾经就为浴室门打印过一个替换的门把手。原来的门把手已经有 30 年的寿命了，并且已经很难买到了。我不用再劳心费力地去旧货店里去看看有没有类似的零部件，并且花费大量的精力对它进行修整、钻孔来让它能够装在我的门上，只需要自己设计一个相同的零部件并打印出来就够了！并且我决定用半透明的清澈 PLA 丝材来进行打印，这样它的外观和原先的把手能够十分接近。

　　修复家里的家具能给你带来很多乐趣，而尝试着自己来设计解决方案则是一个更加快乐的过程。[①]不过，如果你需要设计一个需要固定或者安装在其他东西上的零部件，需要花的工夫也是很多的。现在让我们来看个例子。

------

① 当然是对于一个技术人员来说。

■**备注**：这里和之前我们介绍原型设计时使用的是同一个物体。

假设你的家里有宠物或者小孩，并且有一个不想让他们接触到的很陡的楼梯，这时候应当怎么做呢？当然是给楼梯的入口装上婴儿门。如果你有两个靠得很近的地方希望通过婴儿门隔绝开来，但是原始的零部件只能够将门固定住，却不能够转动。这时候不用安装两套婴儿门，你需要的只是一个门铰链。准确地说，你只需要固定住门的一侧，这样另一侧就可以在两个有锁的位置之间来回转动了。图 13-8 里展示了设计这个铰链的代码（你需要两个这样的铰链），图 13-10 里展示的则是安装上之后的铰链。

注意在铰链的中央有一个眼钩，这也是铰链转动的支点。我用了一个简单的销子将铰链固定在了眼钩上，然后通过螺栓将铰链固定在了门上。当然这需要你将原先安装在相同位置的零部件事先拆掉。因此你需要将铰链的尺寸设计得稍大一些，这样才能够盖住原来零部件的安装孔，并在不对门框结构进行修改的情况下将它固定在木质门框上（除了移除原来的安装零部件之外）。

在设计这个零部件的时候，我通过原型验证了用来将它固定在门框上的凹槽和通孔的位置，并且打印了另外一个左半边的原型来确保它是否能够牢牢地固定住眼钩并且如我所预期的那样自由转动。当通过原型验证完毕之后，我将整个物体打印了出来并进行了实际测试，事实证明它的功能正如我所想的那样！图 13-11 里展示了实际使用中分别位于两个位置上的婴儿门。

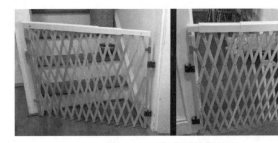

图 13-10　门铰链　　　　　　　图 13-11　完成后的婴儿门

这一类的零部件通常都会更加复杂一些，但是在你有了一些简单零部件的设计经验之后，设计这类零部件对你来说应当不成问题。

家具

你还可以打印一些实用或者装饰性的小家具。我妻子就曾经从她的叔叔那里收到过一个切萨皮克帆船的微缩复制品作为礼物。他曾经当过一段时间船员，并且会自己制作小船。复制品是根据他自己设计的原始船只为蓝本制作的，并且做工十分精美，我们在它上面放了一块玻璃来当咖啡桌使用。

由于它毕竟是船形的，因此想要固定住一块玻璃并不容易。幸运的是，我们找到了一家同意帮助我们将玻璃切割成我提供的模板形状的店家。但是我并不打算将玻璃直接摆放在船上，而是准备在船的边缘上制作几个支架。但是这也带来了新的问题，船上并没有可以固定住玻璃的横梁。我们需要在船边上安装几个不显眼的支架，这样既能够不破坏整体的美观，又能够牢牢地将玻璃固定住。图 13-12 里展示了最终设计出来的解决方案。

　　我用 4 个这样的支架和配套的螺栓和螺母实现了可升降的玻璃面板。它是一个相当简捷的解决方案，并且更棒的是，它的外观能够和船的整体造型融为一体。图 13-13 里展示了支架装在船上之后的效果。可升降的支架都用圆圈标注了出来，效果很棒，不是吗？

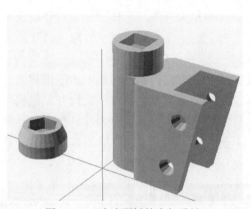

图 13-12　玻璃面板的支架设计

图 13-13　顶部是玻璃的船形咖啡桌

　　你可以看到，支架里用螺母和螺栓构建了一个可以自由升降的结构。支架被设计成能够通过沉头木螺钉固定在船的肋材上。船侧面的肋材有一定的倾斜角度，因此我将支架上的凹槽也设计成了带有一定角度的形状。我将凹槽设计得较深，这样就能够固定在前后不同角度的肋材上。

　　总的来说，设计这个支架的过程十分有趣，并且展示了如何用 3D 打印来尝试着设计某些没法直接买到的解决方案。虽然在五金店里淘一淘货我最终也应该可以将这个支架拼装起来，但是通过 3D 打印就节省了我大量的时间，以及在店内转悠时拒绝店员的帮助所花费的精力。此外它的外观看起来也很棒，并且在自家就可以制作完成——当然除了顶上的玻璃以外。

MakerBot Desktop

　　这是另一个可以储备在你的 3D 打印工具库里帮助你更上一层楼的软件工具。最近 MakerBot 发布了一款全新的软件，叫作 MakerBot Desktop。这个软件能够提供一站式的 3D 打印服务，包括浏览 Thingiverse、从 Digital Store 上购买中意的设计、创建自己的设计库。它结合了搜索和管理设计、将设计为 3D 打印做准备，以及控制 3D 打印机进行打印等一系列功能。

　　如果你下载过或者设计过的物体数量像我一样多，那么它提供的管理功能将会对你十分的实用。而仅仅是管理功能就绝对值得你尝试一下这款软件了。你可以通过它管理上传到 Thingiverse 上的设计、在软件内直接搜索 Thingiverse、浏览曾经下载过的设计，以及从 Digital Store 购买中意的设计。

　　此外，如果你拥有 MakerBot Digitizer 扫描仪，那么你可以通过软件连接它来扫描图片并上传，甚至直接打印出图片中的物体。下面这幅图片就是软件的截图。

　　软件目前还处于 beta 测试阶段，提供 Mac、Windows 和 Linux 平台的 3 种版本。此外它也只支持较新的 MakerBot 打印机，比如 MakerBot Replicator 2、2X 及更新的型号。比它们更旧的打印机均不支持。

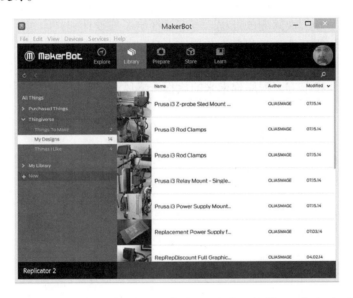

　　MakerBot Desktop 软件很好地展示了 3D 打印公司是如何将 3D 打印中原本分散在各个不同软件中的功能集成为一个统一的 3D 打印环境的；它们创建了一个为 3D 打印设计的 IDE。我已经等不及观看这个软件（以及其他类似的软件）将来能够进化成什么样子了。我甚至还设想过是否能够通过一个软件来提供 3D 打印工具链里所需要的全部功能。未来就在眼前！

　　关于 MakerBot 公司还有一点很棒，它们还针对 iPad 提供一个名叫 MakerBot Printshop 的应用程序。这是一个装在 iPad 上的 3D 打印工具套件。它能够让你浏览和打印不同的设计，同时还提供对某些特定物体进行自定义修改的功能。目前这个程序还只是刚刚推出，但是它的前景不可限量。

　　如果你拥有某个型号的 MakerBot 打印机，那么可以考虑一下下载和安装 MakerBot Desktop 软件，并且如果有 iPad 的话，也可以尝试使用一下 MakerBot Printshop。

总　　结

　　拥有一台 3D 打印机能给你带来无穷的乐趣。而通过拓展你的 3D 打印应用范围，你会发现越来越多的乐趣，从打印小装饰品、小盒子、稀奇古怪的小玩意儿，到能够解决你周围问题的实用零部件。随着不断累积新的知识和经验，你还可以学习成为 3D 打印社区的一员。

　　这一章里想要介绍的内容就与这些有关。首先我们介绍了如何加入 3D 打印社区和上传自己的设计来成为为社区做出贡献的一员。接着我介绍了一些通过 3D 打印来解决家庭当中常见问题的思路和建议，并且展示了几个我自己设计的实例。希望这些例子能够帮助你学会通过 3D 打印来思考和解决问题的过程。本书已经给了你设计和打印属于自己的物体所需要的全部工具，现在你需要的只是想象力和创造力！

　　现在你已经学会了很多，并且有了充分运用 3D 打印机所需的全部知识，但是在 3D 打印的道路上你的终点还在前方。祝愿你未来的旅程一帆风顺！

附录

■■■

常见的故障和解决方案

这个附录里列出了在使用3D打印机的过程中许多常见的故障以及它们对应的解决方案。表 A-1、表 A-2、表 A-3 和表 A-4 里包含了对于故障的描述、故障的来源，以及解决方案等内容。我将问题按照种类进行了区分，这样方便你进行查询。

使用这些表格的最佳方式是首先查看哪类故障的描述最符合你碰到的问题，然后查找它对应的来源，接着利用表格里介绍的解决方案进行排查。注意在表格中我们可能会介绍不止一种故障的来源和解决方案。同时，在尝试解决方案时对软件或硬件进行的改动可能会导致新的故障。因此最好是每次只测试一种解决方案。一些解决方案中可能会包含重复这一过程的介绍内容。比如降低热端温度5℃有时候就需要重复进行直到解决问题为止。

■提示：当然解决方案也是有限制的。很明显，如果热端温度太低同样会引起打印机的故障。同样在提升热端温度的时候也一样。在这两种情况下，你都会碰到一个温度阈值，超过这个温度阈值之后如果问题依然没有解决，那么说明这种方法是无效的。因此你需要参考这里介绍的解决方案，而不是严格按照它们介绍的内容来解决问题。

黏附问题

这一类故障包括物体和打印基板之间以及丝材层之间的黏附问题。

表 A-1 黏附问题和解决方案

故障描述	可能成因	解决方案
物体在一个侧边或者是一个角上出现翘边，但是其他边沿上黏附良好	打印床未调平	如果打印床未调平，那么较低的那一侧就可能出现翘边问题。检查是否存在这样的问题并且重新对打印床进行调平使用底座
	轻微气流影响	用挡风墙（打印或用蓝色美纹纸胶带）来隔绝轻微的气流将打印机从通风管、打开的窗户和其他气流来源周围移开将打印机放在封闭的罩子里，或者尝试给打印机加装一个封闭的外壳

故障描述	可能成因	解决方案
物体无法黏附在打印表面，或者是在打印过程中出现松脱	Z 轴高度过高	检查 Z 轴高度设定，并且将其设定得更低一些
	可加热打印床温度过低	将可加热打印床的温度提升 5℃
	打印表面上的污渍或者磨损部分	清洁打印表面。检查是否有损伤的部分，并及时更换，并且在 10 次打印之后及时更换表面处理材料 在切片软件中使用底座 在切片软件中使用裙边
	底层打印速度过快	降低底层丝材的打印速度，这样能够提升底层丝材的黏附情况。但是注意底层丝材的打印速度不能低于其他丝材层打印速度的 75%
	热端温度过低	将热端温度提升 5℃
物体在多个侧边或者边缘的多个位置出现翘边	可加热打印床温度过低	将可加热打印床温度提升 5℃
	强气流影响	关闭房间里的风扇和中央空调，并且关上窗户和门 用一个封闭的外壳来尝试隔绝气流
	环境温度过低	提升室内的环境温度，同时最好保持打印过程中室内温度稳定
	物体有着轻微的凸起部分	利用辅助盘来增加物体和打印基板的接触面积。一些切片软件直接提供这项功能。当然你可以通过修改.stl 文件来自己添加
物体的高层丝材出现裂纹	强气流影响	关闭房间里的风扇和中央空调，并且关上窗户和门 用一个封闭的外壳来尝试隔绝气流
	环境温度过低	提升室内的环境温度，同时最好保持打印过程中室内温度稳定

挤出问题

这一类故障通常与挤出机、热端和打印丝材有关。

表 A-2 挤出故障

故障描述	可能成因	解决方案
挤出机打印丝材卡死、挤出机的送丝轮/进丝绞轴上打印丝材滑丝	热端温度过低	将热端温度提升 5℃

故障描述	可能成因	解决方案
挤出机打印丝材卡死、挤出机的送丝轮/进丝绞轴上打印丝材滑丝	打印丝材受到污染	检查打印丝材上是否有损伤或者弯折（通常弯折过的丝材颜色会稍浅一些）并移除掉受损的部分
		检查打印丝材上是否有灰尘或杂物，并用无绒布及时进行清洁
		用丝材清洁器在装载到挤出机之前清洁打印丝材上的灰尘和碎屑
		如果依然出现挤出故障，那么将这卷打印丝材废弃（或者是退货挽回一点损失）
	喷嘴堵塞	将喷嘴拆卸下来，然后用冷拉法进行疏通。同时清理打印基板上可能存在的障碍物
	喷嘴尺寸错误	检查切片软件设定。如果切片软件里设置喷嘴尺寸过低，那么挤出机装载的过多打印丝材就会导致喷嘴堵塞
	打印丝材卷压力过大	确保打印丝材卷在释放打印丝材时的摩擦力尽可能得小。可以采用带有卷盘或轴承的丝材卷支架来确保打印丝材卷的转动更加流畅
	挤出机舱门或者夹具上的压力不足	检查并且调节挤出机上零部件的压力。压力过大可能导致打印丝材被过度压缩。压力过小则可能导致打印丝材出现打滑
热端挤出丝材时出现弯曲	喷嘴受损	检查喷嘴内部是否存在碎屑或者其他可能损伤开口部位的杂物。如果喷嘴已经受损的话，及时更换
挤出机散发出焦味	热端温度过高	将热端温度降低5℃
热端上有打印丝材漏出	热端温度过高	将热端温度降低5℃。备注：少量的漏料是正常现象，但是在挤出机运动的时候通常并不会出现漏料现象
打印丝材挤出不均	热端温度过低	将热端温度提升5℃
	挤出机步进电机过热 挤出机步进电机工作电流过大 挤出机步进电机工作电流过小	检查步进电机的驱动电流，并且根据步进电机的规格进行调整
	齿轮松脱、滑丝或者磨损	拧紧松脱的齿轮和止动螺栓。及时更换磨损和破损的挤出机齿轮
打印过程中的爆音等不正常噪声	打印丝材受到污染	打印丝材湿度过高。将丝材和干燥剂一起密封储存至少24个小时
热端工作时出现蒸汽	打印丝材受到污染	打印丝材湿度过高。将丝材和干燥剂一起密封储存至少24个小时

打印质量问题

这一类故障包含你可能碰见的导致物体质量受损的问题。

421

表 A-3 打印质量问题

故障描述	可能成因	解决方案
物体的丝材层出现断裂或过于薄弱	喷嘴尺寸错误	检查切片软件设定并挑选正确的喷嘴尺寸参数
	丝材尺寸错误	测量丝材的直径，并且确保切片软件中的设定与其保持一致
不同层之间出现轻微的不对齐现象	轴的同步带出现松脱或者磨损	调节同步带上的压力
	框架零部件出现松动	拧紧松脱的螺栓。用锁紧垫圈或 Locitite 密封胶来确保螺栓和螺母不会由于打印机工作过程中的振动而松脱 降低打印速度来减少工作过程中产生的振动
物体丝材层被挤压或者层高不足	可加热打印床温度过高	将可加热打印床温度降低 5℃
物体上部分打印丝材过粗	挤出丝材过多	检查丝材直径，并且更改切片软件中的相关设定
打印丝材结球或结块	挤出丝材过多	检查丝材直径，并且更改切片软件中的相关设定
通孔尺寸较小	挤出丝材过多	检查丝材直径，并且更改切片软件中的相关设定
圆形部分不规则	轴的同步带出现松脱或者磨损	调节同步带上的压力
物体出现某个方向上的层移	轴的同步带出现松脱或者磨损	调节同步带上的压力
	步进电机故障	检查步进电机驱动器的电压。如果无故障的话，那么说明需要更换步进电机
	同步带驱动齿轮滑丝	更换同步带驱动齿轮
	加速度设置过高	降低固件中的加速度设置参数
	轴运动轨迹上有障碍物	清理障碍物
	塑料零部件故障	检查轴的各个零部件是否出现损伤，并及时更换
	轴承损坏	检查轴承的润滑是否正常，并且及时更换松动或者磨损的轴承

机械或者电子故障

这一类里包括可能导致许多打印问题的机械和电子故障。其中一些问题十分严重。而在处理电路元件以及使用交流电源供电的电路时尤其要小心。

表 A-4　　　　　　　　　　　　　机械和电子故障

故障描述	可能成因	解决方案
打印进行过程中突然暂停或者停止	丢失与计算机的连接	如果通过计算机控制打印的话，检查 USB 连接是否正常
	SD 卡或文件受损	检查 SD 卡和文件的完整性，并且及时更换正常的 SD 卡和文件
	电路过热	安装电路冷却风扇 检查步进电机驱动器的电压是否正常
热端或可加热打印床停止工作	加热单元故障	更换加热单元
	控制电路故障	更换控制电路板
	电源故障	检查电源是否正常工作，如果无法提供工作电压需要及时更换。比如 12V 电源出现故障的话就可能导致电源和步进电机都无法正常工作
	接线断裂	检查所有接线上是否存在压力导致的断裂和接头松脱，并且及时进行更换
	保险丝熔断	检查并及时更换保险丝
步进电机停止工作	步进电机驱动器故障	更换步进电机
	电源故障	检查电源是否正常工作，如果无法提供工作电压需要及时更换。比如 12V 电源出现故障的话就可能导致电源和步进电机都无法正常工作
	接线断裂	检查所有接线上是否存在压力导致的断裂和接头松脱，并且及时进行更换
	保险丝熔断	检查并及时更换保险丝
步进电机过热	步进电机驱动器提供的工作电压不正常	测量驱动器输出的电压，并且进行相应的调整
挤出机齿轮正常转动，但是打印丝材在挤出之前会出现停滞	齿轮磨损或者损伤	检查齿轮的状态并及时更换受损齿轮
	螺母槽被磨平	检查大齿轮上的螺母槽是否被磨平并及时进行更换
	进丝绞轴松动	拧紧进丝绞轴
挤出机步进电机正常转动但没有打印丝材挤出	齿轮松脱	拧紧或者更换齿轮
	挤出机堵塞	查看表 A-1 中相关内容来修复挤出机的堵塞
轴运动时出现挤压、摩擦、碰撞等噪声	润滑不充分	对轴的传动结构进行例行维护的清洁和润滑
	轴的传动结构出现松脱	检查、更换并且拧紧传动零部件

续表

故障描述	可能成因	解决方案
轴在碰到限位开关之后无法停止	限位开关损坏	更换限位开关
	接线断开或者断裂	检查接线并及时进行修复和更换
电路散发焦味	短路或者其他电路故障	立刻关闭计算机。检查电路的损坏情况。断开 12V 电源和 USB 接线之后检查低压部分的工作情况。更换所有受损的电路元件
没有背光或者液晶屏无法显示	电源故障	更换电源
轴运动时出现无法解释的噪声，并且不是出现在传动结构上	框架结构松动	检查框架结构并按需拧紧
轴与最大值限位开关发生碰撞	复位不正确	确保在开始打印之前对所有轴都进行了复位操作
Z 轴出现金属摩擦声	润滑不充分	确保 Z 轴的丝杆上进行了正确的润滑（比如使用 PTFE 润滑脂）。查阅打印机的使用说明来确定具体使用何种润滑脂
打印机剧烈振动，甚至在台面上出现移动	框架结构松动	检查框架结构并按需拧紧
	加速度设置过快	检查固件里的加速度参数设置，并将其降低 10%
	打印速度过快	降低填充时的打印速度